国家科学技术学术著作出版基金 NFAPST

调水工程冰期输水数值模拟及冰情预报关键技术

杨开林　王军　郭新蕾　王涛　付辉　著

中国水利水电出版社
www.waterpub.com.cn
·北京·

内容提要

本书阐述了调水工程渠冰发展过程的数值模拟、冰情预报和模型试验方法，内容以作者多年从事科学研究所获得的成果为主。全书分为三篇共 19 章，分别从理论、试验和应用三个方面描述了调水工程冰情预报中所需解决的关键技术问题。

第一篇是基本理论和数学模型篇，从冰的物理性质、热力学性质、冰盖的形成和融化过程等基本概念入手，描述了冰的形成发展过程及其特点，分析了冰盖对渠道流速分布、综合糙率等水力学参数的影响，介绍了数值模拟渠冰发展过程的一维、准二维和二维模型，以及冰情预报的神经-模糊理论等内容。第二篇是冰水动力学模型试验篇，介绍了开展冰水动力学实验所需要考虑的原模型相似律、实例及冰期安全运行的水力控制条件。第三篇是应用篇，介绍了渠冰发展过程数值模型及神经-模糊理论在调水工程中的应用，包括明渠输水工程冰情仿真系统的开发及主要参数的选取。

本书读者对象为水利工程专业的本科生、研究生和科研、设计、运行管理及教学人员，也可供其他相关专业科技人员参考。

图书在版编目（ＣＩＰ）数据

调水工程冰期输水数值模拟及冰情预报关键技术 /
杨开林等著. -- 北京 ：中国水利水电出版社，2015.12
ISBN 978-7-5170-3999-0

Ⅰ．①调… Ⅱ．①杨… Ⅲ．①南水北调－水利工程－输水－数值模拟②南水北调－水利工程－冰情－预报－技术 Ⅳ．①TV67②P338

中国版本图书馆CIP数据核字(2015)第321338号

书　　名	调水工程冰期输水数值模拟及冰情预报关键技术
作　　者	杨开林　王军　郭新蕾　王涛　付辉　著
出版发行	中国水利水电出版社
	（北京市海淀区玉渊潭南路 1 号 D 座　　100038）
	网址：www.waterpub.com.cn
	E-mail：sales@waterpub.com.cn
	电话：（010）68367658（发行部）
经　　售	北京科水图书销售中心（零售）
	电话：（010）88383994、63202643、68545874
	全国各地新华书店和相关出版物销售网点
排　　版	北京三原色工作室
印　　刷	三河市鑫金马印装有限公司
规　　格	184mm×260mm　16 开本　22.5 印张　548 千字
版　　次	2015 年 12 月第 1 版　2015 年 12 月第 1 次印刷
定　　价	**98.00 元**

前　言

　　长距离输水，甚至跨流域调水，是解决水资源在时间、空间分布上的不均或资源性的短缺而采取的水资源优化配置工程基础措施。

　　我国水资源时空分布极不平衡，在空间分布上南方水多，北方水少；在时间分布上，降雨量主要集中在夏季三个月内，其它月份降雨量很少。干旱缺水是我国尤其是北方地区经济社会发展的重要制约因素，据统计我国 669 座城市中有 400 座供水不足，110 座严重缺水。随着我国城镇化进程的加快，以及生态环境的恶化，通过修建长距离输水工程，甚至跨地区、跨流域的输水工程解决城市和生态环境用水是一种必然的发展趋势，是 21 世纪中国水利的一大特点。

　　大型调水工程常常采用明渠（包括河道）输水。在我国北方寒冷地区，冬季输水时明渠中，如南水北调、引黄济津、引黄济青输水工程等，会出现冰花、流凌、冰盖，甚至冰塞和冰坝现象。冰盖的出现使水流从明流变成为封闭的暗流，改变了水流的水力条件、热力条件和几何边界条件。冰塞和冰坝的危害很大，它们的形成会阻塞水流的过水断面、引起水位上升，可能造成漫堤；冰凌可能破坏渠道护坡和有关构筑物；冰塞可能堵塞闸门、倒虹吸使供水中断，严重情况下可能发生决堤事故。因此，在明渠系统的设计运行中，必须研究冰的形成、发展、消失的过程，以防止发生严重的冰塞、冰坝事故。

　　调水工程冰问题的解决涉及水力学、热力学、结构力学等多种学科，且沿线倒虹吸、渡槽、节制闸、分水口等局部水工建筑物众多，因此其冬季的安全运行调控非常复杂。调水工程冬季的安全运行调控首先依赖于对其冬季冰情过程的模拟和预报，以便做好相应的水力控制措施，这其中需要解决的关键技术问题包括复杂边界条件下冰水动力学数学模型的研究，冰花、流冰、冰盖形成全过程的模拟，倒虹吸、节制闸等冬季运行时的控制准则等等。由于调水工程冰情过程的复杂性，目前尚缺少一部系统地介绍调水工程冰期输水数值模拟及冰情预报关键技术的书籍。

本书基于上述客观要求和现实需要，在大量的试验、分析和研究的基础上，从基本理论和数学模型入手，结合真冰条件下的冰水动力学仿真试验，在理论上有新的突破和创新，在实践上通过了南水北调中线工程、密云水库调蓄工程、松花江流域白山河段、黄河宁蒙河段等实际工程的检验，在上述基础上，对所取得的一系列成果加以编著而成。

本书是中国水利水电科学研究院和合肥工业大学相关科研及技术人员多年心血的结晶，研究内容得到多项国家自然科学（重点）基金的资助，包括"河道冰塞、冰坝的形成机理的研究"（批准号59739170）、"弯槽段冰塞演变机理的试验研究与数值模拟"（批准号10372028）、"热力与水力条件耦合的河流冰塞数值模拟"（批准号50979021）、"长距离输水工程倒虹吸冰水动力学特性及冰期安全输水研究"（批准号51209233）、"基于模糊理论的冰情预报及冰凌灾害风险分析"（批准号51179209），以及国家公益性行业科研专项"黑龙江冰情预报及灾害防治研究"（批准号1261530110110）、"北方河流冰凌灾害风险分析"（批准号1261530110098）、"流域水循环模拟与调控国家重点实验室自主研究课题"（2015TS04）。

杨开林编写了第1章至第7章和第17章，王军、陈胖胖编写了第8章、第9章、第18章，王涛编写了第10章、第19章，付辉编写了第11章至第14章，郭新蕾编写了第15章和第16章。

本书的出版得益于国家科学技术学术著作出版基金的资助，在这里谨向基金办公室和专著评审委员会的专家们表示衷心的感谢。同时，作者也非常感谢中国水利水电出版社的大力支持，特别是责任编辑为此书的出版付出的辛勤劳动。

本书由于涉及内容广泛，难免存在疏漏和不妥之处，欢迎读者批评指正。

杨开林

2015 年 12 月

目　　录

第一篇　基本理论和数学模型

第二篇 冰水动力学模型试验

第三篇　冰情模拟实例

第一篇
基本理论和数学模型

第1章 冰的形成发展过程及特点

在冬季气候寒冷的地方，随着气温的降低，通过水表面与大气的热交换，河渠中的水温将随之下降。当水温降低到冰点（0℃左右），在水中将产生冰花,然后形成流凌、冰盖、冰塞和冰坝。冰的演变在很大程度上是受物理和力学过程影响，本章将介绍冰的主要物理和热力学性质以及冰的形成、发展和消失机制。

1.1 水的物理性质

在河渠冰工程中，常见的冰问题总是跟水联系在一起。因此，了解水的物理特性对于充分理解冰和水的相互作用是很重要的。其中最重要的物理性质是密度和比热。

1.1.1 水的密度

水的密度表示单位体积水的质量。水的密度是水温的函数，计算公式如下（Heggen，1983）：

$$\rho = 1000 - 1.9549 \times 10^{-2} \left| T_w - 4 \right|^{1.68} \tag{1.1.1}$$

式中：ρ 为水的密度，kg/m^3；T_w 为水温，℃。

与其它的物质相比，水的密度随着水温不同而发生的变化是很特殊的。随着水温的降低，水的密度并不是连续增加，而是在 4℃时达到最大值，水温的进一步降低反而导致水的密度减小，如图 1.1.1 所示。由于水的密度与水温的这种特殊关系，会导致湖泊和水库的温度分层现象。

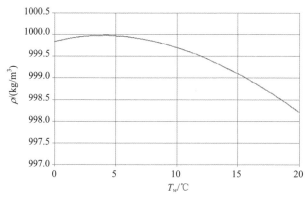

图 1.1.1 水的密度随水温的变化

分层现象是由湖泊或水库垂直断面上密度和水温的差异产生的。这些差异的存在是因为较轻的液体"漂浮"在密度较大、较重的液体的上部。夏季，湖泊或水库水体温度将大大高于 4℃，较温暖的水体将漂浮在较冷、密度较大水体的上部。由此产生的结果是表层附近的水体比深层的水体温度高。在冬季，当湖泊或水库水体温度在 4℃ 左右或更低时，密度较小的水体是较冷的水体，它将漂浮在密度较大、温度接近 4℃ 的水体上面。由此产生的结果是冬季表层附近的水体比深层的水体温度低。湖泊或水库深处这些温度较高的水体形成了一个"热量储备"。如果这部分水体足够大，通过使用吹泡机或机械扩散器把密度较大、温度较高的水体输送到上层，那么这个热量储备可用来融化水表面的冰。

水温在 0~4℃ 之间时，密度变化很小，它不能产生足够大的混合作用力来进行分层。任何有明显流速的河渠都是紊流，因此在竖直方向会很好的掺混，不会形成温度分层。因此，在流动的河渠深层几乎没有可用来融冰的热量储备。由于风产生的紊流，在某一深度范围内，湖泊和水库的水可能会充分混合。当有强风时，池塘和浅湖在整个深度内都将充分混合。一个完整冰盖的存在通常会保护下面的水体不受风的影响并促进水体分层。

1.1.2 水的比热

水的比热是在恒定压强下提高单位质量液体的温度 1℃ 所需热量值。水的比热比大多数材料大得多，因此，要想改变水的温度就需要相对更多的热量传递给水或是从水中散失。水的比热是温度的函数，可用下式描述（Heggen, 1983）：

$$C_p = 4174.9 + 1.6659(e^{r/10.6} + e^{-r/10.6}) \tag{1.1.2}$$

式中：C_p 为水的比热，J/(kg·℃)。当 T_w<35.5℃ 时，r =34.5–T_w。在 0℃ 时，C_p=4217.7J/(kg·℃)。

1.2 冰的物理和热力学性质

冰的主要物理性质是密度和比热，冰的热力学性质包括冰的导热性、潜热、热膨胀等。

1.2.1 冰的密度

跟大多数材料一样，冰的密度随着温度降低而变大，冰在 0℃ 时的密度 ρ_i=916.8 kg/m³，在-30℃ 时 $\rho_i \approx$ 920.6 kg/m³。冰的密度受杂质影响，两个最常见的杂质是气泡和未冻水。气泡的存在将会降低冰的密度，未冻水的存在会增加冰的密度。对于自然水体中的冰，不借助于直接的、难度较大的测量方法很难量化这些杂质。因此，在工程计算中，把冰密度近似取为 915~917kg/m³ 是比较合适的。

1.2.2 冰的比热

冰的比热也是温度的函数，可以用下式描述（Ashton, 1986）：

$$C_{pi} = 2114 + 7.789T_w \tag{1.2.1}$$

式中：C_{pi} 为冰的比热，J/(kg·℃)。在 0℃ 时，冰的比热是 C_{pi}=2114J/(kg·℃)。

1.2.3 热传导系数

热传导系数描述的是冰在一个温度梯度下传导热量的能力，与温度的相互关系为（汪易森等，2013）：

$$k_i = 2.21 - 0.011T_w \tag{1.2.2}$$

式中：k_i 为热传导系数，W/(m·℃)。冰的热传导系数与冰所含气泡和未冻水多少有关。由于天然水体中冰所含这两种杂质的量通常是不确定的，所以在密度测量中它们的影响通常被忽略不计。

1.2.4　潜热

冰的潜热用 L_i 表示。在标准大气压下纯水在 0℃时结冰，当水结冰时，$L_i = 3.33 \times 10^5 \text{J/kg}$ 的潜热被释放。与水温变化 1℃时需要吸收 4217J/kg 相比，这个热量值很大。

1.2.5　热膨胀

热膨胀描述的是由于温度升高，冰在长度、面积或体积上的变化。对于线性膨胀，下面的公式可用来计算长度上的增加量（汪易森等，2013）：

$$\Delta L = \alpha L_0 \Delta T_w \qquad (1.2.3)$$

式中：ΔL 为长度改变量，m；$\alpha = 50 \times 10^{-6} ℃^{-1}$，为热膨胀系数；$L_0$ 为初始长度，m；ΔT_w 为水温的改变量，℃。对于面积变化，系数变成 2α，对于体积变化，系数乘以 3。

1.3　冰花

冰花是在紊动、过冷的水中形成的微小冰晶体。过冷是指水温低于平衡冰点温度。在大气压下纯水的冰点温度是 0℃。在河流或湖泊中存在紊流，水表面没有冰覆盖，且当气温低于 0℃一定量时，水过冷现象就会发生。如果水面被冰覆盖，冰水交界面的温度一定是处在冰点，当水温下降至 0℃时，来自水的所有热量传递都将停止。其结果是，冰花的形成总是与开敞水面有关。过冷水温不大，它通常不会超过百分之几摄氏度，并且它绝不会超过 0.1℃。冰花首先作为小晶体出现，尺寸从 0.1mm 到几毫米，在紊流区域均匀地分布。例如，在河流中，冰花可能分布在整个水深。初生冰花看起来像一个完美的圆盘，它的外径是厚度的 10～12 倍。

冰花的发展和输移是在它形成之后。冰花在外形上的发展主要是从个体冰花聚集形成更大的冰块。冰花发展的特点是水温在 0℃左右，在形式上表现为絮状冰、底冰和浮冰。在这个阶段，冰的尺度变化范围从几毫米到几米，一般以冰块形式漂浮在水面，常常呈圆盘形，如图 1.3.1 所示。

图 1.3.1　漂浮的冰块（流凌）

在北方，经过寒冷的夜晚之后，常常可以看到冰块沿着河流或小溪的水面移动，称为流凌。这些冰可能会走很长距离，移动很多天，可能形成巨大的移动冰块，最终形成固定的漂浮冰盖，这个冰盖可能很大并且持续整个冬季，如图 1.3.2 所示。这些冰盖是由哪种机理形成，取决于冰块到达固定冰盖前缘的形态，以及冰盖前缘的水力条件。漂浮冰盖会变得非常厚，特别是在悬冰坝形成的地方。在整个冬季，冰花都可能会在冰盖下堆积或冲蚀。由冰花形成的冰盖的晶体结构反映了它的来源，冰晶体趋向于小而无组织排列。

图 1.3.2　固定的漂浮冰盖

有许多问题可能是由冰花引起的。如果河流或水道在寒冷天气时保持长时间开敞，大量的冰花会形成，被水流带向下游，最终堆积在一个流速相对低的河段而形成冻结的冰塞，称为悬冰坝。悬冰坝由上部的坚（硬）冰层和堆积的冰花层形成，如图 1.3.3 所示。悬冰坝厚度可达数米，例如黄河万家寨水库实测一处悬冰坝坚冰层下堆积冰花的厚度达 6m，如图 1.3.4 所示。

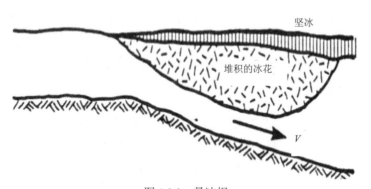

图 1.3.3　悬冰坝

悬冰坝会堵塞大部分河流横断面，将上游水位壅起足够高而导致洪水溢流，或者也可能在冬季后期成为开河冰塞的位置。如果水处在过冷的情况下而取水口在运行，那么这些取水口会因为冰花而出现明显的问题。过冷水中的冰花将会在尺寸上增大，黏住它们能够接触到的任何物体（只要这些物体处在冰点温度以下），包括进水口拦污栅。倘若流水提供有效的热传递速度，在没有加热的水中的任何物体将会很快处于过冷水的温度，并将会堆积冰花。大量的冰花可能堵塞拦污栅，甚至完全阻断水流进入进水口，从而导致严重的后果。

图 1.3.4 黄河万家寨水库悬冰坝

1.4 冰的热增长

1.4.1 静态冰的形成

在流速不起作用的水面形成的冰称为静态冰。如低风速时在湖泊、池塘形成的冰，也包括在流速大约为 0.3m/s 或更低的河流和小溪中形成的冰。当热量从冰水界面向上传递时，冰就会在冰水交界面增长。静冰盖中的冰晶体经常看上去好像铅笔，也被称为柱形冰。冰在生长期间，水里的杂质会被推到柱状晶体的边缘，所以在晶体边缘就出现相对高的杂质浓度。由于聚集的杂质，在温暖的季节，融化总是从晶体边缘开始，有时一种类似于"蜡烛冰"的现象会出现。在蜡烛冰中，无数的单晶体不再冻结在一起，而是相互靠着支撑在一起，如图 1.4.1 所示，很小的碰撞，如波浪或碰一下，就会使整块晶体崩溃。在静冰形成期间由于冰上雪盖的存在而产生另一种形式的冰，它被称为"雪冰"。当冰片上的雪盖的重量足够大而将冰压在下面，导致水通过缝隙向上溢出并浸透下层的雪，这时雪冰就形成了。雪冰是粒状的、不透明的、白色的，由小而不规则的晶体组成，如图 1.4.2 所示。

1.4.2 冰盖的热平衡

冰盖的热平衡是在冰盖和大气之间、冰盖和下层水体之间热量传递方式的总和基础上建立起来的（Ashton，1986）。热平衡中一个重要方面是通过太阳辐射（日光）产生的热量，特别是在春季当日照时间增加的时候。反射光对入射光的比率被定义为表面反射率。反射率为 1 表明所有的太阳辐射被反射，而反射率为 0 意味着所有的辐射热量都被吸收。那种看上去很"白"的冰盖通常有着很高的反射率。例如，被新下的雪覆盖的冰的表面的反射率为 0.9；由雪冰组成的冰盖的反射率为 0.6～0.8。与此形成对比的是，由清澈的柱状冰（黑冰）组成的冰盖的反射率可能较低，只有 0.2。一个有效且相对容易的改变冰的热平衡，特别是促进融化、减弱冰盖以降低冰塞洪水风险的方法是通过把黑色的物质或粉尘铺到冰的表层来减小反射率而增加对太阳辐射的吸收。根据使用粉尘的类型和使用量，反射率能够减小到 0.15 或 0.2。

图 1.4.1 蜡烛冰

图 1.4.2 冰盖上的雪冰

1.4.3 冰的热增长

假设：①冰是同质的水平层；②冰仅在与水的水平交界面生长；③冰中的热力条件是准稳态的；④从水中输移的热量可以忽略不计；⑤热量输移交换仅在竖直方向；⑥冰表面与大气的热交换率是冰表面和大气间温差的线性函数。则通过冰盖到大气的热量交换率等于通过一个复合板的稳定的热通量。冰的热增长率用下式描述（汪易森等，2013）：

$$\frac{\mathrm{d}h_{ii}}{\mathrm{d}t} = \frac{1}{\rho_i L_i} \frac{(T_m - T_a)}{\left(\dfrac{h_{ii}}{k_i} + \dfrac{1}{h_{ai}}\right)} \tag{1.4.1}$$

式中：h_{ii} 为冰厚，m；T_m 为冰水交界面温度，一般假定是冰水平衡温度或 0℃；t 为时间，s；T_a 为空气温度，℃；k_i 为冰的热传导系数，W/(m·℃)；h_{ai} 为冰与大气交界面的热交换系数，（m²·℃）/W；ρ_i 为冰密度，kg/m³；L_i 为冰的潜热，J/kg。

1.5 动态冰盖的形成

当冰盖的生长主要受流冰块和流水相互作用的影响时，就说是动态形成。几乎所有的河流冰盖都是动态形成的。以这种方式形成的所有冰盖都是从一个初始点向上游发展，当冰被河水带到冰盖前缘的时候。因水力条件和来冰的形状不同，冰盖前缘还可能有很多不同的变化过程发生。冰盖前缘发展过程主要有下面几种。

1.5.1　冰桥

在非常低的水流流速和水面冰封率相当高时，冰盖可能自然地成拱形，横跨河道明水面，并停止移动。如果缺乏历史记录或经验，一般很难预测出冰桥的位置会在哪里。为了确保初生冰盖从一个固定位置开始发展，必须采用工程措施，例如拦冰栅或水工建筑物，或者两者结合。

1.5.2　平铺上溯

在相当低的流速下，到达冰盖前缘的浮冰块可能会停止而不下潜。这样，冰盖将会以平铺的模式向上游发展。平铺发生的最大流速取决于浮冰块的几何形状和河道水深。通常只有当冰盖平铺发展时，拦冰栅才会起作用。

1.5.3　浮冰翻转

当流速较大时，来的浮冰可能不稳定，于是就会翻转。当流速不是很大，这些翻转的浮冰将会继续留在冰盖前缘；当水流速度较大时，水流紊动强度也大，冰块将在冰盖前沿翻转并下潜，形成一层较厚的冰盖。这种因水流紊动生成较厚冰盖的现象称为冰盖的水力发展模式，又称窄冰壅。

1.5.4　冰盖挤压

在一个较大的流速范围内都可能存在冰盖的挤压。如果作用在冰盖上的力超出了它的承受能力，那么冰盖会在下游方向破裂并堆积得更厚。如果冰盖是由许多分散冰块形成的，冰盖强度是直接与它的厚度成比例的。冰盖发生挤压时，强度就会增加。当冰盖向上游发展的时候，它可能会反复受压并变厚。如果冰盖被看作"粒状"材料，那么它的强度特性和最终的厚度是可以估算的。这种因冰盖的挤压的冰盖发展模式称为力学加厚模式。

1.5.5　冰盖下浮冰输移

当流速较高时，到达冰盖前缘的浮冰可能会翻转下潜并在冰盖下移动相当长的一段距离。因此，冰盖可能会停止进一步向上游发展，直到浮冰在下游的某个地方堆积，降低了河道输水能力而导致上游水位上升，此时前缘流速降低，冰盖才会继续向上游发展。

1.5.6　无冰盖发展

如果冰盖前缘流速太高，那么冰盖会停止向上游发展。这种情况下，整个冬季冰盖前缘的上游将处于明流状态。于是开敞水域在整个冬季将产生冰花，而这又将导致下游封冻冰塞（悬冰坝）的形成或其它冰问题。

1.6 开河

开河是指完全冰盖的河变成开敞河流的过程，又称解冻。常见的开河可分为两类：文开河和武开河。

1.6.1 文开河

文开河是指以热力作用为主形成的融冰开河现象。在理想的文开河过程中，冰盖通过吸收太阳辐射升温而在原地融化，几乎没有伴随流量增加或流冰输移。文开河不会在一条河流的所有点同时发生，但会在不同的位置以不同的开河速度发生，这取决于河流所在纬度、当地气候和冰的暴露程度。文开河发生的原因是热量传递给了冰盖，传递方式包括从水传递到冰盖下部或从温暖大气传递到冰盖的上部，热辐射包括长波（红外线）和短波（日光）。水体传热给冰盖是非常重要的，特别是如果上游有开敞水面，那里的水体可以从大气吸收热量。在几乎所有的情况下，开敞水面的反射率都比冰盖的反射率小得多。因此，开敞水面将比被冰覆盖的区域吸收更多的太阳辐射。当这部分水体流经冰盖下面时，其中一部分因低反射率而吸收的额外热量可以用来融化冰盖。通常，冰表面的雪或雪冰的反射率是非常大的，几乎没有太阳辐射可以穿透冰盖。在冰雪表面融化的水将大大降低反射率，从而使得冰能够吸收太阳光。如果太阳辐射能穿透冰盖，即使冰盖厚度没有明显的变化，冰盖也会从内部消融，而这会引起冰盖结构完整性发生变化。如果冰盖是由柱状冰晶体组成，这种现象最可能发生。而当冰盖由雪冰或冰花组成时，因纹理细密不易受太阳辐射而引起的内部消融的影响。

1.6.2 武开河

武开河是指以水力作用为主的强制开河现象。武开河并不是由冰盖消融引起，而是由进入河流流量的增加引起的。当流量增大时，冰盖的压力也增大，这将引起冰盖开裂，最终冰盖破碎成碎冰块并随着水流输移。冰塞总是发生在冰盖破碎停止的地方。当冰塞形成或溃决的时候，会突发严重的洪水泛滥。实际上冰盖破碎多数发生在温暖的季节，因为此时冰盖强度已降到某种程度，而进入河道的流量因雪融化或降水增加了。实际上多数河流的开河都是界于文开河和武开河之间的。通常，越接近武开河，伴随流量的剧增和大量流冰产生，由此带来的后果是很危险的。

武开河不会沿着河网在各处同时发生。通常开河首先在比较小的支流发生，然后延伸到干流。结果是会在支流和干流的交汇处发生严重的冰塞。开河过程可能会向上游，也可能向下游发展，这取决于当地天气情况。一般来说，开河向上游发展会比向下游发展产生的冰塞可能性低。

伴随着武开河，通常发生下述现象（汪易森等，2013）：

（1）岸冰裂缝的形成。岸冰裂缝是纵向裂缝，与堤岸平行。当河道中的水位变化超过一个界限的时候河岸冰裂缝就形成了，而这个界限是由冰的材料特性、冰的厚度、河道宽度和冰盖黏附在堤岸上的类型（铰链式的或固定的）决定的。较小的河流流量变化（增大或减小)都可以导致河岸产生冰裂缝,通常情况下,在进入河流的径流量开始增加后不久就会产生冰裂缝。河岸冰裂缝的存在并不一定预示着冰盖破碎(开河)的立刻开始,它们可能整个冬季都存在。

(2)冰盖破裂成独立的浮冰块。在河道水位开始上涨后不久横向裂缝(横穿河道)就会出现。初期的裂缝通常会形成相对大的浮冰块,其宽度跟河宽相等,长度是河宽的几倍,但是有时候冰盖会很快破碎成小得多的浮冰块。实际上冰盖破裂成独立浮冰块的演化机制还没有完全确定。

(3)浮冰块运动输移。当水位继续上涨的时候,浮冰块开始运动。如果浮冰块相对较大,它们可能因为外部边界条件限制而停止运动,比如河道突然弯曲、河道收缩、桥墩的存在等,直到水位涨到一定程度冰块才开始运动。如果浮冰块相对较小,又没有边界限制,那么在很小的水位上涨之后它就开始运动。根据经验,当水位上涨到 1.5~3 倍的冰厚时,冰块就会运动。一旦浮冰块开始运动,它们的尺寸会快速的减小,最终的尺寸大约是冰块厚度的 4~6 倍。

(4)冰塞的形成。当浮动冰块到达河中的某一位置,而来冰量超过这一位置的输冰能力时,就会形成冰塞。冰塞可能在存在完整冰盖、河道比降减小和边界条件限制的地方发生。在这些地方,冰块停止运动导致冰塞。这种类型的冰塞是开河冰塞,俗称"冰坝"。冰塞大幅地减小了河道过流能力。因此,冰塞上游水位会大幅的快速上涨,导致洪水漫溢,同时把冰冲到河漫滩。

参考文献

[1] 汪易森, 杨开林, 张斌,等. 2013.河冰管控工程设计手册[M].北京:中国水利水电出版社.
[2] Ashton G D. 1986. River and Lake Ice Engineering[M]. Water Resources Publications, Littleton, Colorado.
[3] Heggen R J. 1983. Thermal Dependent Properties of Water[J]. Journal of Hydraulic Engineering, American Society of Civil Engineers, Vol. 109(2):298-302.

第 2 章　一维冰盖流的流速分布及综合糙率系数

一维明渠的时均流速分布规律是水力学研究的基本问题。现有流速分布计算公式有对数型、指数型、抛物线型、椭圆型等,其中对数型流速分布公式理论依据充分,从而获得广泛应用。

建立在 Prandtl 边界层理论的基础上,Kedegan(1938)利用平板边界层的研究首次提出了明渠流动中断面流速的对数分布形式,Coles(1956)采用尾流函数对该公式进行了修正。随后很多学者尝试对其进行修正或补充,以适应不同的情况(Steffler 等,1985;张鑫,2008;赵明登等,2010)。

一维明渠冰盖下流动的综合糙率系数 n_c 是确定冰期水位和流量关系的基础参数,一直是明渠冰工程研究的重点。冰盖的形成引起河渠流动阻力增加,从而导致河道过流能力大大下降。美国陆军工程兵团(U.S. Army Corps of Engineers)推荐采用 Belokon-Sabaneev 公式计算 n_c(汪易森、杨开林、张斌等,2013),该公式简单,但是没有考虑河床与冰盖湿周长度不同的影响。另外两个广泛应用的公式是 Einstein 公式和 Larsen 公式。Einstein 公式(1942)的假定条件是,冰盖下的流动可以划分成上部冰盖区和下部床面区,以最大流速所在面作为划分两区的分界面,且整个过流断面的断面平均流速和冰盖区、床面区的平均流速相等,该公式的特点是考虑河床与冰盖湿周长度的影响,但是没有考虑冰盖区和床面区流速分布差异的影响。Larsen 公式(1969)是在假设明渠是宽浅的且冰盖区和床面区的流速分布符合对数分布规律条件下得到的,考虑了冰盖区和床面区流速分布的差异。Uzuner(1975)和惠遇甲(1994)对已有的冰期河道糙率系数分析和计算方法进行了评述,包括 Einstein、Belokon-Sabaneev、Larsen 、Pavlovskiy、周文德、孙肇初和隋觉义等人的综合糙率系数公式,认为 Larsen 公式理论依据比较充分,是各公式中最合理的,但也指出 Larsen 没有给出如何确定冰盖区和床面区水深比值的方法。杨开林(2014)根据冰盖区和床面区的边界条件和流量的连续性条件提出了通用的综合糙率系数公式,研究表明:Einstein 公式、Belokon-Sabaneev 公式和 Larsen 公式都是综合糙率系数公式的特例;Belokon-Sabaneev 公式和 Larsen 公式只适合于宽浅明渠,但是对于宽深比 b/H 较小的矩形明渠,采用它们将产生很大的计算偏差; Einstein 公式是通用综合糙率系数公式的最好近似,并且采用 Einstein 公式计算的综合糙率系数将比实际综合糙率系数值略大,推荐在工程设计中采用。

本章的主要内容是,首先通过对明渠沿程水头损失、断面流速分布及阻力系数和糙率系数关系的分析,确定断面平均流速、最大流速与糙率系数的关系,然后根据冰盖区和床面区的边界条件和流量的连续性条件建立综合糙率系数与渠床糙率系数、冰盖糙率系数、湿周、流速比值的函数关系,导出通用综合糙率系数公式,并且给出具体的计算方法。在此基础上,分析通用综合糙率系数公式、Einstein 公式、Belokon-Sabaneev 公式和 Larsen 公式的适应范围。最后,给出了部分冰封明渠综合糙率系数的计算公式, 以及明渠床面糙率系数和冰盖糙率系数的计算方法。

2.1 明渠沿程水头损失

明渠沿程水头损失一般采用达西-魏斯巴赫公式和谢才公式计算。达西-魏斯巴赫水头损失公式为

$$h_f = f \frac{L}{4R} \frac{V^2}{2g} \qquad (2.1.1)$$

式中：h_f 为管道沿程水头损失，m；f 为明渠沿程阻力系数；R 为明渠水力半径，m；V 为明渠断面平均流速，m/s；L 为明渠长度，m；g 为重力加速度，m/s^2，一般取 $g = 9.8$m/s^2。

水力半径 R 等于明渠过水断面面积与湿周的比值，即

$$R = \frac{A}{\chi_b} \qquad (2.1.2)$$

式中：A 为过水断面面积，m^2；χ_b 为湿周，m。对于图 2.1.1（a）所示矩形渠道，有

$$A = bH, \quad \chi_b = b + 2H, \quad R = \frac{A}{\chi_b} = \frac{bH}{b + 2H} \qquad (2.1.3)$$

式中：b 为渠底宽，m；H 为水深，m。对于图 2.1.1（b）所示对称梯形渠道，有

$$A = bH + mH^2, \quad \chi_b = b + 2y\sqrt{1+m^2}, \quad R = \frac{A}{\chi_b} = \frac{bH + mH^2}{b + 2H\sqrt{1+m^2}} \qquad (2.1.4)$$

式中：m 为明渠边坡。

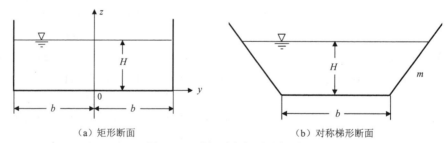

（a）矩形断面　　　　　　　　　　　　　　（b）对称梯形断面

图 2.1.1　明渠过水断面示意图

谢才水头损失公式为

$$h_f = \frac{LV^2}{C^2 R} \qquad (2.1.5)$$

式中：C 为谢才系数。上式也可以写成

$$V = C\sqrt{RJ} \qquad (2.1.6)$$

式中：$J = \dfrac{h_f}{L}$，称为水力坡度。对于底坡为 i 的均匀流，有 $J = i$，于是上式可写为

$$V = C\sqrt{Ri} \qquad (2.1.7)$$

在工程计算中，一般采用曼宁公式确定谢才系数，即

$$C = \frac{R^{1/6}}{n} \qquad (2.1.8)$$

式中：n 为糙率系数。

把式（2.1.8）分别代入式（2.1.5）、式（2.1.6）、式（2.1.7）可得

$$h_f = \frac{n^2 L V^2}{R^{4/3}} \qquad (2.1.9)$$

$$V = \frac{1}{n} R^{2/3} \sqrt{J} \qquad (2.1.10)$$

下面分析阻力系数 f、谢才系数 C、糙率系数 n 的相互关系。把式（2.1.1）代入式（2.1.5）有

$$\frac{L V^2}{C^2 R} = f \frac{L}{4R} \frac{V^2}{2g}$$

整理得谢才系数 C 与阻力系数 f 的关系为

$$C = \sqrt{\frac{8g}{f}} \qquad (2.1.11)$$

把式（2.1.1）代入式（2.1.9），得

$$f \frac{L}{4R} \frac{V^2}{2g} = \frac{n^2 L V^2}{R^{4/3}}$$

整理得阻力系数 f 与糙率系数 n 的关系为

$$f = \frac{8g n^2}{R^{1/3}} \qquad (2.1.12)$$

2.2　明渠断面流速分布及阻力系数和糙率系数的关系

对于光滑明渠，在水力学分析中常用的明渠时均流速对数分布公式（Steffler，1985）是

$$u = u_* \left(2.5 \ln \frac{u_* z}{\nu} + 5.5 \right) \qquad (2.2.1)$$

其中

$$u_* = \sqrt{\frac{\tau_b}{\rho}}$$

式中：u 为明渠过水断面垂向流速，m/s；z 为离开明渠底部的垂向距离，m；ν 为运动黏滞系数，m^2/s；u_* 为摩阻流速，m/s；τ_b 为渠底切应力，N/m^2；ρ 为水的密度，kg/m^3。

对于粗糙明渠（Larsen，1969），有

$$u = u_* \left(2.5 \ln \frac{z}{k} + 8.5 \right) \qquad (2.2.2)$$

由式（2.2.1）可得矩形光滑明渠的流量为

$$Q = u_* b \int_{\delta}^{H} \left(2.5 \ln \frac{z u_*}{\nu} + 5.5 \right) \mathrm{d}y = u_* b H \left(2.5 \ln \frac{H u_*}{\nu} + 3 \right) - u_* b \delta \left(2.5 \ln \frac{\delta u_*}{\nu} + 3 \right)$$

式中：H 为断面水深，m；δ 为层流边界层厚度。当 $\delta \to 0$ 时，上式右边第二项属于 $\dfrac{\infty}{\infty}$ 型不定式，应用洛必达法则得

$$\lim_{\delta \to 0} u_* b \delta \left(2.5 \ln \frac{\delta u_*}{v} + 3 \right) = u_* b \lim_{\delta \to 0} \frac{2.5 \ln \dfrac{\delta u_*}{v} + 3}{\dfrac{1}{\delta}} = u_* b \lim_{\delta \to 0} \frac{2.5 \dfrac{1}{\delta}}{-\dfrac{1}{\delta^2}} = u_* b \lim_{\delta \to 0} -2.5\delta = 0$$

所以，当忽略层流边界层对流量的影响，则

$$Q = u_* bH \left(2.5 \ln \frac{Hu_*}{v} + 3 \right) \tag{2.2.3}$$

这样，明渠的断面平均流速为

$$V = \frac{Q}{A} = \frac{u_* bH \left(2.5 \ln \dfrac{Hu_*}{v} + 3 \right)}{bH} = u_* \left(2.5 \ln \frac{Hu_*}{v} + 3 \right) \tag{2.2.4}$$

式中：V 为断面平均流速，m/s。

类似地，可得粗糙明渠的断面平均流速为

$$V = u_* \left(2.5 \ln \frac{H}{k} + 6 \right) \tag{2.2.5}$$

下面分析摩阻流速 u_* 与阻力系数 λ 的关系。

为了便于分析，假设流动为均匀流。均匀流是指水流流线为相互平行的直线时的流动，其性质如下：①均匀流的过水断面为平面，且过水断面的形状和尺寸沿程不变；②均匀流中，同一流线上不同点的流速相等，各过水断面上的流速分布相同，断面平均流速相等；③均匀流过水断面上的动水压强分布规律和静水压强分布规律相同。也就是说只要流线是直线，边界条件不变就是均匀流。

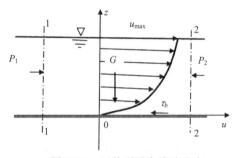

图 2.2.1　对数型垂向流速分布

参考图 2.2.1，取相距为 L 的两个过水断面 1 和 2 间渠段为控制体，作用在控制体上的表面力包括断面 1 和断面 2 的压力 P_1 和 P_2 及渠底切应力 τ_b，体积力为重力。根据动量守恒定律，控制体所受合力等于流出、流入动量的改变量，其数学描述为

$$P_1 - P_2 - \tau_b \chi_b L + \gamma LA \frac{z_2 - z_1}{L} = \rho AV_2^2 - \rho AV_1^2$$

式中：$\gamma = \rho g$ 为水的比重；z_1 和 z_2 分别为断面 1 和断面 2 的渠底高程，m。

根据均匀流的性质，$P_1=P_2$，$V_1=V_2$，所以上式可改写为

$$\frac{\tau_b L}{\gamma R} = \frac{\tau_b \chi_b L}{\gamma A} = z_1 - z_2 \tag{2.2.6}$$

对于均匀流，断面 1 和断面 2 的伯努利能量方程可写为

$$h_f = \left(z_1 + \frac{V_1^2}{2g}\right) - \left(z_2 + \frac{V_2^2}{2g}\right) = z_1 - z_2 \tag{2.2.7}$$

联立求解式（2.2.6）和式（2.2.7）可得

$$h_f = \frac{\tau_b L}{\gamma R} \tag{2.2.8}$$

把式（2.1.1）代入式（2.2.8）得

$$\frac{\tau_b L}{\gamma R} = f \frac{L}{4R} \frac{V^2}{2g}$$

整理得

$$\frac{\tau_b}{\rho} = \frac{f}{8} V^2 \tag{2.2.9}$$

由于 $u_* = \sqrt{\dfrac{\tau_b}{\rho}}$，所以由式（2.2.9）得

$$u_* = V\sqrt{\frac{f}{8}} \tag{2.2.10}$$

把式（2.2.10）代入式（2.2.4）得

$$V = V\sqrt{\frac{f}{8}}\left(2.5\ln\frac{Y}{\nu}V\sqrt{\frac{f}{8}} + 3\right)$$

整理得光滑明渠阻力系数 f 与雷诺数 Re 的关系：

$$\frac{1}{\sqrt{f}} = \frac{1}{\sqrt{8}}\left(2.5\ln\frac{Re\sqrt{f}}{\sqrt{8}} + 3\right) = -0.88\ln\left(\frac{0.86}{Re\sqrt{f}}\right) \tag{2.2.11}$$

式中：

$$Re = \frac{Y}{\nu}V = \frac{RV}{\nu}$$

把式（2.2.10）代入式（2.2.5）得

$$V = V\sqrt{\frac{f}{8}}\left(2.5\ln\frac{Y}{k} + 6\right)$$

整理得粗糙明渠阻力系数 f 与雷诺数 Re 的关系：

$$\frac{1}{\sqrt{f}} = \frac{1}{\sqrt{8}}\left(2.5\ln\frac{R}{k} + 6\right) = 0.88\ln\left(11\frac{R}{k}\right) = -0.88\ln\frac{k}{11R} \tag{2.2.12}$$

对过渡粗糙明渠，其紊流是介于光滑明渠和粗糙明渠之间的紊流。类似于管流，采用柯列勃洛克的处理方法，过渡粗糙明渠阻力系数为

$$\frac{1}{\sqrt{f}} = -0.88\ln\left(\frac{0.86}{Re\sqrt{f}} + \frac{k}{11R}\right) \tag{2.2.13}$$

2.3　通用综合糙率系数公式

当冰盖生成时，水流由明流变为暗流，流动结构发生显著的改变，如图 2.3.1 所示。此时一般以最大流速线（点）将流动沿水深方向分为冰盖区和床面区两层，再分别等效成明流对数分布（Einstein，1942；Larsen，1969）。在图 2.3.1 中，H 为冰盖下流动的总水深，Y 为床面区水深，Y_i 为冰盖区水深，χ_b 为床面区湿周，χ_b 为冰盖区湿周，u 为时均流速。

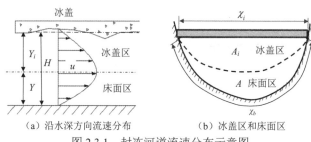

（a）沿水深方向流速分布　　　（b）冰盖区和床面区

图 2.3.1　封冻河道流速分布示意图

根据水流的连续性，渠道总流量 Q_c 是床面区流量 Q 和冰盖区流量 Q_i 之和，即

$$Q_c = Q + Q_i \tag{2.3.1}$$

床面区、冰盖区和渠道总流量分别是：

$$Q = AV = R\chi_b \frac{1}{n} R^{2/3} \sqrt{J} = \frac{1}{n} \chi_b R^{5/3} \sqrt{J} \tag{2.3.2}$$

$$Q_i = A_i V_i = R_i \chi_i \frac{1}{n_i} R_i^{2/3} \sqrt{J_i} = \frac{1}{n_i} \chi_i R_i^{5/3} \sqrt{J_i} \tag{2.3.3}$$

$$Q_c = A_c V_c = R_c \chi_c \frac{1}{n_c} R_c^{2/3} \sqrt{J_c} = \frac{1}{n_c} \chi_c R_c^{5/3} \sqrt{J_c} \tag{2.3.4}$$

式中：V、V_i、V_c 分别为床面区、冰盖区、整个过水断面的平均流速，m；R 为水力半径，m；J 为水力坡度；n 为曼宁糙率系数；$A = R\chi$ 为过水断面面积，m^2；χ 为湿周，m；下标 i 为与冰有关的参数，下标 c 为整个过水断面的参数，例如 n_i 和 n_c 分别为冰盖糙率系数和整个过水断面的综合糙率系数；χ_b 为河床湿周。

把式（2.3.2）～式（2.3.4）代入式（2.3.1），得

$$\frac{1}{n_c} \chi_c R_c^{5/3} \sqrt{J_c} = \frac{1}{n} \chi_b R^{5/3} \sqrt{J} + \frac{1}{n_i} \chi_i R_i^{5/3} \sqrt{J_i} \tag{2.3.5}$$

当假设流动为均匀流，则 $J_c = J = J_i$，所以式（2.3.5）可简化为

$$\frac{1}{n_c} \chi_c R_c^{5/3} = \frac{1}{n} \chi_b R^{5/3} + \frac{1}{n_i} \chi_i R_i^{5/3} = \left(\frac{1}{n} \chi_b \frac{R^{5/3}}{R_i^{5/3}} + \frac{1}{n_i} \chi_i \right) R_i^{5/3} \tag{2.3.6}$$

冰盖下流动的水力半径，为

$$R_c = \frac{A_c}{\chi_c} = \frac{A + A_i}{\chi_b + \chi_i} = \frac{\dfrac{A}{\chi_b} \dfrac{\chi_b}{\chi_i} + \dfrac{A_i}{\chi_i}}{1 + \dfrac{\chi_b}{\chi_i}} = \frac{\beta R + R_i}{1 + \beta} \tag{2.3.7}$$

式中：$\beta = \dfrac{\chi_b}{\chi_i}$ 为床面区湿周和冰盖区湿周的比值，称为湿周比。

由于床面区和冰盖区的平均流速比

$$a = \frac{V}{V_i} = \frac{\dfrac{1}{n} R^{2/3} \sqrt{J}}{\dfrac{1}{n_i} R_i^{2/3} \sqrt{J_i}} = \frac{n_i}{n} \frac{R^{2/3}}{R_i^{2/3}} \qquad (2.3.8)$$

从式（2.3.8）中可得

$$\frac{R}{R_i} = a^{3/2} \frac{n^{3/2}}{n_i^{3/2}} \qquad (2.3.9)$$

把式（2.3.9）代入式（2.3.7）得

$$R_i = \frac{R_c (1+\beta)}{1 + \beta a^{3/2} \dfrac{n^{3/2}}{n_i^{3/2}}} \qquad (2.3.10)$$

将式（2.3.9）和式（2.3.10）代入式（2.3.6）：

$$\frac{1}{n_c} \chi_c R_c^{5/3} = \left(\frac{1}{n} \chi_b a^{5/2} \frac{n^{5/2}}{n_i^{5/2}} + \frac{\chi_i}{n_i} \right) \frac{R_c^{5/3} (1+\beta)^{5/3}}{\left(1 + \beta a^{3/2} \dfrac{n^{3/2}}{n_i^{3/2}}\right)^{5/3}}$$

等式两边同除以 $R_c^{5/3}$，并注意到 $\chi_c = \chi_b + \chi_i = (1+\beta)\chi_i$，则求解得通用综合糙率系数公式：

$$n_c = \frac{\left(n_i^{3/2} + \beta a^{3/2} n^{3/2}\right)^{5/3}}{(1+\beta)^{2/3} \left(n_i^{3/2} + \beta a^{5/2} n^{3/2}\right)} \qquad (2.3.11)$$

当假设床面区和冰盖区的平均流速相同，即流速比 $a=1$，则可得 Einstein（1942）综合糙率系数公式：

$$n_{cE} = \left(\frac{n_i^{3/2} + \beta n^{3/2}}{1+\beta} \right)^{2/3} \qquad (2.3.12)$$

如果再假设明渠是宽浅型，则湿周比 $\beta \to 1$，这时通用综合糙率系数公式（2.3.12）可简化为 Belokon-Sabaneev 公式：

$$n_{cS} = \left(\frac{n_i^{3/2} + n^{3/2}}{2} \right)^{2/3} \qquad (2.3.13)$$

下面分析综合糙率系数 n_c 随参数 a 的变化。对式（2.3.18）求偏导数：

$$\frac{\partial n_c}{\partial a} = \frac{1}{(1+\beta)^{2/3}} \frac{\left[\dfrac{5}{2}\left(n_i^{3/2} + \beta a^{3/2} n^{3/2}\right)^{2/3} n^{3/2} \beta a^{1/2} \left(n_i^{3/2} + \beta a^{5/2} n^{3/2}\right) - \dfrac{5}{2}\left(n_i^{3/2} + \beta a^{3/2} n^{3/2}\right)^{5/3} \beta a^{3/2} n^{3/2} \right]}{\left(n_i^{3/2} + \beta a^{5/2} n^{3/2}\right)^2}$$

$$= \frac{1}{(1+\beta)^{2/3}} \frac{5}{2} \frac{1-a}{\left(n_i^{3/2} + \beta a^{5/2} n^{3/2}\right)^2} n^{3/2} n_i^{3/2} \beta a^{1/2} \left(n_i^{3/2} + \beta a^{3/2} n^{3/2}\right)^{2/3}$$

令 $\dfrac{\partial n_c}{\partial a} = 0$，则可得 n_c 取最大值的条件为 $a = 1$，且 n_c 的最大值为

$$n_{c\max} = \left(\frac{n_i^{3/2} + \beta n^{3/2}}{1 + \beta} \right)^{2/3} \tag{2.3.14}$$

观察式（2.3.12）和式（2.3.14）可得一个重要结论，采用 Einstein 公式计算的综合糙率系数将比实际综合糙率系数值大。

2.4　常用综合糙率系数公式的比较

从通用综合糙率系数公式（2.3.11）可知，为了准确计算明渠综合糙率系数，必须知道流速比 a 的值，为此，下面将通过对矩形明渠床面区和冰盖区的流速分布和边界条件分析，首先建立床面区和冰盖区水力半径之间的函数关系，然后给出数值求解水力半径的方法，给出流速比和综合糙率系数的计算程序，最后通过计算分析比较几个常用综合糙率系数公式。

对于粗糙矩形明渠，由式（2.2.2）和式（2.2.5）可分别得床面区的最大流速和平均流速：

$$u_{\max} = u_* \left(2.5 \ln \frac{Y}{k} + 8.5 \right) \tag{2.4.1a}$$

$$V = u_* \left(2.5 \ln \frac{Y}{k} + 6 \right) \tag{2.4.1b}$$

所以，最大流速和平均流速具有下述关系

$$u_{\max} = V + 2.5 u_* = \left(1 + 2.5 \frac{n}{R^{1/6}} \sqrt{g} \right) V \tag{2.4.2}$$

式中：$u_{\max}$ 为床面区的最大流速，m/s。可以证明，上式不仅适用于粗糙明渠，而且适用于光滑明渠。

类似地，冰盖区的最大流速与平均流速的关系为

$$u_{\max i} = \left(1 + 2.5 \frac{n_i}{R_i^{1/6}} \sqrt{g} \right) V_i \tag{2.4.3}$$

2.4.1　床面区和冰盖区水力半径的关系

在床面区和冰盖区的交界面有 $u_{\max} = u_{\max i}$，由式（2.4.2）和式（2.4.3）可得

$$\frac{V}{V_i} = \frac{1 + 2.5 \dfrac{n_i}{R_i^{1/6}} \sqrt{g}}{1 + 2.5 \dfrac{n}{R^{1/6}} \sqrt{g}} \tag{2.4.4}$$

把式（2.4.4）代入式（2.3.8），可得流速比为

$$a = \frac{1 + 2.5 \dfrac{n_i}{R_i^{1/6}} \sqrt{g}}{1 + 2.5 \dfrac{n}{R^{1/6}} \sqrt{g}} = \frac{n_i}{n} \frac{R^{2/3}}{R_i^{2/3}} \tag{2.4.5}$$

根据式（2.4.5），可得床面区和冰盖区水力半径的关系为

$$F = R_i^{2/3} + 2.5n_i\sqrt{R_i g} - \frac{n_i}{n}\left(R^{2/3} + 2.5n\sqrt{Rg}\right) = 0 \qquad （2.4.6）$$

2.4.2　R、R_i、a 和 n_c 的求解

由式（2.3.7）可得

$$R_i = R_c\left(1+\beta\right) - \beta R \qquad （2.4.7）$$

对于矩形渠道，床面区湿周 $\chi_b = b + 2H$，冰盖区湿周 $\chi_i = b$，所以

$$\beta = \frac{\chi_b}{\chi_i} = \frac{b+2H}{b} \qquad （2.4.8）$$

$$R_c = \frac{A}{\chi_b + \chi_i} = \frac{bH}{2(b+H)} \qquad （2.4.9）$$

式中：H 为冰盖下流动的水深，m。显然，当给定 b 和 H，湿周比 β 和总水力半径 R_c 是已知量。

把式（2.4.7）代入式（2.4.6）可得

$$F = [R_c\left(1+\beta\right) - \beta R]^{2/3} + 2.5n_i\sqrt{[R_c\left(1+\beta\right) - \beta R]g} - \frac{n_i}{n}(R^{2/3} + 2.5n\sqrt{Rg}) = 0 \quad （2.4.10）$$

当给定 R_c、n、n_i 时，上式中未知量 R 可以采用数值方法求解，然后由式（2.4.7）计算冰盖区的水深 R_i，由式（2.4.5）计算流速比 a，最后由（2.3.11）计算综合糙率系数 n_c。

2.4.3　流速比随总水深、糙率系数和渠宽的关系

图 2.4.1 示出了给定 n 和 b 时 $a = V/V_i$ 与 H 和 n_i 的关系曲线。观察图 2.4.1，发现：

（1）当 $n/n_i \geqslant 1$ 时，a 随 H 的增加而增加；当 $n/n_i < 1$ 时，a 随 H 的增加而减小。当 $0.015 \leqslant n \leqslant 0.03$ 且 $0.005 \leqslant n_i \leqslant 0.045$，则 $0.8 \leqslant a < 1.25$。

（2）渠宽 b 对流速比 a 的影响不大。

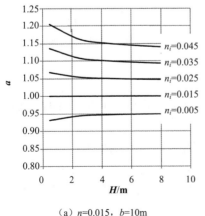

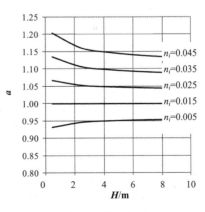

(a) $n=0.015$，$b=10\text{m}$　　　　　　　(b) $n=0.015$，$b=50\text{m}$

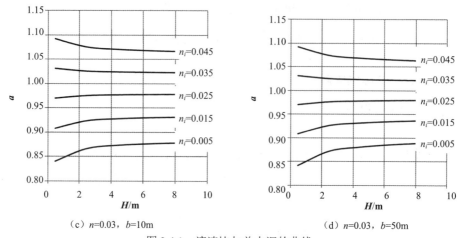

（c）n=0.03，b=10m　　　　　　　　　　（d）n=0.03，b=50m

图 2.4.1　流速比与总水深的曲线

2.4.4　通用综合糙率系数公式与 Einstein 公式的比较

图 2.4.2 示出了给定 n、n_i 和 b 时通用综合糙率系数公式与 Einstein 公式计算的偏差相对值 $\Delta n_{c2}/n_c$ 与 H 和 n_i 的关系曲线。图 2.4.2 中 $\dfrac{\Delta n_{c2}}{n_c}=\dfrac{n_{cE}-n_c}{n_c}$，其中 n_{cE} 为 Einstein 公式计算的综合糙率系数，n_c 为通用综合糙率系数公式的计算值。

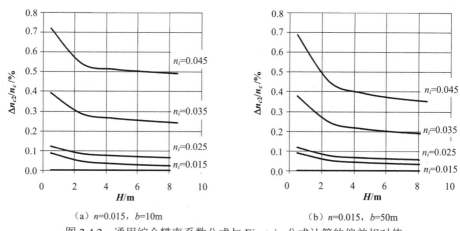

（a）n=0.015，b=10m　　　　　　　　　　（b）n=0.015，b=50m

图 2.4.2　通用综合糙率系数公式与 Einstein 公式计算的偏差相对值

观察图 2.4.2，发现：

（1）当 n、n_i 和 b 一定时，$\Delta n_{c2}/n_c$ 随 H 的增加而减小。在 $H<3$m 时，$\Delta n_{c2}/n_c$ 较大，但 $\Delta n_{c2}/n_c$ 始终小于 1%。

（2）当 n、n_i 和 H 一定时，$\Delta n_{c2}/n_c$ 随渠道宽深比 b/H 的增加而减小。

总的来说，Einstein 公式计算的综合糙率系数非常接近通用综合糙率系数公式的计算值，且 $\Delta n_{c2}/n_c<1\%$，所以采用 Einstein 公式计算综合糙率系数具有足够的精度。

2.4.5 通用综合糙率系数公式与 Belokon-Sabaneev 公式的比较

图 2.4.3 示出了给定 n、n_i 和 b 时通用综合糙率系数公式与 Belokon-Sabaneev 公式计算的偏差相对值 $\Delta n_{c1}/n_{cS}$ 与 H 和 n_i 的关系曲线。图 2.4.3 中 $\dfrac{\Delta n_{c1}}{n_{cS}} = \dfrac{n_{cS} - n_c}{n_{cS}}$，其中 n_{cS} 为 Belokon-Sabaneev 公式计算的综合糙率系数。

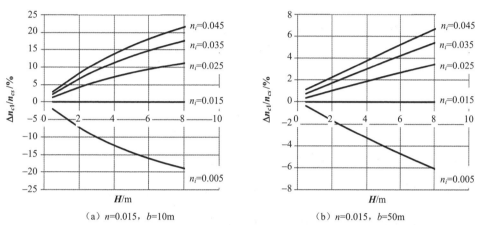

（a）$n=0.015$，$b=10\text{m}$　　　（b）$n=0.015$，$b=50\text{m}$

图 2.4.3　通用综合糙率系数公式与 Belokon-Sabaneev 公式计算的偏差相对值

观察图 2.4.3，发现：

（1）当 n、n_i 和 b 一定时，$\Delta n_{c1}/n_{cS}$ 随 H 的变化而大幅改变。当 $n/n_i > 1$ 时，$\Delta n_{c1}/n_{cS} < 0$，并且随着 H 的增加而负增长，即 Belokon-Sabaneev 公式计算的综合糙率系数小于通用综合糙率系数公式的计算值；当 $n/n_i < 1$ 时，$\Delta n_{c1}/n_{cS}$ 随着 H 的增加而增加，即 Belokon-Sabaneev 公式计算的综合糙率系数大于通用综合糙率系数公式的计算值。

（2）当 n、n_i 和 H 一定时，$\Delta n_{c1}/n_{cS}$ 随渠道宽深比 b/H 的增加而减小。当 $b/H < 5$ 时，则 $\Delta n_{c1}/n_{cS}$ 可能超过 20%。

总的来说，对于宽深比 b/H 较小的矩形明渠，采用 Belokon-Sabaneev 公式将产生很大的计算偏差，不适宜采用。

2.5 宽浅明渠综合糙率系数 n_c 的计算

对于宽浅明渠，湿周比 $\beta \to 1$，床面区和冰盖区的水力半径与水深关系为 $R \approx Y$ 和 $R_i \approx Y_i$，其中：Y 为床面区水深，Y_i 为冰盖区水深。这时综合糙率系数公式（2.3.11）可简化为

$$n_c = \frac{\left(n_i^{3/2} + a^{3/2} n^{3/2}\right)^{5/3}}{2^{2/3}\left(n_i^{3/2} + a^{5/2} n^{3/2}\right)} \tag{2.5.1}$$

显然，若知道流速比 a 的值，则可以直接算出综合糙率系数 n_c 的值。

当将 $R = Y$ 和 $R_i = Y_i$ 代入式（2.4.5）和式（2.4.6）可得

$$a = \frac{1 + 2.5 \dfrac{n_i}{Y_i^{1/6}} \sqrt{g}}{1 + 2.5 \dfrac{n}{Y^{1/6}} \sqrt{g}} = \frac{n_i}{n} \frac{Y^{2/3}}{Y_i^{2/3}} \tag{2.5.2}$$

$$F = Y_i^{2/3} + 2.5 n_i \sqrt{Y_i g} - \frac{n_i}{n}\left(Y^{2/3} + 2.5 n \sqrt{Y g}\right) = 0 \tag{2.5.3}$$

把式（2.5.2）代入式（2.5.1）可以得到 Larsen（1969）公式，即

$$n_c = \frac{1}{2^{2/3}} \frac{\left[n_i^{3/2} + \left(\dfrac{n_i}{n}\dfrac{Y^{2/3}}{Y_i^{2/3}}\right)^{3/2} n^{3/2}\right]^{5/3}}{n_i^{3/2} + \left(\dfrac{n_i}{n}\dfrac{Y^{2/3}}{Y_i^{2/3}}\right)^{5/2} n^{3/2}} = \frac{1}{2^{2/3}} \frac{n_i\left(1 + \dfrac{Y}{Y_i}\right)^{5/3}}{1 + \dfrac{n_i}{n}\dfrac{Y^{5/3}}{Y_i^{5/3}}} = \frac{1}{2^{2/3}} n \frac{\left(1 + \dfrac{Y_i}{Y}\right)^{5/3}}{1 + \dfrac{n}{n_i}\dfrac{Y_i^{5/3}}{Y^{5/3}}} \tag{2.5.4}$$

显然，Larsen 公式是通用综合糙率系数公式的一个特例。

对于宽浅明渠，只需取式（2.4.10）中 $\beta = 1$，$R_c = \dfrac{A_c}{\chi_c} = \dfrac{BH}{2B} = \dfrac{H}{2}$，其中 B 为明渠水面宽，则可以采用 2.4.2 节方法计算确定 R、R_i、a 和 n_c。

图 2.5.1 示出了给定 n 和 n_i 时通用综合糙率系数公式与 Belokon-Sabaneev 公式计算的偏差相对值 $\Delta n_{c1}/n_{cS}$ 与 H 和 n_i 的关系曲线。

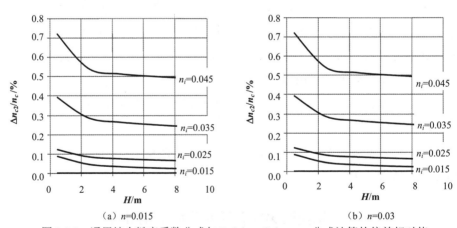

图 2.5.1　通用综合糙率系数公式与 Belokon-Sabaneev 公式计算的偏差相对值

观察图 2.5.1，得到：

（1）当糙率系数 n 和 n_i 一定时，$\Delta n_{c1}/n_{cS}$ 随 H 的增大而减小，并且 $\Delta n_{c1}/n_{cS} > 0$，即 Belokon-Sabaneev 公式计算的综合糙率系数大于通用综合糙率系数公式的计算值。

（2）$0 \leqslant \Delta n_{c1}/n_{cS} \leqslant 1\%$。

综上所述，对于宽浅明渠，采用 Belokon-Sabaneev 公式计算综合糙率系数具有足够的精度。

2.6 部分冰盖的综合糙率系数

图 2.6.1 给出了明渠断面水面部分冰封示例，其中 B 为明渠总的水面宽，b 为明流水面宽度。当采用 Einstein（1942）假定，将整个过流断面划分成冰盖区和床面区，以最大流速所在面作为划分两区的分界面，同时假定封冻河道过流断面的水力半径可以分割，整个过流断面的断面平均流速和冰盖区、床面区的平均流速相等，则在此条件下，Einstein 给出了冰盖下流动综合糙率系数的计算公式。假设图 2.6.1 中明流区和冰封区的流动互不干扰，则明渠断面水面部分冰封的综合糙率系数仍然可由 Einstein 公式（2.3.13）计算，即

$$n_{co} = \left(\frac{n_i^{3/2} + \beta_o n^{3/2}}{1 + \beta_o} \right)^{2/3} \qquad (2.6.1)$$

式中：n_{co} 部分冰封综合糙率系数；β_o 为

$$\beta_o = \frac{\chi_b}{B(1-\mu)} \qquad (2.6.2)$$

明渠断面水面部分冰封时的湿周和水力半径分别为

$$\chi_{co} = \chi_b + B(1-\mu) \qquad (2.6.3)$$

$$R_{co} = \frac{A_c}{\chi_b + B(1-\mu)} \qquad (2.6.4)$$

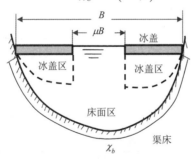

图 2.6.1 明渠断面水面部分冰封示意图

2.7 渠床糙率系数与冰盖糙率系数的计算

在工程设计中，国内工程常常利用下述公式计算渠道沿程糙率系数：

$$n = \frac{R^{\frac{1}{6}}}{19.55 + 18 \lg \frac{R}{k_s}} \qquad (2.7.1)$$

由此可以看出，糙率系数 n 不仅与反映渠道表面平整度的当量粗糙度 k_s 值有关，还与水力半径 R 的大小有关，n 将随 R 的加大而加大。k_s 的取值在工程初期一般取 0.00061。式（2.7.1）是根据实验室资料得到的，并且 k_s=0.00061 与实际工程可能差别较大，当渠道 R

较大时，计算的 n 值偏小。

　　杨开林和汪易森（2012、2013）以南水北调中线京石段应急供水工程实测资料为依据，采用系统辨识方法得到的混凝土衬砌渠道沿程糙率系数为

$$n = \frac{R^{\frac{1}{6}}}{22.9\lg(1020R)} \qquad (2.7.2)$$

该公式与美国垦务局经验公式计算结果非常接近，可以作为其他人工混凝土渠道工程设计的依据。

　　河渠中的冰盖的糙率系数随时间变化，Nezhikhovskiy（1964）总结了苏联的大量资料，得到的经验公式为

$$n_i = n_{i,e} + (n_{i,i} - n_{i,e})e^{-\alpha_n t} \qquad (2.7.3)$$

式中：$n_{i,i}$ 为初始冰盖糙率系数；$n_{i,e}$ 为封冻期末的冰盖糙率系数；t 为封冻后的天数；α_n 为衰减指数。α_n 的取值根据平冬、暖冬、冷冬和封冻程度的不同而不同，具体取值可参见表 2.7.1。冰盖 n_i 值的范围列于表 2.7.2 和表 2.7.3（汪易森等，2013）。一般认为初封时的冰盖糙率系数较大，到冬末时糙率系数变小。

表 2.7.1　参数 α_n 的取值

冬季气象条件	冰盖特征		
	清沟多	清沟少	无清沟
严冬	0.005	0.010	0.020
平冬	0.023	0.024	0.025
暖冬	0.050	0.040	0.030

表 2.7.2　单层冰曼宁 n_i 值建议范围

冰的类型	单冰层条件	n_i
片状冰	光滑	0.008~0.012
	波纹冰	0.01~0.03
	单层碎片	0.015~0.025
水内冰	新的：0.3~0.9m 厚	0.01~0.03
	新的：0.9~1.5m 厚	0.03~0.06
	旧的	0.01~0.02

表 2.7.3　冰塞的 n_i 值

厚度/m	松散冰花	冻结冰花	片状冰
0.1	—	—	0.015
0.3	0.01	0.013	0.04
0.5	0.01	0.02	0.05
0.7	0.02	0.03	0.06
1.0	0.03	0.04	0.08
1.5	0.03	0.06	0.09
2.0	0.04	0.07	0.09
3.0	0.05	0.08	0.10
5.0	0.06	0.09	—

2.8 小结

本章推导出了冰盖下流动的通用综合糙率系数公式。理论分析证明：①现有的一些常用公式，诸如 Einstein 公式、Belokon-Sabaneev 公式及 Larsen 公式均是它的特例；②采用 Einstein 公式计算的综合糙率系数将比实际综合糙率系数值大。

通过对矩形明渠和宽浅明渠床面区和冰盖区的流速分布和边界条件分析，比较了通用综合糙率系数公式、Einstein 公式、Belokon-Sabaneev 公式及 Larsen 公式计算的冰盖下流动综合糙率系数的准确性，获得下述重要结论：

（1）对于宽深比 b/H 较小的矩形明渠，采用 Belokon-Sabaneev 公式可能产生很大的计算偏差，不适宜采用。

（2）采用 Einstein 公式计算的综合糙率系数非常接近通用综合糙率系数公式的计算值，在总水深 $H>3\mathrm{m}$ 和 $n_i\leqslant0.04$ 时，两者的偏差相对值 $\Delta n_{c2}/n_c<1\%$。

因此推荐在工程设计中采用 Einstein 公式确定综合糙率系数 n_c，其结果偏于安全。

参考文献

[1] 惠遇甲. 1994.冰期河道糙率系数分析和计算方法研究现状的评述[J].泥沙研究（1）：33-44.

[2] 汪易森，杨开林，张斌，等译.2013. 河冰管控工程设计手册（Engineering and Design，Ice Engineering. U.S. Army Corps of Engineers）[M]. 北京：中国水利水电出版社.

[3] 杨开林，汪易森.2012. 南水北调中线工程渠道糙率系数的系统辨识[J].中国工程科学，14（11）：17-23.

[4] 杨开林. 2014.明渠冰盖下流动的综合糙率系数[J].水利学报，45（11）：1310-1317.

[5] 张鑫.2008.明渠紊流流速分布公式的对比和研究[D].南京：河海大学.

[6] 赵明登，槐文信，李泰儒. 2010.明渠均匀流垂线流速分布规律研究[J]. 武汉大学学报（工学版），43（5）:1-5.

[7] Coles D.1956.The law of the wake in the turbulent boundary layer[J].Journal of Fluid Mechanics，1: 191-226.

[8] Einstein H A.1942.Method of calculating the hydraulic radius in a cross section with different roughness[C]//Appen. II of the paper "Formulas for the transportation of bed load". Trans ASCE：107.

[9] Keulegan G H.1938.Lows of turbulent flow in open channels[J]. Journal of Research of the Rational Bureau of Standards（21）:707-741.

[10] Larsen P A.1969.Head losses caused by an ice cover on open channels[J].Journal of the Boston Society of Civil Engineers，56（1）：45-67

[11] Nezhikovskiy R A. 1964.Coefficient of Roughness of Bottom Surfaces of Slush Ice Cover[J]. Soviet Hydrology，Selected Papers，No. 2，pp:127-150.

[12] Steffler P M，Rajaratnam N，Peterson A W. 1985.LDV measurement in open channel[J]. Journal of Hydraulic Engineering，111（1）:119-129.

[13] Uzuner M S.1975.The composite roughness of ice covered streams[J]. J. of Hyd. Res.，13（1）：79-102.

[14] Yang Kailin，Wang Yisheng.2013.System identification of channel roughness for Mid-Route Project of South-to-North Water Diversion[J]. Engineering Sciences，11（6）:58-64.

第 3 章　恒定水深平均流速的横向分布

河渠恒定流动可分为均匀流与非均匀流，其输水能力及水面线的水力计算是水资源规划、滩地利用、防洪水位设计、河道整治等的基础。当河渠断面为矩形和梯形时，其流量和水面线可以采用一维模型计算。当河渠断面是复式的，比如在漫滩水流中，由于主槽和滩地之间水力条件存在很大差别，主槽较快流动与滩地较慢流动相互作用，主槽中的过水能力较漫滩前大为降低；滩地上的水流流速较同样水深的单一河槽的水流流速大；滩槽交界面附近，水深发生急剧变化、出现低流速值，水面形成许多大大小小的涡旋；在滩槽交界面附近、形成复杂的二次流和螺旋流，水流紊动强度大于主槽和滩地，水流的紊动、二次流和螺旋流的存在使滩槽交界面附近的水体发生大量的质量交换（李彪等，2005）。对于复式河槽，洪水漫滩后，由于过流断面的非规则性和阻力分布的非均匀性，很难准确推求复式河槽过流能力（杨克君等，2005）。一般说来，为了确定复式或者天然河渠的流量及水面线，首先必须了解断面水深平均流速的横向分布规律。

另外，冬季冰期时河渠的岸边因流速较低常常会形成岸冰，其覆盖的水面和向河渠中部发展的速度不仅与气温有关，而且取决于流速的横向分布。岸冰的存在会缩小自由水面，可能使得流凌通过时受到卡阻形成冰盖并向上游发展，同时冰盖厚度的横向分布也受流速的横向分布的影响，因此，在预测河渠冰盖的形成发展过程中，掌握流速的横向分布规律也是十分必要的。

目前，可以采用二维 k-ε 紊流模型计算出河渠的流速，但是计算程序复杂，所以简单实用的模型仍然是人们研究的重要课题。在这方面，Shiono 和 Knight（1991）提出的 SKM 模型受到广泛应用（许唯临等，2002、2004；Abril 和 Knight，2004；Mcgahey 等，2006；高敏，槐文信等，2008；Sharifi 等，2009）。SKM 模型以 Reynolds 平均的 Navier-Stokers 方程为基础，反映了复式河道断面的水流现象，并且给出了主流方向水深平均流速 U_d 横向分布的解析公式。在 SKM 模型中，河道阻力系数 f_b、二次流梯度 Γ 和无因次涡流黏度 λ 是关键的基础参数。Ervine 等（2000）将 Γ 与 U_d 联系起来，并以英国科学工程研究协会洪水水槽设施 （SERC-FCF）的系列水槽实验和原型观测资料为依据，归纳出描述棱柱体和蜿蜒漫滩河渠二次流系数 K 的经验公式。Abril 和 Knight（2004）建立了 Γ 与河道底坡和水深的函数关系，给出了棱柱体河渠 f_b、Γ 和 λ 的经验公式。许唯临等（2002、2004）建立了摩阻因子与一维河道流摩阻因子的关系，并将二次流的影响表达成与雷诺切应力相同的形式，从而将其归入紊动切应力中，并由实测数据给出了涡黏性系数的经验公式。Sharifi 等（2009）研究了用多目标遗传算法模型率定梯形明渠阻力系数 f_b、λ 和 Γ。

需要说明的是，上述研究都是建立在恒定均匀流的假设基础上，而一般河渠内的流动是非均匀流。此外，糙率系数是流动计算的基础数据，一般通过对原型恒定非均匀流的实测率定获得，因此用 SKM 法恒定均匀流的模型计算非均匀流必然产生较大的偏差。鉴于此，杨开林（2015）以 Reynolds 平均的 Navier-Stokes 紊流方程为基础，研究了河渠恒定非均匀流的水深平均流速横向分布模型及其求解方法，该模型包括了河渠流动的一些关键三维紊流因素。

本章的主要内容为：以 Reynolds 平均的 Navier-Stokers 方程为基础，导出河渠恒定非均匀流的水深平均流速 U_d 的横向分布的准二维模型；f_b、λ 和 β 或 K 为常数时复式明渠 U_d 的解析解；矩形和梯形明渠 U_d 的计算公式；天然河渠 U_d 的有限解析计算及利用计算机列写方程并求解的方法；非线性准二维模型的数值求解；河渠水面线的推算；以及算例等。

3.1 恒定非均匀的准二维模型

恒定不可压缩流体的 Reynolds 平均的 Navier-Stokes 连续方程是

$$\frac{\partial U}{\partial x} + \frac{\partial V}{\partial y} + \frac{\partial W}{\partial z} = 0 \tag{3.1.1}$$

在忽略水流紊动扩散影响的条件下，在主流方向 x 的运动方程（黄胜，卢启苗，1995）是

$$\underbrace{U\frac{\partial U}{\partial x} + V\frac{\partial U}{\partial y} + W\frac{\partial U}{\partial z}}_{（Ⅰ）} = \underbrace{gs_0}_{（Ⅱ）} \underbrace{-\frac{1}{\rho}\frac{\partial P}{\partial x}}_{（Ⅲ）} + \underbrace{\frac{\partial}{\partial x}(-\overline{uu}) + \frac{\partial}{\partial y}(-\overline{uv}) + \frac{\partial}{\partial z}(-\overline{uw})}_{（Ⅳ）} \tag{3.1.2}$$

式中：（Ⅰ）为对流项，（Ⅱ）为重力项，（Ⅲ）为压力项，（Ⅳ）为紊动应力项又称为雷诺应力项；y 为横向坐标，m；z 为垂向坐标，m；U、V、W 分别为 x、y、z 向的时均流速，m/s；u、v、w 分别为 x、y、z 向的脉动速度，m/s；s_0 为河渠底坡；P 为压力，N/m^2；g 为重力加速度，m/s^2；ρ 为流体密度，kg/m^3；上标 "—" 表示取时间平均值。

因为

$$U\frac{\partial U}{\partial x} + V\frac{\partial U}{\partial y} + W\frac{\partial U}{\partial z} = 2U\frac{\partial U}{\partial x} + \frac{\partial UV}{\partial y} + \frac{\partial UW}{\partial z} = \frac{\partial U^2}{\partial x} + \frac{\partial UV}{\partial y} + \frac{\partial UW}{\partial z} \tag{3.1.3}$$

以及 $\frac{\partial}{\partial x}(-\overline{uu})$ 很小可以忽略不计（Shiono 和 Knight，1991），所以把式（3.1.3）代入式（3.1.2）可得

$$\frac{\partial U^2}{\partial x} + \frac{\partial UV}{\partial y} + \frac{\partial UW}{\partial z} = gs_0 - \frac{1}{\rho}\frac{\partial P}{\partial x} + \frac{1}{\rho}\frac{\partial \tau_{yx}}{\partial y} + \frac{1}{\rho}\frac{\partial \tau_{zx}}{\partial z} \tag{3.1.4}$$

式中：$\tau_{yx} = -\rho\overline{uv}$ 为与 y 轴垂直平面的紊动应力；$\tau_{zx} = -\rho\overline{uw}$ 为与 z 轴垂直平面的紊动应力。

τ_{zx} 在过水断面上可视为线性分布：

$$\tau_{zx} = x_b\tau_b\left(1 - \frac{z - z_b}{h}\right) \tag{3.1.5}$$

式中：τ_b 为床面剪切应力，N/m^2；x_b 为河渠单宽湿周，m；z_b 为河渠局部高程，m；$h = H_s - z_b$ 为局部水深，m；H_s 为水面高程，又称水位，m。

假设压力 P 为静水分布，则

$$P = g\rho(H_s - z) \tag{3.1.6}$$

对式（3.1.4）沿整个水深积分，可得水深平均的运动方程为

$$\frac{\partial hU_d^2}{\partial x}+\frac{\partial h(UV)_d}{\partial y}=ghs_0-ghs_h+\frac{1}{\rho}\frac{\partial h\overline{\tau}_{yx}}{\partial y}-x_b\frac{\tau_b}{\rho} \qquad (3.1.7)$$

式中：

$$U_d=\frac{1}{h}\int_{z_b}^{H_s}U\mathrm{d}z，\quad (U^2)_d=\frac{1}{h}\int_{z_b}^{H_s}U^2\mathrm{d}z\approx U_d^2，\quad (UV)_d=\frac{1}{h}\int_{z_b}^{H_s}(UV)\mathrm{d}z，$$

$$\overline{\tau}_{yx}=\frac{1}{h}\int_{z_b}^{H_s}(-\rho\overline{uv})\mathrm{d}z \qquad (3.1.8)$$

式中：U_d 为主流方向 x 的水深平均流速，m/s；$s_h=\dfrac{\partial h}{\partial x}$ 为水深沿流向的变化率。

对于棱柱体河渠，主流方向 x 单宽流量的变化量 $\dfrac{\partial hU_d}{\partial x}=0$，可得

$$\frac{\partial hU_d^2}{\partial x}=hU_d\frac{\partial U_d}{\partial x}+U_d\frac{\partial hU_d}{\partial x}=hU_d\frac{\partial U_d}{\partial x}=-U_d^2\frac{\partial h}{\partial x}=-s_hU_d^2 \qquad (3.1.9)$$

式（3.1.7）中 $\dfrac{\partial h(UV)_d}{\partial y}$ 是表示二次流横向梯度的项，Abril 和 Knight（2004）的研究表明它可以描述为水深和底坡的函数，即

$$\Gamma=\frac{\partial h(UV)_d}{\partial y}=\beta ghs_0 \qquad (3.1.10)$$

式中：Γ 为二次流横向梯度；β 为二次流系数。

根据 Shiono 和 Knight（1991），当采用 Darcy-Weisbach 阻力系数，且用 Boussinesq 涡流黏度模型计算雷诺应力 $\overline{\tau}_{yx}$，则

$$\overline{\tau}_{yx}=\rho\overline{\varepsilon}_{yx}\frac{\partial U_d}{\partial y}，\quad \overline{\varepsilon}_{yx}=\lambda u_* h=\lambda hU_d\sqrt{\frac{f_b}{8}}，\quad u_*=\sqrt{\frac{\tau_b}{\rho}}=U_d\sqrt{\frac{f_b}{8}} \qquad (3.1.11)$$

式中：f_b 为河渠阻力系数；u_* 为摩阻流速，m/s；$\overline{\varepsilon}_{yx}$ 为水深平均涡流黏度；λ 为无因次涡流黏度。

把式（3.1.9）～式（3.1.11）代入式（3.1.7）得描述非均匀流 U_d 横向分布的常微分方程：

$$\frac{\partial}{\partial y}\left(\frac{\lambda}{2}\sqrt{\frac{f_b}{8}}h^2\frac{\partial U_d^2}{\partial y}\right)+\left(s_h-\frac{f_b}{8}x_b\right)U_d^2+gh\left[s_0(1-\beta)-s_h\right]=0 \qquad (3.1.12)$$

由于水深沿流向的变化率 s_h 是坐标 x 和 y 的函数，所以 U_d 是坐标 x 和 y 的二维函数。

对于均匀流，水深沿流向的变化率 $s_h=\dfrac{\partial h}{\partial x}=0$，在此条件下式（3.1.12）转化为 Shiono 和 Knight（1991）的均匀流模型，即

$$\frac{\partial}{\partial y}\left(\frac{\lambda h^2}{2}\sqrt{\frac{f_b}{8}}\frac{\partial U_d^2}{\partial y}\right)-\frac{f_b}{8}x_bU_d^2+ghs_0(1-\beta)=0 \qquad (3.1.13)$$

从式（3.1.13）可见，当二次流系数 $\beta<0$，则 $s_0(1-\beta)>s_0$，这时，二次流的存在相当于使底坡变陡，会导致流速 U_d 的增加；反之，当二次流系数 $\beta>0$，则 $s_0(1-\beta)<s_0$，这时，

二次流的存在相当使底坡变缓，会导致流速 U_d 的减小。

Ervine 等（2000）根据蜿蜒河渠的实测研究，假设 $U = K_1 U_d$ 和 $V = K_2 U_d$，将二次流项表示为

$$\frac{\partial h(UV)_d}{\partial y} = K\frac{\partial(hU_d^2)}{\partial y} \qquad (3.1.14)$$

式中：K 为水深平均的二次流系数。项 KU_d^2 被用来描述复杂的三维紊流过程，包括水平紊动、流入和流出主槽的流体质量交换以及膨胀和收缩能量损失的影响。

当采用 Ervine 等（2000）方法描述二次流时，可得非均匀流水深平均流速 U_d 横向分布的常微分方程（杨开林，2014）：

$$\frac{\partial}{\partial y}\left(\frac{\lambda h^2}{2}\sqrt{\frac{f_b}{8}}\frac{\partial U_d^2}{\partial y}\right) - Kh\frac{\partial U_d^2}{\partial y} + \left(s_h - \frac{f_b}{8}x_b - K\frac{\partial h}{\partial y}\right)U_d^2 + gh(s_0 - s_h) = 0 \quad (3.1.15)$$

当令 $s_h = \dfrac{\partial h}{\partial x} = 0$，式（3.1.14）简化为 Ervine 等（2000）的均匀流模型，即

$$\frac{\partial}{\partial y}\left(\frac{\lambda h^2}{2}\sqrt{\frac{f_b}{8}}\frac{\partial U_d^2}{\partial y}\right) - Kh\frac{\partial U_d^2}{\partial y} - \left(\frac{f_b}{8}x_b + K\frac{\partial h}{\partial y}\right)U_d^2 + ghs_0 = 0 \qquad (3.1.16)$$

为了使问题简化，可以将河渠沿流向分成为 N 段，只要 N 足够大，则每段河渠可以近似为棱柱体，即过水断面面积沿程不变。因为 $s_h = \dfrac{\partial h}{\partial x} = \dfrac{\partial H_s}{\partial x} + s_0$，对棱柱体河渠，底坡 s_0 和水位 H_s 与横向坐标 y 无关，即在河渠同一断面 s_h 为与 y 无关的常数。如果进一步假设水位 H_s 沿流向是线性变化，则每段河渠的 s_h 可视为常数，则

$$s_h = \frac{\partial h}{\partial x} = \frac{\partial H_s}{\partial x} + s_0 = \frac{H_{s2} - H_{s1}}{x_2 - x_1} + s_0 = \frac{H_{s2} - H_{s1}}{\Delta x} + s_0 \qquad (3.1.17)$$

式中：下标"1"为河渠段上游断面；下标"2"为下游断面；Δx 为河渠段长度，m。

在此条件下，式（3.1.12）或者式（3.1.15）中 U_d 只是坐标 y 的函数，是一个准二维模型。

分析式（3.1.17）可见，如果河渠段进口与出口水位相同，则水深沿流向的变化率 $s_h = s_0$，代入式（3.1.12）或者式（3.1.15），可得 $U_d = 0$。如果 $s_h > s_0$，则 $H_{s2} > H_{s1}$，发生流动反向。

3.2 f_b、λ、β 和 K 的计算

如图 3.2.1 所示，复式明渠横断面可以划分为主槽区和漫滩区，而主槽区和漫滩区又可分别划分为平槽区和斜坡区，其中：H 为主槽平槽区水深；H_{bf} 为平滩水深，对应流量为平滩流量 Q_{bf}；H_{fp1} 和 H_{fp2} 为漫滩平槽区水深。如果以主槽底部中点作为坐标原点，当斜坡区宽度 $b_1 = b_8$ 和 $b_3 = b_6$、漫滩区 $b_2 = b_7$ 且 $H_{fp1} = H_{fp2}$ 时，则称复式明渠横断面为对称的；如果坐标原点左右两侧斜坡区或漫滩区宽度不等或 $H_{fp1} \neq H_{fp2}$，则称复式明渠横断面为非对称的。

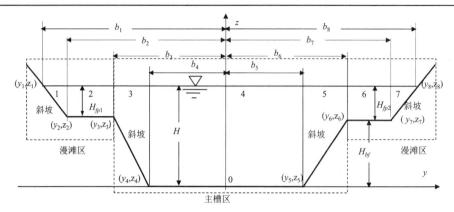

图 3.2.1 复式明渠断面

3.2.1 f_b 的计算

在工程计算中，河渠的阻力系数一般用曼宁糙率系数 n_b 表示。在一维明流条件下，这时局部阻力系数 f_b 可用下式计算：

$$f_b = \frac{8gn_b^2}{R^{1/3}} \tag{3.2.1}$$

其中

$$R = A/\chi_b \tag{3.2.2}$$

式中：R 为水力半径，m；A 为过水断面面积，m^2；χ_b 为过水断面湿周，m。

对于复式明渠，在主槽区和漫滩区糙率系数相同时，Abril 和 Knight（2004）建议采用下述经验公式计算局部阻力系数：

$$f_b = f_{bmc}\left(0.669 + 0.331D_r^{-0.719}\right) \tag{3.2.3}$$

$$f_{bmc} = \frac{8gn_{mc}^2}{R_{mc}^{1/3}} \tag{3.2.4}$$

式中：f_{bmc} 为主槽阻力系数；$D_r = h/H$ 为局部相对水深，H 为断面最大水深，m；n_{mc} 为主槽曼宁糙率系数；$R_{mc} = A_{mc}/\chi_{mc}$ 为主槽水力半径，m；A_{mc} 为主槽过水断面面积，m^2；χ_{mc} 为主槽湿周，m。

当水深 $H \geqslant H_{bf}$，则计算 A_{mc} 和 χ_{mc} 的对应水深取平滩水深 H_{bf}；当水深 $H < H_{bf}$，则计算 A_{mc} 和 χ_{mc} 的对应水深取 H。例如，当主槽为对称梯形且水深 $H \geqslant H_{bf}$ 时，则

$$A_{mc} = \left(b + sH_{bf}\right)H_{bf}, \quad \chi_{mc} = b + 2H_{bf}\sqrt{1+s^2} \tag{3.2.5}$$

式中：s 为河渠边坡系数。当水深 $H < H_{bf}$ 时，有

$$A_{mc} = \left(b + sH\right)H, \quad \chi_{mc} = b + 2H\sqrt{1+s^2} \tag{3.2.6}$$

当主槽区和漫滩区糙率系数不同时，Abril 和 Knight（2004）建议在主槽区仍然采用式（3.2.3），但是在漫滩区，则采用下述修正公式：

$$f_b = f_{bmc}(0.669 + 0.331D_r^{-0.719})R_n^2 \tag{3.2.7}$$

式中：$R_n = n_{fp}/n_{mc}$，n_{fp} 为漫滩曼宁糙率系数。

3.2.2　λ 的计算

对于无因次涡流黏度，Abril 和 Knight（2004）建议采用下述经验公式

$$\lambda = \lambda_{mc}(-0.2 + 1.2D_r^{-1.44})\qquad(3.2.8)$$

式中：λ_{mc} 为主槽无因次涡流黏度，对于复式明渠一般取 $\lambda_{mc}=0.07$。对于河流，Mcgahey 等（2006）建议取 $\lambda_{mc}=0.24$。当明渠为矩形时，$\lambda_{mc}<0.07$。

3.2.3　β 的计算

二次流系数 β 反映了棱柱体河渠紊流产生二次环流的大小。对于棱柱体复式河渠，Abril 和 Knight（2004）建议，当主槽区水深 $H \leqslant H_{bf}$，则取

$$\beta_{mci} = 0.05\qquad(3.2.9)$$

式中：β_{mci} 为主槽区二次流系数。当主槽区水深 $H > H_{bf}$，则主槽区和漫滩区分别取

$$\beta_{mco} = 0.15 ，\quad \beta_{fp} = -0.25\qquad(3.2.13a)$$

式中：β_{mco} 为主槽区二次流系数；β_{fp} 为漫滩区二次流系数。

由上节对二次流系数 β 的分析可知，因为二次流系数 $\beta_{mco}>0$ 而 $\beta_{fp}<0$，所以可以得出结论：二次流使得主槽区水流变缓而漫滩区流速增加。

当主槽区和漫滩区糙率系数不同时，Abril 和 Knight（2004）建议在主槽区仍然采用式（3.2.13a），但是在漫滩区，则采用下述修正公式：

$$\beta_{mco} = 0.15(0.03R_n^3 - 0.49R_n^2 + 3.03R_n - 1.57) ，\quad \beta_{fp} = -0.25\qquad(3.2.13b)$$

当复式河渠是非对称的或者漫滩位于不同的高程时，Mcgahey 等（2006）建议对主槽过渡区取

$$\beta_{mc(trans)} = \frac{\beta_{mco} - \beta_{mci}}{z_h - z_l}(H_s - z_l) + \beta_{mci}\qquad(3.2.14)$$

式中：Z_h 和 Z_l 分别为较高和较低的漫滩平槽区河床高程，m；H_s 为水位，m。

需要说明的是，虽然采用 Abril 和 Knight（2004）方法确定 f_b、λ、β 计算的 U_d 横向分布与实测基本吻合，如图 3.2.2 所示（主槽底宽 $b=1.5$m，边坡系数 $s=1$，漫滩宽 $B=6.3$m，底坡 $s_0=0.1027\%$，主槽阻力系数 $f_{bmc}=0.01552$），但是，在理论上存在一个缺陷：在主槽区和漫滩区交界处，水深相同，但二次流横向梯度 Γ 不连续。另外，所提公式是否适合不同形状明渠需要进一步检验。

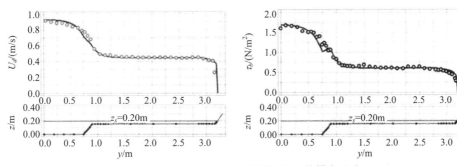

图 3.2.2　复式明渠水深平均流速 U_d 的横向分布

3.2.4　K 的计算

二次流系数的大小反映了二次流强度的大小。河道的形态对二次流的大小有很大影响，表 3.2.1 列出了不同河道形态横向二次流流速 V 与主流流速 U 的近似关系（Lorena，1992），其中：对于蜿蜒复式河道，V/U 的变化范围在 20%～30% 之间；而对棱柱体（顺直）复式河道，V/U 的变化范围在 2%～4% 之间。

表 3.2.1　棱柱体和蜿蜒复式河道的二次流

河道类型	二次流示意图	二次流的主因	横向流速
棱柱体矩形河渠		紊流	$V \approx 0.01 - 0.02U$
棱柱体复式明渠		紊流	$V \approx 0.02 - 0.04U$
倾斜主槽河道		紊流和河道的形态	V 与 θ 有关
蜿蜒主槽河道		河道的形态	$V \approx 0.2 - 0.3U$

根据大量的实测资料，Ervine 等（2000）的研究表明，对于棱柱体河道或者直河道，$K < 0.5\%$，一般可取 $K = 0.25\%$，并且归纳得到蜿蜒河渠二次流系数 K 的经验公式：

$$K = 0.065 \left(\frac{Q_{bf}}{Q_T} \right)^{-1.79} s_{in}^{11.15} \left(\frac{f_{fp}}{f_{mc}} \right)^{1.26}, \quad 1.0 \leqslant S_{in} < 1.37 \qquad (3.2.15a)$$

$$K = 20.7 \left(\frac{Q_{bf}}{Q_T} \right)^{0.92} s_{in}^{-1.17} \left(\frac{f_{fp}}{f_{mc}} \right)^{0.18}, \quad 1.37 \leqslant S_{in} < 2.07 \qquad (3.2.15b)$$

$$\frac{Q_{bf}}{Q_T} = 1.2408 \left(\frac{H_{bf}}{H} \right)^{3.6846} \qquad (3.2.15c)$$

式中：Q_T 为总流量，$\mathrm{m^3/s}$；$S_{in} = L/b$ 为河道的弯曲率或弯曲比，等于沿河中心线长度 L 与沿其河谷长度 b 之比。对于棱柱体河道或者直河道，$S_{in} = 1.0$。

Ervine 等（2000）的大量计算研究表明，在一般情况下，在漫滩区可取二次流系数 $K = 0$，主槽区可采用式（3.2.15）确定 K 值。

3.3 复式明渠 U_d 的解析

对于如图 3.2.1 所示复式河渠，在平槽区的阻力系 f_b、无因此涡流黏度 λ、二次流系数 K 或 β 均为常数，这时式（3.1.12）或式（3.1.15）偏微分方程转化为线性常微分方程，可以解析求得非均匀流水深平均流速 U_d 的横向分布，但是，在斜坡区，f_b 和 λ 是局部水深的函数，不存在 U_d 的解析解。不过，当取斜坡区的 f_b 和 λ 为常数，则式（3.1.12）或式（3.1.15）偏微分方程也可以转化为线性常微分方程，解析求得 U_d 的解。下面将首先研究在平槽区和斜坡区 f_b、λ 和 K 为常数时 U_d 的解，然后给出在平槽区和斜坡区 f_b、λ 和 β 为常数时 U_d 的解。

3.3.1 已知 f_b、λ 和 K 求 U_d 的解

3.3.1.1 平槽区 U_d 的解

在平槽区，局部水深 h 为常数和单宽湿周 $\chi_b = 1$，所以式（3.1.15）偏微分方程可改写为线性常微分方程，即

$$\frac{1}{2}\lambda h^2 \sqrt{\frac{f_b}{8}}\frac{\mathrm{d}^2 U_d^2}{\mathrm{d}^2 y} - Kh\frac{\mathrm{d}U_d^2}{\mathrm{d}y} + \left(s_h - \frac{f_b}{8}\right)U_d^2 + gh(s_0 - s_h) = 0 \qquad (3.3.1)$$

式（3.3.1）为非齐次线性微分方程。

取

$$U_d^2 = W - \frac{gh(s_0 - s_h)}{s_h - f_b/8} \qquad (3.3.2)$$

则式（3.3.1）可转换为齐次线性微分方程

$$a_0\frac{\mathrm{d}^2 W}{\mathrm{d}^2 y} + a_1\frac{\mathrm{d}W}{\mathrm{d}y} + a_2 W = 0 \qquad (3.3.3)$$

其中

$$a_0 = \frac{1}{2}\lambda h^2\sqrt{\frac{f_b}{8}}, \quad a_1 = -Kh, \quad a_2 = s_h - \frac{f_b}{8} \qquad (3.3.4)$$

齐次线性常微分方程式（3.3.3）的通解为

$$W = A_1\mathrm{e}^{r_1 y} + A_2\mathrm{e}^{r_2 y} \qquad (3.3.5)$$

其中

$$r_1 = \frac{-a_1 + \sqrt{a_1^2 - 4a_0 a_2}}{2a_0}, \quad r_2 = \frac{-a_1 - \sqrt{a_1^2 - 4a_0 a_2}}{2a_0} \qquad (3.3.6)$$

式中：A_1 和 A_2 为待定常数。

把式（3.3.2）代入式（3.3.5）得水深平均流速的解为

$$U_d = \sqrt{A_1\mathrm{e}^{r_1 y} + A_2\mathrm{e}^{r_2 y} + \omega h} \qquad (3.3.7\mathrm{a})$$

其中

$$\omega = \frac{g(s_0 - s_h)}{f_b/8 - s_h} \qquad (3.3.7\mathrm{b})$$

当取式（3.3.1）～式（3.3.7）中 $h = H$，则式（3.3.7）为主槽平槽区水深平均流速 U_d 的通解；当取式（3.3.1）～式（3.3.7）中 $h = H_{fp1}$ 或 $h = H_{fp2}$，则式（3.3.7）为漫滩平槽区水深平均流速 U_d 的通解。

3.3.1.2　斜坡区 U_d 的解

参考图 3.2.1，斜坡区的水深 h 与横坐标 y 是线性关系，即

$$h = H_s - \left[z_i + \frac{z_{i+1} - z_i}{y_{i+1} - y_i}(y - y_i) \right] ， \quad y_i \leqslant y \leqslant y_{i+1} \tag{3.3.8}$$

$$\frac{\mathrm{d}h}{\mathrm{d}y} = -\frac{z_{i+1} - z_i}{y_{i+1} - y_i} = -\frac{1}{s}, y \geqslant 0 \tag{3.3.9a}$$

$$\frac{\mathrm{d}h}{\mathrm{d}y} = -\frac{z_{i+1} - z_i}{y_{i+1} - y_i} = \frac{1}{s}, y < 0 \tag{3.3.9b}$$

式中：H_s 为水位，m；Z 为河床的高程，m；S 为斜坡的边坡系数；下标 i 为斜坡的起点；下标 $i+1$ 为斜坡的终点。

斜坡的单宽湿周

$$x_b = \sqrt{1 + \left(\frac{\mathrm{d}h}{\mathrm{d}y}\right)^2} = \sqrt{1 + \frac{1}{s^2}} \tag{3.3.10}$$

取

$$U_d^2 = W \tag{3.3.11}$$

则

$$\frac{\mathrm{d}U_d^2}{\mathrm{d}y} = \frac{\mathrm{d}W}{\mathrm{d}h} \frac{\mathrm{d}h}{\mathrm{d}y} \tag{3.3.12}$$

$$\frac{\mathrm{d}^2 U_d^2}{\mathrm{d}^2 y} = \frac{\mathrm{d}}{\mathrm{d}h}\left(\frac{\mathrm{d}W}{\mathrm{d}h} \frac{\mathrm{d}h}{\mathrm{d}y}\right)\frac{\mathrm{d}h}{\mathrm{d}y} = \left(\frac{\mathrm{d}h}{\mathrm{d}y}\right)^2 \frac{\mathrm{d}^2 W}{\mathrm{d}^2 h} \tag{3.3.13}$$

把式（3.3.11）～式（3.3.13）代入式（3.1.15）得

$$\frac{\lambda}{2}\sqrt{\frac{f_b}{8}}\left(\frac{\mathrm{d}h}{\mathrm{d}y}\right)^2 h^2 \frac{\mathrm{d}^2 W}{\mathrm{d}^2 h} + \left(\lambda \frac{\mathrm{d}h}{\mathrm{d}y}\sqrt{\frac{f_b}{8}} - K\right)h\frac{\mathrm{d}h}{\mathrm{d}y}\frac{\mathrm{d}W}{\mathrm{d}h} + \left(s_h - \frac{f_b}{8}x_b - K\frac{\mathrm{d}h}{\mathrm{d}y}\right)W + gh(s_0 - s_h) = 0$$

经整理得

$$b_0 h^2 \frac{\mathrm{d}^2 W}{\mathrm{d}^2 h} + b_1 h\frac{\mathrm{d}W}{\mathrm{d}h} + b_2 W + gh(s_0 - s_h) = 0 \tag{3.3.14}$$

其中

$$b_0 = \frac{\lambda}{2}\sqrt{\frac{f_b}{8}}\left(\frac{\mathrm{d}h}{\mathrm{d}y}\right)^2, \quad b_1 = \left(\lambda \frac{\mathrm{d}h}{\mathrm{d}y}\sqrt{\frac{f_b}{8}} - k\right)\frac{\mathrm{d}h}{\mathrm{d}y}, \quad b_2 = s_h - \frac{f_b}{8}x_b - K\frac{\mathrm{d}h}{\mathrm{d}y} \tag{3.3.15}$$

取

$$W = w - g(s_0 - s_h)h/(b_1 + b_2) \tag{3.3.16}$$

则式（3.3.14）转换为标准的欧拉方程，即

$$b_0 h^2 \frac{\mathrm{d}^2 w}{\mathrm{d}^2 h} + b_1 h \frac{\mathrm{d}w}{\mathrm{d}h} + b_2 w = 0 \qquad (3.3.17)$$

令 $h = \mathrm{e}^t$ 或 $t = \ln h$ ，则

$$\frac{\mathrm{d}w}{\mathrm{d}t} = \frac{\mathrm{d}w}{\mathrm{d}h}\frac{\mathrm{d}h}{\mathrm{d}t} = \mathrm{e}^t \frac{\mathrm{d}w}{\mathrm{d}h} = h\frac{\mathrm{d}w}{\mathrm{d}h}$$

$$\frac{\mathrm{d}^2 w}{\mathrm{d}^2 t} = \frac{\mathrm{d}}{\mathrm{d}t}\left(\mathrm{e}^t \frac{\mathrm{d}w}{\mathrm{d}h}\right) = \mathrm{e}^t \frac{\mathrm{d}w}{\mathrm{d}h} + \mathrm{e}^{2t} \frac{\mathrm{d}^2 w}{\mathrm{d}^2 h} = \frac{\mathrm{d}w}{\mathrm{d}t} + h^2 \frac{\mathrm{d}^2 w}{\mathrm{d}^2 h}$$

整理得

$$\frac{\mathrm{d}w}{\mathrm{d}h} = \frac{1}{h}\frac{\mathrm{d}w}{\mathrm{d}t} \qquad (3.3.18)$$

$$\frac{\mathrm{d}^2 w}{\mathrm{d}^2 h} = \frac{1}{h^2}\left(\frac{\mathrm{d}^2 w}{\mathrm{d}^2 t} - \frac{\mathrm{d}w}{\mathrm{d}t}\right) \qquad (3.3.19)$$

把式（3.3.18）和式（3.3.19）代入式（3.3.17）可得下述齐次线性微分方程，即

$$b_0 \frac{\mathrm{d}^2 w}{\mathrm{d}^2 t} + (b_1 - b_0)\frac{\mathrm{d}w}{\mathrm{d}t} + b_2 w = 0 \qquad (3.3.20)$$

通解为

$$w = A_3 \mathrm{e}^{r_3 t} + A_4 \mathrm{e}^{r_4 t}$$

即

$$w = A_3 h^{r_3} + A_4 h^{r_4} \qquad (3.3.21)$$

其中

$$r_3 = \frac{b_0 - b_1 + \sqrt{(b_0 - b_1)^2 - 4 b_0 b_2}}{2 b_0} \ , \quad r_4 = \frac{b_0 - b_1 - \sqrt{(b_0 - b_1)^2 - 4 b_0 b_2}}{2 a_0} \qquad (3.3.22)$$

式中：A_3 和 A_4 为待定常数。

由式（3.3.11）、式（3.3.16）和式（3.3.21）关系，可得斜坡区水深平均流速的通解为

$$U_d = \sqrt{A_3 h^{r_3} + A_4 h^{r_4} + \omega h} \qquad (3.3.23\mathrm{a})$$

其中

$$\omega = -g(s_0 - s_h)/(b_1 + b_2) \qquad (3.3.23\mathrm{b})$$

3.3.2　已知 f_b、λ 和 β 求 U_d 的解

3.3.2.1　平槽区 U_d 的解

在平槽区，水深 h 为常数和单宽湿周 $\chi_b = 1$，所以式（3.1.12）简化为

$$\frac{1}{2}\lambda\sqrt{\frac{f_b}{8}}h^2 \frac{\mathrm{d}^2 U_d^2}{\mathrm{d}^2 y} + \lambda\sqrt{\frac{f_b}{8}}h\frac{\mathrm{d}U_d^2}{\mathrm{d}y} + \left(s_h - \frac{f_b}{8}x_b\right)U_d^2 + gh\left[s_0(1-\beta) - s_h\right] = 0 \qquad (3.3.24)$$

其解为

$$U_d = \sqrt{A_1 \mathrm{e}^{r_1 y} + A_2 \mathrm{e}^{r_2 y} + \omega h} \qquad (3.3.25)$$

其中

$$r_1 = \frac{\sqrt{-4a_0 a_2}}{2a_0}, \quad r_2 = -\frac{\sqrt{-4a_0 a_2}}{2a_0}, \quad \omega = -g\left[s_0(1-\beta) - s_h\right]/(s_h - f_b/8) \quad (3.3.26\text{a})$$

式（3.3.26a）中 a_0 和 a_2 由式（3.3.4）计算，所以

$$r_1 = \frac{\sqrt{-4a_0 a_2}}{2a_0} = \sqrt{2\left(\frac{f_b}{8} - s_h\right)\bigg/\left(\lambda h^2 \sqrt{\frac{f_b}{8}}\right)}, \quad r_2 = -\sqrt{2\left(\frac{f_b}{8} - s_h\right)\bigg/\left(\lambda h^2 \sqrt{\frac{f_b}{8}}\right)} \quad (3.3.26\text{b})$$

3.3.2.2　斜坡区 U_d 的解

在斜坡区，式（3.1.12）的解为

$$U_d = \sqrt{A_3 h^{r_3} + A_4 h^{r_4} + \omega h} \quad (3.3.27)$$

其中

$$r_3 = \frac{b_0 - b_1 + \sqrt{(b_0 - b_1)^2 - 4b_0 b_2}}{2b_0}, \quad r_4 = \frac{b_0 - b_1 - \sqrt{(b_0 - b_1)^2 - 4b_0 b_2}}{2a_0},$$

$$\omega = -g\left[s_0(1-\beta) - s_h\right]/(b_1 + b_2) \quad (3.3.28)$$

$$b_0 = \frac{\lambda}{2}\sqrt{\frac{f_b}{8}}\left(\frac{\mathrm{d}h}{\mathrm{d}y}\right)^2, \quad b_1 = \lambda\sqrt{\frac{f_b}{8}}\left(\frac{\mathrm{d}h}{\mathrm{d}y}\right)^2, \quad b_2 = s_h - \frac{f_b}{8}x_b \quad (3.3.29)$$

根据式（3.3.9a）和式（3.3.10），可得

$$b_0 = \frac{\lambda}{2s^2}\sqrt{\frac{f_b}{8}}, \quad b_1 = \frac{\lambda}{s^2}\sqrt{\frac{f_b}{8}}, \quad b_2 = s_h - \frac{f_b}{8}\sqrt{1 + \frac{1}{s^2}} \quad (3.3.30)$$

且

$$r_3 = -\frac{1}{2} + \sqrt{\frac{1}{4} - 2s^2\left(s_h - \frac{f_b}{8}\sqrt{1 + \frac{1}{s^2}}\right)\bigg/\left(\lambda\sqrt{\frac{f_b}{8}}\right)} \quad (3.3.30\text{a})$$

$$r_4 = -\frac{1}{2} - \sqrt{\frac{1}{4} - 2s^2\left(s_h - \frac{f_b}{8}\sqrt{1 + \frac{1}{s^2}}\right)\bigg/\left(\lambda\sqrt{\frac{f_b}{8}}\right)} \quad (3.3.30\text{b})$$

3.4　矩形和梯形明渠 U_d 的计算公式

本节将以矩形明渠和梯形明渠为例，在已知 f_b、λ 和 β 的条件下，应用边界条件确定 3.3 节中水深平均流速 U_d 的待定常数 A_1、A_2、A_3 和 A_4。

水深平均流速 U_d 的横向分布必须满足下述三个边界条件：

（1）河渠边缘处流速为零。

（2）相邻区域的相交处必须满足速度连续性，即速度相同。

（3）相邻区域的相交处必须满足速度梯度的连续性。

3.4.1　矩形明渠 U_d 的解

图 3.4.1 为矩形明渠断面示意图，坐标原点位于渠底中心，其中 b 为渠底的半宽。

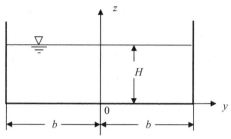

图 3.4.1 矩形断面示意图

当已知 f_b、λ 和 β 的值时，由式（3.3.25）得

$$U_d = \sqrt{A_1 e^{ry} + A_2 e^{-ry} + \omega_{mc} H} \qquad (3.4.1)$$

式中：

$$r = \frac{\sqrt{-4a_0 a_2}}{2a_0} , \quad \omega_{mc} = \frac{g\left[s_0(1-\beta) - s_h\right]}{f_b/8 - s_h} \qquad (3.4.2)$$

其中 a_0 和 a_2 由式（3.3.4）计算，所以

$$r = \frac{\sqrt{-4a_0 a_2}}{2a_0} = \sqrt{2\left(\frac{f_b}{8} - s_h\right)\bigg/\left(\lambda H^2 \sqrt{\frac{f_b}{8}}\right)} \qquad (3.4.3)$$

由边界条件（1），因 $y = -b$ 和 $y = b$ 时有 $U_{dmc}(-b) = 0$ 和 $U_{dmc}(b) = 0$，所以从式（3.4.1）可得

$$A_1 e^{-rb} + A_2 e^{rb} + \omega_{mc} H = 0$$
$$A_1 e^{rb} + A_2 e^{-rb} + \omega_{mc} H = 0$$

上述关系成立的条件是

$$A_1 = A_2 = -\frac{\omega_{mc} H}{e^{rb} + e^{-rb}} \qquad (3.4.4)$$

上述关系说明，当流动在 z 轴两边对称时，必定有待定常数 $A_1 = A_2$。

把式（3.4.4）代入式（3.4.1）得矩形明渠水深平均流速的计算公式为

$$U_d = \sqrt{\left(1 - \frac{e^{ry} + e^{-ry}}{e^{rb} + e^{-rb}}\right)\omega_{mc} H} \qquad (3.4.5a)$$

通过断面的流量

$$Q = \int_{-b}^{b} U_d H \mathrm{d}y = H \sum_{i=0}^{m} U_{d,i} \Delta y \qquad (3.4.5b)$$

式中：Q 为断面流量，m^3/s；$\Delta y = 2b/m$；m 为断面分区数。

例 3.4.1 明渠底半宽 $b = 3.9\mathrm{m}$，水深 $H = 3.107\mathrm{m}$，底坡 $s_0 = 1/5870$，水深坡度 $s_h = 1.55 \times 10^{-4}$，曼宁糙率系数 $n_b = 0.0146$，求水深平均流速 U_d 的横向分布和断面流量 Q。

解：采用式（3.2.1）计算阻力系数 $f_b = 0.0133$，并取断面分区数 $m = 100$，计算了两组参数：1）$\lambda = 0.03$ 和 $\beta = 0.01$；2）采用 Abril 和 Knight（2004）建议 $\lambda = \lambda_{mc} = 0.07$ 和

$\beta = \beta_{mci} = 0.05$。计算得到的 U_d 的横向分布如图 3.4.2 所示,其中:采用第一组参数计算流量 $Q = 9.09\ \mathrm{m^3/s}$,实测流量 $Q_m = 9.48\ \mathrm{m^3/s}$,偏差相对值 $(Q_m - Q)/Q_m = 4\%$,计算与实测接近;采用第二组参数计算流量 $Q = 4.86\ \mathrm{m^3/s}$,实测流量 $Q_m = 9.48\ \mathrm{m^3/s}$,偏差相对值 $(Q_m - Q)/Q_m = 48.7\%$,显然 Abril 和 Knight(2004)计算建议参数不适用于矩形明渠。

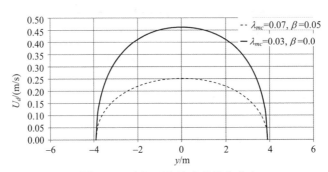

图 3.4.2　水深平均流速的横向分布

3.4.2　梯形明渠 U_d 的解

考虑如图 3.4.3 所示对称梯形明渠断面,设坐标原点位于渠底中心。由于流动在 z 轴两边对称,所以下面只需分析 z 轴右侧水深平均流速的分布,左侧根据对称性可以类似求得。

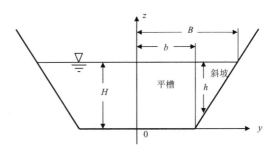

图 3.4.3　梯形明渠断面示意图

在平槽区

$$U_{dmc} = \sqrt{A_1(\mathrm{e}^{ry} + \mathrm{e}^{-ry}) + \omega_{mc}H} \qquad (3.4.6)$$

在斜坡区,由式(3.2.27)有

$$U_{dfp} = \sqrt{A_3 h^{r_3} + A_4 h^{r_4} + \omega_{fp}h} \qquad (3.4.7)$$

其中　　　$r_3 = \dfrac{b_0 - b_1 + \sqrt{(b_0 - b_1)^2 - 4b_0 b_2}}{2b_0}$,　$r_4 = \dfrac{b_0 - b_1 - \sqrt{(b_0 - b_1)^2 - 4b_0 b_2}}{2b_0}$,

$$\omega_{fp} = -g\left[s_0(1-\beta) - s_h\right]/(b_1 + b_2) \qquad (3.4.8)$$

$$b_0 = \frac{\lambda}{2}\frac{1}{s^2}\sqrt{\frac{f_b}{8}}, \quad b_1 = \lambda\frac{1}{s^2}\sqrt{\frac{f_b}{8}}, \quad b_2 = s_h - \frac{f_b}{8}\sqrt{1 + \frac{1}{s^2}} \qquad (3.4.9)$$

式中:A_3 和 A_4 为待定常数。

把式（3.4.9）代入式（3.4.8）可得

$$r_3 = -\frac{1}{2} + \frac{1}{2}\sqrt{1 - 8s^2\left(s_h - \frac{f_b}{8}\sqrt{1+\frac{1}{s^2}}\right)\bigg/\left(\lambda\sqrt{\frac{f_b}{8}}\right)} > 0 \qquad （3.4.10a）$$

$$r_4 = -\frac{1}{2} - \frac{1}{2}\sqrt{1 - 8s^2\left(s_h - \frac{f_b}{8}\sqrt{1+\frac{1}{s^2}}\right)\bigg/\left(\lambda\sqrt{\frac{f_b}{8}}\right)} < 0 \qquad （3.4.10b）$$

根据边界条件（1），当 $y = B$ 时，则 $h = 0$ 和 $U_{dfp}(B) = 0$。由于 $r_3 > 0$ 而 $r_4 < 0$，式(3.4.7) 项 $h^{r_4} \to \infty$，所以待定常数 $A_4 = 0$，式(3.4.7)可改写为

$$U_{dfp} = \sqrt{A_3 h^{r_3} + \omega_{fp} h} \qquad （3.4.11）$$

根据边界条件（2），当 $y = b$ 时，则 $h = H$ 和 $[U_{dmc}(b)]^2 = [U_{dfp}(b)]^2$，联立求解式(3.4.6) 和式(3.4.11)得

$$A_1(e^{rb} + e^{-rb}) + \omega_{mc}H = A_3 H^{r_3} + \omega_{fp}H \qquad （3.4.12）$$

根据边界条件（3），当 $y = b$ 时，则 $h = H$ 和 $\left.\dfrac{\partial[U_{dmc}(y)]^2}{\partial y}\right|_{y=b} = \left.\dfrac{\partial[U_{dfp}(y)]^2}{\partial y}\right|_{y=b}$。由

式（3.4.6）和式（3.4.11）可得

$$\left.\frac{\partial[U_{dmc}(y)]^2}{\partial y}\right|_{y=b} = rA_1(e^{rb} - e^{-rb})$$

$$\left.\frac{\partial[U_{dfp}(y)]^2}{\partial y}\right|_{y=b} = (r_3 A_3 H^{r_3-1} + \omega_{fp})\frac{\partial h}{\partial y}$$

整理得

$$rA_1(e^{rb} - e^{-rb}) = (r_3 A_3 H^{r_3-1} + \omega_{fp})\frac{\partial h}{\partial y} \qquad （3.4.13）$$

由式（3.3.9a）可知 $\dfrac{\partial h}{\partial y} = -\dfrac{1}{s}$，所以式（3.4.13）可改写为

$$A_1 = -\frac{r_3 A_3 H^{r_3-1}}{sr(e^{rb} - e^{-rb})} - \frac{\omega_{fp}}{sr(e^{rb} - e^{-rb})} \qquad （3.4.14）$$

把式（3.4.14）代入式（3.4.12）得

$$A_3 = \frac{-\omega_{fp}(e^{rb} + e^{-rb}) + sr(e^{rb} - e^{-rb})(\omega_{mc} - \omega_{fp})H}{sr(e^{rb} - e^{-rb})H^{r_3} + r_3 H^{r_3-1}(e^{rb} + e^{-rb})} \qquad （3.4.15）$$

把式（3.4.15）解得的 A_3 代入式（3.4.14）可得 A_1，这样就可以应用式（3.4.6）和式（3.4.11）分别计算出平槽区和斜坡区的 U_{dmc} 和 U_{dfp}。

例 3.4.2 明渠底半宽 b=23m，水深 $H = 2.207$m，底坡 $s_0 = 1/25000$，边坡系数 $s = 2$，水深坡度 $s_h = 3.05 \times 10^{-5}$，曼宁糙率系数 $n_b = 0.0144$，求水深平均流速 U_d 的横向分布和断面流量 Q。

解： 采用式（3.2.1）计算阻力系数 $f_b = 0.0133$，并取断面分区数 $m = 100$，采用 Abril 和 Knight（2004）建议 $\lambda = \lambda_{mc} = 0.07$ 和 $\beta = \beta_{mci} = 0.05$。计算得到的 U_d 的横向分布如图 3.4.4

的实线所示，计算流量 $Q = 20.08$　m^3/s，实测流量 $Q_m = 19\ \text{m}^3/\text{s}$，偏差相对值 $(Q_m - Q)/Q_m = -5.7\%$，显然 Abril 和 Knight(2004)建议参数计算梯形明渠具有较高的准确性。

作为比较，图 3.4.4 也用虚线示出了 $\beta = 0.0$ 时的 U_d 的横向分布，计算流量 $Q = 22.59$ m^3/s，实测流量 $Q_m = 19\ \text{m}^3/\text{s}$，偏差相对值 $(Q_m - Q)/Q_m = -18.9\%$，这说明二次流对该断面流速 U_d 的横向分布和流量有较大的影响。

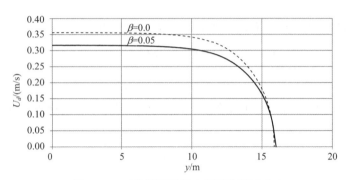

图 3.4.4　对称梯形明渠水深平均流速分布

3.5　天然河渠 U_d 的有限解析计算

如图 3.5.1 所示，天然河渠断面河床高程随横坐标 y 变化较大，这时可将断面划分为 m 个区间，相邻区间的相交处称为节点，用 V_i（ $i = 1, 2, \cdots, m + 1$ ）表示。

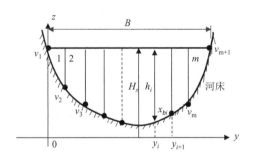

图 3.5.1　天然河道示意图

在一般情况下，虽然阻力系数 f_b、无因次涡流黏度 λ、二次流系数 K 或 β 是 y 的函数，但是，如果区间数 m 足够大，则在每个区间 $y_i \leqslant y \leqslant y_{i+1}$ 可以视 f_b、λ、K 或 β 为常数，比如取 $f_b = 0.5[f_b(y_i) + f_b(y_{i+1})]$，在此条件下，每个区间的水深平均流速 U_d 可以用 3.3 节的解析式计算，这种方法就称为有限解析计算法。下面将根据边界条件的特点，研究便于计算机列写方程并求解 U_d 的横向分布的有限解析计算法。

令 $w = U_d^2$，则在每个区间的水深平均流速的平方为

$$w = \begin{cases} \text{e}^{r_{i,1}y}A_{i,1} + \text{e}^{r_{i,2}y}A_{i,2} + \omega_i h &, \quad h_i' = 0 \\ h^{r_{i,1}}A_{i,1} + h^{r_{i,2}}A_{i,2} + \omega_i h &, \quad h_i' \neq 0 \end{cases} \quad ; \quad y_i \leqslant y \leqslant y_{i+1} \quad , \quad i = 1, 2, \cdots, m \quad (3.5.1)$$

式中：下标" i "为区间编号；$A_{i,1}$ 和 $A_{i,2}$ 为待定常数；局部水深 h 为

$$h = H_s - \left[z_i + \frac{z_{i+1} - z_i}{y_{i+1} - y_i}(y - y_i) \right] , \quad y_i \leqslant y \leqslant y_{i+1} \qquad （3.5.2）$$

$$h_i' = \frac{\mathrm{d}h}{\mathrm{d}y} = -\frac{z_{i+1} - z_i}{y_{i+1} - y_i} \qquad （3.5.3）$$

当采用 Ervine 等（2000）方法描述二次流，并假设在每个分区 f_b、λ 和 K 为常数，这时，$h_i' = 0$ 表示分区 i 为平槽区，有

$$r_{i,1} = \frac{-a_{i,1} + \sqrt{a_{i,1}^2 - 4a_{i,0}a_{i,2}}}{2a_{i,0}} , \quad r_{i,2} = \frac{-a_{i,1} - \sqrt{a_{i,1}^2 - 4a_{i,0}a_{i,2}}}{2a_{i,0}} , \quad \omega_i = \frac{g(s_0 - s_h)}{f_{b,i}/8 - s_h} ,$$

$$a_{i,0} = \frac{1}{2}\lambda_i h_i^2 \sqrt{\frac{f_{b,i}}{8}} , \quad a_1 = -K_i h_i , \quad a_2 = s_h - \frac{f_{b,i}}{8} \qquad （3.5.4）$$

$h_i' \neq 0$ 表示分区 i 为斜坡区，有

$$r_{i,1} = \frac{b_{i,0} - b_{i,1} + \sqrt{(b_{i,0} - b_{i,1})^2 - 4b_{i,0}b_{i,2}}}{2b_{i,0}} , \quad r_{i,2} = \frac{b_{i,0} - b_{i,1} - \sqrt{(b_{i,0} - b_{i,1})^2 - 4b_{i,0}b_{i,2}}}{2a_{i,0}} ,$$

$$\omega_i = -g(s_0 - s_h)/(b_{i,1} + b_{i,2}) , \quad b_0 = \frac{\lambda_i}{2}\sqrt{\frac{f_{b,i}}{8}}(h_i')^2 , \quad b_1 = \left(\lambda_i h_i' \sqrt{\frac{f_{b,i}}{8}} - K_i \right)h_i' ,$$

$$b_2 = s_h - \frac{f_{b,i}}{8}x_{b,i} - K_i h_i' , \quad x_{b,i} = \sqrt{1 + (h_i')^2} \qquad （3.5.5）$$

当采用 Abril 和 Knight（2004）方法描述二次流，则只需令式（3.5.4）或式（3.5.5）中二次流系数 $K = 0$ 并用 $s_0(1 - \beta)$ 代替 s_0 即可。

对式（3.5.1）求导得

$$w' = \begin{cases} r_{i,1}\mathrm{e}^{r_{i,1}y}A_{i,1} + r_{i,2}\mathrm{e}^{r_{i,2}y}A_{i,2}, & h_i' = 0; \\ r_{i,1}h_i^{r_{i,1}-1}h_i'A_{i,1} + r_{i,2}h_i^{r_{i,2}-1}h_i'A_{i,2} + \omega_i h_i', & h_i' \neq 0; \end{cases} \quad y_i \leqslant y \leqslant y_{i+1}, i = 1, 2, \cdots, m \qquad （3.5.6）$$

式中：$w' = \partial w/\partial y$。

若用 $w_{i,1}$ 和 $w_{i,2}$ 分别表示区间 i 对应 y_i 和 y_{i+1} 的水深平均流速的平方，则式（3.5.1）和式（3.5.6）必须满足下述三个边界条件：

（1）河渠边缘处流速为零，即对应节点 v_1 的 $w_{1,1} = 0$ 和对应节点 v_{m+1} 的 $w_{m,2} = 0$。

（2）在节点 v_{i+1} 必须满足速度连续性，即 $w_{i,2} - w_{i+1,1} = 0, i = 1, 2, \cdots, m - 1$。

（3）在节点 v_{i+1} 必须满足速度梯度的连续性，即 $w_{i,2}' - w_{i+1,1}' = 0, i = 1, 2, \cdots, m - 1$。

下面将根据边界条件，研究便于计算机列写方程并求解未知量 $A_{i,1}$、$A_{i,2}$、$w_{i,1}$ 和 $w_{i,2}$ 的方法。

边界条件（2）和（3）的线性方程组可以用下述矩阵描述：

$$CW = 0 \qquad （3.5.7）$$

式中：$W = \begin{bmatrix} w_{1,2} & w_{2,1} & w_{1,2}' & w_{2,1}' & w_{2,2} & w_{3,1} & w_{2,2}' & w_{3,1}' & \cdots & w_{m-1,2} & w_{m,1} & w_{m-1,2}' & w_{m,1}' \end{bmatrix}^{\mathrm{T}}$ 为 $4(m-1)$ 个元素的列向量，为未知量；上标"T"表示转置；$\mathbf{0} = \begin{bmatrix} 0 & 0 & 0 & \cdots & 0 \end{bmatrix}^{\mathrm{T}}$ 为 $2(m-1)$ 个元素的列向量；C 为 $2(m-1) \times 4(m-1)$ 阶关联矩阵。

$$C = \begin{matrix} v_2 \\ v_2' \\ v_3 \\ v_3' \\ \vdots \\ v_m \\ v_m' \end{matrix} \begin{bmatrix} 1 & -1 & 0 & 0 & 0 & 0 & 0 & 0 & \cdots & 0 & 0 & 0 & 0 \\ 0 & 0 & 1 & -1 & 0 & 0 & 0 & 0 & \cdots & 0 & 0 & 0 & 0 \\ 0 & 0 & 0 & 0 & 1 & -1 & 0 & 0 & \cdots & 0 & 0 & 0 & 0 \\ 0 & 0 & 0 & 0 & 0 & 0 & 1 & -1 & \cdots & 0 & 0 & 0 & 0 \\ \vdots & \vdots & \vdots & \vdots & \vdots & \vdots & \vdots & \vdots & & \vdots & \vdots & \vdots & \vdots \\ 0 & 0 & 0 & 0 & 0 & 0 & 0 & 0 & \cdots & 1 & -1 & 0 & 0 \\ 0 & 0 & 0 & 0 & 0 & 0 & 0 & 0 & \cdots & 0 & 0 & 1 & -1 \end{bmatrix} \tag{3.5.8}$$

观察关联矩阵 C，其性质是每行只有两个非零元素：$c_{i,2i-1}=1$，$c_{i,2i}=-1$，$i=1,2,\cdots,2(m-1)$。

下面分析列向量 W 与未知量 $A_{i,1}$ 和 $A_{i,2}$ 的关系。由式（3.5.1）和式（3.5.6）可得

$$w_{i,2} = \begin{cases} e^{r_{i,1}y_{i+1}}A_{i,1} + e^{r_{i,2}y_{i+1}}A_{i,2} + \omega_i h_{i+1} & , \quad h_i' \neq 0 \\ h_{i+1}^{r_{i,1}}A_{i,1} + h_{i+1}^{r_{i,2}}A_{i,2} + \omega_i h_{i+1} & , \quad h_i' \equiv 0 \end{cases}, \quad i=1,2,\cdots,m-1 \tag{3.5.9}$$

$$w_{i+1,1} = \begin{cases} e^{r_{i+1,1}y_{i+1}}A_{i+1,1} + e^{r_{i+1,2}y_{i+1}}A_{i+1,2} + \omega_{i+1} h_{i+1} & , \quad h_{i+1}' \neq 0 \\ h_{i+1}^{r_{i+1,1}}A_{i+1,1} + h_{i+1}^{r_{i+1,2}}A_{i+1,2} + \omega_{i+1} h_{i+1} & , \quad h_{i+1}' \equiv 0 \end{cases}, \quad i=1,2,\cdots,m-1 \tag{3.5.10}$$

$$w_{i,2}' = \begin{cases} r_{i,1}e^{r_{i,1}y_{i+1}}A_{i,1} + r_{i,2}e^{r_{i,2}y_{i+1}}A_{i,2}, & h_i' = 0 \\ r_{i,1}h_{i+1}^{r_{i,1}-1}h_i'A_{i,1} + r_{i,2}h_{i+1}^{r_{i,2}-1}h_i'A_{i,2} + \omega_i h_i', & h_i' \neq 0 \end{cases}, \quad i=1,2,\cdots,m-1 \tag{3.5.11}$$

$$w_{i+1,1}' = \begin{cases} r_{i+1,1}e^{r_{i+1,1}y_{i+1}}A_{i+1,1} + r_{i+1,2}e^{r_{i+1,2}y_{i+1}}A_{i+1,2}, & h_{i+1}' = 0 \\ r_{i+1,1}h_{i+1}^{r_{i+1,1}-1}h_{i+1}'A_{i+1,1} + r_{i+1,2}h_{i+1}^{r_{i+1,2}-1}h_{i+1}'A_{i+1,2} + \omega_{i+1}h_{i+1}', & h_{i+1}' \neq 0 \end{cases}, \quad i=1,2,\cdots,m-1 \tag{3.5.12}$$

式（3.5.9）可改写为

$$w_{i,2} = d_{4i-3,2i-1}A_{i,1} + d_{4i-3,2i}A_{i,2} + e_{4i-3}, i=1,2,\cdots,m-1 \tag{3.5.13}$$

式中：

$$d_{4i-3,2i-1} = \begin{cases} e^{r_{i,1}y_{i+1}} & , \quad h_i' \neq 0 \\ h_{i+1}^{r_{i,1}} & , \quad h_i' \equiv 0 \end{cases}; \quad d_{4i-3,2i} = \begin{cases} e^{r_{i,2}y_{i+1}} & , \quad h_i' \neq 0 \\ h_{i+1}^{r_{i,2}} & , \quad h_i' \equiv 0 \end{cases};$$

$$e_{4i-3} = \begin{cases} \omega_i h_{i+1} & , \quad h_i' \neq 0 \\ \omega_i h_{i+1} & , \quad h_i' \equiv 0 \end{cases} \tag{3.5.14}$$

式（3.5.10）可改写为

$$w_{i+1,1} = d_{4i-2,2i+1}A_{i+1,1} + d_{4i-2,2i+2}A_{i+1,2} + e_{4i-2}, i=1,2,\cdots,m-1 \tag{3.5.15}$$

式中：

$$d_{4i-2,2i+1} = \begin{cases} e^{r_{i+1,1}y_{i+1}} & , \quad h_{i+1}' \neq 0 \\ h_{i+1}^{r_{i+1,1}} & , \quad h_{i+1}' \equiv 0 \end{cases}; \quad d_{4i-2,2i+2} = \begin{cases} e^{r_{i+1,2}y_{i+1}} & , \quad h_{i+1}' \neq 0 \\ h_{i+1}^{r_{i+1,2}} & , \quad h_{i+1}' \equiv 0 \end{cases};$$

$$e_{4i-2} = \begin{cases} \omega_{i+1} h_{i+1} & , \quad h_{i+1}' \neq 0 \\ \omega_{i+1} h_{i+1} & , \quad h_{i+1}' \equiv 0 \end{cases} \tag{3.5.16}$$

式（3.5.11）可改写为

$$w_{i,2}' = d_{4i-1,2i-1}A_{i,1} + d_{4i-1,2i}A_{i,2} + e_{4i-1}, i=1,2,\cdots,m-1 \tag{3.5.17}$$

式中：

$$d_{4i-1,2i-1} = \begin{cases} r_{i,1}\mathrm{e}^{r_{i,1}y_{i+1}}, & h_i' = 0 \\ r_{i,1}h_{i+1}^{r_{i,1}-1}h_i', & h_i' \neq 0 \end{cases}; \quad d_{4i-1,2i} = \begin{cases} r_{i,2}\mathrm{e}^{r_{i,2}y_{i+1}}, & h_i' = 0 \\ r_{i,2}h_{i+1}^{r_{i,2}-1}h_i', & h_i' \neq 0 \end{cases}; \quad e_{4i-1} = \begin{cases} 0, & h_i' = 0 \\ \omega_i h_i', & h_i' \neq 0 \end{cases} \quad (3.5.18)$$

式（3.5.12）可改写为

$$w_{i+1,1}' = d_{4i,2i+1}A_{i+1,1} + d_{4i,2i+2}A_{i+1,2} + e_{4i}, i = 1,2,\cdots,m-1 \quad (3.5.19)$$

式中：

$$d_{4i,2i+1} = \begin{cases} r_{i+1,1}\mathrm{e}^{r_{i+1,1}y_{i+1}}, & h_{i+1}' = 0 \\ r_{i+1,1}h_{i+1}^{r_{i+1,1}-1}h_{i+1}', & h_{i+1}' \neq 0 \end{cases}; \quad d_{4i,2i+2} = \begin{cases} r_{i+1,2}\mathrm{e}^{r_{i+1,2}y_{i+1}}, & h_{i+1}' = 0 \\ r_{i+1,2}h_{i+1}^{r_{i+1,2}-1}h_{i+1}', & h_{i+1}' \neq 0 \end{cases};$$

$$e_{4i} = \begin{cases} 0, & h_{i+1}' = 0 \\ \omega_{i+1}h_{i+1}', & h_{i+1}' \neq 0 \end{cases} \quad (3.5.20)$$

式（3.5.13）~式（3.5.20）线性方程组的矩阵形式是

$$W = DA + E \quad (3.5.21)$$

式中：$A = \begin{bmatrix} A_{1,1} & A_{1,2} & A_{2,1} & A_{2,2} & A_{3,1} & A_{3,2} & A_{4,1} & A_{4,2} & \cdots & A_{m-1,1} & A_{m-1,2} & A_{m,1} & A_{m,2} \end{bmatrix}^{\mathrm{T}}$
为 $2m$ 个元素的列向量，是未知量；$E = \begin{bmatrix} e_1 & e_2 & \cdots & e_{4(m-1)} \end{bmatrix}^{\mathrm{T}}$ 为 $4(m-1)$ 个元素的列向量，
是已知量；D 为 $4(m-1)\times 2m$ 阶矩阵，为已知量，即

$$D = \begin{bmatrix} d_{1,1} & d_{1,2} & 0 & 0 & 0 & 0 & \cdots & 0 & 0 & 0 & 0 \\ 0 & 0 & d_{2,3} & d_{2,4} & 0 & 0 & \cdots & 0 & 0 & 0 & 0 \\ d_{3,1} & d_{3,2} & 0 & 0 & 0 & 0 & \cdots & 0 & 0 & 0 & 0 \\ 0 & 0 & d_{4,3} & d_{4,4} & 0 & 0 & \cdots & 0 & 0 & 0 & 0 \\ 0 & 0 & d_{5,3} & d_{5,4} & 0 & 0 & \cdots & 0 & 0 & 0 & 0 \\ 0 & 0 & 0 & 0 & d_{6,5} & d_{6,6} & \cdots & 0 & 0 & 0 & 0 \\ 0 & 0 & d_{7,3} & d_{7,4} & 0 & 0 & \cdots & 0 & 0 & 0 & 0 \\ 0 & 0 & 0 & 0 & d_{8,5} & d_{8,6} & \cdots & 0 & 0 & 0 & 0 \\ \vdots & \vdots & \vdots & \vdots & \vdots & \vdots & & \vdots & \vdots & \vdots & \vdots \\ 0 & 0 & 0 & 0 & 0 & 0 & \cdots & d_{4m-7,2m-3} & d_{4m-7,2m-2} & 0 & 0 \\ 0 & 0 & 0 & 0 & 0 & 0 & \cdots & 0 & 0 & d_{4m-6,2m-1} & d_{4m-6,2m} \\ 0 & 0 & 0 & 0 & 0 & 0 & \cdots & d_{4m-5,2m-3} & d_{4m-5,2m-2} & 0 & 0 \\ 0 & 0 & 0 & 0 & 0 & 0 & \cdots & 0 & 0 & d_{4(m-1),2m-1} & d_{4(m-1),2m} \end{bmatrix} \quad (3.5.22)$$

下面根据边界条件（1）：$w_{1,1} = 0$ 和 $w_{m,2} = 0$，分五种情况确定 $A_{1,2}$ 和 $A_{m,2}$。

情况 1：$h_1' \neq 0$ 和 $h_m' \neq 0$

在此情况下，区间 1 和区间 m 为斜坡区，由式（3.5.1）得

$$w_{1,1} = \lim_{h_1 \to 0}(h^{r_{1,1}}A_{1,1} + h^{r_{1,2}}A_{1,2} + \omega_1 h_1) = 0$$

$$w_{m,2} = \lim_{h_{m+1} \to 0}(h_{m+1}^{r_{m,1}}A_{m,1} + h_{m+1}^{r_{m,2}}A_{m,2} + \omega_m h_{m+1}) = 0$$

由于 $r_{1,1} > 0$ 和 $r_{1,2} < 0$ 及 $r_{m,1} > 0$ 和 $r_{m,2} < 0$，所以 $A_{1,2} = 0$ 和 $A_{m,2} = 0$。这时，式（3.5.21）
可简化为

$$W = \bar{D}\bar{A} + E \quad (3.5.23)$$

式中：$\bar{A} = \begin{bmatrix} A_{1,1} & A_{2,1} & A_{2,2} & A_{3,1} & A_{3,2} & A_{4,1} & A_{4,2} & \cdots & A_{m-1,1} & A_{m-1,2} & A_{m,1} \end{bmatrix}^{\mathrm{T}}$ 为 $2(m-1)$ 个元素的列向量，它是由 A 中去除元素 $A_{1,2}$ 和 $A_{m,2}$ 形成的子向量；$\bar{D}$ 为 $4(m-1) \times 2(m-1)$ 阶矩阵，它是由 D 中去除第 2 列和第 $2m$ 列元素形成的子矩阵，若记 D 的第 i 列元素构成的列向量为 D_i，即 $D = \begin{bmatrix} D_1 & D_2 & D_3 & \cdots & D_{2m} \end{bmatrix}$，则

$$\bar{D} = \begin{bmatrix} \bar{D}_1 & \bar{D}_2 & \bar{D}_3 & \cdots & \bar{D}_{2(m-1)} \end{bmatrix} = \begin{bmatrix} D_1 & D_3 & D_4 & \cdots & D_{2m-1} \end{bmatrix} \quad （3.5.24\text{a}）$$

即

$$\bar{D} = \begin{bmatrix} d_{1,1} & 0 & 0 & 0 & 0 & \cdots & 0 & 0 & 0 \\ 0 & d_{2,3} & d_{2,4} & 0 & 0 & \cdots & 0 & 0 & 0 \\ d_{3,1} & 0 & 0 & 0 & 0 & \cdots & 0 & 0 & 0 \\ 0 & d_{4,3} & d_{4,4} & 0 & 0 & \cdots & 0 & 0 & 0 \\ 0 & d_{5,3} & d_{5,4} & 0 & 0 & \cdots & 0 & 0 & 0 \\ 0 & 0 & 0 & d_{6,5} & d_{6,6} & \cdots & 0 & 0 & 0 \\ 0 & d_{7,3} & d_{7,4} & 0 & 0 & \cdots & 0 & 0 & 0 \\ 0 & 0 & 0 & d_{8,5} & d_{8,6} & \cdots & 0 & 0 & 0 \\ \vdots & \vdots & \vdots & \vdots & \vdots & & \vdots & \vdots & \vdots \\ 0 & 0 & 0 & 0 & 0 & \cdots & d_{4(m-1)-3,2(m-1)-1} & d_{4(m-1)-3,2(m-1)} & 0 \\ 0 & 0 & 0 & 0 & 0 & \cdots & 0 & 0 & d_{4(m-1)-2,2(m-1)+1} \\ 0 & 0 & 0 & 0 & 0 & \cdots & d_{4(m-1)-1,2(m-1)-1} & d_{4(m-1)-1,2(m-1)} & 0 \\ 0 & 0 & 0 & 0 & 0 & \cdots & 0 & 0 & d_{4(m-1),2(m-1)+1} \end{bmatrix}$$

$$（3.5.24\text{b}）$$

$$\bar{D} = \begin{bmatrix} \bar{d}_{1,1} & 0 & 0 & 0 & 0 & \cdots & 0 & 0 & 0 \\ 0 & \bar{d}_{2,2} & \bar{d}_{2,3} & 0 & 0 & \cdots & 0 & 0 & 0 \\ \bar{d}_{3,1} & 0 & 0 & 0 & 0 & \cdots & 0 & 0 & 0 \\ 0 & \bar{d}_{4,2} & \bar{d}_{4,3} & 0 & 0 & \cdots & 0 & 0 & 0 \\ 0 & \bar{d}_{5,2} & \bar{d}_{5,3} & 0 & 0 & \cdots & 0 & 0 & 0 \\ 0 & 0 & 0 & \bar{d}_{6,4} & \bar{d}_{6,5} & \cdots & 0 & 0 & 0 \\ 0 & \bar{d}_{7,2} & \bar{d}_{7,3} & 0 & 0 & \cdots & 0 & 0 & 0 \\ 0 & 0 & 0 & \bar{d}_{8,4} & \bar{d}_{8,5} & \cdots & 0 & 0 & 0 \\ \vdots & \vdots & \vdots & \vdots & \vdots & & \vdots & \vdots & \vdots \\ 0 & 0 & 0 & 0 & 0 & \cdots & \bar{d}_{4(m-1)-3,2(m-1)-2} & \bar{d}_{4(m-1)-3,2(m-1)-1} & 0 \\ 0 & 0 & 0 & 0 & 0 & \cdots & 0 & 0 & \bar{d}_{4(m-1)-2,2(m-1)} \\ 0 & 0 & 0 & 0 & 0 & \cdots & \bar{d}_{4(m-1)-1,2(m-1)-2} & \bar{d}_{4(m-1)-1,2(m-1)-1} & 0 \\ 0 & 0 & 0 & 0 & 0 & \cdots & 0 & 0 & \bar{d}_{4(m-1),2(m-1)} \end{bmatrix}$$

$$（3.5.24\text{c}）$$

观察式（3.5.24），矩阵 $\overline{\boldsymbol{D}}$ 的非零元素 $\overline{d}_{i,j}$ 与矩阵 $\boldsymbol{D}$ 的非零元素 $d_{i,j}$ 的关系如下：

1）在第 1 行至第 4 行，非零元素是：$\overline{d}_{1,1}=d_{1,1}$；$\overline{d}_{2,2}=d_{2,3}$，$\overline{d}_{2,3}=d_{2,4}$；$\overline{d}_{3,1}=d_{3,1}$；$\overline{d}_{4,2}=d_{4,3}$，$\overline{d}_{4,3}=d_{4,4}$。

2）在第 5 行至第 $4(m-2)$ 行，非零元素：$\overline{d}_{4i-3+j,2i-2}=d_{4i-3+j,2i-1}$，$\overline{d}_{4i-3+j,2i-1}=d_{4i-3+j,2i}$；$\overline{d}_{4i-2+j,2i}=d_{4i-2+j,2i+1}$，$\overline{d}_{4i-2+j,2i+1}=d_{4i-2+j,2i+2}$；$i=2,3,\cdots,m-2$；$j=0,2$。

3）在第 $(4m-7)$ 行至第 $4(m-1)$ 行，非零元素：$\overline{d}_{4(m-1)-3+j,2(m-1)-2}=d_{4(m-1)-3+j,2(m-1)-1}$，$\overline{d}_{4(m-1)-3+j,2(m-1)-1}=d_{4(m-1)-3+j,2(m-1)}$；$\overline{d}_{4(m-1)-2+j,2(m-1)}=d_{4(m-1)-2+j,2(m-1)+1}$；$j=0,2$。

情况 2：$h_1'=0$ 和 $h_m'=0$

这时，区间 1 和区间 m 为平槽区，由式（3.5.1）得

$$w_{1,1}=\lim_{h_1\to 0}(\mathrm{e}^{r_{1,1}y_1}A_{1,1}+\mathrm{e}^{r_{1,2}y_1}A_{1,2}+\omega_1 h_1)=\mathrm{e}^{r_{1,1}y_1}A_{1,1}+\mathrm{e}^{r_{1,2}y_1}A_{1,2}=0 \quad （3.5.25a）$$

$$w_{m,2}=\lim_{h_{m+1}\to 0}(\mathrm{e}^{r_{m,1}y_{m+1}}A_{m,1}+\mathrm{e}^{r_{m,2}y_{m+1}}A_{m,2}+\omega_m h_{m+1})=\mathrm{e}^{r_{m,1}y_{m+1}}A_{m,1}+\mathrm{e}^{r_{m,2}y_{m+1}}A_{m,2}=0 \quad （3.5.25b）$$

整理得 $A_{1,2}=-A_{1,1}\mathrm{e}^{(r_{1,1}-r_{1,2})y_1}$ 和 $A_{m,2}=-A_{m,1}\mathrm{e}^{(r_{m,1}-r_{m,2})y_{m+1}}$。

由式（3.5.13）、式（3.5.17）、式（3.5.15）、式（3.5.19）可得

$$w_{1,2}=d_{1,1}A_{1,1}+d_{1,2}A_{1,2}+e_1=[d_{1,1}-d_{1,2}\mathrm{e}^{(r_{1,1}-r_{1,2})y_1}]A_{1,1}+e_1 \quad （3.5.26a）$$

$$w_{1,2}'=d_{3,1}A_{1,1}+d_{3,2}A_{1,2}+e_3=[d_{3,1}-d_{3,2}\mathrm{e}^{(r_{1,1}-r_{1,2})y_1}]A_{1,1}+e_3 \quad （3.5.26a）$$

$$w_{m,1}=d_{4(m-1)-2,2m-1}A_{m,1}+d_{4(m-1)-2,2m}A_{m,2}+e_{4(m-1)-2}$$

$$=[d_{4(m-1)-2,2m-1}-d_{4(m-1)-2,2m}\mathrm{e}^{(r_{m,1}-r_{m,2})y_{m+1}}]A_{m,1}+e_{4(m-1)-2} \quad （3.5.26c）$$

$$w_{m,1}'=d_{4(m-1),2m-1}A_{m,1}+d_{4(m-1),2m}A_{m,2}+e_{4(m-1)}$$

$$=[d_{4(m-1),2m-1}-d_{4(m-1),2m}\mathrm{e}^{(r_{m,1}-r_{m,2})y_{m+1}}]A_{m,1}+e_{4(m-1)} \quad （3.5.26d）$$

由式（3.5.26）线性方程组可知，只需令

$$\overline{\boldsymbol{D}}=[(\boldsymbol{D}_1-\boldsymbol{D}_2\mathrm{e}^{(r_{1,1}-r_{1,2})y_1}) \quad \boldsymbol{D}_3 \quad \boldsymbol{D}_4 \quad \cdots \quad \boldsymbol{D}_{2m-3} \quad \boldsymbol{D}_{2m-2} \quad \boldsymbol{D}_{2m-1}-\boldsymbol{D}_{2m}\mathrm{e}^{(r_{m,1}-r_{m,2})y_{m+1}}] \quad （3.5.27）$$

当矩阵 $\overline{\boldsymbol{D}}$ 用式（3.5.24c）描述时，则仍然可用式（3.5.23）描述 $\boldsymbol{W}$。这时，非零元素 $\overline{d}_{i,j}$ 与矩阵 $\boldsymbol{D}$ 的非零元素 $d_{i,j}$ 的关系如下：

1）在第 1 行至第 4 行，非零元素是：$\overline{d}_{1,1}=d_{1,1}-d_{1,2}\mathrm{e}^{(r_{1,1}-r_{1,2})y_1}$；$\overline{d}_{2,2}=d_{2,3}$，$\overline{d}_{2,3}=d_{2,4}$；$\overline{d}_{3,1}=d_{3,1}-d_{3,2}\mathrm{e}^{(r_{1,1}-r_{1,2})y_1}$；$\overline{d}_{4,2}=d_{4,3}$，$\overline{d}_{4,3}=d_{4,4}$。

2）在第 5 行至第 $4(m-2)$ 行，非零元素 $\overline{d}_{i,j}$ 与非零元素 $d_{i,j}$ 的关系与情况 1 完全相同。

3）在第 $(4m-7)$ 行至第 $4(m-1)$ 行，非零元素：$\overline{d}_{4(m-1)-3+j,2(m-1)-2}=d_{4(m-1)-3+j,2(m-1)-1}$；$\overline{d}_{4(m-1)-3+j,2(m-1)-1}=d_{4(m-1)-3+j,2(m-1)}$；$\overline{d}_{4(m-1)-2+j,2(m-1)}=d_{4(m-1)-2+j,2m-1}-d_{4(m-1)-2+j,2m}\mathrm{e}^{(r_{m,1}-r_{m,2})y_{m+1}}$；$j=0,2$。

情况 3：$h_1'\neq 0$ 和 $h_m'=0$

这时，区间 1 为斜坡区，区间 m 为平槽区，有 $A_{1,2}=0$ 而 $A_{m,2}=-A_{m,1}\mathrm{e}^{(r_{m,1}-r_{m,2})y_{m+1}}$，只需令

$$\bar{\boldsymbol{D}} = [\boldsymbol{D}_1 \quad \boldsymbol{D}_3 \quad \boldsymbol{D}_4 \quad \cdots \quad \boldsymbol{D}_{2m-3} \quad \boldsymbol{D}_{2m-2} \quad \boldsymbol{D}_{2m-1} - \boldsymbol{D}_{2m}\mathrm{e}^{(r_{m,1}-r_{m,2})y_{m+1}}] \quad （3.5.28）$$

当矩阵 $\bar{\boldsymbol{D}}$ 用式（3.5.24b）描述时，则仍然可用式（3.5.23）描述 $\boldsymbol{W}$。这时，非零元素 $\bar{d}_{i,j}$ 与矩阵 $\boldsymbol{D}$ 的非零元素 $d_{i,j}$ 的关系如下：

1）在第 1 行至第 $4(m-2)$ 行，非零元素 $\bar{d}_{i,j}$ 与非零元素 $d_{i,j}$ 的关系与情况 1 完全相同。

2）在第 $(4m-7)$ 行至第 $4(m-1)$ 行，非零元素 $\bar{d}_{i,j}$ 与非零元素 $d_{i,j}$ 的关系与情况 2 完全相同。

情况 4：$h_1' = 0$ 和 $h_m' \neq 0$

这时，区间 1 为平槽区而区间 m 为斜坡区，这时 $A_{1,2} = -A_{1,1}\mathrm{e}^{(r_{1,1}-r_{1,2})y_1}$ 而 $A_{m,2} = 0$，只需令

$$\bar{\boldsymbol{D}} = [\boldsymbol{D}_1 - \boldsymbol{D}_2\mathrm{e}^{(r_{1,1}-r_{1,2})y_1} \quad \boldsymbol{D}_3 \quad \boldsymbol{D}_4 \quad \cdots \quad \boldsymbol{D}_{2m-3} \quad \boldsymbol{D}_{2m-2} \quad \boldsymbol{D}_{2m-1}] \quad （3.5.29）$$

当矩阵 $\bar{\boldsymbol{D}}$ 用式（3.5.24c）描述时，则仍然可用式（3.5.23）描述 $\boldsymbol{W}$。这时，非零元素 $\bar{d}_{i,j}$ 与矩阵 $\boldsymbol{D}$ 的非零元素 $d_{i,j}$ 的关系如下：

1）在第 1 行至第 $4(m-2)$ 行，非零元素 $\bar{d}_{i,j}$ 与非零元素 $d_{i,j}$ 的关系与情况 2 完全相同。

2）在第 $(4m-7)$ 行至第 $4(m-1)$ 行，非零元素 $\bar{d}_{i,j}$ 与非零元素 $d_{i,j}$ 的关系与情况 1 完全相同。

情况 5：对称复式明渠

如图 3.5.2 所示的对称复式明渠，可以主槽中线分界只考虑半个断面的水深平均流速分布。下面将以主槽中线的左半个断面为例确定矩阵 $\bar{\boldsymbol{D}}$。

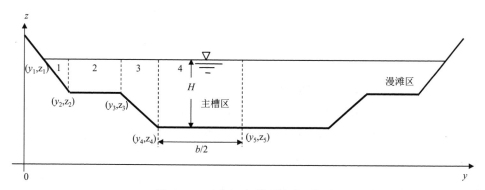

图 3.5.2　对称复式明渠断面示意图

主槽左半部分最后一个区间 $m = 4$，由于它是平槽区，有 $h_m' = 0$，根据流动的对称性，则由式（3.5.1）得

$$w_{m,1} = \mathrm{e}^{r_{m,1}y_m}A_{m,1} + \mathrm{e}^{r_{m,2}y_m}A_{m,2} + \omega_m h_m = \mathrm{e}^{r_{m,1}(y_m+b)}A_{m,1} + \mathrm{e}^{r_{m,2}(y_m+b)}A_{m,2} + \omega_m h_m$$

求解得

$$A_{m,2} = -\frac{\mathrm{e}^{r_{m,1}y_m} - \mathrm{e}^{r_{m,1}(y_m+b)}}{\mathrm{e}^{r_{m,2}y_m} - \mathrm{e}^{r_{m,2}(y_m+b)}}A_{m,1} \quad （3.5.30）$$

式中：b 为主槽底宽，m。因此，只需令矩阵 $\bar{\boldsymbol{D}}$ 的第 $2(m-1)$ 列元素构成的列向量

$$\bar{D}_{2(m-1)} = D_{2m-1} - D_{2m} \frac{e^{r_{m,1}y_m} - e^{r_{m,1}(y_m+b)}}{e^{r_{m,2}y_m} - e^{r_{m,2}(y_m+b)}} \qquad (3.5.31)$$

当矩阵 $\bar{D}$ 用式（3.5.24c）描述时，则仍然可用式（3.5.23）描述 W。这时，非零元素 $\bar{d}_{i,j}$ 与矩阵 D 的非零元素 $d_{i,j}$ 的关系如下：

1）在第 1 行至第 4(m-2) 行，非零元素 $\bar{d}_{i,j}$ 与非零元素 $d_{i,j}$ 的关系或是与情况 1 完全相同，或是与情况 2 完全相同。

2）在第 (4m-7) 行至第 4(m-1) 行，非零元素：

$$\bar{d}_{4(m-1)-3+j,2(m-1)-2} = d_{4(m-1)-3+j,2(m-1)-1} ; \quad \bar{d}_{4(m-1)-3+j,2(m-1)-1} = d_{4(m-1)-3+j,2(m-1)} ;$$

$$\bar{d}_{4(m-1)-2+j,2(m-1)} = d_{4(m-1)-2+j,2m-1} - d_{4(m-1)-2+j,2m} \frac{e^{r_{m,1}y_m} - e^{r_{m,1}(y_m+b)}}{e^{r_{m,2}y_m} - e^{r_{m,2}(y_m+b)}} ; \quad j=0,2$$

综上所述，在各种边界条件情况下，未知列向量 W、已知系数矩阵 $\bar{D}$、未知列向量 $\bar{A}$、已知列向量 E 的关系都可以用式（3.5.23）表示，其中 $\bar{D}$ 的非零元素分布如式（3.5.24b）所示。

把式（3.5.23）代入式（3.5.7）可得求解 $\bar{A}$ 的通用方程为

$$\bar{C}\bar{A} = \bar{E} \qquad (3.5.32)$$

式中：$\bar{C} = C\bar{D}$ 为 $2(m-1) \times 2(m-1)$ 阶矩阵，为已知量；$\bar{E} = -CE$ 为 $2(m-1)$ 个元素的列向量，也是已知量。

求解线性方程组（3.5.32）可得未知量列向量 $\bar{A}$ 的唯一解，然后将其代入式（3.5.1）可算出水深平均流速平方 w 的横向分布，而水深平均流速 $U_d = \sqrt{w}$。

下面以图 3.5.2 对称复式明渠为例，考察矩阵 $\bar{C}$ 的性质，并求未知量 $\bar{A} = \begin{bmatrix} A_{1,1} & A_{2,1} & A_{2,2} & A_{3,1} & A_{3,2} & A_{4,1} \end{bmatrix}^{\mathrm{T}}$。

解：根据关联矩阵 C 的性质和式（3.5.24b）矩阵 $\bar{D}$ 非零元素的分布，可得

$$C = \begin{bmatrix} 1 & -1 & 0 & 0 & 0 & 0 & 0 & 0 & 0 & 0 & 0 & 0 \\ 0 & 0 & 1 & -1 & 0 & 0 & 0 & 0 & 0 & 0 & 0 & 0 \\ 0 & 0 & 0 & 0 & 1 & -1 & 0 & 0 & 0 & 0 & 0 & 0 \\ 0 & 0 & 0 & 0 & 0 & 0 & 1 & -1 & 0 & 0 & 0 & 0 \\ 0 & 0 & 0 & 0 & 0 & 0 & 0 & 0 & 1 & -1 & 0 & 0 \\ 0 & 0 & 0 & 0 & 0 & 0 & 0 & 0 & 0 & 0 & 1 & -1 \end{bmatrix}, \quad \bar{D} = \begin{bmatrix} \bar{d}_{1,1} & 0 & 0 & 0 & 0 & 0 \\ 0 & \bar{d}_{2,2} & \bar{d}_{2,3} & 0 & 0 & 0 \\ \bar{d}_{3,1} & 0 & 0 & 0 & 0 & 0 \\ 0 & \bar{d}_{4,2} & \bar{d}_{4,3} & 0 & 0 & 0 \\ 0 & \bar{d}_{5,2} & \bar{d}_{5,3} & 0 & 0 & 0 \\ 0 & 0 & 0 & \bar{d}_{6,4} & d_{6,5} & 0 \\ 0 & \bar{d}_{7,2} & \bar{d}_{7,3} & 0 & 0 & 0 \\ 0 & 0 & 0 & \bar{d}_{8,4} & \bar{d}_{8,5} & 0 \\ 0 & 0 & 0 & \bar{d}_{9,4} & \bar{d}_{9,5} & 0 \\ 0 & 0 & 0 & 0 & 0 & \bar{d}_{10,6} \\ 0 & 0 & 0 & \bar{d}_{11,4} & \bar{d}_{11,5} & 0 \\ 0 & 0 & 0 & 0 & 0 & \bar{d}_{12,6} \end{bmatrix}$$

所以

$$\overline{C} = C\overline{D} = \begin{bmatrix} \overline{d}_{1,1} & -\overline{d}_{2,2} & -\overline{d}_{2,3} & 0 & 0 & 0 \\ \overline{d}_{3,1} & -\overline{d}_{4,2} & -\overline{d}_{4,3} & 0 & 0 & 0 \\ 0 & \overline{d}_{5,2} & \overline{d}_{5,3} & -\overline{d}_{6,4} & -d_{6,5} & 0 \\ 0 & \overline{d}_{7,2} & \overline{d}_{7,3} & -\overline{d}_{8,4} & \overline{d}_{8,5} & 0 \\ 0 & 0 & 0 & \overline{d}_{9,4} & \overline{d}_{9,5} & -\overline{d}_{10,6} \\ 0 & 0 & 0 & \overline{d}_{11,4} & \overline{d}_{11,5} & -\overline{d}_{12,6} \end{bmatrix}, \quad \overline{E} = \begin{bmatrix} \overline{e}_1 \\ \overline{e}_2 \\ \overline{e}_3 \\ \overline{e}_4 \\ \overline{e}_5 \\ \overline{e}_6 \end{bmatrix} = -CE = -\begin{bmatrix} e_1 - e_2 \\ e_3 - e_4 \\ e_5 - e_6 \\ e_7 - e_8 \\ e_9 - e_{10} \\ e_{11} - e_{12} \end{bmatrix}$$

显然矩阵 $\overline{C}$ 为五对角带宽矩阵。

由式（3.5.32）得

$$\begin{bmatrix} \overline{d}_{1,1} & -\overline{d}_{2,2} & -\overline{d}_{2,3} & 0 & 0 & 0 \\ \overline{d}_{3,1} & -\overline{d}_{4,2} & -\overline{d}_{4,3} & 0 & 0 & 0 \\ 0 & \overline{d}_{5,2} & \overline{d}_{5,3} & -\overline{d}_{6,4} & -d_{6,5} & 0 \\ 0 & \overline{d}_{7,2} & \overline{d}_{7,3} & -\overline{d}_{8,4} & \overline{d}_{8,5} & 0 \\ 0 & 0 & 0 & \overline{d}_{9,4} & \overline{d}_{9,5} & -\overline{d}_{10,6} \\ 0 & 0 & 0 & \overline{d}_{11,4} & \overline{d}_{11,5} & -\overline{d}_{12,6} \end{bmatrix} \begin{bmatrix} A_{1,1} \\ A_{2,1} \\ A_{2,2} \\ A_{3,1} \\ A_{3,2} \\ A_{4,1} \end{bmatrix} = \begin{bmatrix} \overline{e}_1 \\ \overline{e}_2 \\ \overline{e}_3 \\ \overline{e}_4 \\ \overline{e}_5 \\ \overline{e}_6 \end{bmatrix}$$

求解线性方程组可得未知量列向量 $\overline{A}$ 的唯一解。

需要指出的是，只要关联矩阵 C 的非零元素排列规则按照式（3.5.8），系数矩阵 D 的非零元素由式（3.5.14）、式（3.5.16）、式（3.5.18）、式（3.5.20）计算，则系数矩阵 $\overline{D}$ 非零元素的分布按照式（3.5.24c），在此条件下，矩阵 $\overline{C}$ 为五对角带宽矩阵。

3.6　非线性准二维模型的数值求解

在一般情况下，f_b 和 λ 不是常数，这时无法求得非均匀流 U_d 的解析解，另外，对于天然河道，由于河床高程随横坐标 y 变化较大，断面需要分成很多分区，即使假设 f_b、λ 和 β 为常数得到 U_d 的解析解，但是，求解各个分区的待定常数 A_i（$i=1,2,\cdots,m$）也是一件困难的事。在这种情况下，采用有限差分的数值方法就比较方便。

下面将以式（3.1.15）非均匀流非线性准二维数学模型为例介绍一种有限差分求解方法（杨开林，2015）。当求解对象为式（3.1.12）非均匀流非线性准二维数学模型时，只需令二次流系数 $K = 0$ 并用 $s_0(1-\beta)$ 代替 s_0 即可。

天然河道断面河床高程随横坐标 y 变化较大，在这种情况下，可以将断面划分为 m 个区间，每个区间床面曲线用直线近似，如图 3.6.1 所示。

如图 3.6.1 所示，局部水深 h 和局部湿周 X_b 与坐标 y 的关系为

$$h = H_s - \left[z_i + \frac{z_{i+1} - z_i}{y_{i+1} - y_i}(y - y_i) \right], \quad y_i \leqslant y \leqslant y_{i+1} \tag{3.6.1a}$$

$$\frac{\mathrm{d}h}{\mathrm{d}y} = -\frac{z_{i+1} - z_i}{y_{i+1} - y_i} \tag{3.6.1b}$$

$$x_b = \sqrt{1 + \left(\frac{\mathrm{d}h}{\mathrm{d}y} \right)^2} \tag{3.6.1c}$$

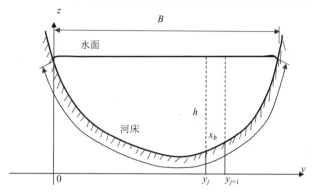

图 3.6.1　天然河道示意图

式中：H_s 为水位，m；z 为河床的高程，m。

为分析方便，假设在每个区间的阻力系数 f_b 和无因次涡流黏度 λ 为常数，则由式（3.1.15）可得

$$\frac{\lambda h^2}{2}\sqrt{\frac{f_b}{8}}\frac{\partial^2 U_d^2}{\partial^2 y}+\left(\lambda\frac{\mathrm{d}h}{\mathrm{d}y}\sqrt{\frac{f_b}{8}}-K\right)h\frac{\mathrm{d}U_d^2}{\mathrm{d}y}+\left(s_h-\frac{f_b}{8}x_b-K\frac{\mathrm{d}h}{\mathrm{d}y}\right)U_d^2+gh(s_0-s_h)=0 \quad （3.6.2）$$

当令 $X=U_d^2$，对式（3.6.2）两边同除以 $\dfrac{1}{2}\lambda h^2\sqrt{\dfrac{f_b}{8}}$，可得

$$\frac{\mathrm{d}^2 X}{\mathrm{d}^2 y}+p(y)\frac{\mathrm{d}X}{\mathrm{d}y}+q(y)X=f(y) \quad （3.6.3）$$

其中

$$p(y)=2\left(\lambda\frac{\mathrm{d}h}{\mathrm{d}y}\sqrt{\frac{f_b}{8}}-K\right)\bigg/\left(\lambda h\sqrt{\frac{f_b}{8}}\right),\quad q(y)=2\left(s_h-\frac{f_b}{8}x_b-K\frac{\mathrm{d}h}{\mathrm{d}y}\right)\bigg/\left(\lambda h^2\sqrt{\frac{f_b}{8}}\right)$$

$$f(y)=-2g(s_0-s_h)\bigg/\left(\lambda h\sqrt{\frac{f_b}{8}}\right) \quad （3.6.4）$$

边界条件为

$$\begin{cases} y=0 \quad,\quad h(0)=0 \quad,\quad X(0)=U_d^2(0)=0 \\ y=B \quad,\quad h(B)=0 \quad,\quad X(B)=U_d^2(B)=0 \end{cases} \quad （3.6.5）$$

对于二阶微分方程式（3.6.3）的边值问题，可以采用下述的差分方法求解。将河宽 B 分成 m 等份，步长 $\Delta y=B/m$，分点 $y_0=0$，$y_1=\Delta y$，$y_2=2\Delta y$，$\cdots$，$y_k=k\Delta y$，$\cdots$，$y_m=m\Delta y=B$，只要 m 足够大，则对于任意河道断面形状，都可以获得令人满意的计算精度。

把式（3.6.3）微分用差分代替得

$$\frac{X_{k+1}-2X_k+X_{k-1}}{\Delta y^2}+p_k\frac{X_{k+1}-X_{k-1}}{2\Delta y}+q_k X_k=f_k,k=1,2,\cdots,m-1 \quad （3.6.6）$$

式中：$X_0=0$，$X_m=0$，$X_k=X(y_k)$，$p_k=p(y_k)$，$q_k=q(y_k)$，$f_k=f(y_k)$。整理合并同类项，上面的差分方程组可改写为

$$a_k X_{k-1}+b_k X_k+c_k X_{k+1}=d_k,k=1,2,\cdots,m-1 \quad （3.6.7）$$

其中

$$a_k = 1 - \frac{\Delta y}{2} p_k , \quad b_k = -2 + \Delta y^2 q_k , \quad c_k = 1 + \frac{\Delta y}{2} p_k , \quad d_k = \Delta y^2 f_k , \quad k = 1, 2, \cdots, m-1 \quad (3.6.8)$$

线性方程组式（3.6.7）的矩阵形式为

$$AX = D \qquad (3.6.9)$$

其中

$$X = \begin{bmatrix} X_1 \\ X_2 \\ X_3 \\ \vdots \\ X_{m-2} \\ X_{m-1} \end{bmatrix}, \quad A = \begin{bmatrix} b_1 & c_1 & 0 & 0 & \cdots & 0 & 0 \\ a_2 & b_2 & c_2 & 0 & \cdots & 0 & 0 \\ & a_3 & b_3 & c_3 & \cdots & 0 & 0 \\ \vdots & & & & & \vdots & \vdots \\ 0 & 0 & 0 & 0 & \cdots & b_{m-2} & c_{m-2} \\ 0 & 0 & 0 & 0 & \cdots & a_{m-1} & b_{m-1} \end{bmatrix}, \quad D = \begin{bmatrix} D_1 \\ D_2 \\ D_3 \\ \vdots \\ D_{m-2} \\ D_{m-1} \end{bmatrix} = \begin{bmatrix} d_1 - a_1 X_0 \\ d_2 \\ d_3 \\ \vdots \\ d_{m-2} \\ d_{m-1} - c_{m-1} X_m \end{bmatrix}$$

$$(3.6.10)$$

由于系数矩阵 A 为带型系数矩阵，带宽为 3，线性方程组式（3.6.10）适用于追赶法求解。采用消元法将式（3.6.9）变换为

$$U_1 = -\frac{c_1}{b_1} , \quad P_1 = \frac{D_1}{b_1} ; \quad U_i = -\frac{c_i}{b_i + a_i U_{i-1}} , \quad i = 2, 3, 4, \cdots, m-2 ; \quad P_i = \frac{D_i - a_i P_{i-1}}{b_i + a_i U_{i-1}} , \quad i = 2, 3, 4, \cdots, m-1$$

$$(3.6.11)$$

X 的解为

$$X_{m-1} = P_{m-1} ; \quad X_i = U_i X_{i+1} + P_i , \quad i = m-2, m-3, \cdots, 1 \qquad (3.6.12)$$

这样，水深平均流速为

$$U_{di} = U_d(y_i) = \sqrt{X_i} , i = 1, 2, \cdots, m \qquad (3.6.13)$$

河渠流量为

$$Q = \sum_{i=1}^{m} \frac{(U_{di-1} + U_{di})}{2} A_i = \sum_{i=1}^{m} \frac{(U_{di-1} + U_{di})}{2} \frac{h_{i-1} + h_i}{2} \Delta y = \frac{\Delta y}{4} \sum_{i=1}^{m} (U_{di-1} + U_{di})(h_{i-1} + h_i) \quad (3.6.14)$$

3.7　河渠水面线的推算

上面研究了已知河渠的水位 （主槽水深）确定断面水深平均流速的横向分布和流量的问题，下面分析已知流量确定河渠的水面线问题。

当采用式（3.1.17）确定每段河渠水深沿流向的变化率 s_h 时，若已知河渠段一端的水位（水深），则另一端的水位（水深）可以采用下述方法求解。

由于局部水深 $h = H_s - z_b$ 是水位 H_s 的函数，所以在河渠几何参数、糙率 n_b、二次流系数 K（或 β）已知的条件下，水深平均流速 U_d 是 H_s 的函数。另外，由式（3.6.14）可知流量 Q 是 U_d 的函数，所以 Q 是 H_s 的函数。这样，可以写出下述函数关系

$$F(H_s) = Q(H_s) - Q_{known} = 0 \qquad (3.7.1)$$

采用 Newton-Raphson 方法，式（3.7.1）可近似为

$$F_0 + F_{H_s} \Delta H = 0$$

或者

$$\Delta H = -\frac{F_0}{F_{H_s}} \quad (3.7.2)$$

其中

$$F_0 = Q(H_{s0}) - Q_{known} \quad (3.7.3)$$

$$F_{H_s} = \frac{\partial F}{\partial H_s} = \frac{\partial F}{\partial Q}\frac{\mathrm{d}Q}{\mathrm{d}H_s} = \frac{\mathrm{d}Q}{\mathrm{d}H_s} \quad (3.7.4)$$

式中：H_{s0} 为 H_s 的近似值。

因为无法得到 $\mathrm{d}Q/\mathrm{d}H_s$ 的解析式，所以下面将采用差分法来近似求得，即取

$$F_{H_s} = \frac{\mathrm{d}Q}{\mathrm{d}H_s} \approx \frac{Q(H_{s0}+\delta)-Q(H_{s0}-\delta)}{2\delta} \quad (3.7.5)$$

式中：δ 为正微量，可取 $\delta = 10^{-4}$ m。

这样，当已知河渠流量 Q_{known} 和下游水位 H_{s2} 时，则可以采用下面的计算机程序迭代求解上游断面的水位 $H_s = H_{s1}$：

（1）给定 H_s 的近似值 H_{s0}，例如取 $H_{s0} > H_{s2}$。

（2）由式（3.1.17）计算 $s_h(H_{s0})$、$s_h(H_{s0}+\delta)$ 及 $s_h(H_{s0}-\delta)$，并由 3.5 节或 3.6 节方法计算上游断面的水深平均流速的横向分布及 $Q(H_{s0})$、$Q(H_{s0}+\delta)$ 及 $Q(H_{s0}-\delta)$。

（3）由式（3.7.2）、式（3.7.3）、式（3.7.5）分别计算 ΔH、F_0、F_{H_s}。

（4）如果 $\left|(Q-Q_{known})/Q_{known}\right| \leqslant 10^{-4}$，则 H_{s0} 就是 H_s 的解，求解结束；否则，令 $H_{s0} = H_{s0} + \Delta H$，然后重复步骤（2）至步骤（4）。

采用类似的程序，可以顺序得到整个河渠的水面线。另外，在已知上游水位的条件下，也可以采用上述程序确定下游水位。

需要注意的是，如果 $H_{s2} > H_{s1}$ 会发生流动反向，所以在已知流量 Q_{known} 和下游水位 H_{s2} 求上游水位 H_{s1} 时，应当取 $H_{s0} = H_{s10} > H_{s2}$，比如 $H_{s0} = H_{s2} + 0.005$，以避免计算过程中发生 $H_{s2} > H_{s1}$ 的现象。

3.8 算例

表 3.8.1 列出了南水北调中线工程从唐河倒虹吸出口至漕河渡槽部分梯形明渠的特征参数及实测水深、流量和糙率系数，其中：Q 为实测流量；H 为实测水深，下标"1"为明渠进口，下标"2"为明渠出口；b 为明渠底宽；s_p 为边坡；s_0 为底坡；L 为明渠长度；R 为平均水力半径；n_b 为明渠糙率系数，由实测流量、水位和一维恒定非均匀流方程计算所得。

表 3.8.1 明渠特征参数

编号	实测 $Q/(\mathrm{m^3/s})$	实测水深/m		渠底高程/m		b/m	s_p	s_0	L/m	平均水力半径 R/m	糙率系数 n_b
		H_1	H_2	进口	出口						
1	19.0	2.175	2.238	65.943	65.860	23.0	2.0	1/25000	2068	1.8403	0.0144
2	19.0	2.238	2.305	65.860	65.772	23.0	2.0	1/25000	2215	1.8868	0.0156

编号	实测 Q/ (m^3/s)	实测水深/m		渠底高程/m		b/m	s_p	s_0	L/m	平均水力半径 R/m	糙率系数 n_b
		H_1	H_2	进口	出口						
3	19.0	2.305	2.405	65.772	65.647	23.0	2.0	1/25000	3124	1.9460	0.0151
4	19.0	2.405	2.661	65.647	65.341	23.0	2.0	1/25000	7631	2.0704	0.0149
5	19.0	2.661	2.995	65.341	64.965	23.0	2.0	1/25000	9416	2.2726	0.0151
6	18.96	2.812	2.924	62.901	62.775	19.5	2.5	1/25000	3138	2.1888	0.0137

注　资料来源于南水北调工程建设监管中心、中国北方勘测设计研究有限责任公司的《南水北调中线干线工程京石段过水建筑物典型断面糙率原型测试技术报告》（2009 年）。

3.8.1　已知水深，确定流量

在表 3.8.1 给定的梯形明渠断面参数，即底宽、边坡、底坡、渠长及实测水深和糙率系数的条件下，分别计算了下述情况：

（1）取 $s_h = 0$，并令二次流系数 $K=0$，即忽略二次流影响的条件下，采用 Shiono 和 Knight（1991）均匀流模型计算 U_d 的横向分布和流量 Q_d，结果列于表 3.8.2，其中明渠 1、2、3、4、5、6 的计算 Q_d 分别为 40.0 m^3/s、38.6 m^3/s、38.3 m^3/s、49.0 m^3/s、58.6 m^3/s、59.6m^3/s，远远大于实测流量 $Q=19m^3/s$。这说明在实际流动为非均匀流的情况下，采用均匀流模型计算 U_d 的横向分布和流量 Q_d 会产生很大的偏差。

（2）考虑 $s_h = \dfrac{\partial h}{\partial x} = \dfrac{H_2 - H_1}{L}$ 的影响，取二次流系数 $K=0.0000$ 和 $K=0.0025$，采用非均匀流模型计算 U_d 的横向分布和流量 Q_d，结果也列于表 3.8.2。当 $K=0.0025$ 时，实测流量 Q 与计算流量 Q_d 比较接近，误差 $|Q-Q_d|/Q \leqslant 3.6\%$；当 $K=0.0000$ 时，误差 $|Q-Q_d|/Q \leqslant 7.5\%$。这说明采用 Ervine 等（2000）的方法描述二次流和用有限差分数值方法求解 U_d 的横向分布和流量 Q_d 具有较高的准确度。

表 3.8.2　实测流量和计算流量

编号	实测 Q/ (m^3/s)	均匀流	非均匀流，$K=0.0025$		非均匀流，$K=0.0000$	
		Q_d/ (m^3/s)	Q_d/ (m^3/s)	$|Q-Q_d|/Q$ /%	Q_d/ (m^3/s)	$|Q-Q_d|/Q$ /%
1	19.0	40.0	19.0	0.0	19.7	4.6
2	19.0	38.6	18.3	3.6	19.1	0.5
3	19.0	38.3	18.4	3.0	19.3	1.6
4	19.0	49.0	19.1	0.3	20.1	5.6
5	19.0	58.6	18.7	1.6	19.8	4.2
6	18.96	59.6	19.0	0.0	20.4	7.5

图 3.8.1 示出了表 3.8.1 中渠段 1 的计算横向流速 U_d 的分布图，显然二次流项对 U_d 分布具有一定的影响。当二次流系数 $K \neq 0$ 时，即使明渠是对称的，U_d 的分布也不是对称的。对于蜿蜒河渠，水流在流经弯道时，水质点的运动可以近似地看作圆周运动的一部分，圆周运动的线速度等于角速度与圆周半径的乘积。由于靠近弯道外侧的水质点运动的半径较长，靠近弯道内侧的水质点运动的半径较短，所以弯道外侧的水流速度较内侧更大一些。所以，对于蜿蜒河渠的弯道，采用二次流系数 $K \neq 0$ 比采用二次流系数 $\beta \neq 0$ 可能更合理。

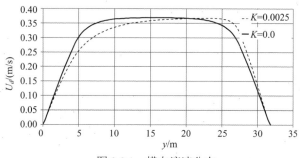

图 3.8.1　横向流速分布

3.8.2　已知流量，确定水深

明渠特征参数同表 3.8.1，假设已知每段渠道流量和出口水深，需要计算确定进口水深。采用 3.7 节计算程序确定的明渠进口水深列于表 3.8.3，实测与计算的水深的误差 $|H_1 - H_{1c}|/H_1$ 小于 0.7%。这说明采用 3.7 节准二维模型确定河渠水深或水位具有令人满意的精度。

表 3.8.3　实测与计算上游水深一览表

编号	实测 $Q/(\text{m}^3/\text{s})$	实测 H_1/m	计算 H_{1c}/m	$\dfrac{\lvert H_1 - H_{1c}\rvert}{H_1}/\%$	编号	实测 $Q/(\text{m}^3/\text{s})$	实测 H_1/m	计算 H_{1c}/m	$\dfrac{\lvert H_1 - H_{1c}\rvert}{H_1}/\%$
1	19.0	2.175	2.179	0.2	4	19.0	2.405	2.421	0.7
2	19.0	2.238	2.243	0.2	5	19.0	2.661	2.679	0.7
3	19.0	2.305	2.312	0.3					

参考文献

[1] 高敏，槐文信，赵明登.2008.滩地植被化的顺直复式河道漫滩水流计算[J].节水灌溉（6）：21-23，26.

[2] 黄胜，卢启苗.1995.河口动力学[M].北京：水利电力出版社：194-197.

[3] 吉祖德，胡春宏.1997.漫滩水流流速垂线分布的研究[J].水利水电技术，28（7）：26-32.

[4] 李彪，胡旭跃，徐立君.2005.复式断面滩槽流速分布研究综述[J].水道港口，26（4）：228-232.

[5] 许唯临，Knight，唐小南.2004.漫滩水流摩阻因子与涡粘性系数的研究[J].水科学进展，15（6）：723-727.

[6] 许唯临.2002.复式明渠漫滩水流计算方法研究[J].水利学报（6）：21-26.

[7] 杨开林.2015.河渠恒定非均匀流准二维模型[J].水利学报，46（1）：32-39.

[8] 杨克君，曹叔尤，刘兴年，等 2005.复式河槽流量计算方法比较与分析[J].水利学报，36（5）：1-8.

[9] 周宜林，等.1996.滩槽挟沙水流流速横向分布的研究[J].泥沙研究，9（3）：56-63.

[10] Abril J B, Knight D W.2004. Stage-discharge prediction for rives in flood applying a depth-averaged model[J]. Jnl. of Hydraulic Research, IAHR,42（6）：616-629.

[11] Ervine D, Babaeyan-Koopaei K, Sellin R.2000.Two-dimensional solution for straight and meandering overbank flows [J]. Hydraulic Engineering, ASCE, 126（9）：653-669.

[12] Mcgahey C, Samuels P G, Knight D W. 2006.A Practical Approach to Estimating the Flow Capacity of Rivers － Application and Analysis[C]// INFERREIRA, ALVES, LEAL & CARDOSO（Eds.）River Flow 2006. London, Taylor & Francis Group.

[13] Sharifi S, Sterling M,Knight D W.2009. A novel application of a multi-objective evolutionary algorithm in open channel flow modeling[J]. Journal of Hydroinformatics,11（1）：31-50.

[14] Shiono K,Knight D W.1991.Turbulent open channel flows with variable depth across the channel[J]. J. of Fluid Mechanics, 222：617-646.

第 4 章　冰盖下水深平均流速的横向分布

在冬季气候寒冷的地区，河渠水面将形成冰盖。冰盖的出现增加了过水断面的湿周和阻力，使得河渠的断面流速分布和输水能力发生显著改变。河渠的输水能力及水面线的水力计算是工程规划设计的基础。当河渠断面为矩形和梯形且冰盖厚度均匀时，其流量和水面线可以采用一维模型计算，但是，当河渠断面是复式的或者天然河道，比如在漫滩水流中，由于主槽和滩地之间水力条件存在很大差别，使得交界区出现剪切层并强烈影响着各种水力参数的分布，则需要考虑流速横向分布的影响。本章将以 Reynolds 平均 Navier-Stokers 方程为基础，导出河渠冰盖下水深平均流速 U_d 的横向分布的准二维模型（杨开林，2015），该模型包括了河渠流动的一些关键三维紊流因素，不仅适用均匀流和非均匀流，而且适用于明流和断面部分冰封的流动，然后给出综合阻力系数 f_d 与河床糙率系数 n_b 和冰盖糙率系数 n_i 的函数关系，在此基础上，介绍了冰盖下水深平均流速 U_d 的有限解析方法，给出了冰厚均匀分布条件下矩形明渠和梯形明渠 U_d 的解析公式，最后给出算例。

4.1　冰盖下恒定非均匀流流速的横向分布

恒定不可压缩流体的 Reynolds 平均 Navier-Stokes 连续方程为

$$\frac{\partial U}{\partial x} + \frac{\partial V}{\partial y} + \frac{\partial W}{\partial z} = 0 \tag{4.1.1}$$

在忽略水流紊动扩散影响的条件下，在主流方向 x 的运动方程（黄胜、卢启苗，1995）为

$$\rho \underbrace{\left(U\frac{\partial U}{\partial x} + V\frac{\partial U}{\partial y} + W\frac{\partial U}{\partial z} \right)}_{(\text{I})} = \underbrace{g\rho s_0}_{(\text{II})} \underbrace{- \frac{\partial P}{\partial x}}_{(\text{III})} + \underbrace{\frac{\partial}{\partial x}\left(-\overline{\rho uu} \right) + \frac{\partial}{\partial y}\left(-\overline{\rho uv} \right) + \frac{\partial}{\partial z}\left(-\overline{\rho uw} \right)}_{(\text{IV})} \tag{4.1.2}$$

式中：（Ⅰ）为对流项，（Ⅱ）为重力项，（Ⅲ）为压力项，（Ⅳ）为紊动应力项又称为雷诺应力项；y 为横向坐标，m；z 为垂向坐标，m；U、V、W 分别为 x、y、z 向的时均流速，m/s；u、v、w 分别为 x、y、z 向的脉动速度，m/s；$s_0 = \partial z_b / \partial x$ 为河渠底坡，z_b 为河渠底高程，m；P 为压力，N/m²；g 为重力加速度，m/s²；ρ 为流体密度，kg/m³；上标"—"为取时间平均值。当假设水中冰花含量很小时，ρ 可以用水的密度计算。

由式（4.1.1）可得下述关系：

$$U\frac{\partial U}{\partial x} + V\frac{\partial U}{\partial y} + W\frac{\partial U}{\partial z} = \frac{\partial U^2}{\partial x} + \frac{\partial UV}{\partial y} + \frac{\partial UW}{\partial z} \tag{4.1.3}$$

采用 Shiono 和 Knight（1991）的假设，$\frac{\partial}{\partial x}\left(-\overline{\rho uu} \right)$ 很小可以忽略不计，把式（4.1.3）代入式（4.1.2）得

$$\frac{\partial U^2}{\partial x} + \frac{\partial UV}{\partial y} + \frac{\partial UW}{\partial z} = gs_0 - \frac{1}{\rho}\frac{\partial P}{\partial x} + \frac{1}{\rho}\frac{\partial \tau_{yx}}{\partial y} + \frac{1}{\rho}\frac{\partial \tau_{zx}}{\partial z} \qquad (4.1.4)$$

式中：$\tau_{yx} = -\rho\overline{uv}$，与 y 轴垂直平面的紊动应力；$\tau_{zx} = -\rho\overline{uw}$，与 z 轴垂直平面的紊动应力。

当冰盖生成后，水流由明流变为暗流，过水断面的流动结构发生了显著的改变，沿主流方向 x 的流速 U 的最大流速 U_{max} 由水面过渡到水内某处，如果以最大流速 U_{max} 为界，则可以将过水断面的流动划分为冰盖区和床面区两层（Einstein，1942），如图 4.1.1 所示。

在冰盖区的垂面 xz 上，流速 U 沿 z 的分布主要受冰盖的影响，冰盖底面上的流速为零，然后随着水深的增加，冰盖区流速逐渐增加，直到冰盖区与床面区的交界处流速达到最大 U_{max}；与此相反，剪切应力 τ_{zx} 在冰盖底面上最大，在冰盖区与床面区的交界处为零，如图 4.1.2 所示。

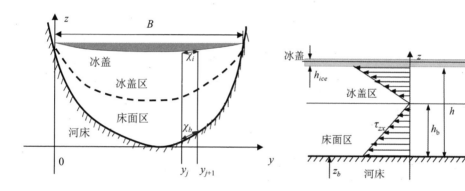

图 4.1.1　断面流动分为冰盖区和床面区　　图 4.1.2　在 xz 垂面上 τ_{zx} 沿 z 的分布

在床面区的垂面 xz 上，流速 U 沿 z 的分布主要受河床的影响，床面上的流速为零，然后随着水深的减小，床面区流速逐渐增加到 U_{max}；与此相反，剪切应力 τ_{zx} 在床面上最大，在冰盖区与床面区的交界处为零。

由于冰的密度比水小，所以冰盖的顶部浮在水面上，而大部分淹没在水中。观察图 4.1.2，当不考虑冰盖的渗流特性时，则受冰盖厚度的影响，沿主流方向 x 的单宽过水断面的总高度 h 为

$$h = H_s - \frac{\rho_i}{\rho}h_{ice} - z_b \qquad (4.1.5)$$

式中：H_s 为水面高程，又称水位，m；ρ_i 为冰的密度，kg/m^3，一般取 $\rho_i = 917$kg/m^3；h_{ice} 为冰盖厚度，m；z_b 为河床的高程，m。

如图 4.1.2 所示，在床面区 τ_{zx} 沿 z 可视为线性分布，则

$$\tau_{zx} = \chi_b \tau_b \left(1 - \frac{z - z_b}{h_b}\right), \quad z_b \leqslant z \leqslant z_b + h_b \qquad (4.1.6)$$

式中：τ_b 为床面剪切应力，N/m^2；$\chi_b = \sqrt{1 + (z_{b,j+1} - z_{b,j})^2/(y_{j+1} - y_j)^2}$ 为河床的单宽湿周，m；$z_{b,j}$ 为对应 y_j 的河床高程，m；h_b 为床面区的高度，m。

在冰盖区，τ_{zx} 沿 z 在过水断面上也可视为线性分布，则

$$\tau_{zx} = \chi_i \tau_i \frac{z - z_b - h_b}{h - h_b} \quad , \quad z_b + h_b \leqslant z \leqslant z_b + h \tag{4.1.7}$$

式中：τ_i 为冰盖剪切应力，N/m^2；$\chi_i = \sqrt{1 + (z_{i,j+1} - z_{i,j})^2 / (y_{j+1} - y_j)^2}$ 为冰盖的单宽湿周，m；$z_{i,j}$ 为对应 y_j 的冰盖底部高程，m。

假设水压 P 为静水压分布，则

$$P = g\rho(H_s - z), \quad z_b \leqslant z \leqslant z_b + h \tag{4.1.8}$$

把式（4.1.5）～式（4.1.8）代入式（4.1.4），然后沿过水断面的水深积分，可得水深平均的运动方程为

$$\frac{\partial h U_d^2}{\partial x} + \frac{\partial h(UV)_d}{\partial y} = ghs_0 + gH_x + \frac{1}{\rho}\frac{\partial h\overline{\tau}_{yx}}{\partial y} - \chi_d \frac{\tau_d}{\rho} \tag{4.1.9}$$

式中：

$$U_d = \frac{1}{h}\int_{z_b}^{z_b+h} U\,\mathrm{d}z \ , \ (U^2)_d = \frac{1}{h}\int_{z_b}^{z_b+h} U^2\,\mathrm{d}z \approx U_d^2 \ , \ (UV)_d = \frac{1}{h}\int_{z_b}^{z_b+h}(UV)\,\mathrm{d}z \ , \ \overline{\tau}_{yx} = \frac{1}{h}\int_{z_b}^{z_b+h}(-\rho\overline{uv})\,\mathrm{d}z \ ,$$

$$gH_x = \int_{z_b}^{z_b+h} -\frac{1}{\rho}\frac{\partial P}{\partial x}\,\mathrm{d}z = -g\frac{\partial}{\partial x}\int_{z_b}^{z_b+h}(H_s - z)\,\mathrm{d}z = \frac{g}{2}\frac{\partial}{\partial x}\left[(H_s - z_b - h)^2 - (H_s - z_b)^2\right] \ ,$$

$$\chi_d \tau_d = \chi_b \tau_b + \chi_i \tau_i \tag{4.1.10}$$

式中：U_d 为主流方向 x 的水深平均流速，m/s；$\chi_d = \chi_b + \chi_i$ 为过水断面的单宽湿周，m；τ_d 为综合剪切应力。

由式（4.1.5）和式（4.1.10）可得

$$H_x = \left(\frac{\rho_i}{\rho}\right)^2 h_{ice}\frac{\partial h_{ice}}{\partial x} - \left(h + \frac{\rho_i}{\rho}h_{ice}\right)\left(s_h + \frac{\rho_i}{\rho}\frac{\partial h_{ice}}{\partial x}\right) = -h\left(s_h + \frac{\rho_i}{\rho}\frac{\partial h_{ice}}{\partial x}\right) - \frac{\rho_i}{\rho}h_{ice}s_h \tag{4.1.11}$$

式中：$s_h = \partial h/\partial x$。

对于恒定流，断面单宽流量沿流向的偏导数 $\frac{\partial h U_d}{\partial x} = 0$，所以

$$\frac{\partial h U_d^2}{\partial x} = h U_d \frac{\partial U_d}{\partial x} + U_d \frac{\partial h U_d}{\partial x} = h U_d \frac{\partial U_d}{\partial x} = -U_d^2 \frac{\partial h}{\partial x} = -s_h U_d^2 \tag{4.1.12}$$

假设冰盖下流动的二次流项 $\frac{\partial h(UV)_d}{\partial y}$ 也可用 Ervine 等（2000）公式描述，则

$$\frac{\partial h(UV)_d}{\partial y} = K\frac{\partial h U_d^2}{\partial y} \tag{4.1.13}$$

式中：K 为二次流系数，与河道糙率、冰盖糙率和几何形状有关。

采用 Darcy-Weisbach 阻力系数且用 Boussinesq 涡流黏度模型计算雷诺应力 $\overline{\tau}_{yx}$，则

$$\overline{\tau}_{yx} = \rho\overline{\varepsilon}_{yx}\frac{\partial U_d}{\partial y} \ , \ \overline{\varepsilon}_{yx} = \lambda u_* h = \lambda h U_d\sqrt{\frac{f_d}{8}} \ , \ u_* = \sqrt{\frac{\tau_d}{\rho}} = U_d\sqrt{\frac{f_d}{8}} \tag{4.1.14}$$

式中：f_d 为 Darcy-Weisbach 综合阻力系数；u_* 为综合摩阻流速，m/s；$\overline{\varepsilon}_{yx}$ 为水深平均涡流黏度；λ 为无因次涡流黏度。

把式（4.1.11）~式（4.1.14）代入式（4.1.9）得描述冰盖下水深平均流速 U_d 横向分布的准二维模型，即

$$-s_h U_d^2 + K\frac{\partial\left(hU_d^2\right)}{\partial y} = ghs_0 + gH_x + \frac{\partial}{\partial y}\left(\frac{\lambda h^2}{2}\sqrt{\frac{f_d}{8}}\frac{\partial U_d^2}{\partial y}\right) - \chi_d\frac{f_d U_d^2}{8}$$

整理得

$$\frac{\partial}{\partial y}\left(\frac{\lambda}{2}\sqrt{\frac{f_d}{8}}h^2\frac{\partial U_d^2}{\partial y}\right) - Kh\frac{\partial U_d^2}{\partial y} + \left(s_h - \chi_d\frac{f_d}{8} - K\frac{\partial h}{\partial y}\right)U_d^2 + g\left(hs_0 + H_x\right) = 0 \qquad (4.1.15)$$

当冰盖下流动的二次流项 $\dfrac{\partial h(UV)_d}{\partial y}$ 用 Abril 和 Knight（2004）方法描述时，则

$$\frac{\partial h(UV)_d}{\partial y} = \beta ghs_0 \qquad (4.1.16)$$

式中：β 为二次流系数。这时，冰盖下水深平均流速 U_d 横向分布的准二维模型为

$$\frac{\partial}{\partial y}\left(\frac{\lambda}{2}\sqrt{\frac{f_d}{8}}h^2\frac{\partial U_d^2}{\partial y}\right) + \left(s_h - \chi_d\frac{f_d}{8}\right)U_d^2 + g\left[hs_0\left(1-\beta\right) + H_x\right] = 0 \qquad (4.1.17)$$

对于均匀流，$s_h = \dfrac{\partial h}{\partial x} = 0$、$\partial h_{ice}/\partial x = 0$ 和 $H_x = 0$。当没有冰盖时，则 $h_{ice} = 0$ 而 $H_x = -hs_h$，且 f_d 和 χ_d 分别为河床的局部阻力系数和湿周。换句话说，式（4.1.15）或式（4.1.17）准二维模型不仅适用均匀流和非均匀流，而且适用于明流和断面部分冰封的流动。

当有冰盖时，h_{ice} 是坐标 x 和 y 的函数。对于任一河渠，可以沿流向 x 划分成很多小段，计算时可取：

$$\partial h_{ice}/\partial x = \frac{\Delta h_{ice}}{\Delta x} = \frac{h_{ice,k+1} - h_{ice,k}}{x_{k+1} - x_k}, \quad s_h = \frac{\partial h}{\partial x} = \frac{h_{k+1} - h_k}{x_{k+1} - x_k}, \quad \frac{\partial H_s}{\partial x} = \frac{H_{s,k+1} - H_{s,k}}{x_{k+1} - x_k} \qquad (4.1.18)$$

式中：下标 k 为河渠沿流向 x 分段编号。这样，对于式（4.1.15）或式（4.1.17）描述的水深平均流速 U_d 可以采用 3.6 节方法求解。

4.2　无因次涡流黏度 λ、二次流系数 K 或 β、综合阻力系数 f_d

4.2.1　λ、K 或 β

对于冰盖下的流动，目前缺乏对 λ、K 或 β 取值的研究，建议用 3.2 节的方法来近似估计。

4.2.2　综合阻力系数 f_d

由于 $\tau_b = \rho U_b^2\dfrac{f_b}{8}$ 和 $\tau_i = \rho U_i^2\dfrac{f_i}{8}$，所以

$$\chi_d f_d U_d^2 = \chi_b f_b U_b^2 + \chi_i f_i U_i^2 \qquad (4.2.1)$$

式中：f_b 为河床的阻力系数；U_b 为床面区的水深平均流速，m/s；f_i 为冰盖的阻力系数；U_i

为冰盖区的水深平均流速，m/s。在确定综合阻力系数的过程中，一般假设 $U_d = U_b = U_i$（Einstein，1942），由此得

$$f_d = \frac{\chi_b f_b + \chi_i f_i}{\chi_d} = \frac{\chi_b f_b + \chi_i f_i}{\chi_b + \chi_i} \tag{4.2.2}$$

在工程计算中，河床和冰盖的阻力系数一般用曼宁糙率系数表示。当已知河床的糙率系数 n_b 和冰盖的糙率系数 n_i 时，则河床和冰盖的阻力系数为

$$f_b = \frac{8gn_b^2}{R_b^{1/3}} , \quad f_i = \frac{8gn_i^2}{R_i^{1/3}} \tag{4.2.3}$$

式中：n_b 和 n_i 可以是常数，也可以是横坐标 y 的函数；R_b 为图 4.1.1 床面区 y 处的单宽水力半径，m；R_i 为冰盖区 y 处的单宽水力半径，m。

对于床面区和冰盖区，则

$$U_b = \frac{1}{n_b} R_b^{2/3} \sqrt{J_b} , \quad U_i = \frac{1}{n_i} R_i^{2/3} \sqrt{J_i} \tag{4.2.4}$$

式中：J_b 为床面区水力坡度；J_i 为冰盖区水力坡度。

当假设流动是均匀的，即 $J_b = J_i$ 且 $U_b = U_i$，则由式（4.2.4）得

$$\frac{R_b}{R_i} = \frac{n_b^{3/2}}{n_i^{3/2}} \tag{4.2.5}$$

冰盖下流动的单宽水力半径

$$R_d = \frac{A_d}{\chi_d} = \frac{A_b + A_i}{\chi_b + \chi_i} = \frac{\dfrac{A_b}{\chi_b} + \dfrac{A_i}{\chi_i} \dfrac{\chi_i}{\chi_b}}{1 + \dfrac{\chi_i}{\chi_b}} = \frac{R_b + \alpha R_i}{1 + \alpha} = R_i \frac{\dfrac{R_b}{R_i} + \alpha}{1 + \alpha} \tag{4.2.6}$$

式中：$R_d = h / \chi_d$ 为冰盖下 y 处的单宽过水断面的水力半径，m；$\alpha = \chi_i / \chi_b$ 为湿周比。

把式（4.2.5）代入式（4.2.6）可得

$$R_i = \frac{R_d(1 + \alpha)}{\dfrac{n_b^{3/2}}{n_i^{3/2}} + \alpha} \tag{4.2.7}$$

将式（4.2.3）和式（4.2.7）代入式（4.2.2）得 y 处的综合阻力系数 f_d 的计算公式，即

$$f_d = \frac{8g}{R_d^{1/3}} \frac{\left(\alpha n_i^{3/2} + n_b^{3/2}\right)^{1/3}}{\chi_d (1 + \alpha)^{1/3}} \left(n_b^{1.5} \chi_b + n_i^{1.5} \chi_i\right) \tag{4.2.8}$$

由于局部湿周 χ_b 和 χ_i 是变量 y 的函数，所以局部综合阻力系数 f_d 也是 y 的函数。对于给定的 y，式（4.2.8）右边是已知量。

4.3　冰盖下流动 U_d 的有限解析

如图 4.3.1 所示明渠或复式明渠，可将断面划分为 m 个区间，当区间数 m 足够大时，则在每个区间 $y_i \leqslant y \leqslant y_{i+1}$ 可以视 f_d、λ、K 或 β 为常数，在此条件下，可以求得每个区间

的水深平均流速 U_d 的有限解析解。

4.3.1 已知 f_b、λ 和 K 求 U_d 的解

4.3.1.1 平槽区且冰厚均匀时 U_d 的解

当区间位于平槽区且冰厚均匀时，局部水深 h 和冰厚 h_{ice} 为常数且单宽湿周 $\chi_d = 2$，所以式（4.1.15）偏微分方程可改写为线性常微分方程，即

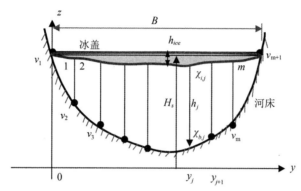

图 4.3.1　天然河道示意图 3

$$\frac{\lambda}{2}\sqrt{\frac{f_d}{8}}h^2\frac{\mathrm{d}^2 U_d^2}{\mathrm{d}^2 y} - Kh\frac{\partial U_d^2}{\partial y} + \left(s_h - \chi_d\frac{f_d}{8}\right)U_d^2 + g(hs_0 + H_x) = 0 \qquad (4.3.1)$$

其中

$$H_x = -\left(h + \frac{\rho_i}{\rho}h_{ice}\right)s_h \qquad (4.3.2)$$

由于 H_x 为常数，非齐次线性微分方程式（4.3.1）的通解为

$$U_d = \sqrt{A_1 e^{r_1 y} + A_2 e^{r_2 y} + \omega h} \qquad (4.3.3)$$

其中　　$r_1 = \dfrac{-a_1 + \sqrt{a_1^2 - 4a_0 a_2}}{2a_0}$，　$r_2 = \dfrac{-a_1 - \sqrt{a_1^2 - 4a_0 a_2}}{2a_0}$，　$\omega = \dfrac{g(s_0 + H_x/h)}{f_d/8 - s_h}$

$$a_0 = \frac{1}{2}\lambda h^2\sqrt{\frac{f_d}{8}}，\quad a_1 = -Kh，\quad a_2 = s_h - \frac{f_d}{8} \qquad (4.3.4)$$

式中：A_1 和 A_2 为待定常数。

4.3.1.2 斜坡区和冰厚均匀时 U_d 的解

当冰厚为均匀分布时，斜坡区的水深 h 与横坐标 y 是线性关系，参考图 4.3.1 和式（4.1.5），有

$$h = H_s - \frac{\rho_i}{\rho}h_{ice} - \left[z_{b,j} + \frac{z_{b,j+1} - z_{b,j}}{y_{j+1} - y_j}(y - y_j)\right]，\quad y_j \leqslant y \leqslant y_{j+1} \qquad (4.3.5)$$

$$\frac{\mathrm{d}h}{\mathrm{d}y} = -\frac{z_{b,j+1} - z_{b,j}}{y_{j+1} - y_j} \qquad (4.3.6)$$

式中：$z_{b,j}$ 为对应 y_j 的河床高程，m。

斜坡区的单宽湿周为

$$\chi_b = \sqrt{1+\left(\frac{dh}{dy}\right)^2}, \quad \chi_i = 1, \quad \chi_d = \chi_i + \chi_b = 1 + \sqrt{1+\left(\frac{dh}{dy}\right)^2} \qquad (4.3.7)$$

当取变换

$$U_d^2 = W \qquad (4.3.8)$$

则

$$\frac{dU_d^2}{dy} = \frac{dW}{dh}\frac{dh}{dy} \qquad (4.3.9)$$

$$\frac{d^2U_d^2}{d^2y} = \frac{d}{dh}\left(\frac{dW}{dh}\frac{dh}{dy}\right)\frac{dh}{dy} = \left(\frac{dh}{dy}\right)^2\frac{d^2W}{d^2h} \qquad (4.3.10)$$

把式（4.3.8）~式（4.3.10）代入式（4.1.15）得

$$\frac{\lambda}{2}\sqrt{\frac{f_d}{8}}\left(\frac{dh}{dy}\right)^2 h^2\frac{d^2W}{d^2h} + \left(\lambda\frac{dh}{dy}\sqrt{\frac{f_d}{8}} - K\right)h\frac{dh}{dy}\frac{dW}{dh} + \left(s_h - \frac{f_d}{8}\chi_d - K\frac{dh}{dy}\right)W + g(hs_0 + H_x) = 0$$

把式（4.3.2）代入整理得

$$b_0 h^2\frac{d^2W}{d^2h} + b_1 h\frac{dW}{dh} + b_2 W + gh(s_0 - s_h) - g\frac{\rho_i}{\rho}h_{ice}s_h = 0 \qquad (4.3.11)$$

其中

$$b_0 = \frac{\lambda}{2}\sqrt{\frac{f_d}{8}}\left(\frac{dh}{dy}\right)^2, \quad b_1 = \left(\lambda\frac{dh}{dy}\sqrt{\frac{f_d}{8}} - K\right)\frac{dh}{dy}, \quad b_2 = s_h - \frac{f_d}{8}\chi_d - K\frac{dh}{dy} \qquad (4.3.12)$$

当取变换

$$W = w - g(s_0 - s_h)h/(b_1 + b_2) + g(\rho_i/\rho)h_{ice}s_h/b_2 \qquad (4.3.13)$$

则式（4.3.13）转换为标准的欧拉方程，即

$$b_0 h^2\frac{d^2w}{d^2h} + b_1 h\frac{dw}{dh} + b_2 w = 0 \qquad (4.3.14)$$

通解为

$$w = A_3 h^{r_3} + A_4 h^{r_4} \qquad (4.3.15)$$

其中

$$r_3 = \frac{b_0 - b_1 + \sqrt{(b_0 - b_1)^2 - 4b_0 b_2}}{2b_0}, \quad r_4 = \frac{b_0 - b_1 - \sqrt{(b_0 - b_1)^2 - 4b_0 b_2}}{2a_0} \qquad (4.3.16)$$

式中：A_3 和 A_4 为待定常数。

由式（4.3.8）、式（4.3.13）和式（4.3.15）关系，可得斜坡区水深平均流速的通解为

$$U_d = \sqrt{A_3 h^{r_3} + A_4 h^{r_4} + \omega h + g(\rho_i/\rho)h_{ice}s_h/b_2} \qquad (4.3.17)$$

其中

$$\omega = -g(s_0 - s_h)/(b_1 + b_2) \qquad (4.3.18)$$

4.3.1.3 冰厚非均匀分布时 U_d 的解

当冰厚的分布是非均匀时，则

$$H_x = -h\left(s_h + \frac{\rho_i}{\rho}\frac{\partial h_{ice}}{\partial x}\right) - \frac{\rho_i}{\rho}h_{ice}s_h \qquad (4.3.19a)$$

$$h = \left[z_{i,j} + \frac{z_{i,j+1} - z_{i,j}}{y_{j+1} - y_j}(y - y_j)\right] - \left[z_{b,j} + \frac{z_{b,j+1} - z_{b,j}}{y_{j+1} - y_j}(y - y_j)\right], \qquad y_j \leqslant y \leqslant y_{j+1} \quad (4.3.19b)$$

$$\frac{\mathrm{d}h}{\mathrm{d}y} = \frac{z_{i,j+1} - z_{i,j}}{y_{j+1} - y_j} - \frac{z_{b,j+1} - z_{b,j}}{y_{j+1} - y_j} \qquad (4.3.19c)$$

$$\chi_i = \sqrt{1 + (z_{i,j+1} - z_{i,j})^2 / (y_{j+1} - y_j)^2} \qquad (4.3.19d)$$

$$\chi_b = \sqrt{1 + (z_{b,j+1} - z_{b,j})^2 / (y_{j+1} - y_j)^2} \qquad (4.3.19e)$$

式中：$z_{i,j}$ 为对应 y_j 的冰盖底部高程，m。

当假设在区间 $[y_j, y_{j+1}]$ 的 h_{ice} 为常数，例如取 $h_{ice} = 0.5(h_{ice,j} + h_{ice,j+1})$，则 $\frac{\partial h_{ice}}{\partial x} = \frac{h_{ice,k+1} - h_{ice,k}}{x_{k+1} - x_k}$ 和 $s_h = \frac{h_{k+1} - h_k}{x_{k+1} - x_k}$ 为常数。在此条件下，当区间 $[y_j, y_{j+1}]$ 的渠底是平槽时，U_d 的通解与式（4.3.3）相同，其中 H_x 由式（4.3.19a）计算；当区间 $[y_j, y_{j+1}]$ 的渠底用斜坡近似时，U_d 的通解是

$$U_d = \sqrt{A_3 h^{r_3} + A_4 h^{r_4} + \omega h + g(\rho_i/\rho)h_{ice}s_h/b_2} \qquad (4.3.20)$$

其中

$$\omega = -g\left[s_0 - \left(s_h + \frac{\rho_i}{\rho}\frac{\partial h_{ice}}{\partial x}\right)\right]\bigg/(b_1 + b_2) \qquad (4.3.21)$$

需要说明的是，当已知各区间 U_d 的通解时，可以采用 3.5 节方法确定待定常数 A_i。

4.3.2 已知 f_b、λ 和 β 求 U_d 的解

在已知 f_b、λ 和 β 的情况下，只需令 4.3.1 节中有关各式中二次流系数 $K = 0$，并用 $s_0(1-\beta)$ 代替 s_0，则可得 U_d 的通解。下面以矩形明渠和梯形明渠为例说明。

4.3.2.1 矩形明渠均匀冰厚的解

如图 4.3.1 所示矩形明渠，z 轴与明渠中线重合，其中 b 为渠底的半宽，H 为水深。

当冰厚是均匀分布时，令式（4.3.4）中有关各式中二次流系数 $K = 0$，并用 $s_0(1-\beta)$ 代替 s_0，则可得 U_d 的通解为

$$U_d = \sqrt{A_1 \mathrm{e}^{r_1 y} + A_2 \mathrm{e}^{r_2 y} + \omega H} \qquad (4.3.22)$$

其中

$$r = r_1 = \frac{\sqrt{-4a_0 a_2}}{2a_0}, \quad r_2 = -r, \quad \omega = \frac{g\left[s_0(1-\beta) + H_x/H\right]}{f_d/8 - s_h}$$

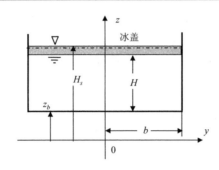

图 4.3.1　矩形断面示意图

$$a_0 = \frac{1}{2} H h^2 \sqrt{\frac{f_d}{8}}, \quad a_2 = s_h - \frac{f_d}{8}, \quad H_x = -\left(H + \frac{\rho_i}{\rho} h_{ice} \right) s_h, \quad H = H_s - \frac{\rho_i}{\rho} h_{ice} - z_b \quad （4.3.23）$$

式中：A_1 和 A_2 为待定常数。

采用 3.4 节方法，可得矩形明渠均匀冰厚水深平均流速的解析公式，即

$$U_d = \sqrt{\left(1 - \frac{e^{ry} + e^{-ry}}{e^{rb} + e^{-rb}} \right) \omega H} \quad （4.4.24）$$

4.3.2.2　梯形明渠均匀冰厚的解

如图 4.3.2 所示梯形明渠，z 轴与明渠中线重合，其中：b 为渠底的半宽，B 为冰盖底宽，H 为水深。由于流动在 z 轴两边对称，所以下面只需分析 z 轴右侧水深平均流速的分布，左侧根据对称性可以类似求得。

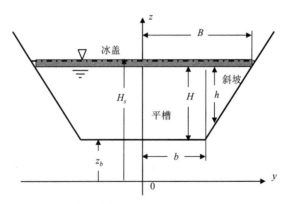

图 4.3.2　矩形断面示意图

当冰厚是均匀分布时，在平槽区，由于流动的对称性，由式（4.3.22）可得

$$U_d = \sqrt{A_1 (e^{ry} + e^{-ry}) + \omega H} \quad （4.3.25）$$

其中 r 和 ω 由式（4.3.23）计算。在斜坡区，由式（4.3.17）可得

$$U_{dfp} = \sqrt{A_3 h^{r_3} + A_4 h^{r_4} + \omega_{fp} h + g\left(\rho_i / \rho \right) h_{ice} s_h / b_2} \quad （4.3.26）$$

式中：A_3 和 A_4 为待定常数。

其中　　　　$r_3 = \dfrac{b_0 - b_1 + \sqrt{(b_0 - b_1)^2 - 4b_0 b_2}}{2b_0}$　，　$r_4 = \dfrac{b_0 - b_1 - \sqrt{(b_0 - b_1)^2 - 4b_0 b_2}}{2a_0}$　，

$$\omega_{fp} = -\frac{g[s_0(1-\beta) - s_h]}{b_1 + b_2}, \quad b_0 = \frac{\lambda}{2}\sqrt{\frac{f_d}{8}}\left(\frac{\mathrm{d}h}{\mathrm{d}y}\right)^2, \quad b_1 = \lambda\left(\frac{\mathrm{d}h}{\mathrm{d}y}\right)^2\sqrt{\frac{f_d}{8}}, \quad b_2 = s_h - \frac{f_d}{8}\chi_d \quad （4.3.27）$$

其中 $\dfrac{\mathrm{d}h}{\mathrm{d}y}$ 和 χ_d 分别由式（4.3.6）和式（4.3.7）计算。

水深平均流速 U_d 的横向分布必须满足下述三个边界条件：

（1）河渠边缘处流速为零。

（2）相邻区域的相交处必须满足速度连续性，即速度相同。

（3）相邻区域的相交处必须满足速度梯度的连续性。

根据边界条件（1），当 $y = B$ 时，则 $h = 0$ 和 $U_{dfp}(B) = 0$。由于 $r_3 > 0$ 而 $r_4 < 0$，式（4.3.26）项 $h^{r_4} \to \infty$，所以待定常数 $A_4 = 0$，式（4.3.26）可改写为

$$U_{dfp} = \sqrt{A_3 h^{r_3} + \omega_{fp} h + g(\rho_i/\rho)h_{ice}s_h/b_2} \quad （4.3.28）$$

根据边界条件（2），当 $y = b$ 时，则 $h = H$ 和 $[U_d(b)]^2 = [U_{dfp}(b)]^2$，联立求解式（4.3.25）和式（4.3.28）得

$$A_1(\mathrm{e}^{rb} + \mathrm{e}^{-rb}) + \omega H = A_3 H^{r_3} + \omega_{fp}H + g(\rho_i/\rho)h_{ice}s_h/b_2 \quad （4.3.29）$$

根据边界条件（3），当 $y = b$ 时，则 $h = H$ 和 $\left.\dfrac{\partial[U_d(y)]^2}{\partial y}\right|_{y=b} = \left.\dfrac{\partial[U_{dfp}(y)]^2}{\partial y}\right|_{y=b}$。由式（4.3.25）和式（4.3.28）可得

$$\left.\frac{\partial[U_{dmc}(y)]^2}{\partial y}\right|_{y=b} = rA_1(\mathrm{e}^{rb} - \mathrm{e}^{-rb})$$

$$\left.\frac{\partial[U_{dfp}(y)]^2}{\partial y}\right|_{y=b} = (r_3 A_3 H^{r_3-1} + \omega_{fp})\frac{\partial h}{\partial y}$$

整理得

$$rA_1(\mathrm{e}^{rb} - \mathrm{e}^{-rb}) = (r_3 A_3 H^{r_3-1} + \omega_{fp})\frac{\partial h}{\partial y} \quad （4.3.30）$$

由于 $\dfrac{\partial h}{\partial y} = -\dfrac{1}{s}$，所以式（4.3.30）可改写为

$$A_1 = -\frac{r_3 A_3 H^{r_3-1}}{sr(\mathrm{e}^{rb} - \mathrm{e}^{-rb})} - \frac{\omega_{fp}}{sr(\mathrm{e}^{rb} - \mathrm{e}^{-rb})} \quad （4.3.31）$$

把式（4.3.31）代入式（4.3.29）得

$$A_3 = \frac{-\omega_{fp}(\mathrm{e}^{rb} + \mathrm{e}^{-rb}) + sr(\mathrm{e}^{rb} - \mathrm{e}^{-rb})[(\omega - \omega_{fp})H - g(\rho_i/\rho)h_{ice}s_h/b_2]}{sr(\mathrm{e}^{rb} - \mathrm{e}^{-rb})H^{r_3} + r_3 H^{r_3-1}(\mathrm{e}^{rb} + \mathrm{e}^{-rb})} \quad （4.3.32）$$

把式（4.3.32）解得的 A_3 代入式（4.3.31）可得 A_1，这样就可以应用式（4.3.25）和

式（4.3.26）分别计算出平槽区和斜坡区的 U_d 和 U_{dfp}。

4.4 算例

表 4.4.1 列出了典型梯形明渠在明流状态的特征参数，其中：Q 为流量，H 为水深，下标"1"为明渠进口，下标"2"为明渠出口，b 为明渠底宽，s_p 为边坡，s_0 为底坡，L 为明渠长度，R 为平均水力半径，n_b 为明渠糙率系数。

表 4.4.1 明渠特征参数

编号	水深/m		渠底高程/m		b/m	s_p	s_0	L/m	平均水力半径 R/m	n_b
	H_1	H_2	Z_{b1}	Z_{b2}						
1	2.175	2.238	65.943	65.860	23.0	2.0	1/25000	2068	1.84	0.0150
2	2.812	2.924	62.901	62.775	19.5	2.5	1/25000	3138	2.19	0.0145
3	3.812	3.924	62.901	62.775	19.5	2.5	1/25000	3138	2.80	0.0145
4	5.812	5.924	62.901	62.775	19.5	2.5	1/25000	3138	3.92	0.0145

当用 3.6 节方法求解式（4.1.15）或式（4.1.17）得冰盖下明渠的水深平均流速 U_d 沿横向 y 的分布时，则可计算得流量 Q_d。当取 $n_i = 0.03$、$\lambda_{mc} = 0.24$ 和 $s_h = \dfrac{\partial h}{\partial x} = \dfrac{H_2 - H_1}{L}$ 时，如果忽略冰盖厚度和二次流的影响，即令 $h_{ice} = 0.0$ 和 $K = 0.0$ 或 $\beta = 0.0$，则求解式（4.1.15）可得表 4.4.1 明渠的流量 Q_d，结果列于表 4.4.2。

表 4.4.2 冰盖明渠的计算流量

编号	n_b	n_i	n_d	R	Q/(m³/s)	Q_d/(m³/s)	$\lvert Q-Q_d \rvert /Q$ /%
1	0.0150	0.03	0.0230	0.93	7.82	7.75	0.9
2	0.0145	0.03	0.0228	1.11	7.62	7.61	0.1
3	0.0145	0.03	0.0228	1.43	13.27	13.05	1.7
4	0.0145	0.03	0.0228	2.01	29.67	28.22.	4.9

作为比较，表 4.4.2 也列出了采用一维模型的计算流量 Q，其中

$$Q = \sqrt{\left(z_{b1} + H_1 - z_{b2} - H_2\right) \bigg/ \left(\frac{L n_d^2}{A^2 R^{4/3}} - \frac{1}{2g A_1^2} + \frac{1}{2g A_2^2}\right)} \tag{4.4.1}$$

其中

$$n_d = \left(\frac{\chi_I n_i^{3/2} + \chi_B n^{3/2}}{\chi_I + \chi_B}\right)^{2/3}, \quad H = 0.5\left(H_1 + H_2\right), \quad \chi_I = b + 2 s_p H, \quad \chi_B = b + 2\sqrt{1 + s_p^2}\, H,$$

$$A = (b + s_p H) H, \quad R = A/(\chi_I + \chi_B)$$

式中：χ_I 为冰盖湿周，等于断面水面宽；χ_B 为渠床湿周；H 为明渠的平均水深；A 为对应 H 的过水断面面积；R 为对应 H 的水力半径。

式（4.4.1）是由伯努利方程导出的规则明渠流量计算公式。

观察表 4.4.2 可见，对于梯形明渠，采用一维伯努利方程计算的流量 Q 与采用式（4.1.15）计算的流量 Q_d 非常接近，偏差相对值一般小于 5%。

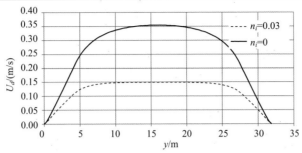

图 4.3.1 明渠 1 冰盖流动的横向流速分布

图 4.3.1 示出了表 4.4.1 明渠 1 在明流和冰封条件下水深平均流速 U_d 与横坐标 y 的关系曲线。从图 4.3.1 可见，冰盖下的水深平均流速比明流状态小得多，前者与后者的最大偏差相对值超过 50%。

参考文献

[1] 黄胜，卢启苗.1995.河口动力学[M].北京：水利电力出版社，194-197.

[2] 杨开林.2015.冰盖河渠水深平均流速的横向分布[J].水利学报，46（3）：39-45.

[3] Abril J B，Knight D W.2004. Stage-discharge prediction for rives in flood applying a depth-averaged model[J]. J. of Hydraulic Research, IAHR，42（6）：616-629.

[4] Ervine D, Babaeyan-Koopaei K, Sellin R.2000. Two-dimensional solution for straight and meandering overbank flows [J]. Hydraulic Engineering，ASCE，126（9）：653-669.

[5] Shiono K，Knight D W.1991.Turbulent open channel flows with variable depth across the channel[J]. J. of Fluid Mechanics，222:617-646.

第5章　明渠一维非恒定流

明渠冰的发展过程是一个动态过程，不仅水流的运动会影响冰的发展过程，而且冰盖的发展过程也会影响水流的运动，使水深和流量随时间变化。换句话说，在有冰明渠中的流动是非恒定流。具有漂浮冰盖明渠中非恒定流的数学模型是由 Shen 等（1991）发展起来的。本章将推导冰盖条件下明渠的一维非恒定流基本方程，给出边界条件的求解方法，以及数值求解的普里斯曼隐式差分法和追赶法。

5.1　基本方程

在这一节将推导描述一维明渠冰盖下非恒定流的动量方程和连续方程。在推导的过程中作了下述假设：

（1）渠道为顺直棱柱状渠道，且渠道底部的倾角 α 很小，即 $\sin\alpha \approx \alpha$、$\cos\alpha \approx 1$。

（2）断面上的压力按静水压力分布。如果水流沿铅垂方向加速度很小，则水面变化就很缓慢，这是符合实际的。

（3）渠道断面上的流速分布是均匀的。

（4）非恒定流态的摩阻损失可以用恒定流态的摩阻损失公式计算。

（5）冰盖厚度沿横向均匀分布。

现在研究如图 5.1.1 所示控制体，x 方向和渠道底面平行，以指向下游方向为正。图 5.1.1 中：ρ_i 为冰的密度，ρ 为水的密度，H 为水深（是从渠底沿铅垂方向量取），t_i 为冰盖厚度，B 为水面宽，χ_b 为渠道的湿周，如图 5.1.2 所示。

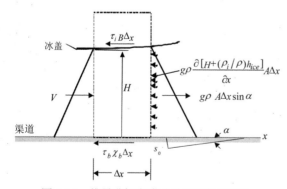

图 5.1.1　推导非恒定流动量方程的控制体

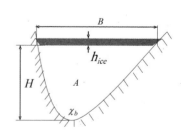

图 5.1.2　明渠横断面示意图

在应用非恒定动量方程时，控制体两个过水断面上的静水压力差是 $-g\rho\dfrac{\partial[H+(\rho_i/\rho)h_{ice}]}{\partial x}A\Delta x$，在冰盖下的剪切力是 $-\tau_i B\Delta x$，而渠底湿周面上的剪切力是 $-\tau_b\chi_b\Delta x$，沿 x 方向水的重力分量是 $g\rho A\Delta x\sin\alpha = g\rho A\Delta x s_0$，其中 s_0 为渠道底坡。在 +x 方

向的净动量流出是 $\dfrac{\partial(\rho V^2 A)}{\partial x}\Delta x$，在控制体中 x 方向动量随时间的变化率是 $\dfrac{\partial(\rho A V \Delta x)}{\partial t}$。假定流入控制体的横向流动没有 x 方向的动量，综合各项得

$$-g\rho\frac{\partial[H+(\rho_i/\rho)h_{ice}]}{\partial x}A\Delta x-\tau_b\chi_b\Delta x-\tau_i B\Delta x+g\rho A\Delta x s_0=\frac{\partial(\rho AV^2)}{\partial x}\Delta x+\frac{\partial(\rho AV\Delta x)}{\partial t}$$

展开后，两边同除以单元质量 $\rho A\Delta x$，得

$$g\frac{\partial[H+(\rho_i/\rho)h_{ice}]}{\partial x}+\frac{\tau_b\chi_b+\tau_i B}{\rho A}-gs_0+2V\frac{\partial V}{\partial x}+\frac{V^2}{A}\frac{\partial A}{\partial x}+\frac{V}{A}\frac{\partial A}{\partial t}+\frac{\partial V}{\partial t}=0 \quad (5.1.1)$$

对图 5.1.1 的控制体由连续性原理得

$$-\frac{\partial(\rho AV)}{\partial x}\Delta x=\frac{\partial(\rho A\Delta x)}{\partial t}$$

将其展开并除以 $\rho\Delta x$ 得

$$V\frac{\partial A}{\partial x}+\frac{\partial A}{\partial t}+A\frac{\partial V}{\partial x}=0 \quad\quad (5.1.2)$$

引入曼宁方程所定义的能量坡度线的斜率，即

$$s=\frac{\tau_b\chi_b+\tau_i B}{g\rho A}$$

式中：s 为能量坡度。

由假定（4），采用曼宁公式

$$s=\frac{n_c^2|V|V}{R_c^{4/3}} \quad\quad (5.1.3)$$

式中：n_c 为冰盖和渠道的综合曼宁糙率系数；R_c 为水力半径。

为了分析方便，引入下述定义

$$s_i=-\frac{\rho_i}{\rho}\frac{\partial h_{ice}}{\partial x} \quad\quad (5.1.4)$$

$$s_e=s_i+s_0 \quad\quad (5.1.5)$$

式中：s_i 可视为由于冰盖厚度沿程变化产生的当量坡度；s_e 为冰盖条件下渠道的当量底坡。

将式（5.1.2）乘以 V/A，再用式（5.1.1）减它，运动方程式（5.1.1）可改写为

$$g\frac{\partial y}{\partial x}+V\frac{\partial V}{\partial x}+\frac{\partial V}{\partial t}+g(s-s_e)=0 \quad\quad (5.1.6)$$

若令 B 为明渠的水面宽，则 $\dfrac{\partial A}{\partial x}=B\dfrac{\partial H}{\partial x}$，$\dfrac{\partial A}{\partial t}=B\dfrac{\partial H}{\partial t}$，式（5.1.2）可改写为

$$VB\frac{\partial H}{\partial x}+B\frac{\partial H}{\partial t}+A\frac{\partial V}{\partial x}=0 \quad\quad (5.1.7)$$

当用流量和水深作为因变量，式（5.1.6）和式（5.1.7）可改写为

$$\left(1-\frac{BQ^2}{gA^3}\right)\frac{\partial H}{\partial x}+\frac{2Q}{gA^2}\frac{\partial Q}{\partial x}+\frac{1}{gA}\frac{\partial Q}{\partial t}+s-s_e=0 \quad\quad (5.1.8)$$

$$B\frac{\partial H}{\partial t}+\frac{\partial Q}{\partial x}=0 \quad\quad (5.1.9)$$

当流动为明流时，能量坡度为

$$s = \frac{n_b^2 |Q| Q}{A^2 R^{4/3}}$$ （5.1.10）

式中：n 为明渠曼宁糙率系数；$R = \dfrac{A}{\chi_b}$ 为明渠水力半径。

当河面被冰盖完全封住时，能量坡度为

$$s = \frac{n_c^2 |Q| Q}{A^2 R_c^{4/3}}$$ （5.1.11）

其中

$$n_c = \left(\frac{n_i^{3/2} + \beta n^{3/2}}{1 + \beta} \right)^{2/3}$$ （5.1.12）

$$R_c = \frac{A}{\chi_b + \chi_i}$$

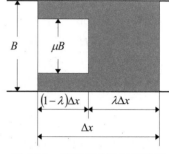

图 5.1.3　明渠部分冰封示意图

式中：n_i 为冰盖的曼宁糙率系数，计算方法见 2.7 节；$\beta = \dfrac{\chi_b}{\chi_i}$ 为床面区湿周和冰盖区湿周的比值，称为湿周比；A 为过水断面面积；当冰盖厚度沿横向分布均匀时，$\beta = \dfrac{\chi_b}{B}$，

$R_c = \dfrac{A}{\chi_b + B}$。

当明渠部分冰封、部分明渠流动（见图 5.1.3）时，参考 2.6 节，可得能量坡度为

$$s = \frac{n_c^2 |Q| Q}{A^2 R_c^{4/3}} \lambda + \frac{n_{co}^2 |Q| Q}{A^2 R_{co}^{4/3}} (1 - \lambda) = C_n \frac{n_c^2 |Q| Q}{A^2 R_c^{4/3}} = C_n \frac{n_c^2 \chi_c^{4/3} |Q| Q}{A^{10/3}}$$ （5.1.13）

其中

$$n_{co} = \left(\frac{n_i^{3/2} + \beta_o n^{3/2}}{1 + \beta_o} \right)^{2/3}, \quad R_{co} = \frac{A}{\chi_b + B(1 - \mu)}, \quad \beta_o = \frac{\chi_b}{B(1 - \mu)}, \quad C_n = \lambda + \frac{n_{co}^2 R_c^{4/3}}{n_c^2 R_{co}^{4/3}} (1 - \lambda)$$

偏微分方程式（5.1.8）和式（5.1.9）描述了在棱柱形渠道中漂浮冰盖下逐渐变化的非恒定流动的特性，从形式上看，它与明渠中逐渐变化的非恒定自由表面流动微分方程相同，因此可以采用类似的方法求解。

在研究天然明渠的非恒定流时，隐式法具有特殊的优点：数值计算是无条件稳定的，可以灵活选取计算时间步长 Δt。目前已经提出了几种适合明渠非恒定流的隐式法，其中普里斯曼的四点差分格式在工程计算中获得广泛的应用，下面介绍这一方法。

5.2　普里斯曼的隐式差分法

如图 5.2.1 所示，普里斯曼关于因变量和其导数的差分格式为

$$f(x,t) \approx \bar{f} = \frac{\theta}{2}(f_{j+1}^{k+1} + f_j^{k+1}) + \frac{1 - \theta}{2}(f_{j+1}^k + f_j^k)$$ （5.2.1a）

$$\frac{\partial f}{\partial x} \approx \frac{f_x}{\Delta x} = \theta \frac{f_{j+1}^{k+1} - f_j^{k+1}}{\Delta x} + (1-\theta)\frac{f_{j+1}^k - f_j^k}{\Delta x} \qquad (5.2.1b)$$

$$\frac{\partial f}{\partial t} \approx \frac{f_t}{\Delta t} = \frac{f_{j+1}^{k+1} + f_j^{k+1} - f_{j+1}^k - f_j^k}{2\Delta t} \qquad (5.2.1c)$$

式中：f 可以为 H、Q、A、B 或 χ（湿周）；上标 k 为时刻 t_0，而上标 $k+1$ 为时刻 $t = t_0 + \Delta t$；下标 j 为计算断面编号；θ 为加权系数。当 $\theta < 0.5$，则解是不稳定的；当 $\theta = 0.5$，数值计算具有二阶精度，但解的稳定性是不定的；当 $0.5 < \theta \leqslant 1$ 时，可得到式（5.1.8）和式（5.1.9）的一个稳定解。一般说来，在 $0.5 < \theta \leqslant 1$ 的范围内，数值计算的稳定性随 θ 的增加而增加，但计算精度却随 θ 的增加而下降。在 $\theta = 1$，稳定性最强，但数值计算的精度为一阶。在一般情况下，取 $\theta = 0.6$。

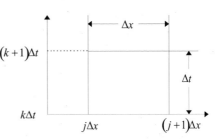

图 5.2.1 普里斯曼四点差分格式网格

把式（5.2.1）关系分别代入式（5.1.8）和式（5.1.9）可得

$$F_1 = \left(1 - \frac{\overline{B}\,\overline{Q}^2}{g\overline{A}^3}\right)H_x + \frac{2\overline{Q}}{g\overline{A}^2}Q_x + \frac{\Delta x}{\Delta t}\frac{1}{g\overline{A}}Q_t + C_n \frac{n_c^2 \overline{\chi}_c^{4/3}|\overline{Q}|\overline{Q}}{\overline{A}^{10/3}} - s_e\Delta x = 0 \qquad (5.2.2)$$

$$F_2 = \overline{B}H_t + \frac{\Delta t}{\Delta x}Q_x = 0 \qquad (5.2.3)$$

式（5.2.2）和式（5.2.3）构成一组有四个独立未知量 H_j^{k+1}、H_{j+1}^{k+1}、Q_j^{k+1}、Q_{j+1}^{k+1} 的两个非线性代数方程，此未知量对于任何两个邻近断面是共有的。当渠道分为 N 个计算断面时，对每个断面 j（$1 \leqslant j \leqslant N$）可以写出 2 个类似的方程，这样的方程共有 $2N$ 个，再加上渠道进、出口边界条件方程，可以解出 $2(N+1)$ 个未知量的唯一解。

采用牛顿-雷伏生方法可得非线性方程式（5.2.2）和式（5.2.3）的线性化方程：

$$\left.\begin{array}{l} F_{10} + F_{1H_j}\Delta H_j + F_{1Q_j}\Delta Q_j + F_{1H_{j+1}}\Delta H_{j+1} + F_{1Q_{j+1}}\Delta Q_{j+1} = 0 \\ F_{20} + F_{2H_j}\Delta H_j + F_{2Q_j}\Delta Q_j + F_{2H_{j+1}}\Delta H_{j+1} + F_{2Q_{j+1}}\Delta Q_{j+1} = 0 \end{array}\right\} \qquad (5.2.4)$$
$$j = 1, 2, \cdots, N$$

式中：ΔH_j 为 H_j^{k+1} 的微增量；ΔH_{j+1} 为 H_{j+1}^{k+1} 的微增量；ΔQ_j 为 Q_j^{k+1} 的微增量；ΔQ_{j+1} 为 Q_{j+1}^{k+1} 的微增量；$F_{1H_j} = \partial F_1 / \partial H_j^{k+1}$；$F_{1H_{j+1}} = \partial F_1 / \partial H_{j+1}^{k+1}$；$F_{1Q_j} = \partial F_1 / \partial Q_j^{k+1}$；$F_{1Q_{j+1}} = \partial F_1 / \partial Q_{j+1}^{k+1}$；$F_{2H_j} = \partial F_2 / \partial H_j^{k+1}$；$F_{2H_{j+1}} = \partial F_2 / \partial H_{j+1}^{k+1}$；$F_{2Q_j} = \partial F_2 / \partial Q_j^{k+1}$；$F_{2Q_{j+1}} = \partial F_2 / \partial Q_{j+1}^{k+1}$。

为书写方便，将式（5.2.4）改写为下述形式

$$\left.\begin{array}{l} a_{2j}\Delta H_j + b_{2j}\Delta Q_j + c_{2j}\Delta H_{j+1} + d_{2j}\Delta Q_{j+1} = D_{2j} \\ a_{2j+1}\Delta H_j + a_{2j+1}\Delta Q_j + b_{2j+1}\Delta H_{j+1} + c_{2j+1}\Delta Q_{j+1} = D_{2j+1} \end{array}\right\} \qquad (5.2.5)$$
$$j = 1, 2, \cdots, N$$

其中

$$a_{2j} = \frac{\partial F_1}{\partial H_j^{k+1}} = -\theta\left(1 - \frac{\overline{B}\,\overline{Q}^2}{g\overline{A}^3}\right) - \frac{\theta H_x \overline{Q}^2}{2g\overline{A}^3}\left(z_{1j} - \frac{3B_j\overline{B}}{\overline{A}}\right) - \frac{2\theta B_j\overline{Q}}{g\overline{A}^3}Q_x -$$

$$\frac{\Delta x}{\Delta t}\frac{\theta B_j}{2g\overline{A}^2}Q_t + C_n\frac{\theta n_c^2\Delta x\overline{\chi}_c^{1/3}}{3\overline{A}^{10/3}}|\overline{Q}|\overline{Q}\left(2z_{2j} - 5\frac{B_j\overline{\chi}}{\overline{A}}\right) \tag{5.2.6}$$

$$b_{2j} = \frac{\partial F_1}{\partial Q_j^{k+1}} = -\theta\frac{\overline{B}\overline{Q}}{g\overline{A}^3}H_x + \frac{\theta}{g\overline{A}^2}Q_x - \frac{2\theta\overline{Q}}{g\overline{A}^2} + \frac{\Delta x}{\Delta t}\frac{1}{2g\overline{A}} + C_n\frac{\theta n_c^2\Delta x\overline{\chi}_c^{4/3}}{\overline{A}^{10/3}}|\overline{Q}| \tag{5.2.7}$$

$$c_{2j} = \frac{\partial F_1}{\partial H_j^{k+1}} = \theta\left(1 - \frac{\overline{B}\overline{Q}^2}{g\overline{A}^3}\right) - \frac{\theta H_x\overline{Q}^2}{2g\overline{A}^3}\left(z_{1j+1} - \frac{3B_{j+1}\overline{B}}{\overline{A}}\right) - \frac{2\theta B_{j+1}\overline{Q}}{g\overline{A}^3}Q_x -$$

$$\frac{\Delta x}{\Delta t}\frac{\theta B_{j+1}}{2g\overline{A}^2}Q_t + C_n\frac{\theta n_c^2\Delta x\overline{\chi}_c^{1/3}}{3\overline{A}^{10/3}}|\overline{Q}|\overline{Q}\left(2z_{2j+1} - 5\frac{B_{j+1}\overline{\chi}}{\overline{A}}\right) \tag{5.2.8}$$

$$d_{2j} = \frac{\partial F_1}{\partial Q_{j+1}^{k+1}} = -\theta\frac{\overline{B}\overline{Q}}{g\overline{A}^3}H_x + \frac{\theta}{g\overline{A}^2}Q_x + \frac{2\theta\overline{Q}}{g\overline{A}^2} + \frac{\Delta x}{\Delta t}\frac{1}{2g\overline{A}} + C_n\frac{\theta n_c^2\Delta x\overline{\chi}_c^{4/3}}{\overline{A}^{10/3}}|\overline{Q}| \tag{5.2.9}$$

$$D_{2j} = -F_{10} = \left(\frac{\overline{B}\overline{Q}^2}{g\overline{A}^3} - 1\right)H_x - \frac{2\overline{Q}}{g\overline{A}^2}Q_x - \frac{\Delta x}{\Delta t}\frac{1}{g\overline{A}}Q_t - C_n\frac{n_c^2\Delta x\overline{\chi}_c^{4/3}}{\overline{A}^{10/3}}|\overline{Q}|\overline{Q} + s_e\Delta x \tag{5.2.10}$$

$$e_{2j+1} = \frac{\partial F_2}{\partial H_j^{k+1}} = \frac{\overline{B}}{2} + \frac{\theta z_{1j}}{2}H_t \tag{5.2.11}$$

$$a_{2j+1} = \frac{\partial F_2}{\partial Q_j^{k+1}} = -\theta\frac{\Delta t}{\Delta x} \tag{5.2.12}$$

$$b_{2j+1} = \frac{\partial F_2}{\partial H_{j+1}^{k+1}} = \frac{\overline{B}}{2} + \frac{\theta z_{1j+1}}{2}H_t \tag{5.2.13}$$

$$c_{2j+1} = \frac{\partial F_2}{\partial Q_{j+1}^{k+1}} = \theta\frac{\Delta t}{\Delta x} \tag{5.2.14}$$

$$D_{2j+1} = -F_{20} = -\overline{B}H_t - \frac{\Delta t}{\Delta x}Q_x \tag{5.2.15}$$

其中

$$F_{10} = \left(1 - \frac{\overline{B}\overline{Q}^2}{g\overline{A}^3}\right)H_x + \frac{2\overline{Q}}{g\overline{A}^2}Q_x + \frac{\Delta x}{\Delta t}\frac{1}{g\overline{A}}Q_t + C_n\frac{n_c^2\Delta x\overline{\chi}_c^{4/3}}{\overline{A}^{10/3}}|\overline{Q}|\overline{Q} - s_e\Delta x$$

$$F_{20} = \overline{B}H_t + \frac{\Delta t}{\Delta x}Q_x$$

$$z_{1j} = \frac{\mathrm{d}B_j}{\mathrm{d}H_j^{k+1}} \quad , \quad z_{1j+1} = \frac{\mathrm{d}B_{j+1}}{\mathrm{d}H_{j+1}^{k+1}}$$

$$z_{2j} = \frac{\mathrm{d}\chi_j}{\mathrm{d}H_j^{k+1}} \quad , \quad z_{2j+1} = \frac{\mathrm{d}\chi_{j+1}}{\mathrm{d}H_{j+1}^{k+1}}$$

$$s_e = s_0 - \frac{\rho_i}{\rho}\frac{h_{ice,j+1} - h_{ice,j}}{\Delta x}$$

式中：B_j 为计算断面 j 的水面宽；B_{j+1} 为计算断面 $j+1$ 的水面宽；χ_{cj} 为计算断面 j 的湿周；χ_{cj+1} 为计算断面 $j+1$ 的湿周。

5.3 边界条件

5.3.1 简单边界条件

常见的简单边界条件有三类：

$$a: \quad F = H - H(t) = 0 \tag{5.3.1}$$

$$b: \quad F = Q - Q(t) = 0 \tag{5.3.2}$$

$$c: \quad F = Q - f(H) = 0 \tag{5.3.3}$$

在 a 类边界条件中，水深是时间的已知函数；在 b 类边界条件中，流量是时间的已知函数；在 c 类边界条件中，流量是水深的函数，例如明渠末端为宽顶堰溢流

$$Q = \mu B_y \sqrt{2g} H^{1.5} \tag{5.3.4}$$

式中：μ 为流量系数；B_y 为堰宽；H 为宽顶堰上水深。

采用牛顿-雷伏生方法，上述三类边界条件可线性化为

$$F_H \Delta H + F_Q \Delta Q = -F_0 \tag{5.3.5}$$

对 a 类边界条件：

$$F_H = \frac{dF}{dH} = 1, \qquad F_Q = \frac{dF}{dQ} = 0, \qquad F_0 = H - H(t) \tag{5.3.6}$$

对 b 类边界条件：

$$F_H = \frac{dF}{dH} = 0, \qquad F_Q = \frac{dF}{dQ} = 1, \qquad F_0 = Q - Q(t) \tag{5.3.7}$$

对 c 类边界条件：

$$F_H = \frac{dF}{dH} = -\frac{df}{dy}, \qquad F_Q = \frac{dF}{dQ} = 1, \qquad F_0 = Q - f(H) \tag{5.3.8}$$

例如，对宽顶堰溢流

$$F_H = \frac{dF}{dH} = -1.5\mu B_y \sqrt{2gH}, \quad F_Q = \frac{dF}{dQ} = 1, \quad F_0 = Q - \mu B_y \sqrt{2g} H^{1.5} \tag{5.3.9}$$

5.3.2 分叉和交汇节点

明渠输水工程一般由明渠串联、分叉、交汇组成。分叉节点处边界条件可由连续性方程和能量方程得到。为分析方便，假设节点处的局部水头损失和速度水头可忽略不计。

对每一个节点，连续性条件是各渠道流量的代数和等于流出节点的流量，即

$$\sum Q = q \tag{5.3.10}$$

式中：Q 为节点处渠道流量，当渠道参考流动方向指向节点，则 Q 前为负号，反之取正号；q 为流出节点的流量，当 $q > 0$ 时，表示流出节点，当 $q \leq 0$ 时，表示流入节点。q 可以是溢流堰流量，或者调节池和调压井流量。

节点处的能量守恒条件是：在节点处每条渠道的水深相同，数学描述为

$$H_i - H_K = 0 \quad , \quad i = 1, 2, \cdots, K-1 \tag{5.3.11}$$

式中：y_i 为在节点处渠道 i 的水深；u 为节点水深；下标 K 为分叉节点关联的渠道数。

以图 5.3.1 分叉节点为例，连续性方程为

$$\sum Q = -Q_{1,n_1} + Q_{2,1} + Q_{3,1} = q$$

式中：Q_{1,n_1} 为渠道 1 出口断面流量；$Q_{2,1}$ 为渠道 2 进口断面流量；$Q_{3,1}$ 为渠道 3 进口断面流量。

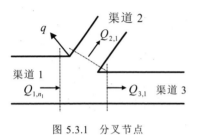

图 5.3.1 分叉节点

图 5.3.1 节点能量方程为

$$H_{1,n_1} - H_{2,1} = 0$$

$$H_{1,n_1} - H_{3,1} = 0$$

采用 Newton-Raphson 方法，式（5.3.10）和式（5.3.11）可近似为

$$\sum \Delta Q = \Delta q + q_0 - \sum Q_0 \qquad (5.3.12)$$

$$\Delta H_i - \Delta H_K = -(H_{i0} - H_{K0}) , \quad i=1,2,\cdots,K-1 \qquad (5.3.13)$$

式中下标 0 为近似值。

5.3.3　闸门

如图 5.3.2 所示，在闸门没有完全关闭时，其边界条件可以描述为

$$H_1 = H_2 + \frac{\Delta H_r}{Q_r^2} \frac{|Q_1|Q_1}{\tau^2} \qquad (5.3.14)$$

$$Q_1 = Q_2 \qquad (5.3.15)$$

式中：H 为水深；Q 为流量；A 为渠道过水断面面积；下标 1 和 2 分别为闸门进出口；τ 为闸门的无因次流量系数，是闸门开度的函数，有时还与出口水流流态和水深有关，阀门全开对应 $\tau=1$，而阀门全关对应 $\tau=0$；ΔH_r、Q_r 为闸门全开时对应的水头损失、流量。

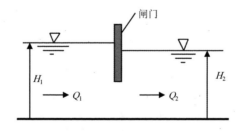

图 5.3.2 闸门示意图

式（5.3.14）和式（5.3.15）可改写为

$$F_1 = H_1 - H_2 - \frac{\Delta H_r}{Q_r^2} \frac{|Q_1|Q_1}{\tau^2} = 0 \qquad (5.3.16)$$

$$F_2 = Q_1 - Q_2 = 0 \qquad (5.3.17)$$

采用 Newton-Raphson 方法，式（5.3.16）和式（5.3.17）可等效为一段明渠，用一个统一的数学模型描述（杨开林，2011）：

$$a_{1,1}\Delta H_1 + a_{1,2}\Delta Q_1 + a_{1,3}\Delta H_2 + a_{1,4}\Delta Q_2 = b_1 \qquad （5.3.18a）$$

$$a_{2,1}\Delta H_1 + a_{2,2}\Delta Q_1 + a_{2,3}\Delta H_2 + a_{2,4}\Delta Q_2 = b_2 \qquad （5.3.18b）$$

其中

$$a_{1,1}=1 , \quad a_{1,2}=-\frac{2\Delta H_r}{Q_r^2}\frac{|Q_{10}|}{\tau^2} , \quad a_{1,3}=-1 , \quad a_{1,4}=0 ,$$

$$b_1 = -F_{10} = -\left(H_{10} - H_{20} - \frac{\Delta H_r}{Q_r^2}\frac{|Q_{10}|Q_{10}}{\tau^2} \right) ,$$

$$a_{2,1}=0 , \quad a_{2,2}=1 , \quad a_{2,3}=0 , \quad a_{2,4}=-1 , \quad b_2=-F_{20}=-\left(Q_{10}-Q_{20}\right) \qquad （5.3.19）$$

式中：下标 0 为近似值。

在闸门完全关闭时，其边界条件为

$$F_1 = Q_1 = 0 \qquad （5.3.20a）$$

$$F_2 = Q_2 = 0 \qquad （5.3.20b）$$

当采用式（5.3.18）表示，则

$$a_{1,1}=0 , \quad a_{1,2}=1 , \quad a_{1,3}=0 , \quad a_{1,4}=0 , \quad b_1=-Q_{10} ,$$

$$a_{2,1}=0 , \quad a_{2,2}=0 , \quad a_{2,3}=0 , \quad a_{2,4}=1 , \quad b_2=-Q_{20} \qquad （5.3.21）$$

5.4 求解方法

渠道线性化方程式（5.2.5）和边界条件式（5.3.5）的矩阵形式为

$$AX=D \qquad （5.4.1）$$

其中

$$X = \begin{bmatrix} \Delta H_1 \\ \Delta Q_1 \\ \Delta H_2 \\ \Delta Q_2 \\ \Delta H_3 \\ \vdots \\ \Delta H_n \\ \Delta Q_n \end{bmatrix} , \quad A = \begin{bmatrix} b_1 & c_1 & & & & & & \\ a_2 & b_2 & c_2 & d_2 & & & & \\ e_3 & a_3 & b_3 & c_3 & & & & \\ & & a_4 & b_4 & c_4 & d_4 & & \\ & & e_5 & a_5 & b_5 & c_5 & & \\ & & \vdots & \vdots & \vdots & \vdots & & \\ & & & & e_{2n-1} & a_{2n-1} & b_{2n-1} & c_{2n-1} \\ & & & & & & a_{2n} & b_{2n} \end{bmatrix} , \quad D = \begin{bmatrix} D_1 \\ D_2 \\ D_3 \\ D_4 \\ D_5 \\ \vdots \\ D_{2n-1} \\ D_{2n} \end{bmatrix}$$

下标 $n = N+1$；系数 b_1、b_2、D_1 由渠道的进口边界条件确定，a_{2n}、b_{2n}、D_{2n} 由渠道的出口边界条件确定。根据式（5.3.5）可得

$$b_1 = F_H , \quad c_1 = F_Q , \quad D_1 = -F_0$$

$$a_{2n} = F_H , \quad b_{2n} = F_Q , \quad D_{2n} = -F_0$$

由于线性方程式（5.4.1）的系数矩阵 A 的非零元素是位于对角线附近，因而 A 是带形矩阵。专用标准计算机程序可用来求解这一组线性方程。不过，当渠道的分段数 N 很大时，将需要相当长的计算时间，因此任何高效率的求解方法都是受欢迎的。下面介绍一种高效率的计算方法——追赶法（Double-Sweeping Method）。

假设系数 $b_1 \neq 0$ ，如 a 类边界条件，则可以采用消元法将方程式（5.4.1）变换为

$$X = BX + P \tag{5.4.2}$$

其中

$$
B = \begin{bmatrix}
0 & U_1 & W_1 & & & & & \\
& 0 & U_2 & W_2 & & & & \\
& & 0 & U_3 & W_3 & & & \\
& & & 0 & U_4 & W_4 & & \\
& & & & 0 & U_5 & W_5 & \\
& & & & & & \vdots & \vdots \\
& & & & & & 0 & U_{2n-1} \\
& & & & & & & 0
\end{bmatrix}, \quad
P = \begin{bmatrix}
P_1 \\
P_2 \\
P_3 \\
P_4 \\
P_5 \\
\vdots \\
P_{2n-1} \\
P_{2n}
\end{bmatrix} \tag{5.4.3}
$$

式（5.4.3）中元素由下述递推公式计算

$$U_1 = -\frac{c_1}{b_1}, \quad W_1 = 0, \quad P_1 = \frac{D_1}{b_1} \tag{5.4.4}$$

$$
\left.
\begin{aligned}
U_i &= -\frac{c_i}{a_i U_{i-1} + b_i} \\
W_i &= -\frac{d_i}{a_i U_{i-1} + b_i} \\
P_i &= \frac{D_i - a_i P_{i-1}}{a_i U_{i-1} + b_i}
\end{aligned}
\right\} i = 2, 4, \cdots, 2(n-1) \tag{5.4.5}
$$

和

$$
\left.
\begin{aligned}
U_i &= -\frac{W_{i-1}(e_i U_{i-2} + a_i) + c_i}{U_{i-1}(e_i U_{i-2} + a_i) + b_i} \\
W_i &= 0 \\
P_i &= \frac{D_i - \left[e_i (U_{i-2} P_{i-1} + P_{i-2}) + a_i P_{i-1} \right]}{U_{i-1}(e_i U_{i-2} + a_i) + b_i}
\end{aligned}
\right\} i = 3, 5, \cdots, 2n-1 \tag{5.4.6}
$$

$$P_{2n} = \frac{D_{2n} - a_{2n} P_{2n-1}}{a_{2n} U_{2n-1} + b_{2n}} \tag{5.4.7}$$

由于线性方程式（5.4.2）的矩阵 B 是一个对角线上元素为 0 的上三角矩阵，因此，可以采用一个回代过程递推地解出

$$
\left.
\begin{aligned}
x_{2n} &= P_{2n} \\
x_{2n-1} &= U_{2n-1} x_{2n} + P_{2n-1} \\
x_i &= U_i x_{i+1} + W_i x_{i+2} + P_i, \quad i = 2n-2, 2n-3, \cdots, 1
\end{aligned}
\right\} \tag{5.4.8}
$$

当系数 $b_1 = 0$ 时，如 b 类边界条件，只要取列向量 $X = (\Delta Q_1, \Delta H_1, \Delta Q_2, \Delta H_2, \cdots, \Delta Q_n, \Delta H_n)^{\mathrm{T}}$ ，并相应改变矩阵 A 每一列上元素的位置，仍然可以用上述方法求解。

从上可见，求解由一个消元过程（前向扫描过程）和一个回代过程（后向扫描过程）组成，所以称这一方法为追赶法。

在已知时刻 t_0 明渠各计算断面水深和流量的条件下，可以采用下述步骤求解时刻 t 的水深和流量（杨开林，2011）：

（1）假设时刻 t 各计算断面的水深和流量初始值，例如取 $H_i^{k+1} = 2H_i^k - H_i^{k-1}$ ，$Q_i^{k+1} = 2Q_i^k - Q_i^{k-1}$ ，$i = 1, 2, \cdots, n$ 。

（2）计算矩阵 A 和列向量 D 的非零元素。

（3）求解线性方程组（5.4.1）得 X 的解，即 ΔH_i 、$\Delta Q_i (i = 1, 2, \cdots, n)$ 的解。

（4）判别 $|x_i| \leqslant \varepsilon = 10^{-4}$ ，$i = 1, 2, \cdots, 2n$ 。若条件全部成立，则取 H_i^{k+1} 和 Q_i^{k+1} 作为时刻 t 水深和流量的解。若有一个条件不成立，则在 $|\Delta H_i| / H_r < \delta_H$ 和 $|\Delta Q_i| / Q_r < \delta_Q$ 时，分别用 $H_i^{k+1} + \Delta H_i$ 和 $Q_i^{k+1} + \Delta Q_i$ 取代 H_i^{k+1} 和 Q_i^{k+1} ，重复步骤（2）～步骤（4）；否则，分别用 $H_i^{k+1} + \delta_H H_r \Delta H_i / |\Delta H_i|$ 和 $Q_i^{k+1} + \delta_Q Q_r \Delta Q_i / |\Delta Q_i|$ 取代 H_i^{k+1} 和 Q_i^{k+1} ，重复步骤（2）～步骤（4）。其中：H_r 和 Q_r 分别为水深和流量特征值，如设计值或最大水深和最大流量；δ_H 和 δ_Q 为大于零的数，在计算中可取 $\delta_H = 0.1$ 和 $\delta_Q = 0.1$ ，或者更小。

一般说来，当系统中没有并联渠道时，都可以用追赶法求解非恒定流。当系统中存在并联渠道时，需要采用其它求解方法，如非恒定流图论方法和稀疏矩阵求解技术（杨开林，2009、2011）。

参考文献

[1] 杨开林.2011.基于图论的渠网非恒定流稀疏矩阵技术[J]. 水利学报，42（12）：1416-1422.

[2] 杨开林.2009.渠网非恒定流图论原理[J].水利学报，40（11）：1281-1289.

[3] 杨开林.2011.调水工程非恒定流边界条件的等效渠道处理新方法[J].南水北调与水利科技（1）：8-11

[4] Lal A M W，Shen H T.1991.Mathematical model for river ice processes[J]. J. of Hydr. Engrg., ASCE, 117（7）：851-867.

第6章　明渠一维冰发展方程

在冬季气候寒冷的地方，随着气温的降低，通过水表面与大气的热交换，河中的水温将随之下降，当水温降低到冰点（0℃左右），在水流中将产生微小的具有很强黏性的冰花晶体。

由于浮力和紊动力的作用，水中部分冰花将漂浮到水面形成冰块或冰盘，随着气温的下降以及冰块下冰花的黏附，冰块的尺寸和强度都会增长，Shen 和 Tsai（1990）提出了水面浮冰的一维输运模型描述这一现象。当水面冰在向下游运动的过程中遇到障碍物，如桥墩、闸门、冰桥时，将累积形成冰盖，并向上游发展，这一现象俗称"封河"。

冰盖的形成和发展实质上是一个表面冰发展的过程。Pariset 和 Hausser（1961）发展了静态冰塞理论并提出一维冰盖发展公式。该理论是 1980 年前河冰研究领域的最重要进展。该理论为后来的学者不断发展（如 Uzuner 和 Kennedy，1976；Beltaos，1983、1993）。

当冰盖停止发展且大量的冰花或水面冰块在前缘下潜时，这些冰花和冰块将在浮力的作用下上升黏附到冰盖下面，在前缘附近冰盖下形成厚厚的冰花层，阻塞部分过水断面，引起上游水位壅高，这种局部的河冰现象称为冰塞（国外称为悬冰坝）。根据对 LaGranda 河的观察，Michel 和 Drouin（Ashton，1986）提出了对冰花堆积的临界速度判据。由于冰花堆积的临界速度判据随河流的不同和河段的不同是一个变量，不易使用。Shen 和 Wang（1995）根据对黄河河口段的现场资料和实验室试验，提出了输冰能力的概念，在一定的水力条件和一定的冰花条件下，水流能够挟带一定数量的悬浮冰花，称为河流的输冰能力。假如某一河段冰盖下水流所挟带的冰花数量超过了它的输冰能力，则该段冰盖下发生冰花的粘积；反之，如果上游来的冰花数量小于该河段冰盖下水流的输冰能力，则该段冰盖下将发生冲刷。

冬季，冰盖厚度会随其能量交换而变换，这个过程可由热传导和能量交换方程分析（Parkinson，1982；Shen 和 Chiang，1984；Ashton，1985；Prowse，1990）。冬季后期开春之前，特别是雪盖消失后，冰盖从其顶面、底面及内部消融。这个消融的过程会使冰盖的强度减小，承载力降低。冰盖的破裂是基于冰盖强度及流量条件改变引发的现象（Prowse，1989）。如果水流保持相对稳定，冰盖会保持稳定直到最终融化（Shen 和 Lu 1996）。然而，如果温度升高且冰凌融化前流量和水位变化明显，则可能产生武开河，冰盖迅速迸裂，导致冰凌洪水（U.S. Army，2002）。

近年来，国内河冰预测模型研究取得了很大的进展。杨开林（1996）计算模拟了南水北调东线渠冰的形成、发展过程。靳国厚等（1997）采用一维非恒定流水力学模型和一维热力学模型建立了输水渠道的冰情预报数学模型。杨开林等（2002）根据冰塞形成发展的机理，提出了冰塞形成的发展方程。蔡琳等（2002）以三门峡水库为研究依托，利用一维水流和输冰方程，以黄河下游 1976—1977 年度凌汛期作算例，研究了水库防凌调度数学模型。高需生等（2003）根据南水北调工程中线沿线各地区的气候、邻近河道冰情实测资料的统计和冬季输水运行的防凌要求，分析并得到了沿线各渠段地区的气候、邻近河流冰情的变化与特征，预测了冰花起始时间、冰流量、冰盖形成及冰盖厚度，并提出了冬季输水的防凌害初步运行方案及防凌措施。

综上所述，明渠冰现象是一个非常复杂的物理过程，本章将根据冰形成发展的机理，推导其发展方程，包括：水流的热扩散方程；冰花的扩散方程；冰盖下水流的输冰能力；水面浮冰的输运方程；冰盖和冰块厚度的发展方程；冰盖下冰花含量和冰盖厚度的计算；最后，给出计算实例。

6.1　热扩散方程

在一维条件下，沿流向的热扩散方程为

$$\frac{\partial}{\partial t}(\rho C_p A T_w) + V\frac{\partial}{\partial x}(A\rho C_p T_w) = \frac{\partial}{\partial x}\left(AE_x\rho C_p\frac{\partial T_w}{\partial x}\right) - B\phi_T \qquad (6.1.1)$$

式中：t 为时间，s；x 为沿流向的位移，m；ρ 为水的密度，kg/m³；C_p 为水的比热，J/(kg·℃)；A 为渠道过水断面面积，m²；T_w 为水的断面平均温度，℃；V 为水的断面平均流速，m/s；E_x 为热扩散系数；B 为水表面宽度，m；ϕ_T 为水体与周围环境的单位面积热交换率，包括明流水面与大气的热交换率 ϕ_{wa}、水面与飘浮冰块和冰盖的热交换率 ϕ_{wi} 以及河底水体与河床的热交换率 ϕ_{wb}。

影响 ϕ_{wa} 的因素包括空气的温度和湿度、风速、气压、太阳和云及降雨和降雪等，可以归纳为下述分量：

$$\phi_{wa} = \phi_S - \phi_L + \phi_E + \phi_P$$

式中：ϕ_S 为太阳的短波辐射热交换率，与太阳离地面的距离、云层、日照时间等因素有关；ϕ_L 为水体的长波辐射热交换率，与空气的温度、湿度及天空有云还是无云等因素有关；ϕ_E 为水体蒸发的热交换率，与空气温度、气压、风速等因素有关；ϕ_P 为降雨和降雪的热交换率，与气温和降雨和降雪强度等因素有关。

综上所述，太阳的短波辐射热交换率总是构成一个正的能量增益，水体的长波辐射总是构成一个负的能量增益，其他项可能是正，也可能是负。从理论上讲，在气象资料完备的条件下，可以准确地计算 ϕ_{wa} 的值（Ashton，1986）。作为一种近似，在工程计算中一般将水面与大气的单位积热交换率 ϕ_{wa} 表示为气温和水温的线性函数（沈洪道，2010），即

$$\phi_{wa} = h_{wa}(T_w - T_a) \qquad (6.1.2)$$

式中：ϕ_{wa} 为水与大气的热交换率，W/m²；h_{wa} 为大气和水交界面的热交换系数，W/(m²·℃)；T_a 为气温，℃。对北美地区，$h_{wa} \approx 20\ \text{W}/(\text{m}^2 \cdot ℃)$。对于特定河渠，可通过实测资料率定。

当河段完全冰封时，水面与飘浮冰块和冰盖的热交换率 ϕ_{wi} 可以描述为水温和冰盖底部温度的线性函数，即

$$\phi_T = \phi_{wi} = h_{wi}(T_w - T_m) \qquad (6.1.3)$$

其中

$$h_{wi} \approx 1622V^{0.8}/H^{0.2}$$

式中：ϕ_{wi} 为冰与水的热交换率，W/m²；h_{wi} 为冰水交界面热交换系数，W/(m²·℃)；T_m 为冰点温度，一般取 $T_m = 0$ ℃；H 为水深，m。

综上所述，可得

$$\phi_T = C_a\phi_{wi} + \left(1-C_a\right)\phi_{wa} + \phi_{wb} \qquad (6.1.4)$$

式中：C_a 为河面冰封面积与河面面积的比值，称为冰封率。在流动为明流时，$C_a = 0$；在水面完全冰封的条件下，$C_a = 1$；在水面存在飘浮冰块的条件下，$0 < C_a < 1$。在一般情况下水流与河床的热交换可忽略不计，即取 $\phi_{wb} = 0$。

忽略式（6.1.1）中扩散项，热扩散方程可简化为

$$\frac{\partial T_w}{\partial t} + V\frac{\partial T_w}{\partial x} = -\frac{B}{\rho C_P A}\left[C_a\phi_{wi} + \left(1-C_a\right)\phi_{wa}\right] \qquad (6.1.5)$$

若用

$$\frac{\mathrm{d}x}{\mathrm{d}t} = V \qquad (6.1.6)$$

表示液体质点的运动速度，即 x 表示液体质点随时间 t 的运动轨迹，在 xt 平面（见图 6.1.1）上绘制的曲线，称为特征线。

偏微分方程式（6.1.5）可转化为下述常微分方程

$$\frac{\mathrm{D}T_w}{\mathrm{D}t} = -\frac{B}{\rho C_P A}\left[C_a\phi_{wi} + \left(1-C_a\right)\phi_{wa}\right] \qquad (6.1.7)$$

其中

$$\frac{\mathrm{D}}{\mathrm{D}t} = \frac{\partial}{\partial t} + \frac{\partial}{\partial x}\frac{\mathrm{d}x}{\mathrm{d}t} = \frac{\partial}{\partial t} + V\frac{\partial}{\partial x}$$

需要说明的是，式（6.1.7）只有在式（6.1.6）成立的条件下才成立。

对式（6.1.6）积分得

$$x_p = x_0 + \int_{t_0}^{t} V\mathrm{d}t$$

式中：下标 0 为时刻 t_0 的参数；下标 p 为时刻 t 的未知量。对上式右边积分取一阶近似可得

$$x = x_0 + V_0\Delta t \qquad (6.1.8)$$

式中：$\Delta t = t - t_0$ 为计算时间步长。

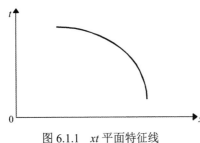

图 6.1.1　xt 平面特征线

对式（6.1.7）沿特征线积分时，可得

$$T_{wp} - T_{w0} = -\int_{t_0}^{t} \frac{B}{\rho C_P A}\left[C_a\phi_{wi} + \left(1-C_a\right)\phi_{wa}\right]\mathrm{D}t \qquad (6.1.9)$$

采用一阶近似可得

$$T_{wp} = T_{w0} - \frac{B_0}{\rho C_P A_0}\left[C_{a0}\phi_{wi0} + \left(1-C_a\right)\phi_{wa0}\right]\Delta t \qquad (6.1.10)$$

在一般情况下，对于小的时间步长 Δt，采用式（6.1.10）确定水温可以满足计算精度要求。

由式（6.1.7）和式（6.1.10）可知，只要知道时刻

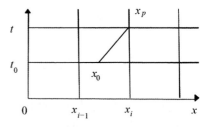

图 6.1.2　特征线方法线性插值

t_0 液体质点在位置 x_0 的参数，则时刻 t 液体质点在位置 x_p 的未知量 T_{wp} 可以直接算出。在求解河流非恒定流的过程中，一般采用统一固定的时间步长和固定的计算网格，这样，可能所研究的液体质点在时刻 t_0 的位置 x_0 不一定恰好位于各计算断面上，在这种情况下，可

以采用下面的线性插值方法确定时刻 t_0 液体在位置 x_0 的参数 w（如 y_0、V_0、T_{w0} 等）。

如图 6.1.2 所示，假设已经解出计算断面 x_{i-1} 在时刻 t 的水温，现在要求计算断面 x_i 在时刻 t 的水温，即取 $x_p = x_i$。为了叙述方便，假设下述条件

$$V_{i-1}\Delta t \leqslant \Delta x = x_i - x_{i-1} \qquad (6.1.11)$$

始终成立，其中 V_{i-1} 为时刻 t_0 断面 x_{i-1} 的液体流速。当 $V_{i-1}\Delta t \neq \Delta x (\Delta x = x_i - x_{i-1} = x_p - x_{i-1})$ 时，则采用线性插值可得式（6.1.7）中 x_0 为

$$V_0 \Delta t = x_p - x_0 = x_i - x_0 \qquad (6.1.12)$$

而

$$V_0 = V_{i-1} + \frac{V_i - V_{i-1}}{x_i - x_{i-1}}(x_i - x_0) \qquad (6.1.13)$$

联立求解式（6.1.12）和式（6.1.13）可得

$$x_i - x_0 = \frac{V_{i-1}\Delta t}{1 - \dfrac{V_i - V_{i-1}}{x_i - x_{i-1}}\Delta t} \qquad (6.1.14)$$

$$V_0 = \frac{V_{i-1}}{1 - \dfrac{V_i - V_{i-1}}{x_i - x_{i-1}}\Delta t} \qquad (6.1.15)$$

与此类似，可得

$$T_{w0} = \frac{T_{wi-1}}{1 - \dfrac{T_{wi} - T_{wi-1}}{x_i - x_{i-1}}\Delta t} \qquad (6.1.16)$$

采用同样方法可得水深 H_0，并据此算出 A_0 和 B_0。

6.2 冰花扩散方程

在水温降低到冰点以下时，水流中部分液体将发生相变，由液相转变为微小的固体晶体，称为冰花，同时释放冰中的潜热；反之，在水温上升到冰点以上时，水流中的冰花由固相转变为液相，同时吸收液体中的热量。冰花的比重比水略低，在水温低于冰点温度时，黏性很大，并随着水温的升高，黏性逐渐降低。当水流的紊动强度较大时，冰花将分布在整个过水断面，并随流体一道向下游流动，其中部分冰花在浮力的作用下上浮到水面，通过相互堆积形成飘浮冰块或冰盘，或者堆积在飘浮冰块底部。另一方面，当飘浮冰块或冰盖与水流存在较大的速度差，则堆积在冰块或冰盖底部的冰花也可能因水流的冲刷作用而脱离，进入液体中。此外，在一些特殊情况下，部分冰花在水流紊动作用下也可能堆积在河床上形成潜冰。下面将推导描述上述物理过程的冰花扩散方程。

在推导之前，先作下述假定：

（1）水流的紊动强度足够大，冰花沿河道过水断面均匀分布。

（2）水面漂浮冰块在所研究断面是均匀分布，且所占断面面积与过水断面面积相比是一微量，可忽略不计。换句话说，水流的过水断面面积可以用河道的横切面积计算。

（3）水流中各个冰花上浮形成冰块或堆积在飘浮冰块下的概率相同。

（4）河床上没有冰花堆积。

如图 6.2.1 所示，在一维条件下，设流入控制体的流体中含冰率（冰花的体积与液体和冰花总体积之比）为 C_i，冰的质量密度为 ρ_i，则单位时间内沿流向 x 流入控制体的冰花总的质量为

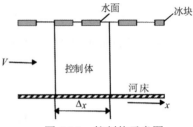

图 6.2.1　控制体示意图

$$\rho_i A C_i V - \rho_i A E_i \frac{\partial C_i}{\partial x}$$

其中，第一项是因时均流速作用而流入控制体的冰花总质量；第二项是因紊动扩散作用带入控制体的冰花总质量。

与此同时，单位时间内沿流向 x 流出控制体内的冰花总的质量为

$$\rho_i A C_i V + \frac{\partial}{\partial x}\left(\rho_i A C_i V\right)\Delta x - \left[\rho_i A E_i \frac{\partial C_i}{\partial x} + \frac{\partial}{\partial x}\left(\rho_i A E_i \frac{\partial C_i}{\partial x}\right)\Delta x\right]$$

控制体内单位时间内冰花的改变量

$$-\frac{\partial}{\partial t}\left(\rho_i A \Delta x C_i\right) + M_s - M_f + M_{wi}$$

式中：第一项是单位时间内沿流向 x 流出流入控制体冰花量不同产生的改变量；第二项 M_s 是水流冲刷作用脱离控制体冰块或冰盖底部的冰花改变量；第三项 M_f 是单位时间内冰花上浮形成冰块或堆积在水面冰块底部减少的冰花量；第四项 M_{wi} 是因控制体内敞露水面与大气热交换使液体相变增加的冰花量或冰花晶体消融转变为液体的冰花量。

根据连续性原理，控制体单位时间内流出和流入冰花质量的差值应该等于单位时间内控制体内冰花的改变量，即

$$\frac{\partial}{\partial x}\left(\rho_i A C_i V\right)\Delta x - \frac{\partial}{\partial x}\left(\rho_i A E_i \frac{\partial C_i}{\partial x}\right)\Delta x = -\frac{\partial}{\partial t}\left(\rho_i A \Delta x C_i\right) + M_s - M_f + M_{wi}$$

整理得

$$\frac{\partial C_i}{\partial t} + V\frac{\partial C_i}{\partial x} = \frac{\partial}{\partial x}\left(E_i \frac{\partial C_i}{\partial x}\right) + \frac{M_{wi} + M_s - M_f}{\rho_i A \Delta x} \tag{6.2.1}$$

若单位质量冰的潜热为 L_i，则单位时间内产生或消融 M_{wi} 的冰花释放或吸收的热量为 $L_i M_{wi}$，根据热平衡原理，它等于单位时间控制体内敞露水面与大气的热交换量 $\left(1-C_a\right)\phi_{wa}B\Delta x$，即

$$L_i M_{wi} = \left(1-C_a\right)B\phi_{wa}\Delta x$$

整理得

$$M_{wi} = \frac{\left(1-C_a\right)B\phi_{wa}\Delta x}{L_i} \tag{6.2.2}$$

由假定（3），若用 θ 表示任一冰花的上浮概率，则

$$M_f = \theta \omega_b C_i B \Delta x \tag{6.2.3}$$

式中：ω_b 为冰花上浮的平均速度，m/s。

在一般情况下，水体中冰的含量只占有水体的很小一部分，含冰量对冰块或冰盖的冲刷和冰花的悬浮的影响都很小，因而可以认为从冰块或冰盖冲刷的冰花数量与水体中已有的冰量无关。在这种情况下，单位时间从冰块或冰盖冲刷下潜的冰量只与水力因子有关，因而在一定的水力条件下，M_s 为一常数，可表示为

$$M_s = \omega_s B \Delta x \tag{6.2.4}$$

式中：ω_s 为冰盖下冰花堆积层被冲刷减少的速度，m/s。

把式（6.1.4）、式（6.2.2）、式（6.2.3）和式（6.2.4）代入式（6.2.1）可得冰花扩散方程

$$\frac{\partial C_i}{\partial t} + V \frac{\partial C_i}{\partial x} = \frac{\partial}{\partial x}\left(E_i \frac{\partial C_i}{\partial x}\right) + \frac{B(1-C_a)\phi_{wa}}{\rho_i A L_i} - \frac{(\theta\omega_b C_i - \omega_s)B}{\rho_i A} \tag{6.2.5}$$

上式中扩散项的作用一般很小，可忽略不计，采用常微分形式，上式可简写为

$$\frac{DC_i}{Dt} = \frac{B(1-C_a)\phi_{wa}}{\rho_i A L_i} - \frac{(\theta\omega_b C_i - \omega_s)B}{\rho_i A} \tag{6.2.6}$$

采用与6.1节类似的特征线方法，可得

$$C_{ip} = C_{i0} + \left[\frac{B_0(1-C_{a0})\phi_{wa0}}{\rho_i A_0 L_i} - \frac{(\theta\omega_b C_{i0} - \omega_s)B_0}{\rho_i A}\right]\Delta t \tag{6.2.7}$$

式中初时时刻 C_{i0} 参数可以采用线性插值方法得到。由于初时时刻 t_0 参数是已知量，时刻 t 的未知冰花含量可直接算出。

当漂浮冰块随水流一起运动时，可以近似认为冰块与水流具有相同速度，这时冰块下不存在冰花的冲刷现象，取 $\omega_s \equiv 0$。

对于冰盖下冰花的堆积或冲刷，一般采用临界速度 V_{dsc} 判据。当水流的断面平均流速 $V < V_{dsc}$ 时，冰花将堆积在冰盖底部形成冰花层，有 $\omega_s = 0$；当 $V > V_{dsc}$ 时，冰盖底部的冰花层将受到冲刷，有 $\omega_s > 0$ 而 $\theta\omega_b = 0$；当 $V = V_{dsc}$ 时，$\theta\omega_b C_i = \omega_s$，即冰盖底部冰花的堆积与冲刷处于平衡状态。

根据对 LaGranda 河的观察，Michel 和 Drouin（Ashton，1986）提出了对冰花堆积的临界速度判据：

（1）在狭窄的河段，临界速度在冬季初的 0.9m/s 和冬季末的 0.5m/s 之间变化。

（2）在宽阔的河段，临界速度在冬季初的 0.8m/s 和冬季末的 0.5m/s 之间变化。

（3）在对回水和低速流动进行校正后，临界速度为 0.9m/s。

冰花堆积的临界速度判据随河流的不同和河段的不同是一个变量，不易使用。由于受形成稳定冰盖的水力条件影响，冰盖下冰的运动形式类似于泥沙在河床上的运动。Grzes（1989）的观察表明：在很多情况下，冰塞下表面不是分界面，而是一层厚度在几厘米和1.5m 的运动冰花。Shen 和 Wang（1992）根据对黄河河口段的现场资料和实验室试验，提出了输冰能力的概念，在一定的水力条件和一定的冰花条件下，水流能够挟带一定数量的悬浮冰花，称为河流的输冰能力。假如某一河段冰盖下水流所挟带的冰花数量超过了它的输冰能力，则该段冰盖下发生冰花的黏积；反之，如果上游来的冰花数量小于该河段冰盖下水流的输冰能力，则该段冰盖下将发生冲刷。由此可以知道水流的输冰能力是指给定水力条件的平均饱和含冰量，也可称为平均含冰量。Shen 和 Wang（1992）的模型实验表明，

在冰量较大的条件下，冰盖下水流的输冰能力可由下式描述

$$q_i = \begin{cases} 5.487(\Theta - \Theta_c)^{1.5} d_n \omega_b & , \quad \Theta > \Theta_c \\ 0 & , \quad \Theta \leqslant \Theta_c \end{cases} \qquad （6.2.8）$$

式中：q_i 为单宽输冰流量；Θ 为无因次流动强度；$\Theta_c = 0.041$ 为临界剪切应力；d_n 为冰花的当量粒径；ω_b 为冰花的上浮速度，且

$$\omega_b = F\sqrt{\Delta g d_n} \qquad （6.2.9）$$

式中：F 为冰花的上浮速度系数，对球形冰花，约等于 1.0；$\Delta = (\rho - \rho_i)/\rho$；$g$ 为重力加速度，m/s^2。

无因次流动强度 Θ 定义为

$$\Theta = \frac{u_*^2}{F^2 g d_n \Delta} \qquad （6.2.10）$$

式中：u_* 为冰盖的剪切速度，有

$$u_* = \sqrt{\tau_i / \rho_i} = \sqrt{\rho R_i s} \qquad （6.2.11）$$

式中：τ_i 为冰盖底面的切应力；R_i 为冰盖断面的水力半径；s 为能量坡度。对于宽阔的河段，有

$$s = \frac{V^2 n_c^2}{(H/2)^{4/3}} \qquad （6.2.12）$$

$$R_i = \frac{H}{1 + (n_b/n_i)^{3/2}} \qquad （6.2.13）$$

式中：V 为断面平均流速；H 为水深。

Shen 和 Wang 的方法比较详细的考虑了冰塞下冰花的堆积和冲刷原理，但在实际中应用上述输冰能力的式子是很困难的，如冰花粒径很不好测量，特别是对于从冰盖前沿潜入并在冰盖下输运的水面冰盘或冰块，如何将它们当量化？

6.3 水面浮冰的输运方程

随着水与大气的热交换，在水温低于冰点温度的条件下，水面将形成飘浮的冰块或冰盘，水中悬浮的冰花也会飘浮到水面，并堆积在冰块下面形成冰花层，因此冰块一般由两部分组成：坚冰层和冰花层。冰花层是指冰块底部由于液体中冰花上浮堆积在冰块底部形成的疏松多孔隙层，而坚冰层是指冰块冰花层上部的坚硬冰层。这些浮冰在随水流输运的过程中，随着气温和水温的变化，冰封率和冰厚会发生变化。下面讨论描述这一过程的数学模型。

在推导的过程中，假设：

（1）冰块的流速等于水面水流的速度。

（2）冰块的分布是均匀的。

如图 6.3.1 所示，在河道水面取微小控制体如图虚线所示。若流入控制体的冰块坚冰层厚度为 h_{ii}，冰花层厚度为 h_f 且冰花层的孔隙率为 e_f，水面冰块的冰封率为 C_a，则

在单位时间内沿流向 x 流入控制体的浮冰质量为

$$\rho_i[h_{ii}+(1-e_f)h_f]BC_aV$$

单位时间内沿流向 x 流出控制体的浮冰质量为

$$\rho_i[h_{ii}+(1-e_f)h_f]BC_aV$$
$$+\frac{\partial}{\partial x}\{\rho_i[h_{ii}+(1-e_f)h_f]BC_aV\}\Delta x$$

即单位时间沿流向 x 流出流入控制体的浮冰质量差为

$$\frac{\partial}{\partial x}\{\rho_i[h_{ii}+(1-e_f)h_f]BC_aV\}$$

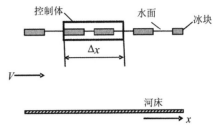

图 6.3.1　水面浮冰的输运

（6.3.1）

而单位时间内控制体内浮冰随时间的改变量为

$$-\frac{\partial}{\partial t}\{\rho_i[h_{ii}+(1-e_f)h_f]BC_a\Delta x\}+M_f+M_{sw}\qquad（6.3.2）$$

式中：第一项为单位时间内因沿流向流出流入控制体浮冰量不同产生的改变量；M_{sw} 为因浮冰与其接触水体热交换引起水体相变或冰晶体相变产生的改变量；M_f 的定义同 6.2 节，为单位时间内堆积在浮冰底部的冰花量。

根据质量守恒定律，有

$$\frac{\partial}{\partial x}\{\rho_i[h_{ii}+(1-e_f)h_f]BC_aV\}\Delta x=-\frac{\partial}{\partial t}\{\rho_i[h_{ii}+(1-e_f)h_f]BC_a\Delta x\}+M_f+M_{sw}\qquad（6.3.3）$$

单位时间内产生或消融 M_{sw} 的冰花释放或吸收的热量为 L_iM_{sw}，根据热平衡原理，它等于单位时间控制体内浮冰与接触水体的热交换量 $C_a\phi_{wi}B\Delta x$，即

$$L_iM_{sw}=C_aB\phi_{wi}\Delta x$$

整理得

$$M_{sw}=\frac{C_aB\phi_{wi}\Delta x}{L_i}\qquad（6.3.4）$$

把式（6.2.3）和式（6.3.4）代入式（6.3.3）得水面浮冰的输运方程为

$$\frac{\partial}{\partial t}\{\rho_i[h_{ii}+(1-e_f)h_f]BC_a\}+\frac{\partial}{\partial x}\{\rho_i[h_{ii}+(1-e_f)h_f]BC_aV\}=\frac{C_aB\phi_{wi}}{L_i}+\theta\omega_bC_iB\quad（6.3.5）$$

当忽略流速 V 和水面 B 沿流向的改变量，上式可简化为

$$\frac{\mathrm{D}}{\mathrm{D}t}\{[h_{ii}+(1-e_f)h_f]C_a\}=\frac{C_a\phi_{wi}}{\rho_iL_i}+\frac{\theta\omega_bC_i}{\rho_i}\qquad（6.3.6）$$

采用特征线方法求解得

$$C_{ap}=\frac{[h_{ii0}+(1-e_f)h_{f0}]C_{a0}+\left(\dfrac{C_{a0}\phi_{wi0}}{\rho_iL_i}+\dfrac{\theta\omega_bC_{i0}}{\rho_i}\right)\Delta t}{h_{iip}+(1-e_f)h_{fp}}\qquad（6.3.7）$$

采用与 6.1 节相同的线性插值可得时刻 t_0 的参数。在时刻 t 坚冰层厚度 h_{iip} 和冰花层厚度 h_{fp} 已知（下节讨论）的条件下，可由上式直接算出时刻 t 未知冰封率 C_{ap}。

6.4　静态冰的形成

在流速不起作用的水面形成的冰称为静态冰。如低风速时在湖泊、池塘形成的冰，也包括在流速大约为 0.3m/s 或更低的河流和小溪中形成的冰。静态冰的形成取决于水面温度和水面所形成的冰晶的稳定性，而这两者均依赖于水流的紊动强度。静态冰的形成对水中冰生成率影响很大，但目前尚无这种现象的理论计算公式。Matousek（1984）根据原型观察提出了一个经验关系式，与水面温度 $T_{w,s}$、水深平均水温 $T_{w,d}$、对应水深平均流速 U_d、风速 V_a 及沿风向的水面宽度有关。

根据 Matousek 的经验公式，可采用以下判据确定冰的生成（$T_{w,s}^c$ 为临界水面温度，℃；ω_b 为冰花的上浮速度，m/s；v_z' 为水流的垂向脉动速度，m/s）：

当 $T_{w,s} \geqslant 0$ ℃时，没有结冰现象发生。

当 $T_{w,d} > 0$ 时，如果 $T_{w,s}^c < T_{w,s} < 0$ ℃且 $\omega_b > v_z'$ 时，薄流冰形成。

当 $T_{w,d} > 0$ 时，如果 $T_{w,s} < T_{w,s}^c$，那么静态冰盖形成。

当 $T_{w,s} \leqslant 0$ ℃时，水内冰产生。

6.5　岸冰的发展

岸冰是沿河渠岸冻结的冰带，目前人们对其形成现象的了解尚不充分。由于水面冰的集聚和堆积，岸冰将沿宽度（侧向）方向发展，其发展速度与水面流冰与已有岸冰边缘接触的稳定性有关。岸冰侧向的增长速度与表面流冰密度（冰封率）成正比，可以采用 Michel 等（1982）得到的经验公式近似确定

$$R_b = 14.1V_*^{-0.93}C_a^{1.08} \tag{6.5.1}$$

其中

$$R_b = \frac{\rho_i L_i \Delta W}{\Delta \phi_{wa}}, \quad V_* = \frac{V}{V_c}$$

式中：V_c 为表面冰粒能够黏附到岸冰上的最大速率；$\Delta \phi_{wa}$ 为给定时间间隔水面单位面积热交换量；ΔW 为给定时间间隔岸冰的增长；C_a 为冰封率。

根据 Michel 等（1982）的研究，当 $C_a < 0.1$，岸冰形成为静态模式，可以应用式（6.5.1），并令 $C_a = 0.1$。此外，式（6.5.1）在 $0.167 < V_* < 1.0$ 时是有效的。当 $V_* < 0.167$，静态或流冰增长发生；当 $V_* > 1.0$，表面冰粒不能够黏附到岸冰上，岸冰的发展可忽略不计。V_c 的值随流动条件而变，取决于浮冰块与岸冰接触时的稳定情况。浮冰块与岸冰接触时的稳定与否则取决于作用在两者的合力情况。对于 Saint Anne 河，$V_c = 1.2$m/s；对于 Saint Lawrence 河的上游，$V_c = 0.4$m/s。

6.6 冰盖和水面浮冰厚度的发展方程

冰盖一旦形成，其厚度会随着气温和水温的变化而变化，当气温低于冰点温度时，通过大气与冰块表面的热交换，冰水交界面的液体会发生相变成为冰晶体，使冰块的厚度增加，反之，当气温高于冰点温度时，冰块将逐渐消融，使冰块的厚度衰减。这一现象称为冰盖的热增长和热衰减。此外，在水流中含冰率大于水流的输冰能力时，冰花层加厚，反之，在水流中含冰率小于水流的输冰能力时，冰花层将会因水流的冲刷变薄。因此，冰盖一般也是由两部分组成：坚冰层和冰花层。下面讨论描述这种现象的数学模型。

6.6.1 坚冰层的热增长和热衰减

若冰盖底部没有冰花层时，引起液体相变转化为冰晶体或冰盖消融转化为液体的热平衡方程为

$$\rho_i L_i \mathrm{d}h_{ii} = (\phi_{ai} + \phi_{wi})\mathrm{d}t \qquad (6.6.1)$$

式中：等式左边是时间 $\mathrm{d}t$ 内单位面积冰水交界面液体转变为冰晶体释放的热量或冰晶体转变为液体吸收的热量；等式右边是时间 $\mathrm{d}t$ 内单位面积冰盖表面与大气以及冰水交界面的热交换热量；$\mathrm{d}h_{ii}$ 为单位时间冰盖厚度的改变量；ϕ_{ai} 为大气与冰盖表面的热交换率；ϕ_{wi} 为冰盖底部与接触液体的热交换率。

热交换率 ϕ_{ai} 和 ϕ_{wi} 可以用下述线性方程描述

$$\phi_{ai} = h_{ai}(T_s - T_a) \qquad (6.6.2)$$

$$\phi_{wi} = h_{wi}(T_m - T_w) \qquad (6.6.3)$$

式中：h_{ai} 为大气与冰盖的热交换系数，在北美计算中可取 $h_{ai} = 19.71$；T_s 为冰盖表面的温度；h_{wi} 为冰水交界面热交换系数。

$$\rho_i L_i \frac{\mathrm{d}h_{ii}}{\mathrm{d}t} = h_{ai}(T_s - T_a) + h_{wi}(T_m - T_w) \qquad (6.6.4)$$

式中：$\dfrac{\mathrm{d}}{\mathrm{d}t} = \dfrac{\partial}{\partial t}$，以下同。

当考虑冰盖底部可能因冰花堆积形成冰花层时，则上式应修正为

$$c_e \rho_i L_i \frac{\mathrm{d}h_{ii}}{\mathrm{d}t} = h_{ai}(T_s - T_a) + h_{wi}(T_m - T_w) \qquad (6.6.5)$$

而

$$c_e = \begin{cases} 1, & h_f = 0 \\ e_f, & h_f \neq 0 \end{cases} \qquad (6.6.6)$$

式中：h_f 为冰盖底部冰花层厚度；e_f 为冰花层孔隙率。

下面研究冰盖表面温度 T_s 的计算。

通过冰盖的热传导可以写为

$$\phi_{ai} = \frac{k_i(T_m - T_s)}{h_{ii}} \qquad (6.6.7)$$

式中：k_i 为冰的热传导系数，计算中取 $k_i=2.24\text{W}/(\text{m·K})$。

联立求解式（6.6.2）和式（6.6.7）可得

$$T_s = \frac{h_{ii}T_a/k_i + T_m/h_{ai}}{h_{ii}/k_i + 1/h_{ai}} \tag{6.6.8}$$

式（6.6.7）中只有在计算的 $T_s<T_m$ 时才成立，因为当计算的 $T_s>T_m$ 时冰盖表面将溶化，有 $T_s=T_m$。

当冰盖表面存在因降雪形成的雪盖时，大气与雪盖的热交换率可写为

$$\phi_{as} = h_{as}\left(T_s - T_a\right)$$

式中：ϕ_{as} 为大气与雪盖的热交换率；h_{as} 为大气与雪盖的热交换系数，计算中取 $h_{as} = 12.189$。在这种情况下，式（6.6.5）和式（6.6.8）应分别修改为

$$c_e\rho_i L_i \frac{\mathrm{d}h_{ii}}{\mathrm{d}t} = h_{as}\left(T_s - T_a\right) + h_{wi}\left(T_m - T_w\right)$$

$$T_s = \frac{T_a\left(h_s/k_s + h_{ii}/k_i\right) + T_m/h_{as}}{h_s/k_s + h_{ii}/k_i + 1/h_{as}}$$

式中：h_s 为雪盖厚度；k_s 为雪的热传导系数；T_s 为雪盖表面的温度。

雪的热传导主要取决于它的密度，可以近似用下述公式计算：

$$k_s = 0.021 + 4.2\times10^{-4}\rho_s + 2.2\times10^{-9}\rho_s^3$$

式中：ρ_s 为雪的密度，kg/m^3。当 ρ_s 为 200kg/m^3 和 500kg/m^3 时，k_s 约为 $0.12\text{W}/(\text{m·K})$ 和 $0.51\text{W}/(\text{m·K})$。雪的热传导远远小于冰的热传导，大气与雪盖的热交换系数也比与冰盖的小很多，即雪盖具有很大的绝热作用，所以必须考虑雪盖对冰盖厚度的热增长和热衰减。

当雪花落入明水中，雪花的溶化会使水温降低。相当于 1mm/h 降雨强度的降雪产生的热通量大约为 90W/m^2。当雪花落入 –0℃ 的水中，雪花可能不会溶化，形成所谓的雪冰。

一般说来，降雪量与河流的水体量相比很小，雪花落入水中引起的水温变化可忽略不计。但是，雪花降落在冰盖或冰块上形成的雪盖对冰盖厚度的热增长和热衰减必须考虑。一些水电站的运行经验表明，降雪和大风，特别是当风向沿河流的流向时，可能导致进水口的严重堵塞。

6.6.2　冰花层厚度的变化

使冰盖底部冰花层厚度变化的原因有两个：一是液体中悬浮冰花上升的堆积使冰花层加厚，或者水流的冲刷使冰花层变薄；二是坚冰层的热增长将使冰花层厚度减小。由式（6.2.3）减去式（6.2.4）可得单位时间内单位面积冰盖底部堆积和冲刷的冰花体积为 $(\theta\omega_b C_i - \omega_s)$，由于冰花层的孔隙率为 e_f，所以单位时间因冰花上浮堆积及冲刷产生的冰花层厚度改变量为 $(\theta\omega_b C_i - \omega_s)/(1-e_f)$，这样描述冰花层厚度 h_f 变化的方程式为

$$\frac{\mathrm{d}h_f}{\mathrm{d}t} = \frac{\theta\omega_b C_i - \omega_s}{1-e_f} - \frac{\mathrm{d}h_{ii}}{\mathrm{d}t} \tag{6.6.9}$$

当水温高于冰盖的温度时，冰花层的冰晶体发生相变转化为液体，由热平衡原理可得下述冰花层热衰减方程为

$$(1-e_f)\rho_i L_i \frac{\mathrm{d}h_f}{\mathrm{d}t} = -h_{wi}(T_w - T_m) \tag{6.6.10}$$

6.6.3 冰盖厚度的求解

对式（6.6.5）常微分方程积分并取一阶近似，可得坚冰层厚度的计算方程：

$$h_{iip} = h_{ii0} + \frac{h_{ai}(T_{s0}-T_{a0}) + h_{wi}(T_m - T_{w0})}{c_e \rho_i L_i}\Delta t \tag{6.6.11}$$

对式（6.6.9）常微分方程积分并取一阶近似，可得冰花层厚度热增长的计算方程：

$$h_{fp} = h_{f0} + \frac{\theta \omega_b C_{i0} - \omega_s}{1-e_f}\Delta t - (h_{iip} - h_{ii0})\Delta t \tag{6.6.12}$$

对式（6.6.10）常微分方程积分并取一阶近似，可得冰花层厚度热衰减的计算方程：

$$h_{fp} = h_{f0} - \frac{h_{wi}(T_{w0}-T_m)}{(1-e_f)\rho_i L_i}\Delta t \tag{6.6.13}$$

6.6.4 流动冰块厚度的计算

沿流向流动的水面冰块的热衰减和热增长过程与不沿流向运动的冰盖相同，所不同的是冰盖下部冰花层可能因水流的冲刷而衰减，而流动冰块与水流的流速差很小，可以忽略冰花层的冲刷，因此，只要令式（6.6.9）和式（6.6.12）中 $C_{i0}=0$，则描述冰盖厚度变化的数学模型也可以描述流动冰块。

6.7 冰盖下的冰输送与冰塞演变

冰塞是在冰盖形成的基础上发展起来的一种局部现象，一般在水流湍急、冬季不封冻的河段下游发生。在这些河段，由于流速较大，冰盖在河段的下游停止发展，大量的水面漂浮冰块或冰花从冰盖前沿下潜，在浮力作用下上升堆积到冰盖下面，形成冰塞。一旦在河段形成冰塞，其厚度也会随温度的变化而变化，同时在冰塞底部也会发生冰花的堆积和冲刷。

进入冰盖河段的单宽水面冰流量 q_{i0}，在冰盖前沿处为

$$q_{i0} = [h_{ii} + (1-e_f)h_f]C_a V \tag{6.7.1}$$

当冰盖下携带的冰量超过河渠水流自身的输冰能力时，冰就会堆积在冰盖的下侧。在冰花层被侵蚀的情况下，脱离的冰将进入水中，所以沿冰盖下的冰流量的连续性方程为（沈洪道，2010）

$$(1-e_u)\frac{\partial t_f}{\partial t} + \frac{\partial q_i}{\partial x} - q_f^i = 0 \tag{6.7.2}$$

式中：t_f 为冰塞的厚度，m；e_u 为冰塞下冰花堆积的孔隙率，假设为 0.4；q_f^i 为冰塞冰花层与水流中冰的净交换率，数学描述为

$$q_f^i = \alpha \omega_b C_i - \beta h_s C_a \qquad (6.7.3)$$

式中：C_i 为冰盖下悬浮层的含冰率；α 为系数；C_a 为冰盖的冰封率；h_s 为冰盖侵蚀厚度；β 为系数。

式（6.7.3）右边第一项为冰盖下超过输冰能力的单宽河段冰流量上浮会堆积在冰盖上的冰量，可以通过式（6.2.8）估计；第二项为冰盖受侵蚀会进入悬浮层的冰量。

式（6.7.2）的近似解为

$$\Delta t_f = \left(\frac{q_{i,j} - q_{i,j+1}}{\Delta x} + q_f^i \right) \frac{\Delta t}{1 - e_u} \qquad (6.7.4)$$

式中：下标 j 为计算断面编号。

6.8　冰盖的发展

当表面冰流受水工建筑物（如桥墩、闸门）或冰桥阻碍时，冰盖就会形成并向上游发展。

冰盖前沿发展的速度取决于表面冰的供应速度和冰盖的厚度。当水流速度较小时，水表面漂浮的冰块在冰盖前平铺上溯，使冰盖向上游发展，其厚度等于冰块厚。这种因冰块平铺形成冰盖的现象称为冰盖的平铺发展模式。当水流速度较大时，水流紊动强度也大，水表面漂浮的冰块将在冰盖前沿下潜、翻转，形成一层较厚的冰盖。这种因水流紊动生成较厚冰盖的现象称为冰盖的水力发展模式，又称窄冰壅。当水流速度超过某一极限时，水表面漂浮的冰块将在冰盖前沿下潜通过，此时冰盖将不会进一步向上游发展。下面研究冰盖的发展速度及其发展模式。

6.8.1　冰盖前沿的发展速度

设水面漂浮冰盖向下游 x 的运动速度与接触液体相同为 V，冰盖前沿向上游的发展速度为 V_{cp}，冰盖前沿发展冰盖的厚度为 h_{ice0}，新冰盖中冰块之间的孔隙率为 e_p 且冰块的孔隙率为 e。在冰盖前沿取如图 6.8.1 微小控制体，并记流入控制体的冰流量为 Q_s，记冰盖前沿冰块下潜从控制体底部流出的冰流量为 Q_u。

通过在冰盖前沿附加一个向下游运动的流速 V_{cp} 将运动的冰盖前沿转化为相对静止的，这等于假设一个观察者以速度 V_{cp} 向上游方向移动。对观察者说来，移动中的冰盖前沿看起来就像是静止的，并且沿流向 x 单位时间流入控制体的冰量为 $\rho_i Q_s \dfrac{V + V_{cp}}{V}$，从控

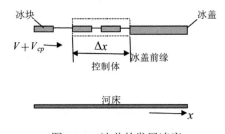

图 6.8.1　冰盖的发展速度

制体底部单位时间流出的冰量分别为 $\rho_i Q_u \dfrac{V + V_{cp}}{V}$，而沿流向 x 单位时间流出控制体的冰量为 $\rho_i B h_{ice0}(1 - e_p)(1 - e)V_{cp}$。在忽略不计控制体内冰量随时间的改变量的条件下，根据质量守恒定律：单位时间内流出控制体的冰量等于流入控制体的冰量，即

$$Q_u \frac{(V + V_{cp})}{V} = Q_s \frac{(V + V_{cp})}{V} + Bh_{ice0}(1 - e_p)(1 - e)V_{cp}$$

从中可解出冰盖的发展速度为

$$V_{cp} = \frac{Q_s - Q_u}{Bh_{ice0}(1 - e_p)(1 - e) - (Q_s - Q_u)/V} \tag{6.8.1}$$

在冰封率为 C_a 的条件下，流入控制体的冰流量为

$$Q_s = [h_{ii} + (1 - e_f)h_f]BC_aV \tag{6.8.2}$$

6.8.2 冰盖的发展模式

冰盖的发展可以有三种模式：平铺上溯模式（Juxtapositon mode）、水力加厚模式（Hydraulic thickening mode）和力学加厚模式（Mechanical thickening mode）。

在流速低的河段，漂浮冰块以平铺上溯模式形成冰盖。根据 Pariset 和 Hausser（1961），当冰盖前沿弗劳德数 Fr 小于一个临界值 Fr_c 时，冰盖将以平铺上溯模式向上游发展，冰盖的厚度就等于冰块的厚度。这个临界的 Fr_c 可表示为

$$Fr_c = \frac{V}{\sqrt{gy}} = f\left(\frac{t_i}{l_i}\right)\left(1 - \frac{t_i}{H}\right)\left[2g\left(1 - \rho_i/\rho\right)(1 - e)\frac{t_i}{H}\right]^{1/2} \tag{6.8.3}$$

式中：V 为冰盖前沿上游水流的平均流速；H 为冰盖前沿的水深；t_i 为冰块厚度；$f\left(\dfrac{t_i}{l_i}\right)$ 为系数，取值在 0.66 ~ 1.3 之间变化；l_i 为冰块长度；e 为冰块孔隙率。由于没有可靠方法决定冰块尺寸，一般采用现场观察值确定 Fr_c。在一般情况下，Fr_c = 0.05 ~ 0.06。

当冰盖前沿 $Fr > Fr_c$ 时，由于水流紊动加剧，冰块可能翻转、下潜，冰盖将以水力加厚模式又称窄冰壅模式向上游发展。在这种情况下，初始冰盖厚度 h_{ice} 可用 Michel 公式（1971）计算：

$$Fr = \frac{V}{\sqrt{gH}} = \left[2\frac{h_{ice}}{H}(1 - e_c)\left(1 - \frac{\rho_i}{\rho}\right)\right]^{1/2}\left(1 - \frac{h_{ice}}{H}\right) \tag{6.8.4}$$

式中：H 为断面 x 的水深，m。

从上式可见，水力加厚模式存在一个最大的弗劳德数 Fr_m，当 $Fr > Fr_m$ 时，冰盖将不能向前发展。Kivisild（1959）的现场观察，Fr_m 在 0.05 ~ 0.1 之间变化，具有平均值 0.08。孙肇初教授和沈洪道教授在黄河现场观察(1988 年)到 Fr_m 近似为 0.09。

为计算方便，式（6.8.4）可简化为

$$\frac{Q^2}{2gA^2} = (1 - e_c)\left(1 - \frac{\rho_i^2}{\rho}\right)h_{ice}$$

从中解得冰盖水力加厚模式下初始冰盖厚度的计算公式为

$$h_{ice} = \frac{Q^2}{2gA^2(1 - e_c)(1 - \rho_i/\rho)} \tag{6.8.5}$$

对于宽、陡降的河段，冰盖发展期间作用在冰盖上的水推力可能超过岸边阻力，当冰盖强度不能抵抗净水推力的增加时，冰盖将崩溃，并可能在下游处重新积累加厚直到达到

一个新的平衡厚度（Pariset 和 Hausser，1961），这种由于力作用形成的冰盖也称为宽冰壅式（Wide jam mode）或者滑移（Shoving）。

下面研究水力加厚模式和力学加厚模式时初始冰盖厚度的确定方法。

6.8.2.1　水力加厚模式

如图 6.8.2 所示，假设在时刻 t_0，冰盖前沿到达河段 x_0 处，经 Δt 时间后到达 x 处，当假设冰盖前沿水流不漫顶且流动为渐变流时，可得下述能量方程：

$$H+\frac{\rho_i}{\rho}h_{ice}+\frac{Q^2}{2gA^2}=H_0+\frac{\rho_i}{\rho}h_{ice0}+\frac{Q^2}{2gA_0^2}+(\overline{s}_f-s_b)\delta \tag{6.8.6}$$

式中：$\overline{s}_f$ 为 Δx 段的平均能量坡度；s_b 为河道的底坡；A 为断面 x 的过水断面面积；A_0 为断面 x_0 的过水断面面积；h_{ice0} 为断面 x_0 的冰盖厚度。

由于能量坡度可写为

$$s_f=\frac{n_c^2Q^2}{A^2R^{4/3}}$$

式中：R 为水力半径。假设河道的宽度远远大于河道的水深，则

$$R=\frac{A}{2(B+\frac{A}{B})}$$

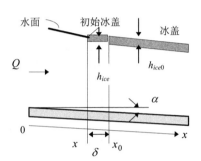

图 6.8.2　冰盖的发展

所以平均能量坡度可近似为

$$\overline{s}_f=2^{1/3}n_c^2Q^2\delta\left[\frac{B^{4/3}}{A^{10/3}}(1+\frac{A^{4/3}}{B^2})+\frac{B_0^{4/3}}{A_0^{10/3}}(1+\frac{A_0^{4/3}}{B_0^2})\right] \tag{6.8.7}$$

将式（6.8.5）和式（6.8.7）代入式（6.8.6）整理可得

$$H+\left[\frac{\rho_i}{\rho(1-e_c)(1-\rho_i/\rho)}+1\right]\frac{Q^2}{2gA^2}-H_0-\frac{\rho_i}{\rho}h_{ice0}-\frac{Q^2}{2gA_0^2}-$$

$$2^{1/3}Q^2n_c^2\delta\left[\frac{B^{4/3}}{A^{10/3}}(1+\frac{A^{4/3}}{B^2})+\frac{B_0^{4/3}}{A_0^{10/3}}(1+\frac{A_0^{4/3}}{B_0^2})\right]+s_b\delta=0 \tag{6.8.8}$$

作为近似计算，可取

$$\Delta x=V_{cp}\Delta t=\frac{(Q_s^i-Q_u)V_s\Delta t}{B_0h_{ice}(1-e)(1-e_p)V_s-(Q_s^i-Q_u)} \tag{6.8.9}$$

当已知 Δt 时段冰盖发展长度 δ 时，采用了 Newton-Raphson 法迭代解式（6.8.8）可得水深 H 的解。然后将求得的 H 代入式（6.8.5）直接算出 h_{ice}。

需要指出的是，式（6.8.9）只有下述条件

$$Bh_{ice}(1-e_p)(1-e)V>Q_s-Q_u \tag{6.8.10}$$

成立时才可以使用。

6.8.2.2 力学加厚模式

在力学加厚模式时，稳定冰盖的力平衡方程（沈洪道，2010）为

$$2(\tau_c h_{ice} + \mu_1 f) = (\tau_i + \tau_g + \tau_a)B \qquad (6.8.11)$$

式中：f 为沿流向的冰盖作用力；τ_i 为冰盖下表面上的剪切应力；τ_g 沿流向的重力分量；τ_a 为沿流向的风应力；$\tau_c = 0.98\text{kPa}$ 为岸边剪应力的纵向分量；$\mu_1 = 1.28$ 为河岸摩擦系数。当条件

$$2(\tau_c h_{ice} + \mu_1 f) < (\tau_i + \tau_g + \tau_a)B \qquad (6.8.12)$$

成立时，冰盖内部强度不能够抵抗外力作用，冰盖将崩溃，即滑移发生。当碎裂的冰块在下游受阻（如人工建筑物或冰盖）时，可以累积形成一个厚度较大的冰盖向上游发展。

假设冰块完全由易滑动颗粒构成，纵向力 f 可表示为

$$f = \rho_i K_2 \left(1 - \frac{\rho_i}{\rho}\right) \frac{g h_{ice}^2}{2} \qquad (6.8.13)$$

$$K_2 = \tan^2\left(\frac{\pi}{2} + \frac{\phi}{2}\right)(1 - e_c)$$

式中：$\tan\phi$ 为颗粒状堆积物的内摩擦系数；ϕ 为内摩擦角，可取 $\phi = 45°$。对于明渠均匀流，因

$$\tau_i = \rho g R_i s_f \qquad (6.8.14)$$

而

$$V = \frac{1}{n_i} R_i^{2/3} s_f^{1/2} = \frac{1}{n_c} R^{2/3} s_f^{1/2} \qquad (6.8.15)$$

故

$$R_i^{2/3} = \frac{n_i}{n_c} R^{2/3} \qquad (6.8.16)$$

式中：R_i 为受冰盖阻力影响部分的水力半径；R 为整个流动断面的水力半径，可近似取为 $R = A/(2B)$。

将式（6.8.16）代入式（6.8.14）得

$$\tau_i = \rho g \left(\frac{n_i}{n_c}\right)^{3/2} R s_f \qquad (6.8.17)$$

冰盖的纵向重力分量为

$$\tau_g = \rho_i g h_{ice} s_f \qquad (6.8.18)$$

将上述关系代入式（6.8.11）可得下述形式的力平衡方程

$$\mu \frac{\rho_i}{\rho}\left(1 - \frac{\rho_i}{\rho}\right)h_{ice}^2 + \frac{2\tau_c h_{ice}}{\rho g} - \frac{2^{1/3} Q^2 n_c^2 B^{4/3}}{A^{7/3}}\left[\left(\frac{n_i}{n_c}\right)^{3/2} + \frac{2\rho_i h_{ice} B}{\rho A}\right] - \frac{B\tau_a}{\rho g} = 0 \quad (6.8.19)$$

联立求解式（6.8.8）~式（6.8.10），可从中解出 Δt 时段冰盖发展长度 δ、初始冰盖厚度 h_{ice} 和 Δt 末时刻冰盖前水深。计算求解方法类似于水力加厚模式。

需要说明的是上述得到的水深 H 只在求解初始冰盖厚度中采用，实际水深是通过前述一维不恒定流动计算得到。

参考文献

[1] 蔡琳，卢杜田.2002.水库防凌调度数学模型的研制与开发[J].水利学报，6（6）：67-71.

[2] 高霈生，靳国厚，吕斌秀. 2003.南水北调中线工程输水冰情的初步分析[J]. 水利学报（11）：96-101.

[3] 靳国厚，高霈生，吕斌秀.1997.明渠冰情预报的数学模型[J].水利学报（10）：1-9.

[4] 沈洪道.2010.河冰研究[M].霍世青，等译.郑州：黄河水利出版社.

[5] 杨开林，刘之平，李桂芬，等. 2002.河道冰塞的模拟[J].水利水电技术，33（10）：40-47.

[6] Ashton G D.1985.Deterioration of floating ice covers[J]. J. Energy Resourc. Technol., 107:177-182.

[7] Ashton G D,ed. 1986.River and Lake Ice Engineering[M].Water Resources Pub., Littleton, Co.:485.

[8] Beltaos S.1993. Numerical computation of river ice jams[J].Canadian Journal of Civil Engineering,20（1）：88-89.

[9] Beltaos S.1984.A conceptual model of river ice breakup, Can[J]. J. Civ. Eng., 17（2）：173-183.

[10] Daly S F. 1984.Frazil ice dynamics[C]// CRREL Monograph 84-1, U.S. Army CRREL, Hanover, N.H.

[11] Lal A M W，Shen H T. 1991.Mathematical model for river ice processes[J].J. of Hydr. Engrg.,ASCE,117（7）：851-867.

[12] Matousek V. 1984.Types of ice runs and conditions for their formation[J]. Proc., IAHR Ice Symp., Hamburg：315-327.

[13] Pariset R，Hausser H.1961.Formation and evolution of ice covers on rivers[J].Trans. Engrg. Inst. Canada, 5（1）：41-49.

[14] Parkinson F E.1982.Water temperature observations during breakup on the Liard-Mackenzie River system[C]// Proceedings of the Workshop on Hydraulics of Ice-Covered Rivers, Edmonton, Canada. National Research Council of Canada. Subcommittee on Hydraulics of Ice-Covered Rivers：261-295.

[15] Prowse T D.1990.Heat and mass balance of an ablating ice jam. Can[J].J. Civ. Eng.,17（4）：629-635.

[16] Prowse T D，Demuth M N. 1989.Failure modes observed during river ice breakup[M].Proc., 46th Eastern Snow Conf.：237-241.

[17] Shen H T，Chiang L A.1984.Simulation of growth and decay of river ice cover[J].J. Hydr. Div., Am. Soc. Civ. Eng., 110（7）：958-971.

[18] Shen H T，Lu S.1996.Dynamics of river ice jam release[C]//Proc., 8th Int. Conf. Cold Regions Eng., ASCE, AK：594-605.

[19] Shen H T，Tsai S M. 1990.Dynamic transport of river ice[J]. J. Hydraul. Res., 28（6）：659-671.

[20] Shen H T，Wang D S. 1995.Under cover transport and accumulation of frazil granules[J].J. Hydraul. Eng., 120（2）：184-194.

[21] U S Army. 2002.Engineering and design-ice engineering[R]. Manual No.1110-2-1612.

[22] Uzuner M S，Kennedy J F. 1976.Theoretical model of river ice jams[J]. J. Hydraul. Div., ASCE, 102（9）：1365-1383.

[23] Yang K L，Others.1996.Simulation of Ice Processes for Open Channel Systems[C]. IAHR96 Pro. The 13th Intern. Symp. On Ice.

第7章　准二维明渠冰发展模型

明渠冰的发展模型有一维模型（Lal 和 Shen，1991）和二维模型（Shen 和 Lu，1996；Liu 等，2006；茅泽育等，2003；王军等，2009）。

一维模型适用于长距离的明渠冰过程仿真，优点是程序简单，能够快速完成一个冰过程的计算，但是，一维模型不能描述断面流速的横向分布，也就无法模拟岸冰发展对冰盖或者冰桥形成的影响，以及冰盖厚度和糙率的横向分布，在明渠存在较大边坡的情况下，不可避免地导致冰情预测的较大偏差。二维模型适用于描述局部区域的冰发展过程，诸如河口、明渠的交汇口等，缺点是程序复杂，计算工作量大，很难在短时间内完成长距离明渠的冰过程仿真。

目前在河冰研究中的一个发展方向是开发准二维模型，其思想是：采用一维非恒定流模型确定沿流向（纵向）的流量和水位随时间的变化，然后在此基础上，采用稳定流的二维模型计算断面横向流速的分布。丹麦 DHI 在 Mike11 一维非恒定流软件的基础上开发了 Mike-Ice 模型（Thériault 等，2010），为了模拟岸冰的形成、发展过程，采用的流速横向分布计算公式为

$$v(h) = \alpha V \left(\frac{h}{H} \right)^{3/2}$$

式中：$v(h)$ 为水深平均流速；V 为断面平均流速；H 为一维非恒定流计算的平均水深；h 为明渠断面横向不同位置的局部水深；α 为待定常数，满足断面连续性条件，由一维非恒定流计算的流量确定。Thériault 等（2010）对加拿大 Péribonka 河 2001 年 2 月和 2004 年 5 月两个冬季冰盖的形成、发展进行了模拟，实测数据证实采用准二维河冰模型可以获得令人满意的结果。

需要指出的是，DHI 的水流横向流速公式采用了简单的指数分布规律，对于一些大边坡渠道或者河床形状变化较大的复式断面，可能产生过大的人为误差。其原因是，复式断面明渠的不同区域存在着能量的扩散和动量的横向传递，致使不同区域的流速，在动量传递区已不符合指数规律。

本章的主要内容是，首先描述一维非恒定流模型和准二维恒定流模型的耦合，然后在此基础上提出准二维河冰发展模型，包括：准二维水流的对流-热扩散模型、对流-冰花扩散模型、准二维水面浮冰的输运模型、准二维冰盖和水面浮冰厚度的发展模型、准二维冰盖下的冰输送与冰塞演变模型、准二维冰盖的发展模型及其边界条件。

7.1　一维非恒定流和准二维模型的耦合

对于长距离输水明渠或者河道，一维非恒定流数学模型在计算断面流量和水深方面具有足够的准确性，准二维流速横向分布数学模型虽然能够计算流速横向分布，但需要预先

知道断面的水深 H，显然，如果将这两个数学模型有机的耦合，则可以同时获得计算断面流量和水深与横向流速的分布，有效提高明渠冰发展过程的预测准确性。

对于实际的明渠流动，虽然随着流量的变化和水位的起伏，同一断面存在横向水位差与垂向流速和横向流速，但是，由于明渠断面横向尺度远远小于纵向尺度，所以水位沿断面横向趋于一致的时间比沿纵向的短得多，两者存在数量级的差别。更重要的是，这里计算流速横向分布的目的是分析明渠冰自身的发展过程，一个持续时间长发展相对缓慢的过程，所以，采用横向水位相同的准二维流速分布模型具有合理性。

一维非恒定流和准二维流速横向分布数学模型的耦合可分为无冰盖流动和冰盖下流动两种情况。

7.1.1　无冰盖流动

当断面没有冰盖时，在时刻 t，首先由第 5 章一维非恒定流数学模型求解出明渠各个计算断面的瞬时流量和水深 $H_{o,i}$，然后，令准二维流速横向分布数学模型对应的主槽水深或者最大水深 $H_{t,i} = H_{o,i}$，并计算各个计算断面的水深平均流速分布，其中下标 o 表示一维模型，下标 t 表示二维模型，下标 i 表示断面编号。

当解出流速的横向分布后，断面流量为

$$Q_{t,i} = \int_0^B U_d(y) h \mathrm{d}y = \frac{1}{2} \sum_{j=0}^m U_d(y_j) \big[h(y_j) + h(y_{j+1}) \big] \Delta y_j \qquad (7.1.1)$$

其中

$$B = \sum_{j=0}^m \Delta y_j$$

式中：$Q_{t,i}$ 为准二维模型计算的断面流量，m^3/s；$U_d(y)$ 为水深平均流速，$\mathrm{m/s}$；h 为局部水深，m；B 为水面宽，m；$\Delta y_j = y_{j+1} - y_j$ 为第 j 区的步长，m；m 为明渠断面分区数。

如果一维非恒定流计算的断面流量 $Q_{o,i}$ 和 $Q_{t,i}$ 差别较大时，令

$$c_Q = \frac{Q_{o,i}}{Q_{t,i}} \qquad (7.1.2)$$

然后对计算的 $U_d(y)$ 进行修正，得

$$U_{du}(y_j) = c_Q U_d(y_j), \quad j = 1, 2, \cdots, m \qquad (7.1.3)$$

式中：$U_{du}(y_j)$ 为修正的水深平均流速，$\mathrm{m/s}$。当计算水温、含冰率、冰盖的形成发展需要流速的横向分布时，就用 $U_{du}(y_j)$ 估计。为了叙述方便，下面仍然将 $U_{du}(y_j)$ 记为 $U_d(y_j)$。

7.1.2　冰盖下流动

当断面冰封时，如图 7.1.1 所示，一维非恒定流和准二维恒定流速数学模型的耦合方法是：

（1）根据本章后面各节二维计算得到的冰盖或冰塞高度的横向分布来确定一维非恒定流计算时刻 t_0 的平均冰盖厚度 $h_{ice,m}$，即

$$h_{ice,m} = \frac{1}{B} \int_0^B h_{ice} \mathrm{d}y = \frac{1}{2B} \sum_{j=0}^m (h_{ice,j} + h_{ice,j+1}) \Delta y_j \qquad (7.1.4)$$

式中：$h_{ice} = h_{ice}(y)$ 为对应坐标 y 的冰盖厚，m。

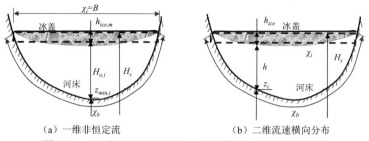

（a）一维非恒定流　　　　　　　（b）二维流速横向分布

图 7.1.1 冰盖下水位与水深、位置高程、平均冰厚关系

（2）应用一维非恒定流计算得到时刻 t 各断面水深 $H_{o,i}$，然后计算对应断面水位为

$$H_{si} = H_{o,i} + \frac{\rho_i}{\rho} h_{ice,m} + z_{min,i} \tag{7.1.5}$$

式中：H_{si} 和 $z_{min,i}$ 分别为计算断面 i 的水位和渠底最低点的位置高程，m；ρ 为水的密度，kg/m^3；ρ_i 为冰的密度，kg/m^3。

（3）根据已知断面水位 H_{si}、位置高程 $z_i(y)$、冰盖厚度 $h_{ice}(y)$ 估计时刻 t 断面水深的横向分布和冰盖的湿周：

$$h(y) = H_{si} - \frac{\rho_i}{\rho} h_{ice}(y) - z_i(y) \tag{7.1.6}$$

$$\chi_i = \sum_{j=0}^{m} \sqrt{\left(\frac{\rho_i}{\rho}\right)^2 \left[h_{ice}(y_{j+1}) - h_{ice}(y_j)\right]^2 + \left(\Delta y_j\right)^2} \tag{7.1.7}$$

式中：χ_i 为冰塞体的湿周，m。

（4）应用第 4 章模型计算时刻 t 各断面流速 $U_d(y)$ 的横向分布。类似地，可用式（7.1.2）和式（7.1.2）关系对流速 $U_d(y)$ 进行修正。

依此类推，可以完成整个计算时间段明渠的非恒定流过程计算。

7.2　准二维对流-热扩散模型

二维对流-热扩散方程为

$$\frac{\partial(\rho C_p h T_w)}{\partial t} + \frac{\partial(\rho C_p h U_d T_w)}{\partial x} + \frac{\partial(\rho C_p h V T_w)}{\partial y} = \frac{\partial}{\partial x}\left(E_{xx} \rho C_p h \frac{\partial T_w}{\partial x}\right) + \frac{\partial}{\partial y}\left(E_{yx} \rho C_p h \frac{\partial T_w}{\partial y}\right) - \phi_T$$

$$\tag{7.2.1}$$

式中：$C_p = 4.2\text{kj}/(\text{kg} \cdot ℃)$ 为水的比热；T_w 为水的水深平均温度，℃；V 为断面横向 y 的水深平均流速，m/s；E_{xx} 为 x 方向水深平均热扩散系数；E_{yx} 为横向水深平均热扩散系数；ϕ_T 为水体与周围环境的单位面积热交换率，包括明流水面与大气的热交换率 ϕ_{wa}、水面与飘浮冰块和冰盖的热交换率 ϕ_{wi} 以及水体与河床的热交换率 ϕ_{wb}。

由 6.1 节，水面与大气的单位面积热交换率 ϕ_{wa} 可以表示为气温和水温的线性函数：

$$\phi_{wa} = h_{wa}(T_w - T_a) \tag{7.2.2}$$

式中：ϕ_{wa} 为水与大气的热交换率；h_{wa} 为大气和水交界面的热交换系数；T_a 为气温。

当河段完全冰封时，水面与飘浮冰块和冰盖的热交换率 ϕ_{wi} 可以描述为水温和冰盖底部温度的线性函数，即

$$\phi_T = \phi_{wi} = h_{wi}(T_w - T_m) \qquad (7.2.3)$$
$$h_{wi} \approx 1622V^{0.8} / h^{0.2}$$

式中：ϕ_{wi} 为冰与水的热交换率；h_{wi} 为冰水交界面热交换系数；T_m 为冰点温度，一般取 T_m=0℃。

综上所述，可得

$$\phi_T = C_a \phi_{wi} + (1 - C_a)\phi_{wa} + \phi_{wb} = C_a h_{wi}(T_w - T_m) + (1 - C_a)h_{wa}(T_w - T_a) + \phi_{wb} \qquad (7.2.4)$$

式中：C_a 为河面冰封面积与河面面积的比值，称为冰封率。在流动为明流时，C_a=0；在水面完全冰封的条件下，C_a=1；在水面存在飘浮冰块的条件下，$0<C_a<1$。在一般情况下水流与河床的热交换可忽略不计，即取 ϕ_{wb}=0。

由于二维不可压缩水体的连续性方程为

$$\frac{\partial h}{\partial t} + \frac{\partial (hU_d)}{\partial x} + \frac{\partial (hV)}{\partial y} = 0 \qquad (7.2.5)$$

所以式（7.2.1）右边

$$\frac{\partial(\rho C_p h T_w)}{\partial t} + \frac{\partial(\rho C_p h U_d T_w)}{\partial x} + \frac{\partial(\rho C_p h V T_w)}{\partial y}$$
$$= \rho C_p T_w \left[\frac{\partial h}{\partial t} + \frac{\partial (hU_d)}{\partial x} + \frac{\partial (hV)}{\partial y}\right] + \rho C_p \left(h\frac{\partial T_w}{\partial t} + hU_d\frac{\partial T_w}{\partial x} + hV\frac{\partial T_w}{\partial y}\right)$$
$$= \rho C_p h \left(\frac{\partial T_w}{\partial t} + U_d\frac{\partial T_w}{\partial x} + V\frac{\partial T_w}{\partial y}\right)$$

这样，式（7.2.1）可改写为

$$\frac{\partial T_w}{\partial t} + U_d\frac{\partial T_w}{\partial x} + V\frac{\partial T_w}{\partial y} = \frac{1}{h}\frac{\partial}{\partial x}\left(E_{xx}h\frac{\partial T_w}{\partial x}\right) + \frac{1}{h}\frac{\partial}{\partial y}\left(E_{yx}h\frac{\partial T_w}{\partial y}\right) - \frac{\phi_T}{\rho C_p h} \qquad (7.2.6)$$

由于横向流速 $V \ll U_d$，可忽略不计，另外沈洪道（2010）研究表明主流方向扩散项也可以忽略不计，这样，式（7.2.6）可以简化为

$$\frac{\partial T_w}{\partial t} + U_d\frac{\partial T_w}{\partial x} = \frac{1}{h}\frac{\partial}{\partial y}\left(E_{yx}h\frac{\partial T_w}{\partial y}\right) - \frac{\phi_T}{\rho C_p h} \qquad (7.2.7)$$

当假设横向热扩散系数 E_{xy} 与式（4.1.14）水深平均涡流黏度 $\overline{\varepsilon}_{yx}$ 相同，即

$$E_{xy} = \overline{\varepsilon}_{yx} = \lambda u_* h = \lambda h U_d \sqrt{\frac{f_d}{8}} \qquad (7.2.8)$$

代入式（7.2.7）得

$$\frac{\partial T_w}{\partial t} + U_d\frac{\partial T_w}{\partial x} = \frac{1}{h}\frac{\partial}{\partial y}\left(\lambda\sqrt{\frac{f_d}{8}}h^2 U_d\frac{\partial T_w}{\partial y}\right) - \frac{\phi_T}{\rho C_p h} \qquad (7.2.9)$$

当水深平均流速用第 4 章方法计算时，$U_d = U_d(y)$ 是横向坐标 y 的已知函数。若用

$$\frac{\mathrm{d}x}{\mathrm{d}t} = U_d = U_d(y) \qquad (7.2.10)$$

表示点(x,y)单宽水深液体质点的平均运动速度，由式（7.2.10）绘出的曲线称为特征线，则式（7.2.9）可改写为

$$\frac{\mathrm{d}T_w}{\mathrm{d}t} = \frac{1}{h}\frac{\partial}{\partial y}\left(\lambda\sqrt{\frac{f_d}{8}}h^2 U_d \frac{\partial T_w}{\partial y}\right) - \frac{\phi_T}{\rho C_p \xi} \qquad （7.2.11）$$

其中

$$\frac{\mathrm{d}}{\mathrm{d}t} = \frac{\partial}{\partial t} + \frac{\partial}{\partial x}\frac{\mathrm{d}x}{\mathrm{d}t} = \frac{\partial}{\partial t} + U_d \frac{\partial}{\partial x}$$

需要说明的是，式（7.2.11）只有在式（7.2.10）成立的条件下才成立。对式（7.2.11）沿特征线积分时，可得

$$T_w - T_{w0} = \int_{t_0}^{t}\frac{1}{h}\frac{\partial}{\partial y}\left(\lambda\sqrt{\frac{f_d}{8}}h^2 U_d \frac{\partial T_w}{\partial y}\right)\mathrm{d}t - \int_{t_0}^{t}\frac{\phi_T}{\rho C_p h}\mathrm{d}t$$

采用下述一阶近似可得

$$T_w - T_{w0} = \frac{1}{h}\frac{\partial}{\partial y}\left(\lambda\sqrt{\frac{f_d}{8}}h^2 U_d \frac{\partial T_w}{\partial y}\right)\Delta t - \frac{\phi_{T0}}{\rho C_p h_0}\Delta t \qquad （7.2.12）$$

式中：$\Delta t = t - t_0$ 为计算时间步长。

上述求解方法称为特征线方法。在一般情况下，对于小的时间步长 Δt，采用式（7.2.12）确定水温可以满足计算精度要求，并且由于扩散项采用了时刻 t 的值，可以保证计算的稳定性。

当水体和河床的热交换忽略不计时，有

$$\phi_{T0} = C_{a0}\phi_{wi0} + (1 - C_{a0})\phi_{wa0} = C_{a0}h_{wi}(T_{w0} - T_m) + (1 - C_{a0})h_{wa}(T_{w0} - T_{a0}) \qquad （7.2.13）$$

当忽略横向扩散的影响时，由式（7.2.12）可直接解出

$$T_w = T_{w0} - \frac{\phi_{T0}}{\rho C_p h_0}\Delta t \qquad （7.2.14）$$

式（7.2.14）中水温 T_w 和 T_{w0}、水深 h_0、平均流速 U_{d0}、热交换系数 ϕ_{T0} 等是 y 的函数。换句话说，应用式（7.2.14）可以直接计算不考虑热扩散的水温横向分布。

为了求解微分方程式（7.2.12），可将其展开为

$$T_w - T_{w0} = \left[\lambda\sqrt{\frac{f_d}{8}}h U_d \frac{\partial^2 T_w}{\partial^2 y} + \lambda\sqrt{\frac{f_d}{8}}\left(h\frac{\partial U_d}{\partial y} + 2\frac{\partial h}{\partial y}U_d\right)\frac{\partial T_w}{\partial y}\right]\Delta t - \frac{\phi_{T0}}{\rho C_p h_0}\Delta t$$

整理得

$$\frac{\partial^2 T_w}{\partial^2 y} + p(y)\frac{\partial T_w}{\partial y} + q(y)T_w = f(y) \qquad （7.2.15）$$

其中

$$p(y) = \frac{1}{U_d}\frac{\partial U_d}{\partial y} + \frac{2}{h}\frac{\partial h}{\partial y}, \quad q(y) = -\frac{1}{\lambda\sqrt{\frac{f_d}{8}}h U_d \Delta t}, \quad f(y) = \frac{1}{\lambda\sqrt{\frac{f_d}{8}}h U_d}\left(\frac{\phi_{T0}}{\rho C_p h_0} - \frac{T_{w0}}{\Delta t}\right) \qquad （7.2.16）$$

如图 7.2.1 所示明渠断面，当气温 $T_a > 0℃$时，水温的边界条件为

$$y = 0, \quad h(0) = 0, \quad U_d(0) = 0, \quad T_w(0) = T_a \\ y = B, \quad h(B) = 0, \quad U_d(B) = 0, \quad T_w(B) = T_a$$

（7.2.17）

式中：B 为水面宽，m。当气温 $T_a < 0℃$ 时，在忽略水体与渠床热交换的条件下，水面边界流速为零，形成岸冰，所以水温的边界条件为

$$y = 0, \quad h(0) = 0, \quad U_d(0) = 0, \quad T_w(0) = T_m \\ y = B, \quad h(B) = 0, \quad U_d(B) = 0, \quad T_w(B) = T_m$$

（7.2.18）

式中：T_m 为冰点温度，近似为 $0℃$。

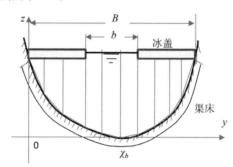

图 7.2.1　明渠断面示意图

对于微分方程式（7.2.15）的边值问题，可以采用下述的差分方法求解。将河宽 B 分成 m 等份，$\Delta y = \dfrac{B}{m}$，分点 $y_0 = 0$，$y_1 = \Delta y$，$y_2 = 2\Delta y$，$\cdots$，$y_k = k\Delta y$，$\cdots$，$y_m = m\Delta y = B$，把式（7.2.15）微分用差分代替得

$$\begin{cases} \dfrac{T_{wk+1} - 2T_{wk} + T_{wk-1}}{h^2} + p_k \dfrac{T_{wk+1} - T_{wk-1}}{2h} + q_k T_{wk} = f_k, k = 1, 2, \cdots, m-1 \\ T_{w0} = T_w(-B_1) \\ T_{wm} = T_w(B_2) \end{cases}$$

（7.2.19）

其中

$$T_{wk} = T_w(y_k), \quad p_k = p(y_k), \quad q_k = q(y_k), \quad f_k = f(y_k)$$

整理合并同类项，上面的差分方程组可改写为

$$\begin{cases} T_{w0} = T_w(0) \\ a_k T_{wk-1} + b_k T_{wk} + c_k T_{wk+1} = d_k, \quad k = 1, 2, \cdots, m-1 \\ T_{wm} = T_w(B) \end{cases}$$

（7.2.20）

其中

$$\begin{cases} a_k = 1 - \dfrac{\Delta y}{2} p_k \\ b_k = -2 + \Delta y^2 q_k \\ c_k = 1 + \dfrac{\Delta y}{2} p_k \\ d_k = \Delta y^2 f_k \end{cases}, \quad k = 1, 2, \cdots, m-1$$

（7.2.21）

线性方程组式（7.2.20）的矩阵形式为

$$AT_W=D \quad\quad （7.2.22）$$

其中

$$T_w = \begin{bmatrix} T_{w1} \\ T_{w2} \\ T_{w3} \\ \vdots \\ T_{wm-2} \\ T_{wm-1} \end{bmatrix}, A = \begin{bmatrix} b_1 & c_1 & 0 & 0 & \cdots & 0 & 0 \\ a_2 & b_2 & c_2 & 0 & \cdots & 0 & 0 \\ & a_3 & b_3 & c_3 & \cdots & 0 & 0 \\ \vdots & \vdots & \vdots & \vdots & & \vdots & \vdots \\ 0 & 0 & 0 & 0 & \cdots & b_{m-2} & c_{m-2} \\ 0 & 0 & 0 & 0 & \cdots & a_{m-1} & b_{m-1} \end{bmatrix}, D = \begin{bmatrix} D_1 \\ D_2 \\ D_3 \\ \vdots \\ D_{m-2} \\ D_{m-1} \end{bmatrix} = \begin{bmatrix} d_1 - a_1 T_{w0} \\ d_2 \\ d_3 \\ \vdots \\ d_{m-2} \\ d_{m-1} - c_{m-1} T_{wm} \end{bmatrix}$$

$$（7.2.23）$$

由于系数矩阵 A 为带型系数矩阵，带宽为 3，线性方程组式（7.2.22）适用于类似于 5.6 节的追赶法求解，这时

$$\left. \begin{aligned} U_1 &= -\frac{c_1}{b_1}, \quad P_1 = \frac{D_1}{b_1}, \\ U_i &= -\frac{c_i}{b_i + a_i U_{i-1}}, & i = 3,4,5,\cdots,m-2 \\ P_i &= \frac{D_i - a_i P_{i-1}}{b_i + a_i U_{i-1}}, & i = 3,4,5,\cdots,m-1 \end{aligned} \right\} \quad （7.2.24）$$

水温的解为

$$\begin{aligned} T_{wm-1} &= P_{m-1} \\ T_{wi} &= U_i x_{i+1} + P_i, & i = m-2,m-3,\cdots,1 \end{aligned} \quad （7.2.25）$$

下面分析采用特征线方法求解对流-热扩散方程时水温 T_{w0}、平均流速 U_{d0}、水深 h_0 的确定方法。

对式（7.2.10）积分得

$$x = x_0 + \int_{t_0}^t U_d(y)\mathrm{d}t$$

式中：下标 0 为时刻 t_0 的参数。对上式右边积分取一阶近似可得

$$x = x_0 + U_{d0}(y)\Delta t \quad\quad （7.2.26）$$

式中：$\Delta t = t - t_0$ 为计算时间步长。

在求解河流非恒定流的过程中，一般采用统一固定的时间步长和固定的计算网格，这样，可能所研究的液体质点在时刻 t_0 的位置 x_0 不一定恰好位于各计算断面上，在这种情况下，可以采用下面的线性插值方法确定时刻 t_0 液体在位置 x_0 的参数，如 $h_0 = h_0(y)$、$U_{d0} = U_{d0}(y)$、$T_{w0} = T_{w0}(y)$ 等。

如图 7.2.2 所示，假设已经解出计算断面 x_{i-1} 在时刻 t 的水温，现在要求计算断面 x_i 在时刻 t 的水温，即取 $x = x_i$。为了叙述方便，假设下述条件

$$U_{di-1}(y)\Delta t \leqslant \Delta x = x_i - x_{i-1} \quad （7.2.27）$$

始终成立，其中 $U_{di-1}(y)$ 为时刻 t_0 断面 x_{i-1} 对应坐标 y 的水

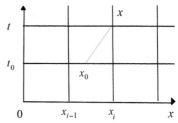

图7.2.2　特征线方法线性插值

深平均流速。当 $U_{di-1}(y)\Delta t \neq \Delta x = x_i - x_{i-1} = x - x_{i-1}$ 时，则采用线性插值可得式（7.2.26）中 x_0 为

$$U_{d0}(y)\Delta t = x - x_0 = x_i - x_0 \tag{7.2.28}$$

而

$$U_{d0}(y) = U_{di-1}(y) + \frac{U_{di}(y) - U_{di-1}(y)}{x_i - x_{i-1}}(x_i - x_0) \tag{7.2.29}$$

联立求解式（7.2.28）和式（7.2.29）可得

$$x_i - x_0 = \frac{U_{di-1}(y)\Delta t}{1 - \dfrac{U_{di}(y) - U_{di-1}(y)}{x_i - x_{i-1}}\Delta t} \tag{7.2.30}$$

$$U_{d0} = U_{d0}(y) = \frac{U_{di-1}(y)}{1 - \dfrac{U_{di}(y) - U_{di-1}(y)}{x_i - x_{i-1}}\Delta t} \tag{7.2.31}$$

式中：$U_{di-1}(y)$ 和 $U_{di}(y)$ 为时刻 t_0 的已知量。

与此类似，可得

$$T_{w0} = T_{w0}(y) = \frac{T_{wi-1}(y)}{1 - \dfrac{T_{wi}(y) - T_{wi-1}(y)}{x_i - x_{i-1}}\Delta t} \tag{7.2.32}$$

$$h_0 = h_0(y) = \frac{h_{i-1}(y)}{1 - \dfrac{h_i(y) - h_{i-1}(y)}{x_i - x_{i-1}}\Delta t} \tag{7.2.33}$$

式中：右边为时刻 t_0 的已知量。

7.3 准二维对流-冰花扩散模型

在二维条件下，参考 6.2 节，冰花对流-扩散方程为

$$\frac{\partial C_i}{\partial t} + U_d\frac{\partial C_i}{\partial x} + V\frac{\partial C_i}{\partial y} = \frac{1}{h}\frac{\partial}{\partial x}\left(E_{xxi}h\frac{\partial C_i}{\partial x}\right) + \frac{1}{h}\frac{\partial}{\partial x}\left(E_{yxi}h\frac{\partial C_i}{\partial x}\right) + \frac{(1-C_a)\phi_{wa}}{\rho_i L_i h} - \frac{(\theta\omega_b C_i - \omega_s)}{\rho_i h}$$

$$\tag{7.3.1}$$

式中：L_i 为单位质量冰的潜热；C_i 为含冰率（冰花的体积与液体和冰花总体积之比）；E_{xxi} 为 x 方向冰花的水深平均扩散系数；E_{yxi} 为冰花的横向水深平均扩散系数；θ 为任一冰花的上浮概率；ω_s 为冰盖下冰花堆积层被冲刷减少的速度，m/s。

由于横向流速 $V \ll U_d$，且主流方向扩散项也可以忽略不计。在一般情况下，可以认为冰花的横向扩散与泥沙类似，可取横向扩散系数 E_{yxi} 与水深平均涡流黏度 $\overline{\varepsilon}_{yx}$ 相同（张修忠、王光谦，2001），即

$$E_{xyi} = \overline{\varepsilon}_{yx} = \lambda u_* h = \lambda h U_d\sqrt{\frac{f_d}{8}} \tag{7.3.2}$$

这样，式（7.3.1）可简化为

$$\frac{\partial C_i}{\partial t} + U_d \frac{\partial C_i}{\partial x} = \frac{1}{h} \frac{\partial}{\partial x}\left(\lambda\sqrt{\frac{f_d}{8}}h^2 U_d \frac{\partial C_i}{\partial x}\right) + \frac{(1-C_a)\phi_{wa}}{\rho_i L_i h} - \frac{(\theta\omega_b C_i - \omega_s)}{\rho_i h} \tag{7.3.3}$$

类似于水温对流-扩散方程式（7.2.9），采用特征线方法，则解为

$$C_i - C_{i0} = \left[\lambda\sqrt{\frac{f_d}{8}}hU_d\frac{\partial^2 C_i}{\partial^2 y} + \lambda\sqrt{\frac{f_d}{8}}\left(h\frac{\partial U_d}{\partial y} + 2\frac{\partial h}{\partial y}U_d\right)\frac{\partial C_i}{\partial y}\right]\Delta t + \left[\frac{(1-C_{a0})\phi_{wa0}}{\rho_i L_i h_0} - \frac{(\theta\omega_b C_{i0} - \omega_{s0})}{\rho_i h_0}\right]\Delta t$$

式中：下标 0 为时刻 t_0 的参数。整理得

$$\frac{\partial^2 C_i}{\partial^2 y} + p(y)\frac{\partial C_i}{\partial y} + q(y)C_i = f(y) \tag{7.3.4}$$

其中

$$p(y) = \frac{1}{U_d}\frac{\partial U_d}{\partial y} + \frac{2}{h}\frac{\partial h}{\partial y}, \quad q(y) = -\frac{1}{\lambda\sqrt{\frac{f_d}{8}}hU_d\Delta t},$$

$$f(y) = \frac{1}{\lambda\sqrt{\frac{f_d}{8}}hU_d}\left\{-\left[\frac{(1-C_{a0})\phi_{wa0}}{\rho_i L_i h_0} - \frac{(\theta\omega_b C_{i0} - \omega_{s0})}{\rho_i h_0}\right] - \frac{C_{i0}}{\Delta t}\right\} \tag{7.3.5}$$

边界条件为

$$\left.\begin{array}{l} y = 0, \quad h(0) = 0, \quad U_d(0) = 0, \quad C_i(0) = 0 \\ y = B, \quad h(B) = 0, \quad U_d(B) = 0, \quad C_i(B) = 0 \end{array}\right\} \tag{7.3.6}$$

对于微分方程式（7.3.4）的边值问题，可以采用类似与 7.2 节的差分方法和追赶法求解。

7.4 准二维水面浮冰的输运模型

在二维条件下，参考 6.3 节，单宽水面浮冰的输运方程为

$$\frac{\partial}{\partial t}\left\{\rho_i\left[h_{ii} + (1-e_f)h_f\right]C_a\right\} + \frac{\partial}{\partial x}\left\{\rho_i\left[h_{ii} + (1-e_f)h_f\right]C_a U_d\right\} +$$
$$\frac{\partial}{\partial y}\left\{\rho_i\left[h_{ii} + (1-e_f)h_f\right]C_a V\right\} = \frac{C_a\phi_{wi}}{L_i} + \theta\omega_b C_i \tag{7.4.1}$$

式中：h_{ii} 为冰块坚冰层厚度，m；h_f 为冰花层厚度，m；e_f 为冰花层的孔隙率；C_a 为水面冰块的冰封率。

当忽略横向流速 V 的影响，并忽略流速 U_d 随 x 的变化，则式（7.4.1）简化为

$$\frac{\partial}{\partial t}\left\{\left[h_{ii} + (1-e_f)h_f\right]C_a\right\} + U_d\frac{\partial}{\partial x}\left\{\left[h_{ii} + (1-e_f)h_f\right]C_a\right\} = \frac{C_a\phi_{wi}}{L_i\rho_i} + \theta\omega_b C_i \tag{7.4.2}$$

采用特征线方法，式（7.4.2）可改写为

$$\frac{\mathrm{D}}{\mathrm{D}t}\left\{\left[h_{ii} + (1-e_f)h_f\right]C_a\right\} = \frac{C_a\phi_{wi}}{\rho_i L_i} + \frac{\theta\omega_b C_i}{\rho_i} \tag{7.4.6}$$

求解得

$$C_a = \frac{\left[h_{ii0} + \left(1 - e_f\right)h_{f0}\right]C_{a0} + \left(\dfrac{C_{a0}\phi_{wi0}}{\rho_i L_i} + \theta\omega_b C_{i0}\right)\Delta t}{h_{ii} + \left(1 - e_f\right)h_f} \qquad (7.4.7)$$

式中：C_{a0}、ϕ_{wi0}、h_{ii}、h_f 为断面 x_0 坐标 y 的函数，采用线性插值可得时刻 t_0 的参数 C_{i0}、C_{a0}、h_{ii0}、h_{f0} 及 ϕ_{wi0} 和 T_{w0} 等。在时刻 t 坚冰层厚度 h_{ii} 和冰花层厚度 h_f 已知的条件下，可由上式直接算出时刻 t 未知冰封率 C_a。

当气温 $T_a > 0℃$ 时，边界条件为

$$\left.\begin{array}{l} y = 0,\quad h(0) = 0,\quad U_d(0) = 0,\quad C_a(0) = 0 \\ y = B,\quad h(B) = 0,\quad U_d(B) = 0,\quad C_a(B) = 0 \end{array}\right\} \qquad (7.4.8)$$

当气温 $T_a < 0℃$ 时，在忽略水体与渠床热交换的条件下，水面边界流速为零，形成岸冰，所以边界条件为

$$\left.\begin{array}{l} y = 0,\quad h(0) = 0,\quad U_d(0) = 0,\quad C_a(0) = 1 \\ y = B,\quad h(B) = 0,\quad U_d(B) = 0,\quad C_a(B) = 1 \end{array}\right\} \qquad (7.4.9)$$

7.5　准二维冰盖和水面浮冰厚度的发展模型

7.5.1　坚冰层的热增长和热衰减

参考 6.6.1 节，在二维条件下坚冰层厚度的变化的数学描述为

$$c_e \rho_i L_i \frac{\mathrm{d}h_{ii}}{\mathrm{d}t} = h_{ai}\left(T_s - T_a\right) + h_{wi}\left(T_m - T_w\right) \qquad (7.5.1)$$

$$c_e = \begin{cases} 1, & h_f = 0 \\ e_f & h_f \neq 0 \end{cases} \qquad (7.5.2)$$

式中：$\dfrac{\mathrm{d}}{\mathrm{d}t} = \dfrac{\partial}{\partial t}$；$T_s$ 为冰盖表面的温度；e_f 为冰花层孔隙率。

由于水温 $T_w = T_w(t,x,y)$，所以 $h_{ii} = h_{ii}(t,x,y)$ 为二维变量。

7.5.2　冰花层厚度的变化

参考 6.6.2 节，冰花层厚度 h_f 的数学描述为

$$\frac{\mathrm{d}h_f}{\mathrm{d}t} = \frac{\theta\omega_b C_i - \omega_s}{1 - e_f} - \frac{\mathrm{d}h_{ii}}{\mathrm{d}t} \qquad (7.5.3)$$

当水温高于冰盖的温度时，冰花层的冰晶体发生相变转化为液体，由热平衡原理可得下述冰花层热衰减方程：

$$\left(1 - e_f\right)\rho_i L_i \frac{\mathrm{d}h_f}{\mathrm{d}t} = -h_{wi}\left(T_w - T_m\right) \qquad (7.5.4)$$

式中：e_f 为冰花层的孔隙率。

由于含冰率 $C_i = C_i(t,x,y)$ 水温 $T_w = T_w(t,x,y)$，所以 $h_f = h_f(t,x,y)$ 为二维变量。

7.5.3 冰盖厚度的求解

对式（7.5.1）常微分方程积分并取一阶近似，可得坚冰层厚度的计算方程：

$$h_{ii} = h_{ii0} + \frac{h_{ai}\left(T_{s0} - T_{a0}\right) + h_{wi}\left(T_m - T_{w0}\right)}{c_e \rho_i L_i} \Delta t \qquad (7.5.5)$$

对式（7.5.3）常微分方程积分并取一阶近似，可得冰花层厚度热增长的计算方程：

$$h_f = h_{f0} + \frac{\theta \omega_b C_{i0} - \omega_s}{1 - e_f} \Delta t - \left(h_{ii} - h_{i0}\right)\Delta t \qquad (7.5.6)$$

对式（7.5.4）常微分方程积分并取一阶近似，可得冰花层厚度热衰减的计算方程：

$$h_f = h_{f0} - \frac{h_{wi}\left(T_{w0} - T_m\right)}{\left(1 - e_f\right)\rho_i L_i} \Delta t \qquad (7.5.7)$$

由于 $C_{i0} = C_i\left(t_0, x, y\right)$、$T_{w0} = T_w\left(t_0, x, y\right)$、$h_{ii0} = h_{ii0}\left(t_0, x, y\right)$、$h_{f0} = h_f\left(t_0, x, y\right)$ 是已知量，所以 $h_{ii} = h_{ii}\left(t, x, y\right)$ 和 $h_f = h_f\left(t, x, y\right)$ 可以直接算出。

7.5.4 流动冰块厚度的计算

沿流向流动的水面冰块的热衰减和热增长过程与不沿流向运动的冰盖相同，所不同的是冰盖下部冰花层可能因水流的冲刷而衰减，而流动冰块与水流的流速差很小，可以忽略冰花层的冲刷，因此，只要令式（7.5.3）和式（7.5.6）中 $C_{i0}=0$，则描述冰盖厚度变化的数学模型也可以描述流动冰块。

7.6 准二维冰盖下的冰输送与冰塞演变模型

进入冰盖河段的单宽水面冰流量 q_{il}，在冰盖前沿处为

$$q_{il} = \left[h_{ii} + \left(1 - e_f\right)h_f\right]C_a U_d \qquad (7.6.1)$$

其中

$$q_{il} = q_{il}\left(t, x, y\right), \quad h_{ii} = h_{ii}\left(t, x, y\right), \quad h_f = h_f\left(t, x, y\right), \quad C_a = C_a\left(t, x, y\right), \quad U_d = U_d\left(t, x, y\right)$$

当冰盖下携带的冰量超过河渠水流自身的输冰能力时，冰就会堆积在冰盖的下侧。在冰花层被侵蚀的情况下，脱离的冰将进入水中，所以沿冰盖下的冰流量的连续性方程为（沈洪道，2010）

$$\left(1 - e_u\right)\frac{\partial t_f}{\partial t} + \frac{\partial q_i}{\partial x} - q_f^i = 0 \qquad (7.6.2)$$

式中：$t_f = t_f\left(t, x, y\right)$ 为冰塞的厚度，m；e_u 为冰塞下冰花堆积的孔隙率，一般取 0.4；q_f^i 为冰塞冰花层与水流中冰的净交换率，数学描述为

$$q_f^i = \alpha \omega_b C_i - \beta h_{ii,s} C_a \qquad (7.6.3)$$

式中：C_i 为冰盖下悬浮层的含冰率；α 为系数；C_a 为冰盖的冰封率；$h_{ii,s}$ 为冰盖侵蚀厚度；β 为系数。

式（7.6.3）右边第一项为冰盖下超过输冰能力的单宽河段冰流量上浮会堆积在冰盖上

的冰量，可以通过式（6.2.8）估计；第二项为冰盖受侵蚀会进入悬浮层的冰量。

式（7.6.2）的近似解为

$$\Delta t_f = \left(\frac{q_{i,j} - q_{i,j+1}}{\Delta x} + q_f^i \right) \frac{\Delta t}{1 - e_u} \qquad （7.6.4）$$

式中：下标 j 为计算断面编号。

7.7　准二维冰盖的发展模型

设水面漂浮冰盖向下游 x 的运动速度与接触液体相同为 U_d，冰盖前沿向上游的发展速度为 U_{cp}，冰盖前沿发展冰盖的厚度为 $h_{ice,0}$，新冰盖中冰块之间的孔隙率为 e_p 且冰块的孔隙率为 e，冰盖前沿的来冰的单宽冰流量为 q_s，冰盖前沿冰块下潜的单宽冰流量为 q_u，参考 6.8 节，可得单宽冰盖的发展速度为

$$U_{cp} = \frac{q_s - q_u}{\Delta y h_{ice,0} \left(1 - e_p\right)\left(1 - e\right) - \left(q_s - q_u\right)/U_d} \qquad （7.7.1）$$

其中

$$U_{cp} = U_{cp}\left(t,x,y\right), \quad h_{ice,0} = h_{ice,0}\left(t,x,y\right), \quad U_d = U_d\left(t,x,y\right), \quad q_s = q_s\left(t,x,y\right), \quad q_u = q_u\left(t,x,y\right)$$

在冰盖前沿的来冰的单宽冰封率为 C_a 的条件下，有

$$q_s = \left[h_{ii} + \left(1 - e_f\right)h_f \right]C_a U_d \qquad （7.7.2）$$

其中，h_{ii}、h_f、C_a、U_d 可以采用前 w 面的方法确定，而 $h_{ice,0}$ 可以根据 6.8 节冰盖发展模式确定。

第8章　宽浅河道中冰盖下流速分布及其数值模拟研究

8.1　宽浅河道中冰盖下流速分布的争议

冰盖或冰塞的出现增加了湿周和对水流运动的阻力，使上游水位升高，而一般认为，河流过流能力减弱。

冰盖下的水流结构不仅涉及河道过流能力计算、阻力系数（或糙率）的确定，对于计算冰盖（塞）的厚度和冰期水位也是很重要的。

由于冰盖下水流结构问题的重要性，很多学者较早就开始了这方面的研究。一般都是将过流断面概化为宽浅式断面，从而可以使用竖向二维模型进行研究。

对冰盖下水流速度分布的研究似乎是受到 Hanjalic 和 Launder 的影响较大，Hanjalic 和 Launder 在实验室中，较为详细地研究了不对称固壁间（指两边壁具有不同的粗糙度）水流的紊动结构，他们的研究揭示了由粗糙壁面向光滑壁面的紊动剪应力和动能的输送，引起了零剪应力位置和水流速度最大值位置的不一致，不仅是水流速度最大值，零剪应力的位置也趋于光滑的一边。

对于宽浅式过流断面冰盖下的水流速度分布规律的描述，有不同的方法，Tsai 和 Ettema 提出了采用双幂律分布公式描述冰盖下的水流速度分布公式，即

$$u = K_0 \left(\frac{z}{D} \right)^{1/m_b} \left(1 - \frac{z}{D} \right)^{1/m_i} \tag{8.1.1}$$

式中：K_0 为与流量有关的常数；m_b 和 m_i 分别为与床面及冰盖面有关的参数，各自与相应的粗糙系数成反比，当 m_i 趋于无穷大时，令 $K_0 = u_{max}$，上式则变为明流公式。也有许多学者采用 Karman-Prandtl 对数关系描述冰盖下的速度分布，如 Larsen、Kersi S.Davar 和 Ian M.Mac Gougan、茅泽育等。

除双幂律分布公式和对数分布公式外，Vedula 和 Achanta 曾经提出了半对数流速分布和抛物线分布结合的方法即所谓双分布的方法：

$$\left. \begin{array}{ll} \dfrac{u_{max} - u}{u_*} = -A \ln \left(\dfrac{y}{Y} \right) + B, & 0 < y/Y \leqslant x \\[3mm] \dfrac{u_{max} - u}{u_*} = C \left(1 - y/Y \right)^2, & x \leqslant y/Y \leqslant 1 \end{array} \right\} \tag{8.1.2}$$

其中，x 是无量纲深度，为保持函数的连续性，要求在两函数连接处有 $\dfrac{\partial u}{\partial y}$ 相等，从而可以导出 $C = \dfrac{A}{2x(1-x)}$，而 Y 对冰盖区取 Y_i，对床面区取 Y_b。相比较而言，这种方法使用较少。

由目前的研究现状来看，一些学者研究认为在流动的中间区域，大约40%的水深范围

内，流速分布比较均匀、流速梯度小，也即并不完全遵循对数分布规律,似乎从现象上来讲支持双分布的规律，但是由于并没有更好的表达方法，一般都是采用指数和对数分布。

上述方法都是建立在分区方法的基础上，以最大流速所在位置分为上下两区，将水流区域划分为冰盖影响区和床面影响区，相当于以最大流速位置为分界点，分为两个明流区域的情况。

许多冰期河道糙率计算公式都采用了分区平均流速相等且等于断面总平均流速的假定，其理论支持点或许是来源于 Larsen 的研究，Larsen 采用对数分布公式，以最大流速线分界，若粗糙高度较小时，Y_2/Y_1 可以转化为 n_1/n_2 的函数，据此，Larsen 证明了在这种情况下，分区平均流速相等且等于断面平均流速。

也有很多学者依据实测速度场等分析得出了分区流速并不相等的结论，如魏良琰、茅泽育等，这也是争议较久的问题。依据理论上的分析，以下探讨分区流速相等且等于断面平均流速时存在的问题。

8.2　封冻河道下流速分布的理论分析

按照目前研究的习惯，分析二维情况下的河流各水力要素之间的关系，冰盖下的水流分成冰盖区和床面区两个部分（见图 8.2.1 ），并依据 Prandtal 半经验紊流理论采用对数流速分布。

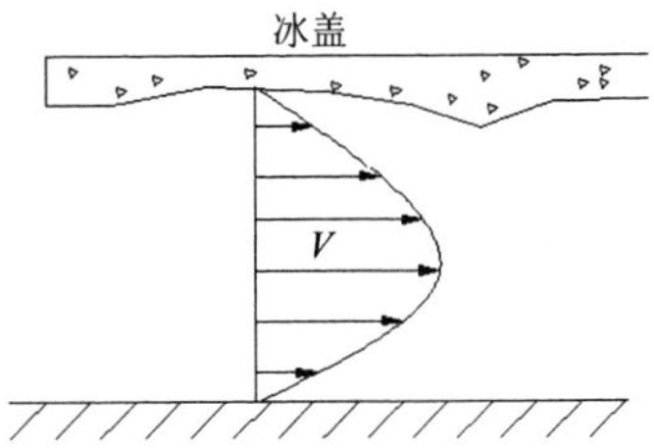

对于冰盖区有：

$$\frac{V_i}{V_{*i}} = 2.5\ln\frac{y_i}{e_i} + 8.5 \qquad (8.2.1)$$

对于床面区有：

$$\frac{V_b}{V_{*b}} = 2.5\ln\frac{y_b}{e_b} + 8.5 \qquad (8.2.2)$$

图 8.2.1　封冻河道流速分布示意图

式中：V_i、V_b 分别为距冰盖底面 y_i 和河床 y_b 的水流流速；e_i、e_b 分别为冰盖底面和床面边壁的粗糙高度；V_{*i}、V_{*b} 分别为冰盖下表面和河床的摩阻流速。

上式要成立，需满足以下条件：

（1）$y_i = Y_i$ 或 $y_b = Y_b$，$V_i = V_b = V_{max}$

（2）$\left.\dfrac{\mathrm{d}V_i}{\mathrm{d}y_i}\right|_{y_i=Y_i} = \left.\dfrac{\mathrm{d}V_b}{\mathrm{d}y_b}\right|_{y_b=Y_b}$

冰盖区水流的平均流速为

$$V_{iavg} = \frac{1}{Y_i}\int_0^{Y_i} V_i \mathrm{d}y_i = \frac{1}{Y_i}\int_0^{Y_i} V_{*i}\left(2.5\ln\frac{y_i}{e_i} + 8.5\right)\mathrm{d}y_i = \frac{2.5}{Y_i}\int_0^{Y_i} V_{*i}\ln\frac{y_i}{e_i}\mathrm{d}y_i + \frac{8.5}{Y_i}\int_0^{Y_i} V_{*i}\mathrm{d}y_i$$

$$= 2.5V_{*i}\left[\ln Y_i - 1 - \ln e_i\right] + 8.5V_{*i} = V_{*i}\left(2.5\ln\frac{Y_i}{e_i} + 6\right) \qquad (8.2.3)$$

即

$$\frac{V_{iavg}}{V_{*i}} = 2.5\ln\frac{Y_i}{e_i} + 6$$

同理在床面区可得

$$\frac{V_{bavg}}{V_{*b}} = 2.5 \ln \frac{Y_b}{e_b} + 6$$

上式的缺点在于：

由条件（1）可得

$$\frac{V_{*i}}{V_{*b}} = \frac{2.5 \ln \dfrac{y_b}{e_b} + 8.5}{2.5 \ln \dfrac{y_i}{e_i} + 8.5} \tag{8.2.4}$$

由条件（2）得

$$\frac{V_{*i}}{V_{*b}} = \frac{Y_i}{Y_b} \tag{8.2.5}$$

又

$$\frac{V_{*i}}{V_{*b}} = \frac{V_{iavg}\left(2.5 \ln \dfrac{Y_b}{e_b} + 6\right)}{V_{bavg}\left(2.5 \ln \dfrac{Y_i}{e_i} + 6\right)}$$

如果冰盖区和床面区的平均流速相等，则

$$\frac{2.5 \ln \dfrac{Y_b}{e_b} + 6}{2.5 \ln \dfrac{Y_i}{e_i} + 6} = \frac{2.5 \ln \dfrac{y_b}{e_b} + 8.5}{2.5 \ln \dfrac{y_i}{e_i} + 8.5} \tag{8.2.6}$$

上式成立的前提 $\dfrac{Y_b}{e_b} = \dfrac{Y_i}{e_i} = 1$ ，即 $Y_i = e_i$ ， $Y_b = e_b$ ；这种情况是水不再流动的情况显然不太现实。

另一种常用的流速分布是 Einstein 水力半径分割法，按阻力划分过流断面的方法来研究其水流流动特性。其假定上下两层互不影响，分别只受冰盖底部和床面粗糙影响，每层流速为对数分布，同时假定封冻河道过流断面的水力半径可以分割。

冰盖区和床面区的平均流速分别为

$$V_{iavg} = C_i \sqrt{R_i J_i} = \frac{1}{n_i} R_i^{2/3} J_i^{1/2} \tag{8.2.7}$$

$$V_{bavg} = C_b \sqrt{R_b J_b} = \frac{1}{n_b} R_b^{2/3} J_b^{1/2} \tag{8.2.8}$$

$$\frac{V_{iavg}}{V_{bavg}} = \frac{C_i \sqrt{R_i J_i}}{C_b \sqrt{R_b J_b}} = \frac{n_b}{n_i} \left(\frac{R_i}{R_b}\right)^{2/3} \left(\frac{J_i}{J_b}\right)^{1/2} \tag{8.2.9}$$

式中：C_i、C_b 分别为冰盖区和床面区的谢才系数；J_i、J_b 分别为相应的水力坡度；R_i、R_b 分别为相应的水力半径；n_i、n_b 分别为相应的糙率。

冰盖区和床面区的摩阻流速分别为

$$V_{*i} = \sqrt{\frac{\tau_i}{\rho}} = \sqrt{\frac{\lambda_i}{8}} V_{iavg} \qquad (8.2.10)$$

$$V_{*b} = \sqrt{\frac{\tau_b}{\rho}} = \sqrt{\frac{\lambda_b}{8}} V_{bavg} \qquad (8.2.11)$$

$$\frac{V_{*i}}{V_{*b}} = \sqrt{\frac{\tau_i}{\tau_b}} = \left(\frac{\lambda_i}{\lambda_b}\right)^{1/2} \frac{V_{iavg}}{V_{bavg}} \qquad (8.2.12)$$

式中：τ_i、τ_b 分别为冰盖区和床面区的切应力；λ_i、λ_b 分别为相应的沿程损失系数。

由式（8.2.9）和式（8.2.12）可得

$$\frac{V_{*i}}{V_{*b}} = \left(\frac{\lambda_i}{\lambda_b}\right)^{1/2} \frac{V_{iavg}}{V_{bavg}} = \frac{n_b}{n_i} \left(\frac{R_i}{R_b}\right)^{2/3} \left(\frac{J_i}{J_b}\right)^{1/2} \left(\frac{\lambda_i}{\lambda_b}\right)^{1/2} \qquad (8.2.13)$$

由于

$$C_i = \sqrt{\frac{8g}{\lambda_i}} = \frac{1}{n_i} R_i^{1/6} , \quad C_b = \sqrt{\frac{8g}{\lambda_b}} = \frac{1}{n_b} R_b^{1/6}$$

因此上两式相比得

$$\sqrt{\frac{\lambda_b}{\lambda_i}} = \frac{n_b}{n_i} \left(\frac{R_i}{R_b}\right)^{1/6} \qquad (8.2.14)$$

将式（8.2.14）代入式（8.2.13）得

$$\frac{V_{*i}}{V_{*b}} = \frac{n_b}{n_i} \left(\frac{R_i}{R_b}\right)^{2/3} \left(\frac{J_i}{J_b}\right)^{1/2} \frac{1}{\frac{n_b}{n_i}\left(\frac{R_i}{R_b}\right)^{1/6}} = \left(\frac{R_i}{R_b}\right)^{1/2} \left(\frac{J_i}{J_b}\right)^{1/2} \qquad (8.2.15)$$

根据 Einstein 的假设，可得 $J_i = J_b = J$，$\dfrac{V_{*i}}{V_{*b}} = \dfrac{Y_i}{Y_b}$，因此式（8.2.15）变为

$$\frac{Y_i}{Y_b} = \left(\frac{R_i}{R_b}\right)^{1/2} \qquad (8.2.16)$$

对于浅宽型的河道，有 $Y_i \approx R_i$，$Y_b \approx R_b$，这样上式成立的条件变为 $Y_i = Y_b$，这意味着冰盖底面的糙率与河床糙率相等，这种情况在实际的冰期河流中并不常见。

8.3　冰盖下水流速度场的数值模拟

8.3.1　数值模拟的基本方程

冰盖下水流速度场的模拟，只涉及水流的基本方程，而不涉及浓度、沙粒及冰花等类似的输运方程，对于所涉及的标准 $k-\varepsilon$ 双方程模型简列如下：

连续性方程

$$\frac{\partial(\rho v_i)}{\partial x_j} = 0 \tag{8.3.1}$$

动量方程

$$\frac{\partial}{\partial x_j}\left(\rho v_j v_i\right) = -\frac{\partial p}{\partial x_i} + \frac{\partial \tau_{ji}}{\partial x_j} + \Delta \rho g_i \tag{8.3.2}$$

其中

$$\tau_{ji} = \frac{\partial}{\partial x_j}[\mu_e(\frac{\partial v_j}{\partial x_i} + \frac{\partial v_i}{\partial x_j})]$$

柯莫哥洛夫-普朗特表达式

$$v_t = C_\mu \frac{k^2}{\varepsilon} \tag{8.3.3}$$

k 方程

$$\frac{\partial(\rho k u_i)}{\partial x_i} = \frac{\partial}{\partial x_j}[(\mu + \frac{\mu_t}{\sigma_k})\frac{\partial k}{\partial x_j}] + G_k - \rho\varepsilon \tag{8.3.4}$$

ε 方程

$$\frac{\partial(\rho\varepsilon u_i)}{\partial x_i} = \frac{\partial}{\partial x_j}[(\mu + \frac{\mu_t}{\sigma_\varepsilon})\frac{\partial\varepsilon}{\partial x_j}] + C_{1\varepsilon}\frac{\varepsilon}{k}G_k - C_{2\varepsilon}\rho\frac{\varepsilon^2}{k} \tag{8.3.5}$$

和明流相比，在动量方程源项中，不仅有床面的剪切力，还有冰盖底面的剪切力。

8.3.2 模型求解和边界条件

采用有限体积法对方程进行离散求解，有限体积法（Finite Volume Method，FVM）又称为控制体积法，该方法是在有限差分法的基础上发展起来的，但又具有有限元方法的一些优点，从离散方程的导出来看，有限体积法可视为有限元加权余量法在推导方程时令权函数 $\delta w = 1$ 而得到的积分方程。

研究物理区域如图 8.3.1 所示，由于物理区域较为规则，因而可以简化贴体坐标变化，直接生成计算域 $\xi - \eta$ 坐标系。将方程变形，合并对流项和扩散项，其它有关项并入源项。对于物理域向计算域的转换，所涉及的流体控制方程以及边界条件也要进行相应的转换。

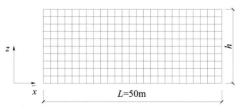

图 8.3.1　计算域网格划分示意

8.3.2.1 计算域下通用微分方程

在 $\xi - \eta$ 坐标系下二维标准 κ - ε 湍流数学模型通用微分方程具体可写为

$$\frac{\partial(H\phi)}{\partial t} + \frac{1}{J}\frac{\partial}{\partial \xi}(HU\phi) + \frac{1}{J}\frac{\partial}{\partial \eta}(HV\phi)$$

$$= \frac{1}{J}\cdot\frac{\partial}{\partial \xi}[\frac{H\Gamma_\phi}{J}(\alpha\phi_\xi - \beta\phi_\eta)] + \frac{1}{J}\cdot\frac{\partial}{\partial \eta}[\frac{H\Gamma_\phi}{J}(\gamma\phi_\eta - \beta\phi_\xi)] + S_\phi(\xi,\eta) \quad (8.3.6)$$

式中：ϕ 为通用变量；$U = uy_\eta - vx_\eta$，$V = vx_\xi - uy_\xi$，称 U、V 为逆变流速分量；Γ_ϕ 为扩散系数；$S_\phi(\xi,\eta,\zeta)$ 为源项。

对式（8.3.6）的各项，在控制体单元上取平均，并令 $F(\phi) = \rho\phi\boldsymbol{u} - \Gamma_\phi\mathrm{grad}\phi$，应用 Gauss 散度定理可以得到：

$$\frac{\Delta\rho\phi}{\Delta t} = -\frac{1}{\Delta V}\sum_{j=1}^{p} F_j^n(\phi)A_j + \vec{S}_\phi \quad (8.3.7)$$

式中：ΔV 为控制体积（积分域）；p 为单元面总数；A_j 为控制体积的表面积（二维时为多边形的边长）。

通用微分方程在非结构网格上的最终离散格式可统一写为

$$a_P\phi_P = \sum_E^{N_s} a_E\phi_E + b_P \quad (8.3.8)$$

其中

$$a_P = \sum_E^{N_s} a_E + \frac{(\rho_P\Delta V)^0}{\Delta t} - S_P\Delta V$$

$$b_P = \frac{(\rho_P\phi_P\Delta V)^0}{\Delta t} - S_C\Delta V$$

$$F_e = \rho\boldsymbol{u}\cdot\boldsymbol{S}, \quad D_e = \Gamma_e\frac{\boldsymbol{S}\cdot\boldsymbol{N}}{|\boldsymbol{N}|^2}$$

系数 a_E 与对流项所使用的离散格式有关，若对流项使用中心差分格式，则有 $a_E = D_e - \frac{F_e}{2}$，若使用一阶迎风格式，则有 $a_E = D_e + \max(0, -F_e)$。

为了计算控制体积交界面上的 F_e、D_e 等，需要由控制体积节点上的场变量作线性插值（亦可以是非线性差值），以交界面 e 上的压力修正值 P' 为例，设 P 节点处的压力修正值为 $P_P{'}$，E 处为 $P_E{'}$，设 e 到 P 点距离为 L_p，e 到 E 点的距离为 L_E，则交界面 e 上的压力修正值 $P_e{'}$ 为

$$P_e{'} = P_P{'}\frac{L_E}{L_p + L_E} + P_E{'}\frac{\Delta P}{\Delta P + \Delta E} \quad (8.3.9)$$

8.3.2.2 动量方程的离散

动量方程是通用微分方程的特例，但其压力项要从源项中分离出来，以两维为例，非结构网格上的动量离散方程为

$$a_P u_P = \sum_{E=1}^{N_s} a_E u_E - \sum_{e=1}^{N_s} P_e (\Delta y)_e + b_P \tag{8.3.10}$$

$$a_P v_P = \sum_{E=1}^{N_s} a_E v_E - \sum_{e=1}^{N_s} P_e (\Delta x)_e + b_P \tag{8.3.11}$$

$(\Delta x)_e$、$(\Delta y)_e$ 对应界面 e 上的终点与起点的 x、y 坐标之差，有正负之分。

利用动量插值方法，可以得到控制体交界面速度方程：

$$u_e = \left(\frac{\sum_{E=1}^{N_s} a_E u_E + b_P}{a_p} \right)_e - (\frac{\Delta y}{a_p})_e (P_E - P_P) \tag{8.3.12}$$

$$v_e = \left(\frac{\sum_{E=1}^{N_s} a_E v_E + b_P}{a_p} \right)_e - (\frac{\Delta x}{a_p})_e (P_E - P_P) \tag{8.3.13}$$

8.3.2.3 压力修正方程

结合连续性方程，采用全隐格式，结合交界面上的法向矢量和速度方程，可以得到压力修正方程如下：

$$a_P P_P' = \sum_{E}^{N_s} a_E P_E' + b_P \tag{8.3.14}$$

其中系数为

$$a_E = [(\frac{\rho \Delta y^2}{a^u} + \frac{\rho \Delta x^2}{a^v})_e]_E, \quad a_P = \sum_{E}^{N_s} a_E,$$

$$b_P = \sum_{E}^{N_s} [(\rho u^* \Delta y)_e - (\rho v^* \Delta x)_e]_E + \frac{\rho_P - \rho_P^0}{\Delta t} \Delta V$$

式中：u^*、v^* 为速度修正前的值。

一般对压力修正须采用欠松弛技术，压力校正可表示为 $P = P^* + \alpha_p P'$，α_p 为欠松弛系数，P^* 为修正前的估计值。

8.3.2.4 速度修正方程

在求得压力修正值 P' 后，不考虑邻点速度修正值，界面速度修正方程如下：

$$u_e' = (\frac{\Delta y}{a_p})_e (P_P' - P_E') \tag{8.3.15}$$

$$v_e' = (\frac{\Delta x}{a_p})_e (P_P' - P_E') \tag{8.3.16}$$

控制体积节点上的速度修正方程为

$$u_p' = \sum_{e=1}^{N_s} [-P_e' (\frac{\Delta y}{a_p})_e] \tag{8.3.17}$$

$$v_p' = \sum_{e=1}^{N_s} [-P_e' (\frac{\Delta x}{a_p})_e] \tag{8.3.18}$$

在求得相关修正值后，控制体节点上的速度值修正为

$$u_p = u_p^* + u_p', \quad v_p = v_p^* + v_p' \tag{8.3.19}$$

控制体界面上的速度修正为

$$u_e = u_e^* + u_e' = u_e^* + (\frac{\Delta y}{a_p})_e (P_P' - P_E') \tag{8.3.20}$$

$$v_e = v_e^* + v_e' = v_e^* + (\frac{\Delta x}{a_p})_e (P_P' - P_E') \tag{8.3.21}$$

计算域内的 Simple 稳定问题（或瞬态问题的一个时间步）的 Simple 计算步骤概要如下：

（1）预估一个压力场初值 P^*。

（2）由 P^* 求解动量离散方程，得速度场 $\boldsymbol{u}^*$。

（3）据动量插值公式计算界面速度 u_e^* 和 v_e^*，结合压力修正方程求得各节点上的压力修正值 P_P'，由插值计算求各界面上的压力修正值 P_e'，从而求得节点速度的修正值 u_p' 和 v_p'。

（4）校正压力场和速度场，求得本次迭代满足连续性方程的压力场以及速度场。

（5）检查是否收敛，若不收敛，返回第（2）步重新开始。

基于用有限体积法离散连续性方程、动量方程、k-ε 方程等，在近壁面处采用壁面定律并修改其粗糙度以考虑边壁糙率的影响，采用 Simple 算法。主要边界条件如下：

入口边界条件：给定水流平均速度 v，湍动能 $k = \frac{3}{2}(vT_i)^2$。ε 按 $\varepsilon = C_\mu^{3/4} k^{3/2} / l$ 确定，T_i 为湍动强度，l 为特性尺度。

出口边界条件：k、ε 按照坐标局部单向化方式处理，u 速度按照局部质量守恒，v 速度按照齐次 Neumann 条件处理。

壁面：采用壁面函数法，无量纲的速度分布服从对数分布律，即

$$\frac{u}{v^*} = \frac{1}{\kappa} \ln(\frac{yv^*}{v}) + B$$

式中：$v^* = \sqrt{\tau_w / \rho}$ 为摩阻流速；κ 为常数，取 0.4；B 为与表面粗糙度有关的系数。

以下对冰盖下的水流速度场进行相关数值模拟和计算，模拟和计算时基于 Fluent 流体计算软件，其基本原理已如上述。

8.3.3　基本模拟和校验

为检验模拟的可靠性，首先与实验室获得的实测数据进行了模拟对比。在图 8.3.2 中，河床表面由 d_{50} = 0.35mm 的沙铺成，冰盖糙率 n_i 分别为 0.0322 和 0.0347，水深 h 分别为 0.15m 和 0.225m。由图 8.3.2 可见，其基本定性趋势及定量变化基本吻合。

8.3.4　冰盖糙率变化对水流速度分布的影响模拟

图 8.3.3 是水深 h=1m，入口边界平均水流速度为 v=1.0m 条件下，改变冰盖粗糙度的模拟计算结果，其中，$\varDelta_i$、$\varDelta_b$ 分别表示冰盖底面和床面的粗糙高度。图 8.3.3 说明，当冰

盖糙率增加时，水流速度分布轮廓偏离对称分布的情况，因为冰盖边界较床面边界粗糙，所以最大流速点偏向床面。此外，还可看出，和冰盖和床面粗糙度相等时相比，在冰盖边界和床面边界粗糙度不相同时，最大流速值也较大。此模拟结论和 Decker Hains 和 Leonard Zabilansky 实验室实测数据结论一致，如图 8.3.4 所示。

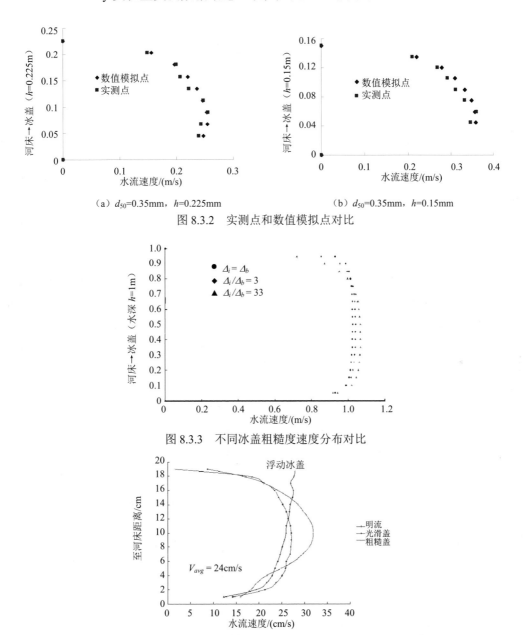

（a）d_{50}=0.35mm，h=0.225mm　　　　　　（b）d_{50}=0.35mm，h=0.15mm

图 8.3.2　实测点和数值模拟点对比

图 8.3.3　不同冰盖粗糙度速度分布对比

图 8.3.4　Decker Hains 和 Leonard Zabilansky 的实验室实测数据

图 8.3.5 是冰盖和床面粗糙度对换时水流速度分布模拟图，由此可见，其水流速度分布变化几乎是对称的，说明在研究上下边界粗糙度变化时，只需要研究其中一个边界粗糙度相对于另一边界粗糙度变化情况就可以了，两种情况下的定性变化规律是一致的。

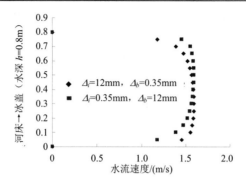

图 8.3.5 上下边界粗糙度对换时速度分布

8.3.5 最大流速点的偏移范围

数值试验模拟发现在 Δ_i / Δ_b 达到一定比值（该值与水深和水流速度等有关，本模拟范围为 $10 \sim 100$）后，再增大冰盖的粗糙度，水流速度分布已很难变化，说明在一定的范围内，当冰盖的粗糙度增大到一定值后，水流速度分布趋于某一种极限变化情况，即糙率的改变对最大流速点偏移位置的影响是受到限制的，当然，壁面粗糙高度不可能允许无休止的增大，否则，断面条件将发生变化。

图 8.3.6 是冰盖糙率增加而床面糙率维持不变时，由数值试验分析发现的最大流速点下移变化规律，由此可以看出，在一定的范围内，最大流速点下移的幅度大约不超过水深的 20%，也即最大流速点下移范围有限，这可能也是冰盖下水流研究或计算时，所做的一些简化假定（即分区流速相等且等于断面平均流速）能够在实际中得以应用的原因之一。

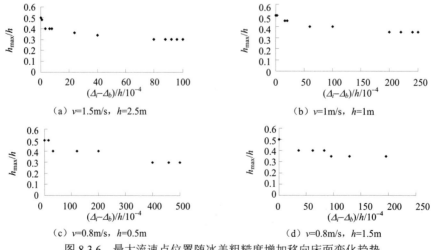

图 8.3.6 最大流速点位置随冰盖粗糙度增加移向床面变化趋势

图 8.3.7 是不同水流条件下改变冰盖糙率所得出的最大流速点位置下移速度变化趋势，其中 h_{max} 对应流速最大值距床面的位置，h 是冰盖下的水深，该图所反映的总体趋势是 $(\Delta_i - \Delta_b)/h$ 增大到一定程度之后，最大流速点位置渐趋于某一定值。

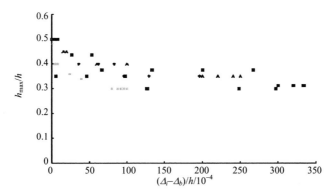

图 8.3.7 不同水流条件下改变冰盖糙率最大流速点位置下移变化趋势

相比较而言，床面越光滑，最大流速点的位置越容易偏向光滑边，也就是说，如果床面具有一定的粗糙度，最大流速点位置的下移幅度相对变小，见表 8.3.1。

表 8.3.1 冰盖粗糙度变化时，两种床面粗糙度的最大流速点位置偏移对比

Δ_i/m	距水深中点的下移相对距离/%		备注
	$\Delta_b=0$	$\Delta_b=0.005$	
0.01	12.5	2.5	
0.03	15	2.5	$h=4\text{m}$
0.05	17.5	7.5	$v=1.2\text{m/s}$
0.09	17.5	7.5	

8.3.6 分区平均流速及断面平均流速的比较

根据数值计算的结果，对床面区和冰盖区及断面平均流速进行了计算对比。

表 8.3.2 是最大流速点位置及分区平均流速等数值计算结果表，由此可以清楚地看出两点：①最大流速点下移位置有限（见图 8.3.6）；②分区平均流速相互之间以及和总平均流速的差别较小。所以通常情况下假定分区平均流速相等所带来的误差可以忽视。因此，本部分的分析从理论上解释了关于分区平均流速是否相等以及是否等于断面平均流速的分歧和争议，即长期以来，一些学者认为分区平均流速不相等；而一些学者认为分区平均流速相等并认为在工程上得到了验证。但现有的研究结论基本上来自于原型观测和实验室中的实测数据，本章从理论上证明了分区流速及断面平均流速相互之间是不等的，由数值模拟分析和计算结果得出了因分区平均流速和断面平均流速相互之间的差异不大，解释了工程应用中，将其相互视为相等的可行性。

表 8.3.2 分区平均流速及断面平均流速的比较

模拟水深 h/m	断面平均流速/(m/s)	床面粗糙高度/m	冰盖粗糙高度/m	最大流速		床面区平均流速/(m/s)	冰盖区平均流速/(m/s)	（床面区平均流速－断面平均流速）/断面平均流速	（冰盖区平均流速－断面平均流速）/断面平均流速	（冰盖区平均流速－床面区平均流速）/冰盖区平均流速
				距床面位置/m	最大流速值/(m/s)					
2	0.8	0	0.001	0.8	0.8264	0.8090	0.7940	1.1250	−0.7500	−1.8892
			0.003	0.8	0.8330	0.8009	0.7994	0.1109	−0.0739	−0.1850
			0.009	0.7	0.8423	0.8004	0.7998	0.0465	−0.0251	−0.0716
			0.012	0.7	0.8455	0.8036	0.7981	0.4474	−0.2409	−0.6900
			0.016	0.7	0.8490	0.8070	0.7962	0.8786	−0.4731	−1.3581
			0.03	0.6	0.8588	0.8035	0.7985	0.4421	−0.1895	−0.6327
			0.04	0.6	0.8641	0.8087	0.7963	1.0830	−0.4641	−1.5543

续表

| 模拟水深 h/m | 断面平均流速 /(m/s) | 床面粗糙高度 /m | 冰盖粗糙高度 /m | 最大流速 | | 床面区平均流速/(m/s) | 冰盖区平均流速/(m/s) | （床面区平均流速-断面平均流速）/断面平均流速 | （冰盖区平均流速-断面平均流速）/断面平均流速 | （冰盖区平均流速-床面区平均流速）/冰盖区平均流速 |
				距床面位置/m	最大流速值/(m/s)					
2	0.8	0	0.045	0.6	0.8664	0.8111	0.7953	1.3815	-0.5921	-1.9853
			0.048	0.6	0.8677	0.8123	0.7947	1.5415	-0.6607	-2.2168
			0.05	0.6	0.8686	0.8131	0.7944	1.6432	-0.7042	-2.3640
			0.1	0.6	0.8686	0.8131	0.7944	1.6432	-0.7042	-2.3640
		0.001	0.006	0.9	0.8431	0.8041	0.7966	0.5184	-0.4242	-0.9466
		0.003	0.006	1	0.8482	0.8051	0.7949	0.6369	-0.6369	-1.2819
			0.009	0.9	0.8518	0.8003	0.7997	0.0419	-0.0342	-0.0761
			0.012	0.9	0.8546	0.8034	0.7972	0.4226	-0.3458	-0.7711
			0.024	0.8	0.8631	0.8020	0.7987	0.2528	-0.1685	-0.4221
			0.048	0.8	0.8747	0.8141	0.7906	1.7607	-1.1738	-2.9694
			0.049	0.8	0.8751	0.8146	0.7903	1.8189	-1.2126	-3.0687
			0.05	0.8	0.8755	0.8149	0.7901	1.8608	-1.2406	-3.1404
			0.06	0.8	0.8755	0.8149	0.7901	1.8608	-1.2406	-3.1404
			0.07	0.8	0.8755	0.8149	0.7901	1.8608	-1.2406	-3.1404
			0.1	0.8	0.8755	0.8149	0.7901	1.8608	-1.2406	-3.1404
		0.006	0.009	1	0.8560	0.8037	0.7963	0.4607	-0.4607	-0.9256
1.5	1.2	0.003	0.012	0.675	1.3096	1.2085	1.1931	0.7066	-0.5782	-1.2923
			0.024	0.6	1.3254	1.2075	1.1950	0.6266	-0.4177	-1.0487
			0.036	0.6	1.3370	1.2202	1.1866	1.6801	-1.1200	-2.8318
			0.037	0.6	1.3379	1.2210	1.1860	1.7460	-1.1640	-2.9443
			0.038	0.6	1.3383	1.2215	1.1857	1.7891	-1.1927	-3.0178
			0.04	0.6	1.3383	1.2215	1.1857	1.7891	-1.1927	-3.0178
			0.048	0.6	1.3383	1.2215	1.1857	1.7891	-1.1927	-3.0178
			0.06	0.6	1.3383	1.2215	1.1857	1.7891	-1.1927	-3.0178
			0.09	0.6	1.3383	1.2215	1.1857	1.7891	-1.1927	-3.0178
			0.16	0.6	1.3383	1.2215	1.1857	1.7891	-1.1927	-3.0178

综上所述，当冰盖和河床糙率比值变化时，水流速度剖面发生变化，最大流速点的位置将偏于光滑的一边，无论是国内外实验还是数值模拟都证明了这一点。通过模拟发现，和速度对称分布相比，上下边界的粗糙度不同时，最大流速值相对要大，但最大流速点的位置仅在一定范围内偏移趋向于较为光滑的一边，和光滑床面相比，对于具有一定粗糙度的床面，冰盖粗糙度增加到一定程度时，最大流速点位置的下移难度增加。模拟的定性规律和实测速度剖面吻合程度还是较好的。

8.4　小结

当冰盖和河床糙率比值变化时，水流速度剖面发生变化，最大流速点的位置将偏于光滑的一边，无论是国内外实验还是数值模拟都证明了这一点。通过模拟发现，和速度对称分布时的情况相比，上下边界的粗糙度不同时，最大流速值相对要大，但最大流速点的位置仅在一定范围内偏移，和光滑床面相比，对于具有一定粗糙度的床面，冰盖粗糙度增加时，最大流速点位置的下移难度逐渐增加。冰盖下的速度分布问题一直存在一些分歧，一些学者认为分区平均流速不相等；一些学者认为分区平均流速相等且等于冰盖下的断面平均流速的假定是正确的，理由是该假定在工程实际中得到了应用。但现有的两方面结论大多来自于原型观测和实验室中的实测数据。王军（2005）从理论上证明了分区流速相等且等于断面平均流速是难以成立的，但由数值模拟分析和计算的结果表明，分区平均流速和断面平均流速的差异较小，这解释了工程应用中将分区流速和断面平均流速相互之间视为相等是可行的。

参考文献

[1] 茅泽育，张磊，王永填，等.2003. 采用适体坐标变换方法数值模拟天然河道河冰过程[J].冰川冻土，25（增刊2）：214-219.

[2] 茅泽育，赵升伟，罗昇，等. 2005. 明渠交汇口水流分离区研究[J]. 水科学进展，16（1）：7-13.

[3] 陶文铨. 2001. 数值传热学[M]. 2版 西安：西安交通大学出版社：353-357.

[4] 王军. 2005. 封冻河道下流速分布和阻力问题探讨[J]. 水科学进展，16（1）：28-31.

[5] 魏良琰. 2002. 封冻河流阻力研究现况[J].武汉大学学报（工学版），2：1-9.

[6] Brennan T Smith.1997.Robert Ettema1 Flow resistence in ice covered alluvial channels[J].J of Hyd. Engrg，123（7）：592 - 599.

[7] Chee Haggag.1984.Flow resistance of ice-covered streams[J].Can.J.Civ.Eng.（11）：815-823.

[8] Davar K S，MacGougan I M.1984.Analysis of River Ice Resistance from Measured Velocity Profiles[C]. IAHR Ice Symposium, Hamburg.

[9] Decker H, L Zabilansky.2004. Laboratory test of scour under ice： Data and preliminary results[M]. U.S.Army Engineer Research and Development Center, Cold Regions Research and Engineering Laboratory, ERDC/CRREL TR-04-9.

[10] Dolgpolova E N. 1996.Resistance of ice-covered nature flows[C]//Proc.13th Int.Symp.on ice. IAHR, Beijing：497-504.

[11] Dolgpolova E N. 1998.Velocity distribution in ice-covered flow[C]//Shen.Ice in Surface Waters. IAHR, Balkema, Rotter dam.

[12] Hanjalic K，Launder B E.1972.Fully developed asymmetric flow in a plane channel[J]. J Fluid Mechanics，51（2）： 301-335.

[13] Larsen P A.1969.Head loss caused by an ice cover on open channels[J].J.Bos.Soc.civ.Eng., 56（1）：45-67.

[14] Lau Y L.1982.Velocity distributions under floating covers[J]. Can.J.Civ.Eng.（9）：76-83.

[15] Teal M J, Ettema R, Walker J F.1994.Estimation of mean flow velocity in ice-covered channels[J]. J.Hydraulic Engineering Elsevier：192-197.

[16] Tsai W F, R Ettema.1994.Ice cover influence on transverse bed slopes in a curved alluvial channel[J]. IAHR Journal of Hydraulic Research，32（4）：561-581.

[17] Vedula S, R R.1985.Achanta.Bed shear from velocity profiles：A New Approach [J].ASCE, Journal of Hydraulic Engineering，111（1）：131-143.

第9章 冰塞堆积的数值模拟

9.1 国外研究现状

在河冰数值模拟领域中，美国 Clankson 大学 HungTao Shen 教授和他的学生们，历经 30 多年的研究，做出了杰出的贡献。

Shen（1984）基于热交换的相关原理，提出了河流冰盖热力消长模型，模型将河流系统视为气-冰-水-床系统，考虑了所有交界面上的热交换和冰盖的热传导，该模型较为全面的考虑了太阳和大气辐射、水流和冰及水流和床面的热交换，假定断面水温为充分混合，对 St.Lawrence 河上的 44.7km 河段的冰盖厚度和水温进行了模拟。

Shen（1985）提出了用度-日-法模拟河流冰盖的厚度，度-日-法由 Michel（1971）、Pivovaov（1973）用于模拟河湖冰盖的热力消长，计算公式为

$$h = A_0 S^{\frac{1}{2}} \tag{9.1.1}$$

式中：h 为冰塞厚度；A_0 为与特定场所有关的经验系数；S 为累积负气温。

Shen 的研究中提出了一种改进的度-日-法，其计算公式为

$$h = (h_0^2 + \alpha S)^{\frac{1}{2}} - \beta t^\theta \tag{9.1.2}$$

式中：h_0 为初始冰盖厚度；t 为初始冰盖形成后的天数；α、β、θ 为经验系数。

在用度-日-法模拟整个冬季冰盖厚度的变化时，对于冰盖增长和衰退阶段采用了变系数方法，对 St.Lawrence 河一段河流的模拟与原型观测数据吻合较好。

Foltyn 和 Shen（1986）提出了一个封河的长期预报方法，以水面下某点水温作为判别基准，低于该值则封河，否则则不封河。

Yapa 和 Shen（1986）建立了冰盖下水流的非稳态模型，水流基本方程为一维非恒定流方程，在动量方程中考虑了冰盖和床面两者的切应力,而冰盖厚度是采用热力消长（基于热交换原理）进行模拟的。对 St.Lawrence 河 160km 河段的计算结果对比模拟结果较吻合。

Lal 和 Shen（1991）对上述模型进一步进行了完善，且将模型正式命名为 RICE 模型，模型包括冰盖糙率的计算公式，并增加了水温和冰浓度方程，考虑了薄片冰和岸冰的形成及其对产冰的影响；引入了冰盖上溯的计算公式和冰盖的失稳条件，以经验系数考虑冰盖下水内冰的堆积与侵蚀，模型中也包括了冰盖的热力消长模块。可用于模拟非恒定的水流条件，水体温度、冰浓度、冰的热力增长和衰退，在他们的模型中，冰水同速，直至某个冰塞形成位置,并提供了宽河型和窄河型冰塞可供选择,宽河型冰塞控制方程即采用 Pariset 等（1961）提出的方程。模型应用于 St.Lawrence 河上 160km 的河段上，由水位计算看，总体模拟效果还是不错的。RICE 模型已广泛地用于 St. Lawrence、Niagara、Ohio 和黄河上，有着丰富的工程实际应用经验。

Shen 等（1990）、Lal 和 Shen（1992）在一维模型中引入了动力输冰方程，可用以描述河冰的输送及初始冰塞的形成。

Shen etal（1995）、Wang（1995）对 RICE 模型又作了一些改进，可以模拟底冰（anchor ice）形成，并应用输冰能力模拟冰盖下的输运和聚集现象。

Chen 和 Shen 等（2006）对 RICE 模型作了一些改进，其主体功能类似。

近年来的一维河冰模型主要还有 Zufelt、She 和 Hicks 的研究成果。其中，Zufelt 等建立了一维输冰耦合模型，该模型的基本方程分为冰、水质量守恒方程和动量守恒方程。利用该模型，Zufelt 等研究了冰的动量和水的非恒定性对冰塞厚度值大小及其分布的影响，得出了由 Beltaos（1983）一维静态平衡冰塞厚度计算公式得出的厚度值明显偏小的结论。Y.She 和 F.Hicks 则建立了一维非恒定冰、水质量和动量守恒方程，在质量守恒方程和动量方程中采用的是冰水混合形式，单独列出冰质量守恒方程且非耦合求解该方程，研究中在动量方程中加入经验项表示冰阻力效果，而在冰质量守恒方程中加入经验扩散项考虑冰质量纵向释放扩散效果，对冰塞体溃决时冰对洪水波推进和冰塞体再次形成的影响。为检验该模型，首先同 Shen 和 Liu（2004）的算例进行了对比，结果吻合较好。模型应用于 Athabasca River 上 2002 年冰塞体溃决过程的模拟，取得了较好的模拟计算结果。

在一维模型的基础上，Shen 和 Lu（1996）较为完整的推出了河冰数值模拟的两维模型，用以模拟冰塞体的溃决。运用模型分别对一假设的矩形断面明渠和 Niagara River 上游河段进行了模拟，获得了一些规律性的认识。

Su 和 Shen（1997）、Shen 等（1997）又应用上述模型对 Niagara River 的相关区域进行了模拟，着重分析了模型模拟河冰输送和冰塞过程的能力以及在模型中考虑拦冰栅和冰控结构等，类似的研究还有 Lu 等（1999）。

Liu 等（1999）对 Shen 等（1997）提出的模型做了一些改进，在模型中进一步考虑了表面冰层中的水流以及冰塞接地时的渗流，模型成功的再现了 Mississippi-Missouri River 汇流处冰塞过程，包括河冰输送的图案、初始冰塞位置及冰塞过程。

Liu 和 Shen（2000）的二维数学模型模拟了河冰在拦冰栅区域的输移和积累，模型结合表面输冰动力学，耦合水动力学方程，该模型用于 Missouri 河取得的效果较好。

Shen（2000、2005）以及 Liu 和 Shen 等（2006）的数值模型应用和研究主体类似于上述模型。Shen（2010）对 1980 年至今 30 年中的河冰研究成果进行了综合论述，将数模成果分类为组件模型和复杂模型两种。组件模型即用来开发或验证理论公式及概念，或仅适用于某一特定情形的预测，Shen 针对不同的河冰演变过程将组件模型分为热交换、水温、薄冰、水内冰和底冰、岸冰、流凌和冰盖形成、冰盖的增长和衰减、冰塞（包括静态和动态冰塞模型）、冰盖下冰花输运、冰塞溃决十个分类进行了总结；复杂模型以组件模型及其他现有理论为基础，可以针对河冰现象进行连续的仿真模拟，并可以运用于工程实践，比较有代表性的成果即前面提及的 RICE 模型以及 Shen 和 Liu 的二维数学模型。Shen 的综述全面囊括了国外近 30 年内河冰领域的研究成果，并提出了清晰明确的分类方法。

9.2 国内研究现状

近年来，国内河冰数值模拟亦取得了长足的进展。

杨开林等（2002）根据冰塞形成发展的机理，提出了冰塞形成的发展方程，包括：非恒定流基本方程、水流的热扩散方程、冰花的扩散方程、水面浮冰的输运方程、冰盖和冰块厚度的发展方程，冰盖下冰花含量和冰塞厚度的计算、冰盖的形成发展方程等。模型用于模拟 1963—1964 年冬季松花江流域白山河段冰塞的形成发展过程，取得了很好的效果。

蔡琳等（2002）以三门峡水库为研究依托，利用一维水流和输冰方程，黄河下游 1976—1977 年度凌汛期作算例，研究了水库防凌调度数学模型，取得了较好的结果。

靳国厚等（1997）采用一维非恒定流水力学模型和一维热力学模型建立了输水渠道的冰情预报数学模型，用于工程计算取得了好的效果。

董耀华等（1999）采用一维非恒定流方程和一维水温方程对南水北调中线方案总干渠冰期输水问题进行了研究，取得了较好的结果。

吴剑疆等（2003）对敞露河段内水内冰花的体积分数以及水温的沿程分布进行了模拟研究，所得规律与理论分析相符。

茅泽育等（2003）针对天然河道弯曲复杂的特点，建立了适体坐标下的二维河冰数值模型，对黄河河曲段从英战滩至禹庙 56km 河段进行了模拟，模拟时段是 1986 年 11 月 26—29 日，对沿河纵向水位的验证表明，取得了较好的效果。

高需生等（2003）根据南水北调工程中线沿线各地区的气候、邻近河道冰情实测资料的统计和冬季输水运行的防凌要求，分析并得到了沿线各渠段地区的气候、邻近河流冰情的变化与特征。应用一维热平衡方程分别对三个不同气温典型年模拟了干渠郑州至北京段沿程的水流温度变化，预测冰花起始时间、冰流量、冰塞形成及冰盖厚度，研究并提出了冬季输水的防凌害初步运行方案及防凌措施。

王军等（2008）基于两相流理论建立了欧拉-拉格朗日模型，对水内冰冰花颗粒的运动轨迹和初始冰塞头部的推进过程进行了仿真模拟，研究表明冰粒浮速的模拟计算结果与现有经验公式计算结果定性一致，冰粒运动轨迹和初始冰塞头部的推进过程与实验室中观察现象类似。

王军等（2009）基于标准的 k-ε 模型，对冰盖下水流速度分布进行了二维数值模拟和分析，得出了一些定性正确的结论。

王军等（2010）基于 Fluent 求解器，应用两相流模型，尝试对冰盖下冰粒运动的上浮率进行了分析，并在满足重力相似的条件下，在不同几何比尺的水流状态下，对比了原型与模型的冰粒上浮率。

王军等（2011）基于贴体坐标转换和有限体积法，用 k-ε 两方程模型模拟水体的运动，在同位网格上使用动量插值法避免了压力的波动，鉴于水内冰的输运堆积和泥沙运动具有相似性，借鉴泥沙输运理论，尝试性的结合冰塞面的变形方程，对试验资料和天然河道下的冰塞堆积分别进行了数值模拟计算，对比实验室中冰塞堆积试验的结果及天然河道实测资料，计算与实测结果吻合程度较好。研究表明：所建立的模型可以成功的模拟坚冰盖下冰塞堆积情况。

郭新蕾等（2011）针对南水北调中线工程总干渠的特点是线路长、过水建筑物类型多、冰水动力学响应过程复杂等情况，将冰情发展模型与树状明渠系统复杂内边界条件下的渠道非恒定流模型进行集成耦合，开发了大型长距离调水工程冬季输水冰情数值模拟平台，提出了树状明渠系统复杂内边界条件的等效变换方法和计算冰盖前缘动态发展的虚拟流动法。依据沿线实测气象资料和设计资料，模拟了总干渠的初冰、冰盖形成、发展和消融过程，提出了冰期总干渠安全运行的水力控制条件并给出了安全运行输水调度方案及建议。

9.3 冰塞堆积平面二维数学模型

9.3.1 基本控制方程

将 *N-S* 方程沿水深进行平均积分，利用莱布尼兹（Leibnitz）公式，可以得到沿水深平均的平面浅水流动的基本方程如下：

连续性方程

$$\frac{\partial H}{\partial t} + \frac{\partial}{\partial x}(Hu) + \frac{\partial}{\partial y}(Hv) = 0 \tag{9.3.1}$$

动量方程

$$\frac{\partial(Hu)}{\partial t} + \frac{\partial}{\partial x}(Huu) + \frac{\partial}{\partial y}(Hvu) = 2\frac{\partial}{\partial x}\left(H\Gamma_\phi \frac{\partial u}{\partial x}\right) + \frac{\partial}{\partial y}\left[H\Gamma_\phi\left(\frac{\partial u}{\partial y} + \frac{\partial v}{\partial x}\right)\right] +$$

$$fHv - gH\frac{\partial \zeta}{\partial x} - \tau_x + C_w \frac{\rho_a}{\rho} w^2 \cos\beta \tag{9.3.2}$$

$$\frac{\partial(Hv)}{\partial t} + \frac{\partial}{\partial x}(Huv) + \frac{\partial}{\partial y}(Hvv) = 2\frac{\partial}{\partial y}\left(H\Gamma_\phi \frac{\partial v}{\partial y}\right) + \frac{\partial}{\partial x}\left[H\Gamma_\phi\left(\frac{\partial u}{\partial y} + \frac{\partial v}{\partial x}\right)\right] -$$

$$fHu - gH\frac{\partial \zeta}{\partial y} - \tau_y + C_w \frac{\rho_a}{\rho} w^2 \sin\beta \tag{9.3.3}$$

式中：H 为水深；ζ 为水浸冰面高程 Z_s；u、v 为笛卡尔坐标下 x、y 方向的深度平均水速分量；ϕ 为通用微分变量；Γ_ϕ 为有效黏性系数，其取值随 ϕ 的不同而变化，具体取值可见后表 9.3.1（需要提到的是上述控制方程中水流的密度因为研究不可压缩流体，故在式中略去了物理量 ρ）；fHu 和 fHv 为考虑地球自转引起的科里奥利（Coriolis）力的作用；f 为科里奥利力系数，$f = 2\omega\sin\Psi$，ω 为地面自转角速度，Ψ 为当地纬度；$C_w(\rho_a/\rho)w^2\sin\beta$ 与 $C_w(\rho_a/\rho)w^2\cos\beta$ 为考虑表面风力影响产生的附加项；ρ_a 为大气密度；C_w 为风应力系数；w 为水面上 10m 高处的风速值；β 为风向与 x 坐标轴的夹角。

研究中暂不考虑科氏力和风应力的影响。

剪切应力采用复合糙率方法计算有：

$$\tau_x = \tau_{ix} + \tau_{bx} = \frac{gn_c^2 u\sqrt{u^2+v^2}}{H^{1/3}}, \qquad \tau_y = \tau_{iy} + \tau_{by} = \frac{gn_c^2 v\sqrt{u^2+v^2}}{H^{1/3}} \tag{9.3.4}$$

式中：τ_{bx} 和 τ_{by} 为考虑河床面阻力影响产生的附加项；τ_{ix} 和 τ_{iy} 为考虑冰塞面阻力影响产生的附加项；$n_c = \left[P_b n_b^{3/2} + P_i n_i^{3/2} / (P_b + P_i)\right]^{3/2}$ 为综合糙率系数；P_b、P_i 分别为床面部分和冰塞面部分湿周；n_b、n_i 分别为床面和冰塞底面糙率系数。

模型建立基于 $k-\varepsilon$ 紊流两方程模型，相应地 k、ε 的输运方程如下：

$$\frac{\partial Hk}{\partial t}+\frac{\partial Huk}{\partial x}+\frac{\partial Hvk}{\partial y}=\frac{\partial}{\partial x}\left[H\left(\frac{\eta_t}{\sigma_k}+\eta_\mu\right)\frac{\partial k}{\partial x}\right]+\frac{\partial}{\partial y}\left[H\left(\frac{\eta_t}{\sigma_k}+\eta_\mu\right)\frac{\partial k}{\partial y}\right]+$$
$$HG+HP_{kv}-H\varepsilon \tag{9.3.5}$$

$$\frac{\partial H\varepsilon}{\partial t}+\frac{\partial Hu\varepsilon}{\partial x}+\frac{\partial Hv\varepsilon}{\partial y}=\frac{\partial}{\partial x}\left[H\left(\frac{\eta_t}{\sigma_\varepsilon}+\eta_\mu\right)\frac{\partial \varepsilon}{\partial x}\right]+\frac{\partial}{\partial y}\left[H\left(\frac{\eta_t}{\sigma_\varepsilon}+\eta_\mu\right)\frac{\partial \varepsilon}{\partial y}\right]+$$
$$HC_1\frac{\varepsilon}{k}G+HP_{\varepsilon v}-HC_2\frac{\varepsilon^2}{k} \tag{9.3.6}$$

式中：k 和 ε 分别为紊动能和紊动能耗散；P_{kv} 和 $P_{\varepsilon v}$ 两项起源于床面附近很大的流速梯度，为紊动应力和床面相互作用产生的附加紊动能产生项。

$$P_{kv}=\frac{1}{\sqrt{C_f}}\frac{u_*^3}{H}，\quad P_{\varepsilon v}=C_\varepsilon\frac{u_*^4}{H^2}=3.6\frac{C_2}{C_f^{3/4}}\sqrt{C_\mu}\frac{u_*^4}{H^2} \tag{9.3.7}$$

其中

$$u_*=\sqrt{C_f(u^2+v^2)}；\quad C_\varepsilon=3.6\sqrt{C_\mu}C_2\big/C_f^{3/4}$$

式中：u_* 为河底摩阻流速；C_f 为经验常数，一般取值为 0.003。

紊动黏性系数

$$\eta_t=C_\mu k^2/\varepsilon \tag{9.3.8}$$

$$G=\eta_t\left[2\left(\frac{\partial u}{\partial x}\right)^2+2\left(\frac{\partial u}{\partial y}\right)^2+\left(\frac{\partial u}{\partial y}+\frac{\partial v}{\partial x}\right)^2\right] \tag{9.3.9}$$

式中：η_μ 为分子动力黏滞系数，其取值于水温有关。

此外，模型常用的经验常数 $C_\mu=0.09$，$C_1=1.44$，$C_2=1.92$，$\sigma_k=1.0$，$\sigma_\varepsilon=1.3$。

9.3.2　贴体网格变换生成计算域

由于河道或明渠流域的边界不规则性，初分的网格很难满足求解偏微分方程必备的正交性，因此需要采用适当网格变换方法转化至网格绝对正交的计算域，如图 9.3.1 所示。

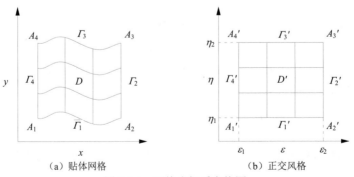

（a）贴体网格　　　　　　　　（b）正交风格

图 9.3.1　网格坐标系变换图

研究中采用贴体网格生成技术（TTM 法）得到计算域网格。以物理平面上的二维区域

D［图 9.3.1（a）］为例，用贴体网格进行离散。所谓贴体网格，就是一种曲线网格，它使物理平面上所有的边界均成为网格线，内部网格线也与边界形状和汇源条件相一致［图9.3.1（a）］。生成这样的贴体网格系统是通过将物理平面 D 变换到计算平面上的区域 D' 来实现的［图 9.3.2（b）］。这种变换要求将区域 D 的 4 条边界 $\Gamma_1 \sim \Gamma_4$ 一一对应地变换成区域 D' 的 4 条边界 $\Gamma_1' \sim \Gamma_4'$。从而使一个不规则的区域 D 变换成一个便于离散和数值计算的矩形区域 D'。这样在规则矩形区域 D' 中求解流场是十分便利的。

设由 D 到 D' 的变换为正变换，变换函数为

$$\left.\begin{array}{l} \xi = \xi(x, y) \\ \eta = \eta(x, y) \end{array}\right\} \tag{9.3.10}$$

边界条件为

$$\left.\begin{array}{ll} \begin{pmatrix} \xi \\ \eta \end{pmatrix} = \begin{pmatrix} f_1(x, y) \\ \eta_1 \end{pmatrix}, & (x, y) \in \Gamma_1 \\[3mm] \begin{pmatrix} \xi \\ \eta \end{pmatrix} = \begin{pmatrix} \xi_2 \\ g_2(x, y) \end{pmatrix}, & (x, y) \in \Gamma_2 \\[3mm] \begin{pmatrix} \xi \\ \eta \end{pmatrix} = \begin{pmatrix} f_2(x, y) \\ \eta_2 \end{pmatrix}, & (x, y) \in \Gamma_3 \\[3mm] \begin{pmatrix} \xi \\ \eta \end{pmatrix} = \begin{pmatrix} \xi_1 \\ g_1(x, y) \end{pmatrix}, & (x, y) \in \Gamma_4 \end{array}\right\} \tag{9.3.11}$$

其中，f 和 g 均为曲线上点的单调函数。当点从 A_1 沿着 Γ_1 移动到 A_2 时，在 D' 上也相应地从 A_1' 沿着 Γ_1' 移动到 A_2'，其余类推。满足这种要求的 f 和 g 函数是很多的，也很容易给出（实际计算时只是一种数值对应）。

有了边界条件式（9.3.11），如何求出变换函数式（9.3.10）是问题的关键，显然，方法有无穷多个。由于椭圆形方程的解完全依赖于边界条件，因此可以选择方法较为成熟的椭圆微分方程作为变换的控制方程。

从 D 到 D' 的正变换的控制方程选为

$$\left.\begin{array}{l} \xi_{xx} + \xi_{yy} = P(x, y) \\ \eta_{xx} + \eta_{yy} = Q(x, y) \end{array}\right\} \tag{9.3.12}$$

由于 D' 上为一已知的均匀网格系统，实际上要求解的是 D 上的曲线网格系统，因此，对变换式（9.3.10）进行逆变换，变换关系为

$$\left.\begin{array}{l} x = x(\xi, \eta) \\ y = y(\xi, \eta) \end{array}\right\} \tag{9.3.13}$$

控制方程式（9.3.12）相应地变成：

$$\left.\begin{array}{l} \alpha x_{\xi\xi} - 2\beta x_{\xi\eta} + \gamma x_{\eta\eta} + J^2(x_\xi P + x_\eta Q) = 0 \\ \alpha y_{\xi\xi} - 2\beta y_{\xi\eta} + \gamma y_{\eta\eta} + J^2(y_\xi P + y_\eta Q) = 0 \end{array}\right\} \tag{9.3.14}$$

其中

$$\alpha = x_\eta^2 + y_\eta^2, \quad \beta = x_\xi x_\eta + y_\xi y_\eta, \quad \gamma = x_\xi^2 + y_\xi^2, \quad J = x_\xi y_\eta - x_\eta y_\xi$$

边界条件式（9.3.11）在逆变换下写成：

$$
\left.\begin{array}{ll}
\begin{pmatrix} x \\ y \end{pmatrix} = \begin{pmatrix} x_1(\xi, \eta_1) \\ y_1(\xi, \eta_1) \end{pmatrix}, & (\xi, \eta_1) \in \Gamma_1' \\[2mm]
\begin{pmatrix} x \\ y \end{pmatrix} = \begin{pmatrix} x_2(\xi_2, \eta) \\ y_2(\xi_2, \eta) \end{pmatrix}, & (\xi_2, \eta) \in \Gamma_2' \\[2mm]
\begin{pmatrix} x \\ y \end{pmatrix} = \begin{pmatrix} x_3(\xi, \eta_2) \\ y_3(\xi, \eta_2) \end{pmatrix}, & (\xi, \eta_2) \in \Gamma_3' \\[2mm]
\begin{pmatrix} x \\ y \end{pmatrix} = \begin{pmatrix} x_4(\xi_1, \eta) \\ y_4(\xi_1, \eta) \end{pmatrix}, & (\xi_1, \eta) \in \Gamma_4'
\end{array}\right\} \tag{9.3.15}
$$

逆变换是矩形区域 D' 上的非线性椭圆形方程式（9.3.14）的边值问题,解其所得结果即可形成区域 D 上的贴体网格系统（图 9.3.1）。

求解非线性椭圆形方程式（9.3.14）即可获得贴体坐标系的坐标值，研究中采用有限差分法对其进行数值求解。

由于在计算平面上的求解区域是矩形区域，即曲线坐标网格变换的结果为均匀的矩形网格，这种情形十分适合于差分法的求解。所以，我们可以假设 $\Delta\xi = \Delta\eta = 1$，并采用中心差分格式，由此从方程式（9.3.14）推导出差分方程：

$$
\left.\begin{array}{l}
\alpha\left(x_{i-1,j} - 2x_{i,j} + x_{i+1,j}\right) + \gamma\left(x_{i,j+1} - 2x_{i,j} + x_{i,j-1}\right) = 2\beta x_{\varepsilon,\eta} - J^2\left(x_{\varepsilon}P + x_{\eta}Q\right) \\[2mm]
\alpha\left(y_{i-1,j} - 2y_{i,j} + y_{i+1,j}\right) + \gamma\left(y_{i,j+1} - 2y_{i,j} + y_{i,j-1}\right) = 2\beta y_{\varepsilon,\eta} - J^2\left(y_{\varepsilon}P + y_{\eta}Q\right)
\end{array}\right\} \tag{9.3.16}
$$

上式中的下标如图 9.3.2 所示。

方程式（9.3.16）可以采用高斯-塞德尔（Gauss-Seidel）迭代格式求解：

$$
\left.\begin{array}{l}
x_{i,j}^{n+1} = \dfrac{\left[\alpha\left(x_{i-1,j} + x_{i+1,j}\right) + \gamma\left(x_{i,j+1} + x_{i,j-1}\right) - 2\beta x_{\xi,\eta} + J^2\left(x_{\xi}P + x_{\eta}Q\right)\right]^n}{2(\alpha + \gamma)} \\[4mm]
y_{i,j}^{n+1} = \dfrac{\left[\alpha\left(y_{i-1,j} + y_{i+1,j}\right) + \gamma\left(y_{i,j+1} + y_{i,j-1}\right) - 2\beta y_{\xi,\eta} + J^2\left(y_{\xi}P + y_{\eta}Q\right)\right]^n}{2(\alpha + \gamma)}
\end{array}\right\} \tag{9.3.17}
$$

式（9.3.17）中上标 n 和 $n+1$ 表示迭代次数。下标意义如图 9.3.2 所示。另外由于假定计算域上 $\Delta\xi = \Delta\eta = 1$，式中所见 x_{ξ}、x_{η}、y_{ξ}、y_{η}、$x_{\xi,\eta}$、$y_{\xi,\eta}$ 可以采用中心差分近似得到表达式为

$$
x_{\xi} = \frac{x_{i+1,j} - x_{i-1,j}}{2} \ , \quad x_{\eta} = \frac{x_{i,j+1} - x_{i,j-1}}{2}
$$

$$
x_{\xi,\eta} = \frac{x_{i+1,j+1} - x_{i+1,j-1} + x_{i-1,j-1} - x_{i-1,j+1}}{4}
$$

$$
y_{\xi} = \frac{y_{i+1,j} - y_{i-1,j}}{2} \ , \quad y_{\eta} = \frac{y_{i,j+1} - y_{i,j-1}}{2}
$$

$$
y_{\xi,\eta} = \frac{y_{i+1,j+1} - y_{i+1,j-1} + y_{i-1,j-1} - y_{i-1,j+1}}{4}
$$

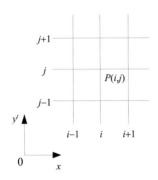

图 9.3.2　计算平面上网格点示意图

综上所述，求解方程式（9.3.14）时，首先应该预设初始网格各点的坐标值，应用高斯-塞德尔迭代法，即式（9.3.17）迭代求解得到符合椭圆微分方程的计算域的坐标值。另外值得注意的是应用式（9.3.17）的前提是计算网格间距为1，这点需要在设定物理曲线坐标的边界条件上与之相对应。

另外式（9.3.17）中存在调节因子 P、Q，应用不同的调节因子一般会生成不同的贴体网格，通过对比分析，本次研究中采用势流理论建立的泊松方程，根据势流理论中势函数和流函数必然正交的物理规则，可以导出 P、Q 形式如下：

$$
\left.
\begin{aligned}
P &= \frac{1}{J^2}\left[-\alpha\frac{\partial}{\partial\xi}(\ln K) + \beta\frac{\partial}{\partial\eta}(\ln K)\right] \\
Q &= \frac{1}{J^2}\left[-\beta\frac{\partial}{\partial\xi}(\ln K) + \gamma\frac{\partial}{\partial\eta}(\ln K)\right]
\end{aligned}
\right\}
\tag{9.3.18}
$$

式中：$K = \left(\gamma/\alpha\right)^{1/2}$；其他符号同式（9.3.14）。

9.3.3　统一对流扩散方程

将上述控制方程式（9.3.1）、式（9.3.2）、式（9.3.3）及 k、ε 的输运方程式（9.3.5）和式（9.3.6）写成统一的对流-扩散微分方程式如下：

$$
\frac{\partial(H\phi)}{\partial t} + \frac{\partial}{\partial x}(Hu\phi) + \frac{\partial}{\partial y}(Hv\phi) = \frac{\partial}{\partial x}\left(H\Gamma_\phi\frac{\partial\phi}{\partial x}\right) + \frac{\partial}{\partial y}\left(H\Gamma_\phi\frac{\partial\phi}{\partial y}\right) + S_\phi
\tag{9.3.19}
$$

式中：变量 ϕ 为1、u、v、k、ε 时，上式分别转化为五个紊流模型的控制方程；S_ϕ 为源项，通过负坡的线性化处理，令 $S_\phi = S_{\phi c} + S_{\phi p}\phi_p$，即 $S_{\phi p}$ 必须满足 $S_{\phi p} \leq 0$；Γ_ϕ 于 ϕ 的对应关系可见表9.3.1。

式（9.3.19）的详细讨论如下：

当 $\phi = 1$ 时，$\Gamma_\phi = 0, S_\phi = 0$，式（9.3.19）对应连续性方程，即式（9.3.1）：

$$
\frac{\partial H}{\partial t} + \frac{\partial}{\partial x}(Hu) + \frac{\partial}{\partial y}(Hv) = 0
$$

当 $\phi = u$ 时，为 x 方向的动量方程式（9.3.19），此时：

$$
\Gamma_\phi = \eta_t + \eta_\mu,\quad S_{up} = 0,
$$

$$
S_{uc} = \frac{\partial}{\partial x}\left(H\Gamma_\phi\frac{\partial u}{\partial x}\right) + \frac{\partial}{\partial y}\left(H\Gamma_\phi\frac{\partial v}{\partial x}\right) - g\left(H + \frac{\rho_i}{\rho}t_i\right)\frac{\partial}{\partial x}\left(Z_b + H + \frac{\rho_i}{\rho}t_i\right) - \tau_x
\tag{9.3.20}
$$

当 $\phi = v$ 时，为 y 方向的动量方程式（9.3.3），此时：

$$
\Gamma_\phi = \eta_t + \eta_\mu,\quad S_{vp} = 0,
$$

$$
S_{vc} = \frac{\partial}{\partial y}\left(H\Gamma_\phi\frac{\partial v}{\partial y}\right) + \frac{\partial}{\partial x}\left(H\Gamma_\phi\frac{\partial u}{\partial y}\right) - g\left(H + \frac{\rho_i}{\rho}t_i\right)\frac{\partial}{\partial y}\left(Z_b + H + \frac{\rho_i}{\rho}t_i\right) - \tau_y
\tag{9.3.21}
$$

式中：H 为冰盖下水深；ρ_i 和 ρ 分别为冰和水的密度；t_i 为冰塞厚度；Z_b 为床面高程。而 τ_x 和 τ_y 的计算式见式（9.3.4）。

当 $\phi = k$ 时，$\Gamma_\phi = \dfrac{\eta_t}{\sigma_k} + \eta_\mu$，式（9.3.19）为 k 的输运方程式（9.3.5），此时：

$$S_{kp} = -\rho H \frac{\varepsilon}{k}, \quad S_{kc} = HG + HP_{kv} \qquad (9.3.22)$$

当 $\phi = \varepsilon$ 时，$\Gamma_\phi = \dfrac{\eta_t}{\sigma_\varepsilon} + \eta$，式（9.3.20）为 ε 的输运方程式（9.3.15），此时：

$$S_{\varepsilon p} = -2HC_2 \left(\frac{\varepsilon}{k} \right), \quad S_{\varepsilon c} = HC_1 \frac{\varepsilon}{k} G + HP_{\varepsilon v} + HC_2 \frac{\varepsilon^2}{k} \qquad (9.3.23)$$

9.3.4 计算坐标系下的模型控制方程

流动区域不是矩形域，在物理平面上的直角坐标系 (x, y) 中求解时，求解域则应转化到贴体坐标中去。按照上以章节介绍的贴体坐标变换法进行坐标转换，即以式（9.3.10）为两个坐标系的关系式，将物理平面内的控制方程转换到计算平面的过程中，需要利用以下数学关系，首先由 (x, y) 平面上的全微分有：

$$\left.\begin{aligned}
dx &= \frac{\partial x}{\partial \xi} d\xi + \frac{\partial x}{\partial \eta} d\eta \\
dy &= \frac{\partial y}{\partial \xi} d\xi + \frac{\partial y}{\partial \eta} d\eta
\end{aligned}\right\} \qquad (9.3.24)$$

将 $d\xi$、$d\eta$ 解出，得

$$\left.\begin{aligned}
d\xi &= \frac{y_\eta dx - x_\eta dy}{x_\xi y_\eta - x_\eta y_\xi} = \frac{y_\eta}{J} dx - \frac{x_\eta}{J} dy \\
d\eta &= \frac{-y_\xi dx + x_\xi dy}{x_\xi y_\eta - x_\eta y_\xi} = -\frac{y_\xi}{J} dx + \frac{x_\xi}{J} dy
\end{aligned}\right\} \qquad (9.3.25)$$

由 (ξ, η) 平面上得全微分又有：

$$\left.\begin{aligned}
d\xi &= \xi_x dx + \xi_y dy \\
d\eta &= \eta_x d\xi + \eta_y dy
\end{aligned}\right\} \qquad (9.3.26)$$

比较式（9.3.25）和式（9.3.26）两式的全微分形式有：

$$\xi_x = \frac{y_\eta}{J}, \quad \xi_y = -\frac{x_\eta}{J}, \quad \eta_x = -\frac{y_\xi}{J}, \quad \eta_y = \frac{x_\xi}{J} \qquad (9.3.27)$$

其中 $J = x_\xi y_\eta - x_\eta y_\xi$，称为雅可比（Jacobi）因子，它代表了计算空间中控制容积的胀缩程度。

现对通用变量 ϕ，有（本转换中 $\tau = t$）：

$$\frac{\partial}{\partial x} = \frac{\partial}{\partial \xi} \xi_x + \frac{\partial}{\partial \eta} \eta_x, \qquad \frac{\partial}{\partial y} = \frac{\partial}{\partial \xi} \xi_y + \frac{\partial}{\partial \eta} \eta_y, \qquad \frac{\partial}{\partial t} = \frac{\partial}{\partial \tau} + \frac{\partial}{\partial \xi} \xi_t + \frac{\partial}{\partial \eta} \eta_t \qquad (9.3.28)$$

因此，对于统一的对流-扩散微分方程式（9.3.19）有：

非稳态项

$$\frac{\partial (H\phi)}{\partial t} = \frac{\partial}{\partial \tau} (H\phi) + \frac{\partial}{\partial \xi} (H\phi) \xi_t + \frac{\partial}{\partial \eta} (H\phi) \eta_t \qquad (9.3.29)$$

对流项

$$\frac{\partial(Hu\phi)}{\partial x} = \frac{\partial(Hu\phi)}{\partial \xi}\xi_x + \frac{\partial(Hu\phi)}{\partial \eta}\eta_x \qquad (9.3.30)$$

$$\frac{\partial(Hv\phi)}{\partial y} = \frac{\partial(Hv\phi)}{\partial \xi}\xi_y + \frac{\partial(Hv\phi)}{\partial \eta}\eta_y \qquad (9.3.31)$$

将式（9.3.30）和式（9.3.31）相加得：

$$\frac{\partial(Hu\phi)}{\partial x} + \frac{\partial(Hv\phi)}{\partial y} = \frac{\partial}{\partial \xi}\left[\frac{H\phi}{J}(uy_\eta - vx_\eta)\right] + \frac{\partial}{\partial \eta}\left[\frac{H\phi}{J}(vx_\xi - uy_\xi)\right]$$

$$= \frac{1}{J}\left[\frac{\partial}{\partial \xi}(HU\phi) + \frac{\partial}{\partial \eta}(HV\phi)\right] \qquad (9.3.32)$$

式中：$U = uy_\eta - vx_\eta$，$V = vx_\xi - uy_\xi$，称 U、V 为逆变流速分量。

对于通用微分方程等式（9.3.19）右边的扩散项，结合变换关系（9.3.28），类似可得：

$$\frac{\partial}{\partial x}(H\Gamma_\phi\frac{\partial\phi}{\partial x}) = \frac{\partial}{\partial \xi}\left[H\Gamma_\phi(\frac{\partial\phi}{\partial \xi}\cdot\frac{y_\eta}{J} - \frac{\partial\phi}{\partial \eta}\cdot\frac{y_\xi}{J})\right]\cdot\frac{y_\eta}{J} - \frac{\partial}{\partial \eta}\left[H\Gamma_\phi(\frac{\partial\phi}{\partial \xi}\cdot\frac{y_\eta}{J} - \frac{\partial\phi}{\partial \eta}\cdot\frac{y_\xi}{J})\right]\cdot\frac{y_\xi}{J} \quad (9.3.33)$$

$$\frac{\partial}{\partial y}(H\Gamma_\phi\frac{\partial\phi}{\partial y}) = -\frac{\partial}{\partial \xi}\left[H\Gamma_\phi(\frac{\partial\phi}{\partial \eta}\cdot\frac{x_\xi}{J} - \frac{\partial\phi}{\partial \xi}\cdot\frac{x_\eta}{J})\right]\cdot\frac{x_\eta}{J} + \frac{\partial}{\partial \eta}\left[H\Gamma_\phi(\frac{\partial\phi}{\partial \eta}\cdot\frac{x_\xi}{J} - \frac{\partial\phi}{\partial \xi}\cdot\frac{x_\eta}{J})\right]\cdot\frac{x_\xi}{J} \quad (9.3.34)$$

式（9.3.33）和式（9.3.34）相加可得：

$$\frac{1}{J}\cdot\frac{\partial}{\partial \xi}\left\{H\Gamma_\phi\left[\frac{1}{J}\cdot\frac{\partial\phi}{\partial \xi}(x_\eta^2 + y_\eta^2) - \frac{1}{J}\cdot\frac{\partial\phi}{\partial \eta}(x_\xi x_\eta + y_\xi y_\eta)\right]\right\} +$$

$$\frac{1}{J}\cdot\frac{\partial}{\partial \eta}\left\{H\Gamma_\phi\left[\frac{1}{J}\cdot\frac{\partial\phi}{\partial \eta}(x_\xi^2 + y_\xi^2) - \frac{1}{J}\cdot\frac{\partial\phi}{\partial \xi}(x_\xi x_\eta + y_\xi y_\eta)\right]\right\}$$

$$= \frac{1}{J}\cdot\frac{\partial}{\partial \xi}\left[\frac{H\Gamma_\phi}{J}(\alpha\frac{\partial\phi}{\partial \xi} - \beta\frac{\partial\phi}{\partial \eta})\right] + \frac{1}{J}\cdot\frac{\partial}{\partial \eta}\left[\frac{H\Gamma_\phi}{J}(\gamma\frac{\partial\phi}{\partial \eta} - \beta\frac{\partial\phi}{\partial \xi})\right] \qquad (9.3.35)$$

因此，笛卡尔坐标系下标准 $k-\varepsilon$ 模型的通用微分方程式（9.3.19）在 $\xi-\eta$ 坐标系下的形式如下：

$$\frac{\partial(H\phi)}{\partial t} + \frac{1}{J}\frac{\partial}{\partial \xi}(HU\phi) + \frac{1}{J}\frac{\partial}{\partial \eta}(HV\phi)$$

$$= \frac{1}{J}\cdot\frac{\partial}{\partial \xi}\left[\frac{H\Gamma_\phi}{J}(\alpha\phi_\xi - \beta\phi_\eta)\right] + \frac{1}{J}\cdot\frac{\partial}{\partial \eta}\left[\frac{H\Gamma_\phi}{J}(\gamma\phi_\eta - \beta\phi_\xi)\right] + S_\phi(\xi,\eta) \qquad (9.3.36)$$

式中：ϕ、Γ_ϕ、$S_\phi(\xi,\eta)$ 对应关系见表 9.3.1。

表 9.3.1 统一对流扩散微分方程变量 ϕ、扩散系数 Γ_ϕ 和源项 $S_\phi(\xi,\eta)$ 对应关系

方程变量	ϕ	Γ_ϕ	S_ϕ
连续	1	0	0
x-动量方程	u	$\eta_t + \eta_\mu$	S_u
y-动量方程	v	$\eta_t + \eta_\mu$	S_v
z-动量方程	w	$\eta_t + \eta_\mu$	S_w
紊动能	k	$\eta_t/\sigma_k + \eta_\mu$	$H(G + P_{kv} - \rho\varepsilon)$
耗散率	ε	$\eta_t/\sigma_\varepsilon + \eta_\mu$	$H[\varepsilon(C_1 G - C_2\rho\varepsilon)/k + P_{\varepsilon v}]$

表 9.3.1 中第 4 列各源项部分计算式如下：

P_{kv} 和 $P_{\varepsilon v}$ 表达式同式（9.3.17）。

$$S_u = -\frac{1}{J}\left[gH\left(y_\eta \cdot \frac{\partial \zeta}{\partial \xi} - y_\xi \frac{\partial \zeta}{\partial \eta}\right)\right] + \frac{1}{J}\frac{\partial}{\partial \xi}\left\{\frac{H(\eta_t + \eta_\mu)}{J}\left[y_\eta^2 \cdot \frac{\partial u}{\partial \xi} - y_\xi y_\eta \frac{\partial u}{\partial \eta}\right]\right\} +$$

$$\frac{1}{J}\frac{\partial}{\partial \xi}\left\{\frac{H(\eta_t + \eta_\mu)}{J}\left[y_\xi x_\eta \frac{\partial v}{\partial \eta} - x_\eta y_\eta \frac{\partial v}{\partial \xi}\right]\right\} + \frac{1}{J}\frac{\partial}{\partial \eta}\left\{\frac{H(\eta_t + \eta_\mu)}{J} \times \right.$$

$$\left. \left[x_\xi y_\eta \frac{\partial v}{\partial \xi} - x_\xi y_\xi \frac{\partial v}{\partial \eta}\right]\right\} + \frac{1}{J}\frac{\partial}{\partial \eta}\left\{\frac{H(\eta_t + \eta_\mu)}{J}\left[y_\xi^2 \frac{\partial u}{\partial \eta} - y_\xi y_\eta \frac{\partial u}{\partial \xi}\right]\right\} - \tau_x \quad (9.3.37)$$

$$S_v = -\frac{1}{J}\left[gH\left(x_\xi \frac{\partial \zeta}{\partial \eta} - x_\eta \frac{\partial \zeta}{\partial \xi}\right)\right] + \frac{1}{J}\frac{\partial}{\partial \xi}\left\{\frac{H(\eta_t + \eta_\mu)}{J}\left[x_\eta^2 \frac{\partial v}{\partial \xi} - x_\xi x_\eta \frac{\partial v}{\partial \eta}\right]\right\} +$$

$$\frac{1}{J}\cdot\frac{\partial}{\partial \xi}\left\{\frac{H(\eta_t + \eta_\mu)}{J}\left[x_\xi y_\eta \frac{\partial u}{\partial \eta} - x_\eta y_\eta \frac{\partial u}{\partial \xi}\right]\right\} + \frac{1}{J}\cdot\frac{\partial}{\partial \eta}\left\{\frac{H(\eta_t + \eta_\mu)}{J} \times \right.$$

$$\left.\left[y_\xi x_\eta \frac{\partial u}{\partial \xi} - x_\xi y_\xi \frac{\partial u}{\partial \eta}\right]\right\} + \frac{1}{J}\frac{\partial}{\partial \eta}\left\{\frac{H(\eta_t + \eta_\mu)}{J}\left[x_\xi^2 \frac{\partial v}{\partial \eta} - x_\xi x_\eta \frac{\partial v}{\partial \xi}\right]\right\} - \tau_y \quad (9.3.38)$$

$$G = 2(\eta_t + \eta_\mu)\left(\frac{\partial u}{\partial \xi}\cdot\frac{y_\eta}{J} - \frac{\partial u}{\partial \eta}\cdot\frac{y_\xi}{J}\right)^2 + 2(\eta_t + \eta_\mu)\left(-\frac{\partial v}{\partial \xi}\cdot\frac{x_\eta}{J} + \frac{\partial v}{\partial \eta}\frac{x_\xi}{J}\right)^2 +$$

$$(\eta_t + \eta_\mu)\left[\left(\frac{\partial v}{\partial \xi}\cdot\frac{y_\eta}{J} - \frac{\partial v}{\partial \eta}\cdot\frac{y_\xi}{J}\right) + \left(-\frac{\partial u}{\partial \xi}\cdot\frac{x_\eta}{J} + \frac{\partial u}{\partial \eta}\cdot\frac{x_\xi}{J}\right)\right]^2 \quad （9.3.39）$$

9.3.5　冰塞面变形方程

借鉴泥沙输运的理论，类似的同样认为冰盖下冰花的输运分为推移质输运和悬移质输运两种形式，其中悬移质引起的冰塞面变形方程为

$$\rho_0 g \frac{\partial Z_{ices}}{\partial t} = -D_b + E_b \quad （9.3.40）$$

式中：ρ_0 为冰花和孔隙水的混合密度，可近似取 ρ；Z_{ices} 为由悬冰部分引起的床面变形部分；D_b 为冰花沉积率；E_b 为冰花侵蚀率。

盖移质引起的冰塞面变形方程为

$$\frac{\partial Z_{ice}}{\partial t} + \frac{1}{1 - e_u}\left(\frac{\partial q_{ix}}{\partial x} + \frac{\partial q_{iy}}{\partial y}\right) = 0 \quad （9.3.41）$$

转换到贴体坐标系 $\xi - \eta$ 下，冰塞面变形方程的形式转化为

$$\frac{\partial Z_{ice}}{\partial t} + \frac{1}{1 - e_u}\left(\frac{\partial q_{ix}}{\partial \xi}\frac{y_\eta}{J} - \frac{\partial q_{ix}}{\partial \eta}\frac{y_\xi}{J} - \frac{\partial q_{iy}}{\partial \xi}\frac{x_\eta}{J} + \frac{\partial q_{iy}}{\partial \eta}\frac{x_\xi}{J}\right) = 0 \quad （9.3.42）$$

式中：Z_{ice} 为冰塞面高程；e_u 为冰粒的孔隙率，一般取 0.4；q_{ix} 和 q_{iy} 分别为流场 x 和 y 方向的输冰率，$q_{ix} = (u/U)q_i$，$q_{iy} = (v/U)q_i$，$U = \sqrt{u^2 + v^2}$；q_i 为河道输冰率，其计算式采用汪德胜和沈洪道分析黄河实测资料获得的研究成果，即单宽输冰能力 q_i 计算式如下：

$$q_i = \begin{cases} 5.487(\theta - \theta_c)^{1.5} d_n W_i, & \theta > \theta_c = 0.041 \\ 0, & \theta < \theta_c = 0.041 \end{cases} \quad （9.3.43）$$

其中

$$\theta = u_*^2 / (g d_n W_i)$$
$$W_i = F\sqrt{g d_n (\rho - \rho_i)/\rho}$$

式中：θ 为无量纲水流强度；θ_c 为临界值；u_* 为冰盖底面剪切流速；d_n 为冰颗粒直径；W_i 为冰粒浮速；F 为颗粒形状系数，可取值 1.0。

9.3.6　数学模型求解

有限体积法满足微元体上的通量守恒这一物理原理，因而较为适合求解上述控制方程。在应用有限体积法求解过程中，网格变量的布置方法是首要讨论的问题。目前求解不可压缩水流流动，有很多学者采用交错网格布置来避免压力场的波动问题，交错网格虽然成功地解决了速度和压力的耦合问题，但随着数值计算的问题从二维发展到三维，由规则区域发展到不规则区域，由单重网格发展到多重网格，使用交错网格带来的缺点，即程序编制的复杂与不便日益突出。

1983 年，Rhie 和 chow 提出不采用交错网格而防止压力和速度间失耦的方法，但在当时并未得到重视，1988 年 Peric 进一步论述了这个问题，引起了学术界的重视，此后这种各个变量均放置在统一套网格上且能保证压力与速度避免发生震荡的方法迅速地发展起来，并被赋予了同位网格（collocated grid）的名称。

同位网格顾名思义是将计算变量布置在同一网格点上（见图 9.3.3），用同一控制体积在非正交拟合坐标系中离散求解，其优点如下：

（1）所有的计算变量处于同一网格点上，可采用同一控制离散方程，控制体积交界面系数对所有变量一致。

（2）插值计算的工作量较小。

（3）拟合坐标系对曲线网格的限制较少，正交速度分量和非正交坐标系相联系，有利于非正交网格的生成，统一明了的离散方程使计算程序更加简明一致。

不过，使用非交错网格布置的同时，动量方程中的压力梯度中心差分和连续方程离散过程中控制体积交界面流速的线性插值将导致压力场波动，所以需要寻求连续性方程离散过程中控制体积交界面流速计算新的插值计算公式。这种插值方法将在之后的章节中介绍。

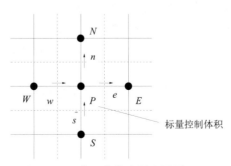

图 9.3.3　同位网格的变量布置图

采用同位网格，动量方程、浓度等标量方程都在同一控制体积上离散，物理平面和计算平面相应的控制体积如图 9.3.4 所示。

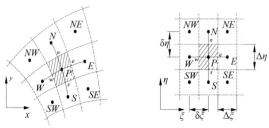

（a）物理平面的计算网格　　（b）计算平面的计算网格

图 9.3.4　物理平面和计算平面的网格

为了简便起见，取离散体积 $\Delta\xi = \Delta\eta = 1$，微分方程的离散采用有限体积法，则通用对流-扩散方程式（9.3.19）可以离散成为如下形式：

$$a_P\phi_P = \sum a_{nb}\phi_{nb} + b \tag{9.3.44}$$

其中

$$a_p = \sum a_{nb} + a_P^{\circ} - S_{\phi p}\Delta\xi\Delta\eta ; \quad a_P^{\circ} = \frac{JH_P^{\circ}\Delta\xi\Delta\eta}{\Delta t} \tag{9.3.45}$$

$$b = S_{\phi c}\Delta\Omega + a_P^{\circ}\phi_P^{\circ} + b_{\phi}, \quad b_{\phi} = -(\beta\frac{H\Gamma_{\phi}}{J}\phi_{\eta})_w^e - (\beta\frac{H\Gamma_{\phi}}{J}\phi_{\xi})_s^n \tag{9.3.46}$$

$$\left.\begin{array}{l} a_I = D_i A(|P_i|) + [-F_i, 0], \quad I = E, N, \ i = e, n \\ a_J = D_j A(|P_j|) + [F_j, 0], \quad J = W, S, \ j = w, s \end{array}\right\} \tag{9.3.47}$$

$$\left.\begin{array}{l} F_i = (HU)_i\Delta\eta, \ i = e, w \\ F_j = (HV)_j\Delta\xi, \ j = n, s \end{array}\right\} \tag{9.3.48}$$

$$\left.\begin{array}{l} D_i = \left(\frac{1}{J} \cdot \frac{\alpha H\Gamma_{\phi}}{\Delta\xi}\right)_i \Delta\eta, \ i = e, w \\ D_j = \left(\frac{1}{J} \cdot \frac{\gamma H\Gamma_{\phi}}{\Delta\eta}\right)_j \Delta\xi, \ j = n, s \end{array}\right\} \tag{9.3.49}$$

$$P_i = \frac{F_i}{D_i}, \quad i = e, w, n, s \tag{9.3.50}$$

式（9.3.47）中的 $A(|P_i|)$ 的表达式取决于节点间函数值的分布假设，可按照所需格式在表 9.3.2 中选取，金忠青（1989）比较各类格式后认为，幂函数和指数格式的结果较为精确，但在 $|P_i| = |a_i/D_i| < 10$ 时，幂函数格式具有明显的优势。因此研究中选用幂函数格式。

控制体积交界面上物理量的插值计算，通常采用两种方法，即线性插值与调和插值。如图 9.3.5 所示，P、E 节点和控制体交界面 e 处的物理量分别为 Γ_P、Γ_E 和 Γ_e，令 d_{Pe} 和 d_{eE} 分别为两节点 P、E 到交界面 e 处距离，则可以得到上述提到的两种方法的相关插值因子 $f_e = d_{Pe}/(d_{Pe} + d_{eE})$。

表 9.3.2 $A(|P_i|)$ 于不同离散格式时的取值表

格式	$A(|P|)$
中心差分	$1-0.5|P|$
上风格式	1
混合格式	$[0, 1-0.5|P|]$
幂函数格式	$[0, (1-0.1|P|)^5]$
指数格式	$|P|/[\exp(|P|)-1]$

图 9.3.5 插值计算示意图

线性插值：

$$\Gamma_e = f_e \Gamma_E + (1-f_e)\Gamma_P \qquad (9.3.51)$$

调和插值：

$$\Gamma_e = \frac{\Gamma_P \Gamma_E}{(1-f_e)\Gamma_P + f_e \Gamma_E} = \left(\frac{f_e}{\Gamma_P} + \frac{1-f_e}{\Gamma_E}\right)^{-1} \qquad (9.3.52)$$

对于不同的物理量，由于变量本身的特性不同而常需要采用不同的插值计算方法。一般情况下，计算变量压力（水位）、浓度以及交错网格布置时的流速场采用线性插值计算；而紊动黏性系数 η_t 则采用调和平均的计算方法。

在非交错网格或同位网格中，1983 年 Rhie 和 Chow 从离散的动量方程出发，推导出包含压力梯度修正的插值计算公式，提出了动量插值的概念，避免了二维同位网格中的压力场波动问题。该方法经过 Miller、Schmidt、Xu H、Zhang C、Jian Ye 和 McCorguodale J A 等学者进一步发展改进。本研究中采用 Lin 等人提出的动量插值方法。

$$U_i^* = \langle \overline{U} \rangle_i - \left\langle \frac{\alpha g H}{a_P - \sum a_{nb}} \right\rangle_i \left(\frac{\partial Z_s}{\partial \xi}\right)_i + \left\langle \overline{\left(\frac{\alpha g H}{a_P - \sum a_{nb}}\right)_P \left(\frac{\partial Z_s}{\partial \xi}\right)_P} \right\rangle_i \quad i = e, w \quad (9.3.53)$$

$$V_j^* = \langle \overline{V} \rangle_j - \left\langle \frac{\gamma g H}{a_P - \sum a_{nb}} \right\rangle_j \left(\frac{\partial Z_s}{\partial \eta}\right)_j + \left\langle \overline{\left(\frac{\gamma g H}{a_P - \sum a_{nb}}\right)_P \left(\frac{\partial Z_s}{\partial \eta}\right)_P} \right\rangle_j \quad j = n, s \quad (9.3.54)$$

其中 $\left(\dfrac{\partial Z_s}{\partial \xi}\right)_i$、$\left(\dfrac{\partial Z_s}{\partial \eta}\right)_j$ 需要通过插值得出，符号 $\langle \overline{} \rangle$ 表示线性平均。

模型中动量方程求解的困难在于计算未知的压力场。在水体中，压力场是由连续性方程间接确定的。求解压力场大致可采用的方法有四类：联立求解法、解压力泊松方程、人为压缩法及压力校正法。相比较而言，压力泊松方程法和压力校正法使用较多。研究中采用压力校正方法耦合求解压力流速场。深度平均的平面二维模型常采用静压假定，因此方程中的压力梯度就转化为水位梯度项。

采用 SIMPLEC 算法，先由式（9.3.44）解出节点上不满足连续方程的速度值 U^*、V^*，再通过动量插值式（9.3.53）、式（9.3.54）得到交界面上的速度 U_i^*、V_i^*，从而可以得到水位校正方程的源项，之后由下面的水位校正方程来校正水位值：

$$A_P' Z_P' = A_E Z_E' + A_W Z_W' + A_N Z_N' + A_S Z_S' + b \tag{9.3.55}$$

其中

$$A_I = g\Delta\eta \left\langle \overline{\alpha H^2} \right\rangle_i \bigg/ \left\langle \overline{a_P - \sum a_{nb}} \right\rangle_i \qquad I = E, W, i = e, w \tag{9.3.56}$$

$$A_J = g\Delta\xi \left\langle \overline{\gamma H^2} \right\rangle_j \bigg/ \left\langle \overline{a_P - \sum a_{nb}} \right\rangle_j \qquad J = N, S, j = n, s \tag{9.3.57}$$

$$A_P = A_E + A_W + A_N + A_S + \frac{1}{\Delta t} J \Delta\xi \Delta\eta \tag{9.3.58}$$

$$b = [(HU^*)_w - (HU^*)_e]\Delta\eta + [(HV^*)_s - (HV^*)_n]\Delta\xi \tag{9.3.59}$$

由上式求出水位的校正值 Z_P'，引入松弛因子 α_p，校正水位的式子为 $Z_P = Z_P^* + \alpha_p Z_P'$，应用 SIMPLEC 算法时 α_p 一般取 1.0。

之后修正节点上的速度至满足连续性方程，式子如下：

$$U_P' = -g\alpha H \left(\left\langle \overline{Z'} \right\rangle_e - \left\langle \overline{Z'} \right\rangle_w \right) \Delta\eta \bigg/ (a_P - \sum a_{nb}) \tag{9.3.60}$$

$$V_P' = -g\gamma H \left(\left\langle \overline{Z'} \right\rangle_n - \left\langle \overline{Z'} \right\rangle_s \right) \Delta\xi \bigg/ (a_P - \sum a_{nb}) \tag{9.3.61}$$

$$U_P = U_P^* + U_P', \quad V_P = V_P^* + V_P' \tag{9.3.62}$$

相应地控制体交界面上的逆变速度分量可以修正值为

$$\left.\begin{array}{l} U_e' = -g\left\langle \overline{\alpha H} \right\rangle_e (Z_E' - Z_P')\Delta\eta \bigg/ \left\langle \overline{a_P - \sum a_{nb}} \right\rangle_e \\[2mm] U_w' = -g\left\langle \overline{\alpha H} \right\rangle_w (Z_P' - Z_w')\Delta\eta \bigg/ \left\langle \overline{a_P - \sum a_{nb}} \right\rangle_w \\[2mm] V_n' = -g\left\langle \overline{\gamma H} \right\rangle_n (Z_N' - Z_P')\Delta\xi \bigg/ \left\langle \overline{a_P - \sum a_{nb}} \right\rangle_n \\[2mm] V_s' = -g\left\langle \overline{\gamma H} \right\rangle_s (Z_P' - Z_s')\Delta\xi \bigg/ \left\langle \overline{a_P - \sum a_{nb}} \right\rangle_s \end{array}\right\} \tag{9.3.63}$$

9.3.7　定解条件

（1）初始条件。给定初始条件时刻 $t=0$ 时，计算域内所有计算变量（u, v, Z, k, ε）的初值。

上游控制条件：径流控制给定上游来流过程线，并按照第一类边界条件给出 k 和 ε 值。入口处湍动能 k 可以取进口动能的 0.5%~1.5%。紊动耗散率计算式为 $\varepsilon = k^{2/3}/(0.413B)$，$B$ 为河宽。

（2）出口条件。出口给定控制水位线，恒定流的计算可以给定下游出口和上游来流的水位-流量关系曲线。流速 u、v，湍动能 k，湍耗散 ε 给出充分发展的条件，即 $\partial\phi/\partial\xi = 0$。

（3）固壁条件。近壁区因为分子黏性系数较大，雷诺数较低，C_μ 受到雷诺数 Re 的影响，为避免在近壁区加密网格，大多采用壁面函数法。即使用一组半经验公式，将壁面上的物理量与湍流核心区内待求的未知量直接联系起来。

1）速度壁函数为

$$\tau_w = \rho u_P C_u^{1/4} k_P^{1/2} \big/ u^+ \ , \quad u^+ = \frac{1}{\kappa}\ln(Ey^+) \ , \quad y^+ = \Delta y_P C_u^{1/4} k_P^{1/2} \big/ \eta_\mu$$

式中：u^+、y^+为无量纲数，分别表示速度和距离；τ_w为壁面切应力；Δy_P为离边壁的第一个节点的距离；k_P为节点P上的湍动动能；κ为 Von Karman 常数，取值为 0.4；E为反映边壁粗糙程度的系数，拟取 0.9。

使用上式的要求是与壁面相邻的控制体积的节点满足$y^+>11.63$。

2）k、ε壁面函数。在壁面上湍动能k的边界条件是$\partial k/\partial n = 0$，$\varepsilon_P = C_\mu^{3/4} k_P^{3/2}\big/\kappa\Delta y_P$，在与壁面相邻的控制体积上是不对$\varepsilon$方程求解的，而用上式直接解$P$点的$\varepsilon$。

（4）收敛的控制条件。控制连续性方程的最大质量源$b_{\max}$和通过各断面的流量Q_j，$b_{\max}\big/Q_j < 1\%$，流速$\sum(U_{i,j}^{n+1} - U_{i,j}^n)^2 < 1\times10^{-3}$ m/s，水位$\sum(Z_{i,j}^{n+1} - Z_{i,j}^n)^2 < 1\times10^{-3}$ m。

综上所述，模型通用微分方程式（9.3.19）采用有限体积法进行离散求解，网格变量采用同位网格进行布置。对于不同的物理量，由于变量本身的特性不同而常需要采用不同的插值计算方法。一般情况下，计算变量压力（水位）、浓度以及交错网格布置时的流速场采用线性插值计算；而紊动黏性系数η_t则采用调和平均的计算方法。同位网格为了避免压力场的波动要求在控制体交界面上的流速需由两侧节点流速的动量插值得出。采用同位网格布置，此时动量插值问题需要同时考虑静水压力和动水压力梯度，在控制体积上各界面上速度应采用动量插值计算方法。基于 SIMPLE 算法求解模型，具体步骤如下：

1）计算坐标变换的相关系数，假定初始的水位预测值Z^*，假定一个流速场分布。

2）按照上一层计算得出的界面流速确定动量离散方程中的系数及常数项，根据上一层的水位解求解动量方程，得出U^*、V^*等。

3）由动量插值的计算公式得出控制体积交界面流速通量U_e^*、V_n^*，从而计算水深校正方程的源项。

4）求解水位校正方程，得到Z'，并修正水位值。

5）利用校正的水位值由式（9.3.60）、式（9.3.61）校正节点流速值，得U、V。

6）通过式（9.3.63）修正控制体积上交界面上的流速。

7）解k、ε方程，并计算有效黏滞系数η_t。

8）判断是否满足收敛条件，否则以本次循环得到的界面流速值和水位值为下次循环的初值，重回第2）步骤计算至收敛。

9.4　小结

研究建立的数学模型借鉴了泥沙运动的理论，并结合目前国内外河冰问题方面学者的研究成果，在求解冰花浓度的基础上建立了悬冰和盖移质影响下的冰塞面变形方程。模拟结果表明冰塞面变形方程符合天然河道冰期输冰的客观规律，所建立的数学模型可靠有效。

参考文献

[1]　蔡琳，卢杜田. 2002. 水库防凌调度数学模型的研制与开发[J].水利学报，6（6）：67-71.

[2] 董耀华，杨国录.1999.大清河系观测河段及南水北调中线方案冰情计算分析[J]. 长江科学院院报，16（6）：13-17.

[3] 高需生，靳国厚，吕斌秀.2003.南水北调中线工程输水冰情的初步分析[J]. 水利学报（11）：96-101.

[4] 郭新蕾，杨开林，付辉，等. 2011.南水北调中线工程冬季输水冰情的数值模拟[J].水利学报，42（11）：1268-1276.

[5] 金忠青.1989. N-S 方程的数值解和紊流模型[M].南京：河海大学出版社.

[6] 靳国厚，高需生，吕斌秀.1997.明渠冰情预报的数学模型[J].水利学报（10）：1-9.

[7] 李义天，曹志芳. 2001.河道平面二维水沙数学模型[M]. 北京：中国水利水电出版社.

[8] 茅泽育，张磊，王永填，等.2003.采用适体坐标变换方法数值模拟天然河道河冰过程[J].冰川冻土，25（增刊 2）：214-219.

[9] 汪德胜，沈洪道，孙肇初.1993.黄河河曲段输冰水力学机理分析[J].泥沙研究（4）：1-10.

[10] 王军，高月霞，等.2007.弯槽段冰塞形成及其厚度分布的试验研究[J].冰川冻土，29（5）：764-769.

[11] 王军，陈胖胖，隋觉义.2011.稳封期天然河道冰塞堆积的数值模拟[J].水利学报，42（9）：1117-1121.

[12] 王军，付辉，等.2009.冰盖下水流速度分布的二维数值模拟分析[J]. 冰川冻土，31（4）：705-709.

[13] 王军，倪晋，等.2008.冰盖下冰花颗粒的随机运动模拟[J].合肥工业大学学报，31（2）：191-195.

[14] 王军，张潮，倪晋.2006.二维贴体网格生成方法[J].合肥工业大学学报，12：1549-1551.

[15] 吴剑疆，茅泽育，王爱民，等.2003.河道中水内冰演变的数值计算[J]. 清华大学学报（5）：702-705.

[16] 吴修广，沈永明，潘存鸿.2005.天然弯曲河流的三维数值模拟[J].力学学报，37（6）：689-696.

[17] 夏云峰，薛鸿超.2002.非正交曲线同位网格三维水动力数值模型[J].河海大学学报（自然科学版），30（6）：74-78.

[18] 夏云峰.2002.感潮河道三维水流泥沙数值模型研究与应用[D].南京：河海大学：25-51.

[19] 杨开林，等.2002.河道冰塞的模拟[J].水利水电技术（10）：40-47.

[20] De Sheng Wang，Hung Tao Shen，Randy D. Crissman. 1995.Simulation and Analysis of upper Niagara River ice–jam conditions[J].Journal Cold Regions Engrg.，ASCE，9（3）：119-134.

[21] Edward P Foltyn，Hung Tao Shen，St.1986.Lawrence River Freeze-up Forecast[J].Journal of Waterway，Port，Coastal and Ocean Engineering，112（4）：20733.

[22] Fanghui Chen，Hung Tao Shen，Nimal C Jayasundara.2006. A one-dimensional comprehensive river ice model[C]//Proceedings on the 18th IAHR International symposium on Ice，Japan，8：61-68.

[23] Hung Tao Shen，De Sheng，Wang A M，Wasantha Lal. 1995. Numerical Simulation of River ice processes[J].Journal Cold Regions Engrg.，ASCE，9（3）：107-118.

[24] Hung Tao Shen.2010. Mathematical modeling of river ice processes[J]. Cold Regions Science and Technology，62：3-13.

[25] Hung Tao Shen. 2005.Mathematical Modeling of River Ice Transport and Ice Jam Formation [J].ASCE Conf. Proc.：173-251.

[26] J Wang，J Sui，P Chen.2009.Numerical simulations of ice accumulation under ice cover along a river bend[J]. Int. J. Environ. Sci. Tech.，6（1）：1-12.

[27] Lal A M W，H T Shen.1992.Numerical simulation of river ice dynamics[C]//Proceedings of the Third International Conference on Ice Technology，Mas-. sachusetts Institute of Technology，Cambridge，Massachusetts，11-13 August.

[28] Lal A M W，Shen H T.1991.Mathematical model for river ice processes[J]. Jour. of Hydraulic Engrg.，ASCE，117（7）：851-867.

[29] LianWu Liu，Hung Tao Shen.2000.Numerical Simulation of River Ice Control with Booms[R]. Technical Report ERDC/CRREL.

[30] Lianwu Liu，Hai Li，Hung Tao Shen.2006.A two-dimensional comprehensive river ice model[C]//Proceedings on the 18th IAHR International symposium on Ice，Japan，9：69-76.

[31] Liu L，Shen H T，Tuthill A M.1999.A numerical model for river ice jam evolution[C]//V.2. Proceedings，14th IAHR International Symposium on Ice. Balkema Publishers，Rotterdam：739-746.

[32] Shen H T，Wang D S.1995.Under cover transport and accumulation of frazil granules[J]. Journal of Hydraulic Engineering，121（2）：184-195.

[33] Shen H T，Su J S，Liu L W.2000.SPH simulation of river ice dynamics[J].Journal of Computational Physics，165：752-770.

[34] Shen H T，Shen H，Tsai S M.1990.Dynamic transport of river ice. [J].Journal of Hydraulic Research

（IAHR），28（6）：659-671.

[35] Shen H T，Yapa P D.1984.Computer Simulation of Ice Cover Formation in the Upper St. Lawrence River[C]//In proceedings of the 3th Workshop on Hydraulics of River Ice，Fredericton，Canada：227-246.

[36] Shen H T.1985.Hydraulics of River Ice[R].Report85-1，Department of Civil and Environmental Engineering，Clarkson University，Potsdam，N.Y.

[37] Shen H T，Lu S，CRISSMAN R D.1997.Numerical simulation of ice transport over the Lake Erie-Niagara River ice boom[J]. Cold Regions Science and Technology，26：17-33.

[38] Shen H T，Lu S.1996.Dynamics of River Ice Jam Release[C]//Proc.，8th Int'l Conf. Cold Regions Engrg.，ASCE，Fairbanks：594-605.

[39] Shunan Lu，Hung Tao Shen，Andrew Randy Crissman. 1999.Numerical Study of Ice Jam Dynamics in Upper Niagara River[J].J.Cold Reg. Eng.，13：78-102.

[40] Su J，Shen H T，Grissman R D.1997.Numerical study on ice transport in the vicinity of Niagara River Hydropower in takes[J].Journal Cold Regions Engrg.，ASCE，11（4）：255-269.

[41] Thomas P D，Middlecoeff J F.1980.Direct control of the grid point distribution in meshes generated by elliptic equations [J]. AIAA Journal，18（6）：652-656.

[42] Wang J，Li Q G，Sui J Y.2010.Floating rate of frail ice particles in flowing water in bend channel - a three-dimesional numberical analysis[J].Journal of Hydrodynamics，22（1）：19-28.

[43] Y She，F Hicks.2006..Modeling ice jam release waves with consideration for ice effects[J]. Cold Regions Science and Technology，45（3）：137-147.

[44] Yapa P D，Shen H T.1986. Unsteady flow simulation for an ice-covered river[J]. J. Hydr. Div.，ASCE，112（11）：1036-1049.

[45] Zufelt J E，Ettema R.2000.Fully coupled model of ice-jam dynamics[J].J. Cold Reg. Eng.，14：24-41.

第 10 章 冰情预报的神经-模糊理论

随着计算机和控制技术的发展，智能算法在 20 世纪 40 年代应运而生。智能算法是一门新兴的交叉学科，目前该领域发展十分活跃且具有挑战性。许多学者积极投身于这一新兴理论及其应用的研究，并取得了丰收的成果。智能算法主要包括：模糊逻辑、人工神经网络、遗传算法、混沌理论等，这些算法在工程和非工程领域得到广泛的应用。1943 年美国学者 McClulloch 和 Pitts 发表神经元的数学模型之后以神经网络为代表的智能算法开始发展起来（Hassoun，1955）。随后，1965 年，Zadeh 提出模糊逻辑理论（杨振强，2002）。1975 年，Holland 提出遗传算法（杨振强，2000）。1975 年，Yorke 和 Li 给出"混沌"的确定概念（Yorke 和 Li，1975）。1991 年，Zadeh 指出人工神经网络、模糊逻辑及遗传算法与传统计算模式的区别，将它们命名为软计算。软科学从传统人工智能到计算智能发展里程碑事件和人物见表 10.0.1（张智星等，2000）。

表 10.0.1 传统人工智能到计算智能的发展过程

时 间	主要成果			
20 世纪 40 年代	1947 年 Cybernetics	1943 年 McCulloch-Pitts 神经模型		
20 世纪 50 年代	1956 年人工智能	1975 年感知器		
20 世纪 60 年代	Lisp 语言	20 世纪 60 年代 Adaline Madaline	1965 年模糊集合	
20 世纪 70 年代	Mid-1970s 知识工程专家系统	1974 年反传算法诞生 1975 年识别神经识别	1974 年模糊控制	1975 年遗传算法	1975 年混沌理论
20 世纪 80 年代		1980 年自组织映射 1982 年 Hopfield 网 1983 年玻尔兹曼机 1986 年反遗传算法蓬勃发展	1985 年模糊建模（TSK 模型）	20 世纪 80 年代中期人工生命免疫建模	
20 世纪 90 年代			20 世纪 90 年代神经－模糊建模	1990 年遗传编程	

10.1 冰情预报的人工神经网络模型

人工神经作为一门新学科、新方法和新技术，其发展过程经历一波三折，逐渐走向强大。从 20 世纪 90 年代后，人们越来越认识到人工神经网络的优势，在自然科学和社会科学各个领域得到广泛应用，取得了丰硕的成果。人工神经网络研究也随之得到飞速发展，逐渐构成较为完善的人工神经网络体系。它具有理论的综合性和交叉性等特点，其应用不仅涉及模式识别、神经控制、系统优化、模糊识别、信号处理，还涉及预测预报、智能决策和专家系统等。

1943 年美国心理学家 McCulloch 和数学家 Pitts 合作，用逻辑和数学工具描述神经网络，从此开创了人工智能和生物神经元的联系，建立了新的人工神经网络理论。人工神经网络的研究已经历半个多世纪的历史，但是它的发展并非一帆风顺，而是经历两起一落的马鞍形过程。直到 20 世纪 80 年代，以 Hopfield 提出了模仿人脑的 Hopfield 神经网络模型的出现为标志，推动神经网络新的发展和研究热潮。伴随着数字计算机性能的大幅提高和广泛应用，神经网络在人工智能、自动控制、计算机科学、信息处理、模式识别和预测预报等领域都有重大的应用，取得的成就得到了学术界、科研领域和应用领域的认可和瞩目。

在水科学领域，神经网络理论在不少学科都得到成功的应用。ASCE（2000a、2000b）和 Maier H. R.等（2000）对神经网络在水文预报中的应用作了详细的总结。在泥沙预报中，Cigizoglu H. K（2004、2006a、2006b）等把多层感知器算法、广义回归神经网络、自适应神经网络理论应用到悬移质泥沙预报中；Alp M.（2006）等应用 FFBP（Feed Forward Back Propagation）和 RBF（Radial Basis Function）两种神经网络估计悬移质泥沙携沙量。Chau 等（2005）、Dawson 等（2006）、Sahoo 等（2006）应用神经网络理论到洪水预报中。Zhang（2006）把神经网络理论应用到城市供水短期需水预报中。另外神经网络在其它方面也获得应用，例如水位预报（Bazartseren，2003；Chau，2006；Chang 等，2006；Michael Bruen 等，2005），流量预报（Cigizoglu，2003；Jain，1999）；降雨-径流预报（Sudheer 等,2002；Riad 等，2004；Tokar AS 等，1994；苑希民等，2002），地下水问题（Balkhair，2002），水质模拟（Zou 等，2002；Basheer 等，1995），生态（Olden 等，2006；Tan 等，2006），泥沙运动规律的研究（Gokmen T，2002），水力控制及其优化（王涛、杨开林，2005；程远初等，2002）。诸多研究表明：神经网络研究成果同传统预报方法相比，预报精度明显提高。

10.1.1 前馈网络

前馈网络的结构由输入层-中间层-输出层组成，如图 10.1.1 所示。信息传递由输入层流入，经过中间层，最后由输出层输出信息结果。前馈网络中间层连接输入层和输出层，通过输入层和输出层同连接外面信息，输出计算结果。输入层和输出层同外界发生来联系，中间层可以是一层，也可以是多层，但不直接同外部环境发生联系，所以也成为隐层。图 10.1.1 为一个输入层和一个输出层，两个隐层的前馈网络的拓扑结构图。

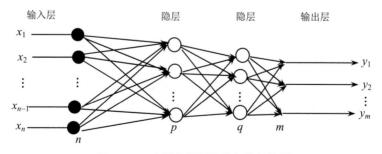

图 10.1.1　多层前馈网络的拓扑结构图

下面以具有一个隐层的单层前馈网络为例，说明 ANN 网络的数据信息的传递和处理过程。

$$X = \begin{bmatrix} x_1 \\ x_2 \\ x_3 \\ \vdots \\ x_n \end{bmatrix} = \begin{bmatrix} x_1 & x_2 & x_3 & \cdots & x_n \end{bmatrix}^{\mathrm{T}} \tag{10.1.1}$$

式中: X 为 ANN 网络的输入向量; x_i 为输入向量的元素。

神经元节点的连接权重矩阵 W, W 为 $m \times n$ 的矩阵, 其中 m 为神经元节点的行数, n 为神经元节点的列数, $\bar{W}_j$ 为神经元的权重行向量。

$$W = \begin{bmatrix} w_{11} & w_{12} & w_{13} & \cdots & w_{1n} \\ w_{21} & w_{22} & w_{23} & \cdots & w_{2n} \\ w_{31} & w_{32} & w_{33} & \cdots & w_{3n} \\ \vdots & \vdots & \vdots & & \vdots \\ w_{m1} & w_{m2} & w_{m3} & \cdots & w_{mn} \end{bmatrix}_{m \times n} = \begin{bmatrix} \bar{W}_1 \\ \bar{W}_2 \\ \bar{W}_3 \\ \vdots \\ \bar{W}_m \end{bmatrix} \tag{10.1.2}$$

阈值函数 θ 为

$$\theta = \begin{bmatrix} \theta_1 \\ \theta_2 \\ \theta_3 \\ \vdots \\ \theta_m \end{bmatrix} = \begin{bmatrix} \theta_1 & \theta_2 & \theta_3 & \cdots & \theta_m \end{bmatrix}^{\mathrm{T}} \tag{10.1.3}$$

设神经元节点的净输入 S 为

$$S = \begin{bmatrix} s_1 \\ s_2 \\ s_3 \\ \vdots \\ s_m \end{bmatrix} = \begin{bmatrix} s_1 & s_2 & s_3 & \cdots & s_m \end{bmatrix}^{\mathrm{T}} \tag{10.1.4}$$

即

$$S = WX + \theta = \begin{bmatrix} w_{11} & w_{12} & w_{13} & \cdots & w_{1n} \\ w_{21} & w_{22} & w_{23} & \cdots & w_{2n} \\ w_{31} & w_{32} & w_{33} & \cdots & w_{3n} \\ \vdots & \vdots & \vdots & & \vdots \\ w_{m1} & w_{m2} & w_{m3} & \cdots & w_{mn} \end{bmatrix} \begin{bmatrix} x_1 \\ x_2 \\ x_3 \\ \vdots \\ x_n \end{bmatrix} + \begin{bmatrix} \theta_1 \\ \theta_2 \\ \theta_3 \\ \vdots \\ \theta_m \end{bmatrix} = \begin{bmatrix} s_1 \\ s_2 \\ s_3 \\ \vdots \\ s_m \end{bmatrix} \tag{10.1.5}$$

神经元的净输入经过函数的作用后, 得到的神经元的输出 y_i 为

$$y_i = f(S_i) = f\left(\sum_{i=1}^{n} w_{ji} x_i + \theta_j\right) \tag{10.1.6}$$

式中: $f(\cdot)$ 为激活函数, 通常也叫转移函数, 主要作用是模拟人工神经元所具有的非线性模拟能力。

$$\Gamma = \begin{bmatrix} f(\cdot) & 0 & \cdots & 0 \\ 0 & f(\cdot) & \cdots & 0 \\ \vdots & \vdots & & \vdots \\ 0 & 0 & \cdots & f(\cdot) \end{bmatrix}_{m \times n} \tag{10.1.7}$$

矩阵符号 Γ 表示激活函数对神经元节点净输入的转移作用，则

$$Y = \Gamma(S) = \Gamma(WX + \theta) = \begin{bmatrix} f(\cdot) & 0 & \cdots & 0 \\ 0 & f(\cdot) & \cdots & 0 \\ \vdots & \vdots & & \vdots \\ 0 & 0 & \cdots & f(\cdot) \end{bmatrix} \begin{bmatrix} s_1 \\ s_2 \\ \vdots \\ s_m \end{bmatrix} = \begin{bmatrix} y_1 \\ y_2 \\ \vdots \\ y_m \end{bmatrix} \tag{10.1.8}$$

式中：Y 为神经网络输出向量；y_i 为输出向量的输出因子。

为了提高人工神经网络处理复杂非线性问题能力，通常增加其隐层个数，多个隐层的网络称为多层前馈性网络，其数据信息的传递如图 10.1.2 所示。

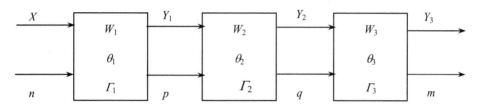

图 10.1.2　多层前馈网络简化信息流程图

神经元的激活函数通常选择（0,1）或者（-1,1）之间的单调连续可微函数，主要有以下几种：

指数函数

$$f(x) = \frac{1}{1 + \mathrm{e}^{-\beta x}} \quad (\beta > 0) \tag{10.1.9}$$

双曲函数

$$f(x) = \frac{\mathrm{e}^x - \mathrm{e}^{-x}}{\mathrm{e}^x + \mathrm{e}^{-x}} \tag{10.1.10}$$

线性函数

$$f(x) = x \tag{10.1.11}$$

输出层节点传递函数多采用线性函数。

10.1.2　经典的 BP 网络

1986 年，Rumelhart 和 McClelland 领导的美国加州大学团队提出了 Back Propagation（BP）算法，该算法采用误差反向传播的方法，主要调整了具有非线性转移函数的多层前馈网络的权重。BP 网络是目前应用最为广泛的一种前馈网络。所以本书通过介绍前馈性网络特性，然后展开 BP 神经网络描述。

BP 神经网络模型已经被广泛地应用在实际工作中，体现了前馈神经网络的核心和精

华。该网络的工作过程分为正向传递过程和逆向修改过程两部分。其信息的传递如图 10.1.3 所示。所谓正向传递过程为图 10.1.3 正向的传播过程，即为工作信号，输入数据从输入层流入，经过隐层（中间层）逐层处理到输出层，计算得到实际输出值。图 10.1.3 反向传播过程为逆向修正过程，即误差信号，当正向传递中计算的实际输出与训练样本期望的误差未达到许可值时，逆向修正过程启动，从后向前逐层修改个层神经元的节点权重。网络学习就是在信息的正向传递和误差的逆向修正中逐步达到许可的精度。

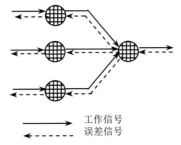

图 10.1.3　信息传递的两种信号

图 10.1.4 表示多个隐层组成的多输入和多输出神经网络模型，其中 L 为 ANN 结构的层数，N_l 为第 l 层 ANN 模型的神经元数，i 为第 i 个神经元节点，t 为第 t 个模式，输入为 $x_i(t) = [x_1(t)$，$x_2(t)$，$\cdots$，$x_n(t)]$，l 层的输出为 $x_i^l(t) = [x_1^l(t)$，$x_2^l(t)$，$\cdots$，$x_n^l(t)]$，l 层中接收到上一层的输入信息为 $y_i^l(t) = [y_1^l(t)$，$y_2^l(t)$，$\cdots$，$y_n^l(t)]$，$w_{ij}(t)$ 为 l 层中第 i 个神经元节点第 j 个连接权重，$d_i^l(t) = [d_1^l(t)$，$d_2^l(t)$，$\cdots$，$d_n^l(t)]$ 为第 l 层的期望输出，$\theta_i^l(t) = [\theta_1^l(t)$，$\theta_2^l(t)$，$\cdots$，$\theta_n^l(t)]$ 为第 l 层的偏差，$\varepsilon_i^l(t)$ 为第 l 层的误差信号。

$$x_i^0(t) = x_i(t), \qquad 1 \leqslant i \leqslant N \qquad (10.1.12)$$

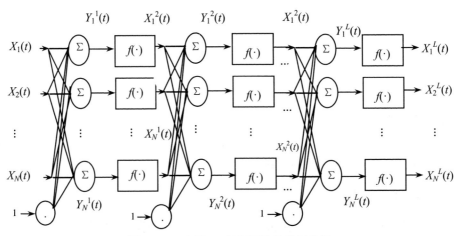

图 10.1.4　多层 BP 神经网络结构示意图

在学习中，将偏差 $\theta_1^l(t)$ 作一个权值来处理，所以

$$\left.\begin{array}{l} x_0^l(t) = 1 \\ w_{i0}^{l+1}(t) = \theta_i^{l+1}(t) \end{array}\right\}, \qquad 1 \leqslant i \leqslant N_{l+1}, \quad 0 \leqslant l \leqslant L-1 \qquad (10.1.13)$$

第 l 层中第 i 个神经元节点所接收的上一层输入总和为

$$
\begin{aligned}
y_i^l(t) &= \sum_{j=1}^{N_{l-1}} w_{ij}{}^l(t) x_j^{l-1}(t) + \theta_i^l(t) \\
&= \sum_{j=0}^{N_{l-1}} w_{ij}{}^l(t) x_j^{l-1}(t) \\
&= \boldsymbol{X}^{l-1}(t)\boldsymbol{W}_i^l(t), \quad 1 \leqslant l \leqslant L,\ 1 \leqslant i \leqslant N_l
\end{aligned}
\tag{10.1.14}
$$

其中

$$
X^{l-1}(t) = \begin{bmatrix} x_0^{l-1}(t) & x_1^{l-1}(t) & \cdots & x_{N_{l-1}}{}^{l-1}(t) \end{bmatrix}^{\mathrm{T}} \tag{10.1.15}
$$

$$
W^{l-1}(t) = \begin{bmatrix} w_{i0}{}^l(t) & w_{i1}{}^l(t) & \cdots & w_{iN_{l-1}}{}^l(t) \end{bmatrix}^{\mathrm{T}} \tag{10.1.16}
$$

第 l 层中第 i 个神经元的节点输出为

$$
x_i^l(t) = f[y_i^l(t)] = \frac{1}{1 + \exp[-\sigma y_i^l(t)]}, \quad 1 \leqslant l \leqslant L, \qquad 1 \leqslant i \leqslant N_l \tag{10.1.17}
$$

式中：$f(\cdot)$ 为神经元的激活函数；σ 为斜率函数。

BP 神经网络算法为随机梯度最小均方算法，所以为了提高学习效率，计算式通常将 M 个训练样本分成若干子块，后面模块的初始权重由前面模块传递而来。当所有模块训练完毕，如果误差满足要求，学习结束，如果误差不满足预定要求，转向网络学习的逆向修正过程，直到误差满足精度要求，训练过程结束。所以有

$$
\sum_{j=1}^{Q} M_j = M \tag{10.1.18}
$$

式中：M_j 为第 j 个子模块；Q 为 M 个训练样本分成 Q 个子块。

第 j 个模块数据对输出层误差能量和为

$$
E^{(j)} = \sum_{t=1}^{M_j} \sum_{i=1}^{N_L} \varepsilon^L{}_i(t) = \sum_{t=1}^{M_j} \sum_{i=1}^{N_L} [d_i^L(t) - x_i^L(t)] \tag{10.1.19}
$$

网络实际输出与应用输出间有差值，它由输出端开始逐层向后传播，即误差的传播是反向的。误差反向传播的迭代算法计算步骤如下：

（1）给定初始权值 $w_i^l(0)$，$1 \leqslant l \leqslant L$，$1 \leqslant i \leqslant N$，子块训练完毕的误差为 ε，最后迭代误差能量 E_0，且 $E_0 \leqslant \varepsilon$，同时学习率 η 和动量因子 α 选择要合适，令 $j=1$。

（2）迭代开始，$k=1$。

（3）计算输出权值修正量为

$$
e^L(k) = \sum_{t=1}^{M_j} f[y_i^L(t)][d_i^L(t) - x_i^L(t)]X^{L-1}(t) \tag{10.1.20}
$$

（4）计算隐层单元的误差修正量为

$$
e^l(k) = \sum_{t=1}^{M_j} f[y_i^l(t)] \sum_{i=1}^{N_{L+1}} e^{l+1}(k) w_{ji}{}^{l+1}(t) X^{l-1}(t) \tag{10.1.21}
$$

（5）计算 l 层中第 i 个神经元节点 $k+1$ 时刻对应的权值矢量迭代值为

$$
W_i^l(k+1) = W_i^l(k) + \eta e_i^l(k) + \alpha[W_i^l(k) - W_i^l(k-1)] \tag{10.1.22}
$$

（6）由式（10.1.22）计算误差能量 $E^j(k-1)$ 值。

（7）若 $E^j(k-1)>0$，转步骤（3）；否则转到步骤（9）。

（8）若 $E^j(k-1)< E_0$，转到步骤（10），否则转到步骤（9）。

（9）若 $j=Q$，则转到步骤（3）；否则转到 $j=j+1$，转到步骤（2）。

（10）训练结束。

人工神经网络经历了半个多世界的发展历程，多种网络结构没开发和利用，但是迄今为止 BP 算法是应用最为广泛的网络，BP 网络是基于误差反传递算法的神经网络，有很强的映射能力，可以解决现实工程中许多非线性问题。特别是在预测预报方面 BP 神经网络得到了广泛的应用。

由上面理论分析，神经网络理论优点总结如下：

（1）交叉融合各门现代科学，使它们紧密合作，相互促进。神经网络是脑学科、神经生理学和认知心理学的最新发展，同时也为这三种学科发展注入新的思路和新的方法；神经网络处理信息的不确定性使模糊数学成为研究它的重要工具，促进模糊 – 神经理论的发展。其高效学习算法与非线性函数的优化算法和统计学算法有密切联系。所以神经网络是一门高度交叉的学科，同时也推动了各交叉学科的融合和发展。

（2）具有良好的容错和容差能力。每个神经元和每个连接对网络的整体功能贡献微小，以至于少量神经元与连接发生故障对网络功能影响较小。另外，输入向量中每个分量对网络的输出影响较小，以至于少量分量有偏差对网络输出影响很小。所以网络有很强的鲁棒性、容错性和容差性。

（3）并行计算能力。因为人工神经网络是由许多相同的网络单元并联组合，是大规模网络单元的并行活动，使其具有强大的信息处理能力。

（4）强大的自适应、自组织、自学习能力。人工神经网络可以通过对信息训练和学习，实现对复杂函数的映射，表现对环境的适应性，呈现出很强的自学习能力和对环境的自适应能力。

（5）网络具有推广能力。特别是 BP 神经网络，网络通过学习和训练，获得了求解训练集中实例的"合理性"规则后，把该规则输送到具有相似规律的其它网络，也能获得该网络的正确答案。

10.1.3　BP 神经网络的改进：Levenberg-Marquart 算法

梯度下降法可适应于很广的误差函数形式，但是在冰情预报应用过程中发现，网络逼近非常慢，且逼近误差达不到理论要求值时，就陷入局部最小，导致网络无法学习下去。鉴于此，本书研究用 Levenberg-Marquart（L-M）算法改进 BP 神经网络模型，开发了黄河宁蒙河段冰情的预测预报模型。该模型不仅考虑到水文站气温、水位和流量因子对冰情的影响，还考虑了水温、流凌密度、冰厚度、气温转正和转负日期等相关因子以及上下游水文站的影响。实践证明，L-M 算法比梯度下降法收敛更快。

L-M 算法是用平方误差代替均方误差，使误差平方和最小。误差平方和为（刘金琨，2003）

$$E = \frac{1}{2}\sum_p (\varepsilon^p)^2 = \frac{1}{2}\|\varepsilon\|^2 \qquad (10.1.23)$$

式中：E 为误差平方和；p 为第 p 个样本；ε 为以 ε^p 为元素的向量。

假定当前位置 $\boldsymbol{\omega}^n$，向新位置 $\boldsymbol{\omega}^{n+1}$ 移动，如果移动量 $\boldsymbol{\omega}^{n+1}-\boldsymbol{\omega}^n$ 很小，则可将 ε 展开成一阶 Taylor 级数，即

$$\boldsymbol{\varepsilon}(\boldsymbol{\omega}^{n+1})=\boldsymbol{\varepsilon}(\boldsymbol{\omega}^n)+\boldsymbol{J}(\boldsymbol{\omega}^{n+1}-\boldsymbol{\omega}^n) \tag{10.1.24}$$

式中：$\boldsymbol{\omega}^n$ 为当前的权值或阈值；$\boldsymbol{J}$ 为误差对权值或阈值微分的 Jacobian 矩阵。

$$(\boldsymbol{J})_{pi}=\frac{\partial \varepsilon^p}{\partial \omega_i} \tag{10.1.25}$$

于是误差函数可写为

$$E=\frac{1}{2}\left\|\varepsilon(\omega^n)+J(\omega^{n+1}-\omega^n)\right\|^2 \tag{10.1.26}$$

对 $\boldsymbol{\omega}^{n+1}$ 求导使 E 最小，可得

$$\boldsymbol{\omega}^{n+1}=\boldsymbol{\omega}^n-(\boldsymbol{J}^T\boldsymbol{J})^{-1}\boldsymbol{J}^T\boldsymbol{\varepsilon}(\boldsymbol{\omega}^n) \tag{10.1.27}$$

观察式（10.1.26），若步长偏大，所以把误差表达式改写为

$$E=\frac{1}{2}\left\|\varepsilon(\omega^n)+J(\omega^{n+1}-\omega^n)\right\|^2+\lambda\left\|\omega^{n+1}-\omega^n\right\|^2 \tag{10.1.28}$$

式中：λ 为正常数，式（10.1.27）中，对 $\boldsymbol{\omega}^{n+1}$ 求极小值点，可得

$$\boldsymbol{\omega}^{n+1}=\boldsymbol{\omega}^n-(\boldsymbol{J}^T\boldsymbol{J}+\lambda\boldsymbol{I})^{-1}\boldsymbol{J}^T\boldsymbol{\varepsilon}(\boldsymbol{\omega}^n) \tag{10.1.29}$$

式中：$\boldsymbol{I}$ 为单位矩阵。

当 λ 足够大时保证 $(\boldsymbol{J}^T\boldsymbol{J}+\lambda\boldsymbol{I})^{-1}$ 总是正数，从而保证其可逆。算法的每一次迭代都要对 λ 进行自适应调整。当 λ 很小时，权值的调整类似于牛顿法；λ 很大时，又类似于梯度下降法。所以，L-M 算法同时具有牛顿法和梯度下降法两者的优势。

10.1.4 BP 神经网络应用在水文预报中的关键问题

BP 神经网络应用到水文预报中，要解决如下关键的问题：

（1）BP 网络学习中神经元传递函数的选择。BP 网络传递函数的选取通常为 S 型函数和线性函数。S 型函数中常见的函数有指数函数和双曲函数。由式（10.1.9）～式（10.1.11）可知，指数函数的输入范围是（$-\infty$，$+\infty$）映射到（0，1）之间，双曲函数的输入范围是（$-\infty$，$+\infty$）映射到（-1，$+1$），线性函数输入范围是（$-\infty$，$+\infty$）映射到（$-\infty$，$+\infty$）。通常 BP 神经网络在隐含层选用 S 型函数，在输出层选用线性传递函数，理论上能够实现对任一函数的映射。针对冰情预报神经网络模型，输入因子和目标因子经过规格化函数处理，输出在（0，1）之间，所以可以选用输出层传递函数为 S 型函数，这样缩小映射范围，节约训练时间；也可以选择输出层为线性函数，这样可以增加模型预报的现行泛化能力。

（2）隐层结构的选择。在冰情预报中选择 S 型函数在隐层和输出层设计线性函数，这种结构理论上可以逼近任何非线性有理函数。提高隐层的性能通常有两种方法：一种方法是，采用多个隐层，通过增加隐层数量可以更进一步的降低误差，提高精度；另一种方法是，增加隐层中神经元的数量。同增加隐层神经元数相比，增加隐层数量使网络复杂化，

增加网络权值的训练时间，所以优先考虑增加神经元数量来提高误差精度。

所以在冰情预测预报中，网络采用单隐层结构，通过改变网络隐层神经元个数来提高计算和预测的精度。通过多次训练这种结构要比采用多个隐层简单。在理论上对选取隐层节点数的个数没有明确的规定，在研究中通常采用多次试算比较方法。通常在进行函数逼近时，隐含层过大，可能导致不协调的拟合，使得网络的逼近能力出现问题。所以在设置神经元节点数的时候不能盲目扩大隐层神经元数目，而是通过对不同神经元数进行训练对比，能够达到精度要求的同时，适当地加上一点余量。

（3）学习速率的选择。人工神经网络训练时，每一次训练中所产生的权值变化量由学习速率决定的，小的学习率导致网络训练时收敛较慢，而大的学习率可能使得网络训练时误差值跳过网络误差面表低谷，导致网络训练不稳定。所以，在网络学习中一般选择较小的学习速率，这样保证网络系统的稳定性。一般学习率选择范围为 0.01 ~ 0.8 之间（闻路，2001；黄德双，1996）。在学习中使网络在不同的训练阶段自行调整学习率，也就是采用自适应学习速率的方式。

（4）期望误差的选取。在人工神经网络训练过程中，选择一个合适的期望误差值也是很重要的。一味追求期望误差过小，需要较多的隐层或者增加隐层的节点数，导致训练时间增加，甚至训练过程出现系统过拟合现象。在冰情预报中，误差太小出现过拟合现象，会导致预报精度下降，所以选择误差在 0.06 ~ 0.2 之间，根据需要调整其大小。

（5）训练次数的确定。训练次数通常是由下面几种方法控制：首先，系统程序设定，当训练次数达到设定误差或者设定训练次数，系统训练自动结束。但是通常为了过度追求训练精度，也会出现过渡训练的情况。发生过渡训练，通常是训练样本个数不足，所以训练过程，保持训练样本的个数很重要。

（6）输入序列样本的长度和数量的确定。人工神经网络所需要的输入序列样本的长度和数量受到下列因素的制约：通过训练目标的非线性关系越复杂，所需要的训练样本越多。但是，当输入序列样本的长度和数量增多时，样本的噪声也会增加。通常选择输入序列样本时的原则为：①样本保证足够数量；②选择预报因子具有代表性和相关性；③样本序列分布均匀。

（7）数据的预处理。神经网络预报时，通常数据信息不能直接用于网络学习和训练，原始的数据需要预处理。数据的预处理方法主要有标准化法、重新定标法、变换法和比例放缩法等。在水文预报中，为了消除学习和预报中各个因子由于量纲不同带来的影响，对样本进行比例压缩，即对样本数据进行归一化处理为

$$y_i = \frac{z_i - z_{min}}{z_{max} - z_{min}} \alpha + \beta \qquad (10.1.30)$$

式中：z_i 和 y_i 为变换前后的变量；z_{max} 和 z_{min} 为 z 的最大值和最小值；α 为一个取值为 0 和 1 之间的参数，通常取 0.9；$\beta = (1 - \alpha)/2$。这样当 $\alpha = 0.9$ 时得到的输入量 y_i 在 [0.05，0.95] 区间内。

网络运行后，数据的还原公式为

$$z_i = \frac{y_i - \beta}{\alpha}(z_{max} - z_{min}) + z_{min} \qquad (10.1.31)$$

10.2　基于自适应神经模糊推理系统的冰情预报研究

模糊理论（Fuzzy Logic）是在美国加州大学伯克利分校的 Zadeh 教授于 1965 年创立的模糊集合理论的数学基础上发展起来的,主要包括模糊集合理论、模糊逻辑、模糊推理和模糊控制等方面的内容。他在 1965 年首次提出表达事物模糊性的重要概念即隶属函数,从而奠定模糊理论的基础。1966 年 Marinos 发表了模糊逻辑的论文,经过 50 年的发展,模糊理论成了一个热门的科学,应用范围非常广泛,从工程科技到社会人文科学都可以发现模糊理论研究的踪迹与成果（Hung, 2006；Marshall, 2005；Wu, 2009；Dubois, 1980；Machias, 1992；ablonowaki, 1994；Huang, 1998）。

水文现象作为一种复杂的自然现象,人们对其规律的认识有确定性,但尚存在不被认知的因素或者不能确定的因素,后者主要指水文的随机性与模糊性一面。为了更好地表达水文学的特征,我们不仅要关注其确定性和随机性,也要考虑它的模糊性。模糊理论适应水文特性的要求,20 世纪 80 年代后在水文领域广泛应用。陈守煜（1985、1986、1988、1990、1998、2005）将模糊方法与系统分析方法相结合,提出了模糊水文学的数学方法,并将该理论应用到水文水资源领域。王本德（1992）提出了非凸模糊集识别的原则,并依此开展中长期水文气象预报的模糊模式识别方法。胡和平等（2005）、张静（2007）把模糊风险分析分别应用到短期降雨预报和洪水预报中。闵骞和汪泽（1992）用模糊理论建立了鄱阳湖都昌水文站的最高水位等级预报方案,取得较好的效果。马寅午（1997）、周晓阳（1997）等研究了长江中下游成灾洪水的分类规律,利用模糊概率聚类方法,采用相似系数作聚类指标,开展洪水分类的预测预报。

Jang（1993）建立了自适应神经模糊推理系统（ANFIS）。由于模糊系统自身不具备学习功能,其应用受到限制,而人工神经网络又不能表达模糊语言,实际类似一个黑箱子,不能很好地表达人的推理功能,为了克服两者的缺点,将人工神经网络引入到模糊理论建模中,形成神经-模糊理论,即为自适应模糊推理系统。该系统将人工神经网络和模糊理论有机的结合,既可发挥两者的优点,又可弥补两者的不足（吴晓莉、林哲辉等,2003）。但是 ANFIS 模型在水科学领域应用还比较少。Jang（1996、1997）介绍了 ANFIS 的结构原理及模型输入参数选取等。Terzi 等（2006、2007）把 ANFIS 模型应用到土壤水分蒸发量计算中,通过同神经网络（ANN）模型计算结果比较,证明 ANFIS 的模拟结果优于 ANN 模拟结果。Chau 等（2005）应用 ANFIS、ANN 和 ANN-GA 预报长江洪水,对比结果表明 ANFIS 预报结果优于其它两模型。Mukerji 等（2009）比较 ANFIS 和 ANN 模型在洪水预报中的应用,结果同样表明 ANFIS 模型预报结果好于 ANN 预报结果。在冰情预报方面,关于 ANFIS 应用方面的文献还未能找到。单一神经网络在训练过程中容易陷入局部最小,导致学习失败,网络训练过程中有一定的不确定性,会导致网络应用受到限制。上述学者研究成果比较表明自适应神经模糊推理系统在水科学预报中能够克服上述缺点,提高预报精度。所以本书采用自适应神经模糊推理系统模拟表现冬季冰情的变化。

10.2.1 自适应神经模糊推理系统设计

自适应神经模糊推理系统（Adaptive-Network-based Fuzzy Inference System, ANFIS）是通过对大量已有的资料或者信息的学习实现对模糊信息的推理，这个特性适用于那些还不被人们所完全认知或者特性复杂的系统。

模糊推理系统机构通过 if-then（如果-那么）的模糊条件句（规则）来表达定性的或者模糊的现象，该系统不是面向对象的模型，对问题的处理很大程度依赖于工作人员的经验和对问题的认识程度。为克服模糊推理系统过度依赖经验的缺陷。引入自适应方法加以解决。但是模糊自适应系统涉及的理论高深、结构设计麻烦、适应性窄等缺点导致系统设计和应用受到阻碍（吴晓莉、林哲辉等，2003）。

虽然模糊理论和人工神经网络两者理论基础相差较远，但都属于软计算科学，是人工智能发展两个重要的分支，于是人工神经网络理论和模糊系统相融合，开拓了人工智能新的发展思路。经过大量理论和应用证明，两者是可以融合的，形成自适应神经模糊推理系统，并且融合后的系统吸收了两者的优点，现实了更强大的生命力。

20 世纪 90 年代，Jang Roger 提出了自适应神经模糊推理系统（ANFIS），其结构如图10.2.1 所示（张智星等，2000）。对于两输入 x_1 和 x_2，一个输出为 y 的模糊模型（Takagi和 Sugeno，1983）如图 10.2.1 所示，模糊 if-then 规则如下：

规则 1：如果 x_1 是 A_1 且 x_2 是 B_1，那么 $f_1 = p_1 x_1 + q_1 x_2 + r_1$

规则 2：如果 x_1 是 A_2 且 x_2 是 B_2，那么 $f_2 = p_2 x_2 + q_2 x_2 + r_2$

其中 x_1 和 x_2 为系统输入，A_i 和 $B_{(i-2)}$ 是与该节点函数值相关的语言变量，$\{p_i \quad q_i \quad r_i\}$（$i=1,2$）为系统参数。

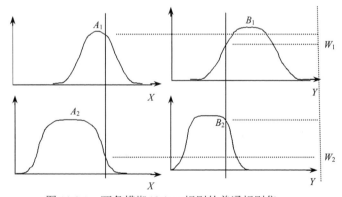

图 10.2.1 两条模糊 if-then 规则的普通规则集

图 10.2.1 有

$$\begin{cases} f_1 = p_1 x_1 + q_1 x_2 + r_1 \\ f_2 = p_2 x_1 + q_2 x_2 + r_2 \end{cases} \tag{10.2.1}$$

得到

$$f = \frac{w_1 f_1 + w_2 f_2}{w_1 + w_2} = \overline{w_1} f_1 + \overline{w_2} f_2 \tag{10.2.2}$$

其中 w_i（$i=1,2$）为每个节点的输出表示一条规则的激励强度。$\overline{w}_i$ 为第 i 条规则的激励强度 w_i 与全部规则的激励强度 w 值之和的比值。

图 10.2.1 中两条模糊 if-then 规则的普通规则集解释了一阶 Sugeno 模型的推理机制，该模型相应等效的 ANFIS 结构如图 10.2.2 所示。该系统具有两条规则的两输入一阶 Sugenon 模糊模型的 ANFIS 系统结构。

第一层表达式为

$$\left.\begin{array}{l} O_{1,i} = \mu_{Ai}(x_1), \quad i=1,2 \\ O_{1,i} = \mu_{B(i-2)}(x_2), \quad i=3,4 \end{array}\right\} \tag{10.2.3}$$

式中：$O_{1,i}$ 为第 1 层第 i 个节点的输出；x_1（或者 x_2）为节点 i 的输入，即 $O_{1,i}$ 为模糊集 A 的隶属函数。

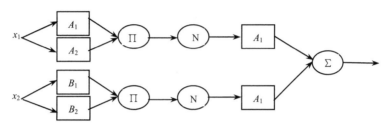

图 10.2.2 ANFIS 系统结构

第二层的表达式为

$$O_{2,i} = w_j = \mu_{Ai}(x_1)\mu_{Bi}(x_2), \quad i=1,2 \tag{10.2.4}$$

该层的输出为激励强度，表示将两个输入信号相乘。

第三层的表达式为

$$O_{3,i} = \overline{w}_j = \frac{w_i}{w_1 + w_2}, \quad i=1,2 \tag{10.2.5}$$

式中：输出 $O_{3,i}$ 为第 i 条规则的激励强度 w_i 与全部规则的激励强度之和（$w_1 + w_2$）的比值，定义为归一化激励强度。

第四层的表达式为

$$O_{4,i} = \overline{w_j} f_i = \overline{w_i}(p_i x_1 + q_i x_2 + r_i), \quad i=1,2 \tag{10.2.6}$$

第五层的表达式为

$$O_{5,i} = \sum_i \overline{w_j} f_i = \frac{\sum_i w_i f_i}{\sum_i w_i} \tag{10.2.7}$$

该层节点为系统的总输出，它表达所有传来信号之和。

图 10.2.3 为有 9 条规则的 Sugeno 模糊模型表达的 ANFIS 结构，结构为两个输入一个输出。这里每个输入有三条相关的隶属函数。图 10.2.4 为两输入 9 条规则的 ANFIS 结构模型分割为 9 个区域的输入空间，每条区域被一个模糊 if-then 规则所管理。

自适应神经模糊推理系统融合了自适应模糊建模和人工神经网络两种智能系统的优

点，其建模是从已有数据或者信息中提取模糊规则。通过网络的自学习，找到合适的隶属函数的参数，在对已知数据建模的基础上，提取模糊物理现象的规律，找到输入和输出之间的联系和规则。模糊系统输出结果的好坏可以通过同实测数据的比较来判断。

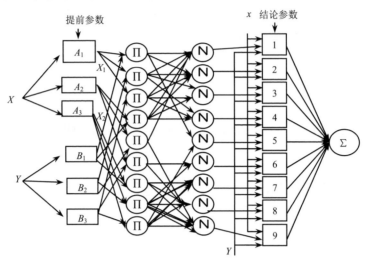

图 10.2.3　两输入且有 9 条规则的 Sugeno 模糊模型的 ANFIS 结构

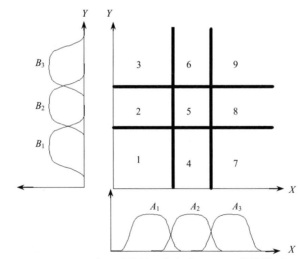

图 10.2.4　9 个区域的输入空间的 ANFIS 结构模型

10.2.2　基于减法聚类辅助模糊推理系统

为了提高预报精度，通过采用减法聚类辅助模糊推理算法辅助自适应神经网络模糊系统，调节影响初始模糊模型规则数的最主要参数聚类半径，来优选规则数与模型规模。减法聚类是一种用来估计一组数据中的聚类个数以及聚类中心位置的快速的单次算法。由减法聚类算法得到的聚类估计可以用于初始化自适应神经网络模糊系统。聚类的目的是从大量的数据中抽取固有的特征，从而获得系统行为的简洁表示。通过聚类的方法可以将大批数据鉴别为许多本质联系的聚类，以简明地表示系统行为。

减法聚类方法是把所有的数据点作为聚类中心的候选点。它是一种快速而独立的近似的聚类方法，用它计算，计算量与数据点的数目成简单的线性关系，而且与所考虑问题的维数无关。考虑 m 维空间的 n 个数据点 $\{x_1, x_2, \cdots, x_n\}$，不失一般性，假设数据点已经归一化到一个超立方体。由于每个数据点都是聚类中心的候选者，因此，数据点 x_i 处的密度指标定义为（张智星等，2000）：

$$D_i = \sum_{j=1}^{n} \exp\left[-\frac{\|x_i - x_j\|^2}{(\gamma_\alpha / 2)^2}\right] \tag{10.2.8}$$

这里 γ_α 是一个正数。显然，如果一个数据点有多个邻近的数据点，则该数据点具有高密度值。半径 γ_α 定义了该点的一个邻域，半径以外的数据点对该点的密度指标贡献甚微。

在计算每个数据点密度指标后，选择具有最高密度指标的数据点为第一个聚类中心，令 x_{c1} 为选中的点，D_{c1} 为其密度指标。那么每个数据点 x_i 的密度指标可被修正为（张智星等，2000）：

$$D_i = D_i - D_{c1} \sum_{j=1}^{n} \exp\left[-\frac{\|x_i - x_j\|^2}{(\gamma_b / 2)^2}\right] \tag{10.2.9}$$

其中 γ_b 是一个正数。显然，靠近第一个聚类中心 x_{c1} 的数据点的密度指标显著减小，因此这些点不太可能成为下一个聚类中心。常数 γ_b 定义了一个密度指标函数显著减小的邻域。常数 γ_b 通常大于 γ_α，以避免出现相距很近的聚类中心。一般取 $\gamma_b = 1.5\gamma_\alpha$。修正了每个数据点的密度指标后，选定下一个聚类中心 x_{c2}，再次修正数据点所有密度指标。该过程不断重复，直至产生足够多的聚类中心，也可以根据一定的条件自动确定聚类的个数。

10.2.3 ANFIS 系统中的隶属函数

隶属函数是模糊数学的基础，模糊系统是通过隶属函数这种精确的数学方法分析表达模糊信息的基础，对模糊信息进行量化。所以，选择合适的隶属函数是运用自适应神经模糊推理系统的关键。

10.2.3.1 三角形隶属函数

三角形隶属函数由参数三个 $\{a, \ b, \ c\}$ 来表示：

$$triangle(x, a, b, c) = \begin{cases} 0, & x < a \\ \dfrac{x-a}{b-a}, & a \leqslant x \leqslant b \\ \dfrac{c-x}{c-b}, & b \leqslant x \leqslant c \\ 0, & 0 \end{cases} \tag{10.2.10}$$

10.2.3.2 梯形隶属函数

梯形函数由四个参数 $\{a, \ b, \ c, \ d\}$ 来表示：

$$trapezoid(x,a,b,c) = \begin{cases} 0, & x \leqslant a \\ \dfrac{x-a}{b-a}, & a \leqslant x \leqslant b \\ 1, & b \leqslant x \leqslant c \\ \dfrac{d-x}{d-c}, & c \leqslant x \leqslant d \\ 0, & d \leqslant 0 \end{cases} \qquad （10.2.11）$$

参数 $\{a, \quad b, \quad c, \quad d\}$（ $a < b \leqslant c < d$ ）决定了梯形的四个角的 x 坐标值。

10.2.3.3 高斯隶属函数

高斯隶属函数由两个参数 $\{c, \quad \sigma\}$ 来表示：

$$gaussian\{x, \quad c, \quad \sigma\} = e^{-\frac{1}{2}\left(\frac{x-c}{\sigma}\right)} \qquad （10.2.12）$$

高斯隶属函数完全由 c 和 σ 所决定， c 表示函数的中心， σ 决定函数的宽度。

10.2.3.4 广义的钟形函数

广义的钟形函数有三个函数 $\{a, \quad b, \quad c\}$ 来表示：

$$bell(x, \quad a, \quad b, \quad c) = \dfrac{1}{1 + \left|\dfrac{x-c}{a}\right|^{2b}} \qquad （10.2.13）$$

其中参数 b 通常是正的，如果 b 为负值，则该隶属函数的形状是一个颠倒的钟形。通过适当选择参数集 $\{a, \quad b, \quad c\}$。可以得到所需要的广义钟形隶属函数。具体地，通过调整 c 和 a，可以改变隶属函数的中心和宽度；通过 b 来控制交叉处的斜度。尽管高斯和钟形函数是平滑的对称的，日益被越来越多的使用。但是他们仍不能表达不对称的函数，对于非对称和封闭的隶属函数可以用 sigmoid 函数表示。

10.2.3.5 Sigmiod 隶属函数

Sigmiod 隶属函数定义为

$$sig(x, \quad a, \quad c) = \dfrac{1}{1 + \exp[-a(x-c)]} \qquad （10.2.14）$$

其中 a 控制交叉点 $x = c$ 处的斜率。根据参数 a 的正、负符号，Sigmiod 的隶属函数可以是右开或者左开。

隶属函数把模糊性和不确定性的知识通过精确的数学模型进行量化的工具。所以，不同问题的隶属函数选取没有统一形式，隶属函数选取应该遵循所描述物理现象的客观规律，反映事物本身的特征和事物的渐进性。目前没有一套成熟或者确定的方法选取隶属函数。隶属函数的选取在遵循一定客观规律、基本原则和大量经验基础上，通过大量实践-学习-修正的过程不断加以完善。

10.2.4 ANFIS 系统中冰情预报中的几个重要评定指标

在冰情预报中，现有的水文资料仅有流量、水位、水温和气温四种，所以可利用的预报因子较少。通过计算流量、水位、气温同水温的相关系数，确定它们同预报目标的相关性。

预报结果特性的评定采用确定性系数（DC）、相关系数（R）和均方根误差（$RMSE$）来表达，分别表示如下。

（1）确定性系数：

$$DC = 1 - \frac{\sum_{i=1}^{n}[y_s(i) - y_m(i)]^2}{\sum_{i=1}^{n}[y_m(i) - \overline{y_m(i)}]^2} \qquad (10.2.15)$$

式中：DC 为确定性系数；$y_m(i)$ 为实测值；$y_s(i)$ 为模拟值或者预报值；$\overline{y_m(i)}$ 为实测值的均值；n 为资料序列长度。确定性系数越接近 1，预报值同实测值越接近，误差越小，反之误差越大。

（2）相关系数：

$$R = \frac{\sum_{i=1}^{n}\left\{[X_s(i) - \overline{X_s(i)}][X_m(i) - \overline{X_m(i)}]\right\}}{\sqrt{\sum_{i=1}^{n}[X_s(i) - \overline{X_s(i)}]^2 \sum_{i=1}^{n}[X_m(i) - \overline{X_m(i)}]^2}} \qquad (10.2.16)$$

式中：R 为实测值和预报值的相关系数。相关系数越接近大，预报值同实测值越接近，预报效果越好。

（3）均方根误差：

$$RMSE = \sqrt{\frac{\sum_{i=1}^{n}[y_s(i) - y_m(i)]^2}{n}} \qquad (10.2.17)$$

式中：$RMSE$ 为实测值和预报值的均方根误差。相关系数越小，预报值同实测值越接近，误差越小，精度越高。

参考文献

[1] 蔡琳.2008.中国江河冰凌[M].郑州：黄河水利出版社.
[2] 陈储军.1982.关于我国河流冰情分类_名称和定义的讨论[J].人民黄河（6）：51-54.
[3] 陈廷赞,孙肇初,蔡琳,等.1980.论三门峡水库的调节在黄河下游防凌中的作用[J].人民黄河（5）：1-9.
[4] 陈赞廷,可素娟.2000.黄河冰凌预报方法评述[C]//黄河水文科技成果与论文选集（四）.郑州：黄河水利出版社：245-252.
[5] 程远初,叶鲁卿.2002.水轮发电机调速器的非线性 PID 控制[J].大电机技术（1）：63-66.
[6] 飞思科技产品研发中心.2003.Matlab 6.5 辅助神经网络分析与设计[M].北京：电子工业出版社.
[7] 高霈生.1996.南水北调中线工程输水冰情的初步分析的研究报[M].北京：中国水利水电科学研究院.
[8] 隋觉义,等.1994.黄河河曲段冰塞水位的分析计算[J].水文（2）：18-24,63.
[9] 孙肇初,隋觉义.1990.江河冰塞的研究及其意义[J].地球科学进展：51-54.
[10] 孙肇初.1990.中国寒冷地区水力学的近代发展[J].合肥工业大学学报,13（12）：97-105.
[11] 王升.1991.苏联输水渠道的设计和冰温分析计算[J].海河水利（3）：58-62.
[12] 王涛,杨开林.2005.神经网络在调水工程水力控制优化中的应用[J].南水北调与水利科技（1）：21-24.
[13] 吴晓莉,林哲辉,等.2003.MATLAB 辅助模糊系统设计[M].西安：西安电子科技大学出版社.
[14] 谢永刚.1992.黑龙江省胜利水库冰盖生消规律[J].冰川冻土,14（2）：168-173.
[15] 杨开林,刘之平,李桂芬,等.2002.河道冰塞的模拟[J].水利水电技术（10）：40-47.

[16] 杨振强，王常虹，庄显义.2000.自适应复制、交叉和突变的遗传算法来源[J].电子科学学刊，22（1）：112-117.

[17] 苑希民，李鸿雁，刘树坤，等.2002.神经网络和遗传算法在水科学领域的应用[M].北京：中国水利水电出版社.

[18] 张智星，孙春在，水谷英二译.2000.神经-模糊和软件计算[M].西安：西安交通大学出版社.

[19] Alp M，Cigizoglu H K.2007.Suspended sediment load simulation by two artificial neural network methods using hydrometeorological data[J]. Environmental Modeling & Software，22（1）：2-13.

[20] ASCE Task Committee. 2000a. Artificial neural networks in Hydrology I[J]. Journal of Hydrologic Engineering，5（2）：115-123.

[21] ASCE Task Committee. 2000b. Artificial neural networks in Hydrology II[J]. Journal of Hydrologic Engineering，ASCE，5（2）：124-132.

[22] Balkhair K S.2002.Aquifer parameters determination for large diameter wells using neural network approach[J]. Journal of Hydrology，265（1-4）：118-128.

[23] Basheer I A，Najjar Y M.1995.Designing and analyzing fixed-bed adsorption systems with artificial neural networks[J]. Journal of Environmental Systems，23（3）：291-312.

[24] Bazartseren B，Hidebrandt G，Holz K P.2003. Short-term water level prediction using neural networks and neuro-fuzzy approach[J]. Neurocomputing，55（3-4）：439-450.

[25] Chang F J，Chang Y T.2006. Adaptive neuro-fuzzy inference system for prediction of lever in reservoir[J]. Advances in water resources，29：1-10.

[26] Chau K W，Wu C L，Li Y S.2005. Comparison of several flood forecasting models in Yangtze River[J]. ASCE Journal of Hydrologic Engineering，10（6）：485-491.

[27] Chau K W.2006. Particle swarm optimization training algorithm for ANNs in stage prediction of Shing Mun River[J]. Journal of Hydrology，329（3-4）：363-367.

[28] Cigizoglu H K，Alp M.2006.Generalized regression neural network in modelling river sediment yield[J]. Advances in Engineering Software，37：63-68.

[29] Cigizoglu H K，Kisi O.2006.Methods to improve the neural network performance in suspended sediment estimation[J]. Journal of Hydrology，317（3-4）：221-238.

[30] Cigizoglu H K.2003a.Incorporation of ARMA models into flow forecasting by artificial neural networks[J]. Envirometrics，14（4）：417-427.

[31] Cigizoglu H K.2003b. Estimation，forecast and extrapolation of flow data by artificial neural networks[J]. Hydrological Science Journal，48（3）：349-361.

[32] Cigizoglu H K.2004. Estimation and forecasting of daily suspended sediment data by multilayer perceptions[J]. Advances in Water Research，27：185-195.

[33] Dawson C W，Abrahart R J，Shamseldin A Y，Wilby R L.2006.Flood estimation at ungauged sites using artificial neural networks[J]. Journal of Hydrology，319（1-4）：391-409.

[34] Dubois D，Prade H.1980.Fuzzy sets and System：theory and Application[M]. New York：Academic press.

[35] Gokmen T.2002.Artificial neural network for sheet sediment transport[J]. Hydrological Sciences Hydrologiques（10）：879-887.

[36] Hassoun M.1955. Fundamentals of Artificial Neural Networks[M]. The MIT Press.

[37] Huang C F.1998.Concepts and models of fuzzy risk analysis[C]//Risk research and management in Asian perspectives.Proceedings of the Fist China-Japan Conference on Risk Assessment and Management，November 23-26，Beijing.International Academic Publishers：12-23.

[38] Huang C J，Cheng C L，Chuang Y T，Jang J-S R.2006. Admission control schemes for proportional differentiated services enabled internet servers using machine learning techniques[J]. Expert Systems with Applications，31：458-471.

[39] Jablonowski M.1994. Fuzzy risk analysis：using AI systems[J]. AI Expert，9（12）：34-37.

[40] Jain S K，Das D，Srivastava D K.1999. Application of ANN for reservoir inflow predication and operation[J]. Journal of Water Resources Planning and Management，125（5）：263-271.

[41] Jang J-S R，Sun C T，Mizutani E.1997. Neurofuzzy and soft computing：A computational approach to learning and machine intelligence[R]. Prentice-Hall，Upper Saddle River，NJ.

[42] Jang J-S R.1993. ANFIS：adaptive-network-based fuzzy inference system[J]. IEEE transactions on system，Man and Cybernetics，Man and Cybernetics，23（3）：665-685.

[43] Jang J-S R.1996. Input Selection for ANFIS Learning[J]. IEEE（3）：1493-1499.

[44] Kişi Ö，Öztürk Ö.2007.Adaptive neurofuzzy computing technique for Evapotranspiration Estimation[J]. Journal of Irrigation and Drainage Engineering（4）：368-379.

[45] Kisi O.2006. Daily pan evaporation modeling using a neuro-fuzzy computing technique[J]. Journal of Hydrology，329（3-4）：636–646.

[46] Li T Y，Yorke J1975..Period three implies chaos[J]. American Journal of Mathematics.

[47] Machias A，Skikos G D. 1992.Fuzzy risk index of winds sites[J]. IEEE Trans. Energy Coranersion，7（4）：638-643.

[48] Maier H R，Dandy G C. 2000.Neural network for the prediction and forecasting of water resources variable：a review of modeling issues and applications[J]. Environmental Modeling and Software，15：101-124.

[49] Marshall D H，Zarghamee M，Mergalas B，Kleiner Y.2005.Tarrant Regional Water District's Risk Management Plan for Prestressed Concrete Cylinder Pipe[J]. Pipelines：853-861.

[50] Michael B，Yang J Q.2005. Function network in real-time flood forecasting--a novel application[J]. Advances in Water Resources（8）：899-909.

[51] Mukerji，A，Chatterjee C，Raghuwanshi N S.2009. Flood forecasting using ANN，Neuro-Fuzzy[J]. Journal of Hydrologic Engineering（6）：649-652.

[52] Olden J D，Poff N L，Bledsoe B P.2006. Incorporating ecological knowledge into ecoinformatics：An example of modeling hierarchically structured aquatic communities with neural networks[J]. Ecological Informatics，1（1）：33-42.

[53] Riad S，Mania J，Bouchaou L，Najjar Y2004.. Rainfall-runoff model using an artificial neural networks approach[J]. Mathematical and Computer Modeling，40（7-8）：839-846.

[54] Sahoo G B，Ray C，De Carlo E H.2006. Use of neural network to predict flash flood and attendant water qualities of a mountainous stream on Oahu，Hawaii[J]. Journal of Hydrology，327（3-4）：525-538.

[55] Shen H T.1986. River ice processes-state of research Proc. [C]. 13TH IAHR Symposium on Ice，Beijing，China：825-833.

[56] Sunheer K P，Gosain A K，Ramasastri K S.2002. A data-driver algorithm for constructing artifical neural network rainfall-runoff models[J]. Hydrological Processes，16：1325-1330.

[57] Tan C O，Beklioglu M.2006. Modeling complex nonlinear responses of shallow lakes to fish and hydrology using artificial neural networks. Ecological Modelling，196（1-2）：183-194.

[58] Tokar A S，Johnson P A. 1994.Rainfall-runoff modeling using artificial neural networks[J]. Journal Hydrology Engineering，4（3）：232-239.

[59] Wu B，Li B J.2009. Transportation Model of Emergency Transportation Assurance System Based on the Fuzzy Risk Control Theory[M]. International Conference on Transportation Engineering，：3356-3361.

[60] Zadeh LA. 1965.Fuzzy sets[J]. Information & Control，8：338-353.

[61] Zhanga J J，Songb R，Bhaskara N R，Frencha M N.2006.Short-term water demand forecasting：a case study，8th Annual Water Distribution Systems Analysis Symposium，Cincinnati，Ohio，USA：1-14.

[62] Zou R，Lung W S，Guo H.2002.Neural network embedded Monte Carlo approach for water quality modeling under input information uncertainly[J]. Journal of Computing in Civil Engineering，16（2）：135-142.

第二篇

冰水动力学模型试验

第 11 章　冰水动力学试验的相似性和倒虹吸实验概况

只有在原型和模型中表征流动规律的同类物理量之间，遵循一定的数学条件，存在着固定的比例系数，且各比例系数彼此保持一定的关系，一个小比例尺的模型才能全面地重现被模拟的现象。要达到这一目的，冰水力学模型至少应该满足水流条件和浮冰运动条件的相似。

11.1　冰水动力学试验的相似性

11.1.1　水流条件相似

黏性液体的微分方程组可简化如下：
连续性方程为

$$\frac{\partial V_x}{\partial x} + \frac{\partial V_y}{\partial y} = 0 \tag{11.1.1}$$

运动方程为

$$V_x \frac{\partial V_x}{\partial x} + V_y \frac{\partial V_x}{\partial y} = g i_x - g \frac{V_x^2}{C^2 H} \tag{11.1.2}$$

$$V_x \frac{\partial V_y}{\partial x} + V_y \frac{\partial V_y}{\partial y} = g i_y - g \frac{V_y^2}{C^2 H} \tag{11.1.3}$$

式中：V 为平均流速；下标 x、y 分别为纵（流）向和横向坐标轴；H 为水深；C 为谢才系数；i 为水面比降。

对于运动方程可得其相似比尺的关系如下：

$$\frac{(V_y)_r^2}{x_r} = \frac{(V_x)_r(V_y)_r}{y_r} = (i_x)_r = \frac{(V_x)_r^2}{C_r H_r} \tag{11.1.4}$$

$$\frac{(V_x)_r(V_y)_r}{x_r} = \frac{(V_y)_r^2}{y_r} = (i_y)_r = \frac{(V_y)_r^2}{C_r H_r} \tag{11.1.5}$$

式中：下标 r 为比尺。

由于水面坡降的比尺为 $(i_x)_r = (i_y)_r = 1$，因此可得流速比尺为

$$V_r = (L_r)^{1/2} \tag{11.1.6}$$

式中：L 为长度。

流量比尺为

$$Q_r = A_r V_r = (L_r)^2 (L_r)^{1/2} = (L_r)^{5/2} \tag{11.1.7}$$

式中：Q 为流量；A 为断面面积。

以上所述的也就是重力相似，即原模型的弗劳德数相等，用于表征重力起主导作用时，原型和模型的流动满足动力相似。此外天然河道中的水流一般都是紊流所以模型的雷诺数 $Re>500\sim1000$。为了克服表面张力的影响，水槽中的水深要大于 1.5cm。

11.1.2　冰块运动特性相似

根据能量平衡分析，当原型和模型的浮冰运动特性相似时，需要满足流冰的密度弗劳德数相等，即

$$\left(\frac{V_u}{\sqrt{2g\dfrac{\rho_w-\rho_i}{\rho_w}t}}\right)_p=\left(\frac{V_u}{\sqrt{2g\dfrac{\rho_w-\rho_i}{\rho_w}t}}\right)_m$$

$$\frac{(V_u)_p}{(V_u)_m}=\frac{\sqrt{(\rho_w-\rho_i)_p\,t_p}}{\sqrt{(\rho_w-\rho_i)_m\,t_m}}\ ,\quad (V_u)_r=\sqrt{\frac{(\rho_w-\rho_i)_p}{(\rho_w-\rho_i)_m}t_r}$$

即

$$\left(L_r\right)^{1/2}=\sqrt{\frac{(\rho_w-\rho_i)_p}{(\rho_w-\rho_i)_m}}\sqrt{(L_r)}\ ,\quad (\rho_w-\rho_i)_p=(\rho_w-\rho_i)_m$$

$$(\rho_i)_p=(\rho_i)_m \tag{11.1.8}$$

式中：V_u 为冰下的平均流速。

上述分析表明：浮冰运动特性相似要求原型和模型中冰的密度相等（真冰的密度约为 917kg/m^3）。基于这一原理，目前在冰块的模拟上常采用密度接近 917kg/m^3 的石蜡、塑料等来代替真冰。

模型试验中冰材料的选择主要受到模拟对象所受到的主要作用力的影响，如果冰与冰之间的作用力不被认为是关键的，便可使用模型冰代替真冰。但是模型冰材料在浸湿性（真冰为浸湿性材料，模型冰为非浸湿性材料）、摩擦系数（根据合肥工业大学的试验，真冰在 0℃，真冰与真冰相对移动速度为 4cm/s 时，动摩擦系数均值约为 0.02，石蜡的动摩擦系数均值约为 0.6745，另外，模型冰和模拟冰盖之间的相应动摩擦系数均值约为 0.4661，与冰与冰之间的摩擦系数 0.02 也相差较大）、黏附性（特别是冰屑具有很强的黏附性，几乎可黏附所有浸没的物体）等方面与真冰的差别较大，因此采用模型冰在模拟冰盖、冰塞、冰块运动等冰情物理过程时与真冰相比存在一定差异，真冰试验在准确模拟冰水动力学过程中的优势是显而易见的，特别是一些复杂多变的情况。

上述的差异也已经在试验和原型观测中得到了证实。冰塞厚度的模拟上，在 20 世纪 70 年代，Tatinclaux 等试验中就已经发现由于浸湿性的不同，相同尺寸的塑料冰的初始下潜流速比真冰高 40%～50%，Tatinclaux 和 Lee 在模拟尺寸较小或者较薄的冰块下潜时，模型冰和真冰表面张力的差异也会对冰块的下潜流速造成影响。在 1996 年 2 月的引河闸原型观测中，吴新玲等实测得到观测断面缆绳上凝结的冰花直径达到了缆绳直径的 33 倍。这些现象都说明了采用模型冰开展冰水动力学试验的缺陷。在我们所开展的低温冰水动力

学试验中可以发现：冰块的黏性在冰塞形成过程中的作用非常重要，绝大部分的冰块会黏结在一起形成一个"冰团"运动，单个冰块运动的情况非常少见。而大量的冰块可以堆积、黏附在一起形成的一整块接地型的冰塞体，强度随着外界气温的降低逐渐加大（见图11.1.1）。

图 11.1.1 实验水槽中冰块堆积、黏结形成的接地型冰塞体

11.2 倒虹吸冰水动力学实验概况

11.2.1 循环水槽

倒虹吸冰水动力学试验在中国水利水电科学研究院冰水动力学实验室开展。实验室内设有长 50m、净深 0.8m、净宽 0.8m 的试验水槽，最大供水流量约 200L/s，其简图如图 11.2.1 所示。实验水槽和倒虹吸的照片如图 11.2.2 和图 11.2.3 所示。

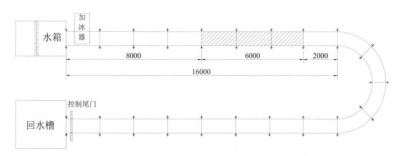

图 11.2.1 倒虹吸试验循环水槽布置简图（单位：mm）

图 11.2.2 循环水槽整体布置　　　　图 11.2.3 倒虹吸的布置

11.2.2　主要量测设备的精度

（1）流速的测量。流速分布的测量采用挪威 Nortek AS 公司的 MicroADV 型三维多普勒流速仪。该仪器的特点是测量精度和采样频率高，可实现自动化数据采集。流速测量范围±0.01m/s、0.1m/s、0.3m/s、1m/s、4m/s（软件可选），精度为测量值±0.5%或者±1mm/s。

（2）水位的测量。水位的测量采用高精度 Kulite 压力传感器，型号为 XTL-190M。该传感器的综合精度指标非线性、迟滞性和重复性为±0.1%FS BFSL（典型值），分辨率为无限小。

（3）加冰量的测量。加冰速度的标定使用电子秤，其测量精度为 1g。

（4）冰盖、冰塞厚度分布的测量。冰盖和冰盖厚度分布使用钢直尺测量，测量精度为 1mm。

11.2.3　测点布置

倒虹吸模型以南水北调中线工程具有代表性的唐河倒虹吸为原型，模型比尺为 1:23.4（倒虹吸管的水平段根据实验室的尺寸进行了适当缩短）。倒虹吸进口前在明流和冰塞下的流速横向测点布置和沿程水位测点布置如图 11.2.4 所示。在水槽中，横向间隔 0.2m（X方向）设置一个测量断面，共设置 3 个；在水槽纵向（Y方向）距离倒虹吸进口 0.1m、0.2m、0.4m、0.6m、0.8m、1.0m、1.4m、1.8m 的位置设置测量断面，分别记为断面 1~8。在垂向上，每隔 50cm 布置一个测量断面，分别记为断面 A~G。

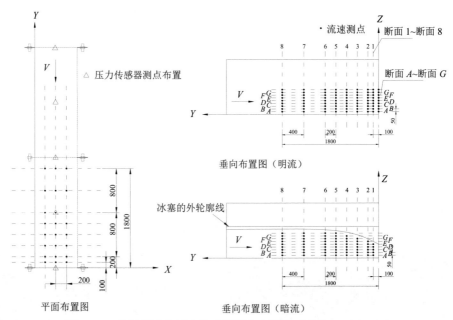

图 11.2.4　流速测点和压力传感器测点布置图（单位：mm）

倒虹吸进口冰塞厚度测点布置如图 11.2.5 所示，在水槽横向每隔 10cm 设置一个测量断面；在垂向上，测量冰塞的顶部和底部，从而得到冰塞沿程的厚度分布。

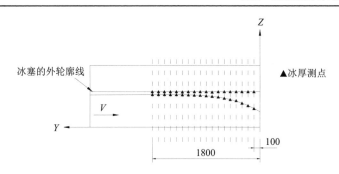

图 11.2.5　冰塞厚度测点布置图（单位：mm）

11.2.4　实验中的冰块粒径

制冰机制作的冰块粒径范围约在 15mm×10mm×2.5mm ～ 55mm×27mm×2.5mm 之间，平均粒径为 27.6mm×18.6mm×2.5mm。其实对于冰塞厚度来说，冰块的尺寸影响并不大。Cartens 就已经提出了这一问题，他认为冰块的输移和堆积研究是可以不考虑冰块尺寸的两相流问题。王军通过模型冰和真冰试验分别得到了上述观点。在试验中真冰粒径和模型冰的粒径均为 0.5cm、1.0cm 和 1.5cm，由图 11.2.6 可见随着冰块中值粒径的增加，冰塞的堆积厚度与冰塞下水深之比并没有发生大幅的变化，这就说明了冰粒粒径的大小对初始冰塞的厚度的影响并不大。

本次试验中冰块运动的现象也能证明这一观点。因为黏性的存在，冰块下潜运动过程中很少出现单个冰块独立运动的情况，在绝大多少情况下冰块之间相互黏结形成尺寸不等的"冰团"运动。

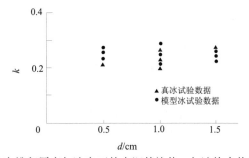

图 11.2.6　冰塞堆积厚度与冰塞下的水深的比值 k 与冰块中值粒径 d 的关系

11.2.5　试验工况

综合考虑冰水动力学模拟的相似理论、实验室的供水能力和试验成本，共计开展了 47 组工况的冰塞堆积试验（见表 11.2.1）。这 47 组试验的冰塞厚度沿程分布均被测量；但是在流速分布测量上，只选择性的测量了其中 13 组冰块不进入倒虹吸的临界工况时明流和冰塞下的流速分布，以及另外 4 组明流工况。没有测量所有工况的原因有两个：一是主要关心的是临界工况的冰水耦合作用；二是低温试验成本较高，流速的测量耗时较多，不可能测量所有工况。

表 11.2.1　测量工况汇总表

工况	倒虹吸进口水深/mm	流量/（L/s）	工况	倒虹吸进口水深/mm	流量/（L/s）
工况 1	254	19.6	工况 25	304	31.0
工况 2	254	21.6	工况 26	304	33.1
工况 3	264	13.1	工况 27	314	29.3
工况 4	264	15.8	工况 28	314	34.5
工况 5	264	19.1	工况 29	314	36.4
工况 6	264	21.3	工况 30	314	39.6
工况 7	264	23.5	工况 31	314	41.7
工况 8	274	16.8	工况 32	324	36.9
工况 9	274	18.5	工况 33	324	39.0
工况 10	274	19.4	工况 34	324	41.1
工况 11	274	21.4	工况 35	324	42.3
工况 12	274	23.5	工况 36	334	39.5
工况 13	274	25.6	工况 37	334	41.6
工况 14	279	25.2	工况 38	334	46.6
工况 15	279	26.1	工况 39	344	44.3
工况 16	284	20.1	工况 40	344	46.2
工况 17	284	22.1	工况 41	344	49.2
工况 18	284	23.0	工况 42	344	54.4
工况 19	284	24.1	工况 43	354	42.6
工况 20	289	28.3	工况 44	354	43.6
工况 21	289	30.4	工况 45	354	44.6
工况 22	294	27.2	工况 46	354	46.6
工况 23	294	28.3	工况 47	354	49.7
工况 24	294	29.3			

参考文献

[1] 姜仁贵，解建仓，李建勋.2012.面向防汛的三维预警监视平台研究与应用[J]. 水利学报，43（69）：749-755.

[2] 孙肇初.1985.讨论浮冰水力模型的相似率[J]. 人民黄河（1）：3-7.

[3] 王洪猛，谢建君，曾云，等. 2004.基于 PLC 的过程控制系统设计与实现[J]. 自动化技术与应用，23（7）：25-27，33.

[4] 王军. 1999.冰塞下冰块起动分析[J]. 水文（2）：29-33.

[5] 吴新玲，颜丙池，宁夕英.2002. 水内冰对建筑物的影响分析[J]. 河北水利水电技术（2）：43.

[6] 姚连杰，郑昌祥，毕伟，等. 2012.基于 PLC 和 LabVIEW 的液压式定重装载监控系统设计[J]. 工矿自动化（10）：90-92.

[7] Cartens T.1970. Modelling of ice transport[C]//Proceedings of the International Association for Hydraulic Research Symposium on Ice and its Action on Hydraulic Structures. Reykjavik，Iceland.

[8] Tatinclaux J-C，Lee C L.1978. Initiation of Ice Jams - a laboratory study[J]. Canadian Journal of Civil Engineering，5（2）：202-212.

[9] Tatinclaux J-C. 1977.Equilibrium thickness of ice jams[J]. Journal of Hydraulic Division，103（HY9）：959-974.

第12章 倒虹吸进口流速分布特性

12.1 明流流速分布理论

对于天然河道紊流时均流速的分布已经开展了大量的研究工作，得到了对数型、指数型、抛物线型、椭圆型等多种型式的流速分布计算公式，其中应用较多的是对数型和指数型流速分布公式。指数型流速分布公式经验性质较强，对数型流速分布公式的理论依据则较为充分。Prandtl 首先根据动量传递理论，得到了均匀流的对数流速分布形式，Kedegan 利用平板边界层的研究提出了明渠流动中断面流速的对数分布形式，Coles 采用尾流函数对数型公式进行修正。随后很多学者尝试对其进行修正或补充，以适应不同的情况。

对数型流速分布公式最主要的问题是卡门常数 κ、积分常数 B、尾流强度系数 Π 等参数的确定存在困难，不同的研究者得到不同的取值，甚至是不同取值范围，这就给公式的实际应用带来诸多不变。本研究分析了对数型流速分布公式各参数的取值，参数取值变化对流速计算结果的影响，以及摩阻流速 u_* 不同计算方法的准确性；利用美国陆军工程兵团、张鑫和矩形水槽试验的数据验证了 K 和 B 均取均值时，不包含尾流函数的对数型流速分布公式的计算精度。

12.1.1 对数型流速分布

指数型流速分布公式可写为

$$\frac{u}{u_*} = \frac{1}{\kappa}\ln\left(\frac{yu_*}{\nu}\right) + B \qquad (12.1.1)$$

式中：u 为 y 处的流速；u_* 为摩阻流速；κ 为卡门常数，一般 $\kappa \approx 0.4$；y 为到渠底的距离；H 为总水深；ν 为运动黏滞系数；B 为积分常数。

这种对数分布形式的问题在于：对于最大流速发生在水面处的浅宽河道，以及靠近河床底部的黏性底层区域，理论与实际存在差别。采用流速分布公式对 y 求导可得

$$\frac{\partial u}{\partial y} = u_*\left(\frac{1}{\kappa}\frac{\nu}{yu_*}\frac{u_*}{\nu} + \frac{\partial B}{\partial y}\right) = \frac{u_*}{\kappa y}$$

由上式就可以得出对数型流速分布公式的不足：在水面处，流速最大而流速分布梯度不等于 0。

对数型流速分布公式另一缺点是，常数 κ 和 B 是一个变量，不同的试验有不同的常数。其实这也是所有流速分布公式的缺点，都存在有待定系数。

在二次流的影响下，水面附近会产生一个指向中心的旋涡，将边壁附近的低速水流沿水面带到中心位置，从而使得水流表面的流速降低，最大流速点发生在水面以下（见图 12.1.1）。为了解决水面附近的流速分布偏移对数律的问题，引入了尾流函数对其进行修正：

$$\frac{u}{u_*} = \frac{1}{\kappa}\ln\left(\frac{y}{y'}\right) + B + W\left(\Pi,\frac{y}{H}\right) \tag{12.1.2}$$

式中：Π 为尾流强度系数，$W\left(\Pi,\dfrac{y}{h}\right)$ 为尾流函数，其定义为

$$W\left(\Pi,\frac{y}{\delta}\right) = \frac{2\Pi}{\kappa}\sin^2\left(\frac{\pi}{2}\frac{y}{\delta}\right) \tag{12.1.3}$$

式中：δ 为流速分布中最大流速处对应的水深（见图 12.1.1）。

对于宽深比 $b/H<5.2$ 的窄深渠道，最大流速点的位置一般发生在水面下的某处位置，则尾流函数可用式（12.1.3）计算。对于宽深比 $b/H>5.2$ 的渠道，水流的最大流速发生一般发在水面上，则边界层厚度 $\delta=H$，尾流函数调整为

$$W\left(\Pi,\frac{y}{h}\right) = \frac{2\Pi}{\kappa}\sin^2\left(\frac{\pi}{2}\frac{y}{H}\right) \tag{12.1.4}$$

使用尾流函数修正后，对数型流速分布公式虽然能够适应二次流带来的表面流速下降的情况，但是新的问题随着而来。尾流函数的大小除了受到深度的影响之外，也受到尾流强度系数 Π 的影响，较大的 Π 值会有较大的尾流修正量。Π 并非定值，不同的情况下有不同的 Π 值，因此尾流强度 Π 的确定存在问题。而 Π 的值目前还没有成熟的办法确定，流速分布公式中的待定参数反而有所增加，这给实际应用带来了困难。

δ 的值可以使用 Wang 提出的公式加以计算。Wang 收集了 9 篇文献中的流速数据，分析了 X/h 与 δ/h 的关系（X 为流速测点距边壁的距离），具体如图 12.1.2 所示，得到如下经验关系式。

当 $X/h<2.6$ 时（即 $b/h<5.2$）

$$\frac{\delta}{H} = 0.44 + 0.212\frac{X}{H} + 0.05\sin\left(\frac{2\pi}{2.6}\frac{X}{H}\right)$$

当 $X=b/2$ 时，即渠道中心位置处，上式变为

$$\frac{\delta}{H} = 0.44 + 0.106\frac{b}{H} + 0.05\sin\left(\frac{2\pi}{5.2}\frac{b}{H}\right)$$

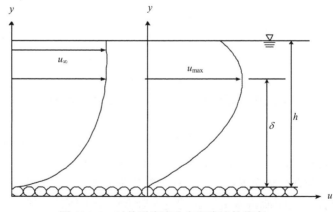

图 12.1.1　对数型流速分布和流速的偏离

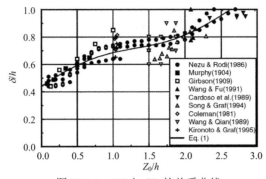

图 12.1.2 X/h 与 δ/h 的关系曲线

当宽深比 $b/h>5.2$ 时，最大流速的位置发生在水面，显然此时 $\delta=h$。这样 δ 的值就可以确定了。关于不同尾流强度系数时尾流函数 W 与水深的关系将会在 12.1.4 节中分析。

12.1.2 指数型流速分布

对于均匀流条件下的宽明渠流速常用的也有指数型流速分布：

$$\frac{u}{u_s}=\left(\frac{y}{H}\right)^m \qquad (12.1.5)$$

式中：m 为指数，是与河底糙率有关的参数，$m=1/5\sim1/8$，在实际河道中一般取 $m=1/6$。

Chen 在分析了一系列指数规律后提出了统一的流速指数型流速分布计算公式：

$$\frac{u}{u_*}=a\left(\frac{y}{y'}\right)^n \qquad (12.1.6)$$

式中：a 为系数；n 为指数；y' 为特征长度；V_* 为河床底部的摩阻流速。

对于光滑床面，$y'=\nu/9V_*$；对于粗糙床面 $y'=K_s/30$，其中 ν 为运动黏滞系数，K_s 为粗糙高度。

12.1.3 卡门常数 κ 和积分常数 B

κ 和 B 分别代表卡门常数和积分常数，虽然根据试验的不同，其值不同，但是多个试验研究发现，其值在较小的范围内波动，基本相当于定值。不同试验得到的 κ 和 B 值见表 12.1.1。

表 12.1.1 不同试验数据得到的 κ 值和 B 值

实例	κ 值	B 值
Steffler 等	0.4	5.5
刘亚坤等	0.37~0.42	4.5~7.0
Nezu 等	0.412±0.011	5.29±0.47
刘春晶等	0.399~0.425	4.17~6.2
M.Salih Kirkgoz	0.41	5.5
Cardoso 等	0.401±0.016	5.1±0.96
董曾南等	0.376±0.04	5.49±0.4
李新宇等	0.4	5.25±0.75
何建京	0.357±0.033	5.79±0.67

　　总体来看，κ 值的波动范围较小在 0.324 ~ 0.425 之间，均值为 0.395；B 值的波动范围稍大一些，在 4.14 ~ 7 之间，均值为 5.419。将上述取值用图 12.1.3 和图 12.1.4 可以直观地表示。

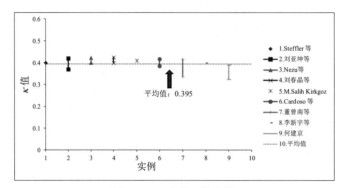

图 12.1.3　参数 κ 的取值

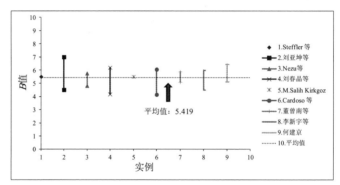

图 12.1.4　参数 B 的取值

　　现在我们已经有了 κ 值和 B 值的取值范围，随后将研究 κ 和 B 在取值范围内波动时对流速的影响，以便确定合适的 κ 值和 B 值。采用刘春晶等的摩阻流速 u_* 的计算结果，分析流速 u 对于参数 κ 和 B 的敏感性，其中 u_* 分别为 1.9cm/s、2.2cm/s 和 2.29cm/s。因为尾流强度系数 Π 目前还没有办法精确确定，因此为了避免 Π 的不确定性带来的影响（Π 的取值分析参见 12.1.4 节），流速 u 的计算公式采用式（12.1.1），运动黏滞系数 ν 取水温 0℃的值 $1.78667 \times 10^{-6} \mathrm{m}^2/\mathrm{s}$（试验水槽的水温实测值为-0.3℃），不同水温时的运动黏滞系数取值见表 12.1.2。

表 12.1.2　运动黏滞系数取值表

水温/℃	运动黏滞系数/ $(10^{-6}\mathrm{m}^2/\mathrm{s})$	水温/℃	运动黏滞系数/ $(10^{-6}\mathrm{m}^2/\mathrm{s})$	水温/℃	运动黏滞系数/ $(10^{-6}\mathrm{m}^2/\mathrm{s})$
0	1.78667	10	1.30641	20	1.00374
1	1.72701	11	1.26988	21	0.97984
2	1.67040	12	1.23495	22	0.95682
3	1.61665	13	1.20159	23	0.93471
4	1.56557	14	1.16964	24	0.91340
5	1.51698	15	1.13902	25	0.89292
6	1.47070	16	1.10966	26	0.87313
7	1.42667	17	1.08155	27	0.85409
8	1.38471	18	1.05456	28	0.83572
9	1.34463	19	1.02865	29	0.81798

B 取平均值 5.419，研究 κ 值在 0.3~0.425 的范围内变化时流速 u 的影响。卡门常数 κ 处于流速计算公式中分母的位置，因此流速 u 随着 κ 值的增大而降低。由图 12.1.5、图 12.1.7 和图 12.1.9 可见，κ 值对流速 u 的影响较大，κ 变动过程中垂向的流速变化比较剧烈。由 $u/u_{average}$ 与 $\kappa/\kappa_{average}$ 的关系图（图 12.1.6、图 12.1.8 和图 12.1.10）可见，$u/u_{average}$ 与 $\kappa/\kappa_{average}$ 接近于线性关系，κ 值的变化对流速 u 的影响较大，其变动过程中垂向的流速变化比较剧烈。当 u_*=1.9cm/s 时，$\kappa/\kappa_{average}$ 与 $u/u_{average}$ 对应的斜率约为−0.887；u_*=2.29cm/s 时，斜率为−0.895。在这一过程中摩阻流速 u_* 增大了约 20.5%，而 $u/u_{average}$ 与 $\kappa/\kappa_{average}$ 关系图中的斜率变化约 0.9%，这说明在常用的取值范围内 $u/u_{average}$ 与 $B/B_{average}$ 接近于线性关系，受 u_* 变化的影响不大。

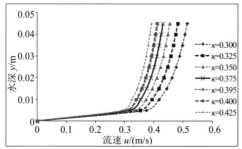

图 12.1.5 垂向流速分布计算结果（u_*=1.9cm/s）

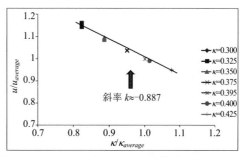

图 12.1.6 $u/u_{average}$ 与 $\kappa/\kappa_{average}$ 的关系（u_*=1.9cm/s）

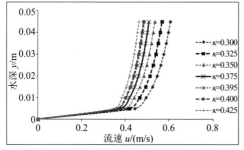

图 12.1.7 垂向流速分布计算结果（u_*=2.2cm/s）

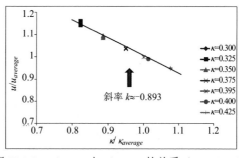

图 12.1.8 $u/u_{average}$ 与 $\kappa/\kappa_{average}$ 的关系（u_*=2.2cm/s）

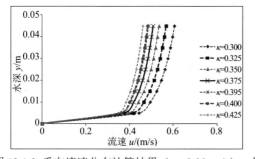

图 12.1.9 垂向流速分布计算结果（u_*=2.29cm/s）

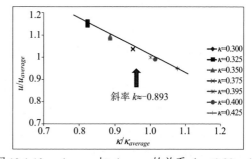

图 12.1.10 $u/u_{average}$ 与 $\kappa/\kappa_{average}$ 的关系（u_*=2.29cm/s）

κ 取平均值 0.395，研究 B 在 3~7 的范围内变化对流速 u 的影响。随着 B 值的增大，流速越大。B 值的变化对流速 u 影响可见图 12.1.11 ~ 图 12.1.16。当 u_*=1.9cm/s 时，$B/B_{average}$ 与 $u/u_{average}$ 对应的斜率为 0.275；对应 u_*=2.29cm/s 时，斜率为 0.269。这说明 $u/u_{average}$ 与

$B/B_{average}$ 的关系对 u_* 的变化并不敏感。因为 u_* 由 1.9cm/s 增加到 2.29cm/s 的过程中增大了约 20.5%，而 $u/u_{average}$ 与 $B/B_{average}$ 关系图中的斜率仅变化了约 2.2%，由此可见在常见的取值范围内，$u/u_{average}$ 与 $B/B_{average}$ 也接近的线性关系，受 u_* 变化的影响不大。

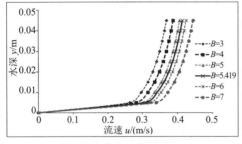

图 12.1.11　垂向流速分布计算结果（u_*=1.9cm/s）

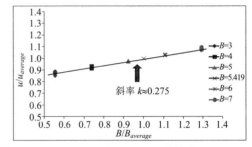

图 12.1.12　$u/u_{average}$ 与 $B/B_{average}$ 的关系（u_*=1.9cm/s）

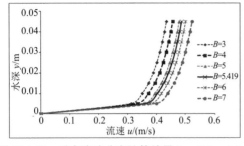

图 12.1.13　垂向流速分布计算结果（u_*=2.2cm/s）

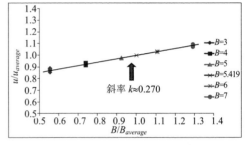

图 12.1.14　$u/u_{average}$ 与 $B/B_{average}$ 的关系（u_*=2.2cm/s）

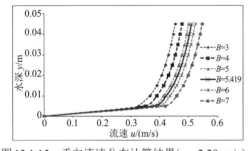

图 12.1.15　垂向流速分布计算结果（u_*=2.29cm/s）

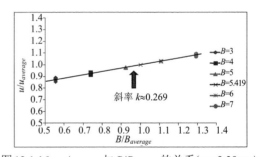

图 12.1.16　$u/u_{average}$ 与 $B/B_{average}$ 的关系（u_*=2.29cm/s）

从 κ 的取值范围来看，κ 值的变动幅度并不大，最大值是均值的 0.425/0.395=1.076 倍，最小值是均值的 0.324/0.395=0.820 倍，所以一般认为 κ 为定值。相对而言，B 值的变化范围较大一些，最大值是均值的 7/5.419=1.292 倍，最小值是均值的 4.14/5.419=0.764 倍，这也就是说，即使在极端情况下我们选取 $B = 7$，其对 $u/u_{average}$ 的影响为 0.292×(0.269+0.270+0.275)/3=7.9%，若选取极小值 $B = 4.14$，影响为 (0.764−1)×(0.269+0.270+0.275)/3=−6.4%。结合上面的分析可知 κ 值变化对流速的影响较大，而 B 值的变化对流速影响相对于 κ 值要小得多。

12.1.4　尾流强度系数 Π

目前一些试验得到的尾流强度系数 Π 的值见表 12.1.3，绘制成图形为图 12.1.17。其取值范围是-0.27~0.65，平均值是 0.151。

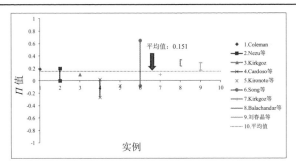

图 12.1.17　参数 Π 的取值

表 12.1.3　尾流强度系数 Π 的取值情况

来源	颗粒粒径/mm	Π 值	床底	备注
Coleman	0.105	0.19	光滑	悬移质会对流速造成影响
	0.21			
	0.42			
Nezu 等		0~0.2	光滑	以雷诺数 Re 的大小来区分值的变化 $Re\approx500$ 时，$\Pi=0$；$Re\geq2000$ 时，$\Pi=0.2$
Kirkgoz	1	0.1	平滑、铺撒不同粒径的颗粒	比较了平滑和粗糙床底对流速产生的影响
	4			
	8			
	12			
Cardoso 等		-0.27~0.02	光滑	
Kironoto 等		-0.08（二维流动）0.15（三维流动）	砾石	
Song 等	12.3	-0.08~0.65	砾石	恒定和非恒定流工况下的压力梯度与 Π 值的关系
Kirkgoz 等		0.1	光滑	宽深比与边壁效应对流速分布的影响
Balachandar 等	12.7	0.39	玻璃球	研究边界层发展过程对 Π 值的影响
		0.34		
		0.24		
刘春晶等		0.172~0.291（平均值0.223）	光滑	试验条件为不同宽深比条件下的均匀流

当最大流速发生在水面时，尾流函数可用式（12.1.4）计算，而尾流函数 W 与 y/H 的关系可描述为图 12.1.18。当 Π 值为正时，相当于沿水深方向给流速增加一个修正量，在水面处达到最大。Π 值为负时，情况正好相反。

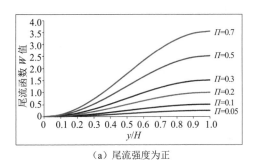

（a）尾流强度为正

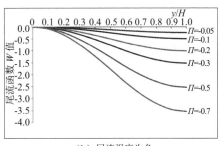

（b）尾流强度为负

图 12.1.18　尾流强度为正、负时尾流函数 W 与 y/H 的关系图

对于宽深比 $b/h<5.2$ 的窄深渠道（窄深渠道的宽深比也有不同的取值），如果水流的最大流速不在水面上，而是发生在距渠底的 δ 处，尾流强度函数可用式（12.1.3）计算。尾流函数 W 与 y/δ 的关系可描述为图 12.1.19。

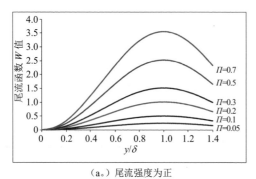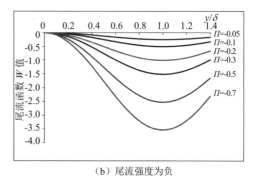

（a。）尾流强度为正　　　　　　　　　　（b）尾流强度为负

图 12.1.19　尾流强度为正、负时尾流函数 W 与 y/δ 的关系图

Π 值取为最大值 0.7 时，对应的尾流函数最大值约为 3.5，因此其对流速 u 的影响要小于积分常数 B；Π 取均值 0.151 时，尾流函数 W 的最大值约为 0.5，也就是 B 值的 1/10 左右；如果 Π 值取最小值 0.05，得到的尾流函数的最大值在 0.3 左右，对流速的影响更小。综上所述，Π 值对流速 u 的影响远小于 B 值的影响，相对于 κ 值对流速的影响则更小。

12.1.5　摩阻流速 u_* 的确定

摩阻流速 u_* 常用的有 4 种计算方法：

（1）测量黏性底层的流速分布。

（2）将实测雷诺应力垂线分布延长至床面求得床面切应力，再求得摩阻流速。

（3）利用实测的流速分布，给定卡门常数值，根据式（12.1.1）回归分析得到摩阻流速。

（4）根据均匀明渠流的阻力平衡求摩阻流速（最大流速点在水面时 $u_* = \sqrt{gRJ}$，最大流速点在水面以下时 $u_* = \sqrt{g\delta J}$ ）。

方法（1）存在的问题是需要特殊的测量设备，而一般情况下的试验条件都不具备这种要求，因此其适用范围受到很大的限制。

如果使用方法（4）来计算摩阻流速可以得到以下结果：

$$u_* = \sqrt{gRJ} = \sqrt{gR} \cdot \sqrt{\frac{\Delta h}{L}}$$

对于实验室普遍采用的测针（测量精度为 0.1mm）来说，那么 u_* 测量的误差为（以矩形水槽为例）

$$\frac{u_{*计算}}{u_{*真实}} = \frac{\left(\sqrt{gR\,\Delta h/\mathrm{L}}\right)_{计算}}{\left(\sqrt{gR\,\Delta h/\mathrm{L}}\right)_{真实}} = \sqrt{\frac{\dfrac{b\left[\left(\Delta h\right)_{真实} \pm 0.0001\right]}{b+2\left[\left(\Delta h\right)_{真实} \pm 0.0001\right]}}{\dfrac{b\left(\Delta h\right)_{真实}}{b+2\left(\Delta h\right)_{真实}}} \cdot \frac{\left(\Delta h\right)_{真实} \pm 0.0001}{\left(\Delta h\right)_{真实}}}$$

$$= \sqrt{\frac{1 + \dfrac{2(\Delta h)_{真实}}{b}}{1 + \dfrac{2\left[(\Delta h)_{真实} \pm 0.0001\right]}{b}} \left[1 \pm \frac{0.0001}{(\Delta h)_{真实}}\right]^2}$$

明渠流动中 0.1mm 相对于水面宽度 b 很小，可以忽略，因此上式变为

$$\frac{u_{*计算}}{u_{*真实}} \approx 1 \pm \frac{0.0001}{(\Delta h)_{真实}}$$

式中：Δh 为上下游水头差。

通过上式可以得到摩阻流速测量时，仪器测量精度造成的摩阻流速的误差分布特性如图 12.1.20 所示。

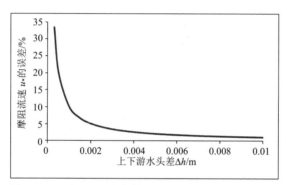

图 12.1.20　仪器测量精度造成的摩阻流速的误差分析

通过上述分析可知，对于光滑明渠来说，由于此时上下游的水头差一般较小，采用方法（4）计算摩阻流速时仪器测量精度会导致较大的误差。

使用刘春晶等的数据，分析了方法（2）~方法（4）在计算摩阻流速时与均值间的误差（见表 12.1.4）。方法（2）、方法（3）和方法（4-1）的计算结果比较接近，标准差在 0.1 以下，而方法（4-2）与均值间的标准差是其它方法的 3 倍左右，这说明雷诺应力分布、对数型流速回归分析、均匀流阻力平衡来计算摩阻流速都可以有很好的精度。

表 12.1.4　各计算方法得到的摩阻流速与均值之间的差值和标准差

u_*的平均值		与平均值间的差值/(cm/s)			
		方法（2）	方法（3）	方法（4-1）（$u_* = \sqrt{gRJ}$）	方法（4-2）（$u_* = \sqrt{g\delta J}$）
工况 1	2.00	-0.10	-0.07	-0.04	0.21
工况 2	2.27	-0.04	-0.11	-0.11	0.25
工况 3	2.28	-0.08	-0.09	-0.11	0.27
工况 4	2.32	-0.12	-0.12	-0.06	0.31
工况 5	2.41	-0.12	-0.04	-0.10	0.25
标准差		0.10	0.09	0.09	0.26

12.1.6　垂向流速分布计算公式的参数取值

到目前为止，虽然开展了很多的研究，但是 Π 的取值还存在问题，而且从上述的分析

可知, Π 对流速的影响相对于 κ 和 B 要小得多。

为此比较分析了美国陆军工程兵团 Decker Hains 等（流速测量设备为三维多普勒流速仪）、张鑫（流速测量设备为偏振差动式激光测速仪）和矩形水槽试验（水槽长 50m、宽0.8m、流速测量设备为三维多普勒流速仪）得到的试验数据（396 个测点），共计 877 个测点的测量数据，来验证 κ 和 B 均取均值时，不包含尾流函数的对数型流速分布公式的计算精度，其中摩阻流速采用回归分析的方法计算，误差的对比如图 12.1.21 所示。

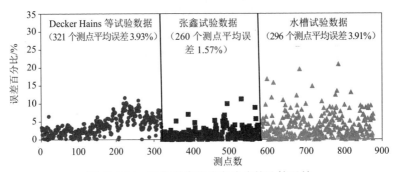

图 12.1.21 对数型流速分布公式的计算误差

Decker Hains 等试验工况的宽深比范围是 4.8~6.0，测点数为 321 个，对数型流速分布公式计算值与实测值之间的平均误差为 3.93%，其中误差小于 5% 的占 68.54%，小于 10% 的占 98.44%；张鑫试验工况的宽深比范围是 2.56~6.9，测点数 260 个，平均误差为 1.57%，其中误差小于 5% 的占 95.38，小于 10% 的占 99.62%；水槽试验的宽深比是 2.26~3.15，测点数是 296 个，平均误差是 3.91%，其中误差小于 5% 的占 70.61%，小于 10% 的占 95.27%。试验工况的宽深比包括了浅宽和窄深渠道，虽然在理论上窄深渠道水面处流速会发生下降，但是从激光流速仪和多普勒流速仪测量的结果来看，上述现象并不是一定的，在不少工况下窄深渠道的最大流速发生在水面，但是此时水面垂向的流速梯度很小，总体来说流速变化不会很大。

当 κ 取 0.395，B 取 5.419 时，采用不含尾流函数的指数型流速分布公式描述窄深和宽浅明渠的流速分布，877 个测点的平均误差为 3.14%，其精度可满足工程应用的需求。

分析了对数型流速分布公式中卡门常数 κ、积分常数 B 和尾流强度系数 Π 的取值及流速计算公式对这些参数的敏感性，其中参数 κ 的影响最大，B 其次，Π 的影响最小。通过试验数据对摩阻流速的计算方法进行了比较分析，得到了不同计算方法存在的缺点和计算精度。在 κ 取 0.395，B 取 5.419 的情况下，采用 877 个测点的流速数据，对不包含尾流函数的对数流速分布公式的计算误差进行了对比分析，分析结果表明平均误差为 3.14%，因此认为在上述的参数取值下，对数型流速分布公式已经具有足够的精度来满足工程实际的需要，由于尾流强度系数 Π 目前还无法准确确定，尾流函数的加入不仅增加了未知参数，还给实际使用带来困难。

12.2 冰封河渠流速分布理论

当冰盖出现时，水流由明流变为暗流，流动结构发生显著的改变，如图 12.2.1 所示。

此时一般以最大流速线（点）将流动沿水深方向分为冰盖区和床面区两层，再分别等效成明流分布。目前常用的流速分布方法是依据 Prandtl 半经验紊流理论将冰盖区和床面区两部分分别采用对数流速分布进行描述。

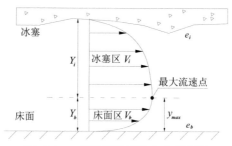

图 12.2.1　封冻河道流速分布示意图

对于冰盖区有：

$$\frac{V_i}{V_{*i}} = 2.5\ln\frac{y_i}{e_i} + 8.5 \tag{12.2.1}$$

对于床面区有：

$$\frac{V_b}{V_{*b}} = 2.5\ln\frac{y_b}{e_b} + 8.5 \tag{12.2.2}$$

式中：V_i、V_b 分别为距冰盖底面 y_i 和河床 y_b 的水流流速；e_i、e_b 分别为冰盖底面和床面边壁的粗糙高度；V_{*i}、V_{*b} 分别为冰盖下表面和河床的摩阻流速。

上式要成立，需满足以下条件：

（1）$y_i=Y_i$ 或 $y_b=Y_b$，$V_i=V_b=V_{\max}$

（2）$\left.\dfrac{\mathrm{d}V_i}{\mathrm{d}y_i}\right|_{y_i=Y_i} = \left.\dfrac{\mathrm{d}V_b}{\mathrm{d}y_b}\right|_{y_b=Y_b}$

冰盖区水流的平均流速为

$$\begin{aligned}
V_{iavg} &= \frac{1}{Y_i}\int_0^{Y_i} V_i\mathrm{d}y_i = \frac{1}{Y_i}\int_0^{Y_i} V_{*i}\left(2.5\ln\frac{y_i}{e_i}+8.5\right)\mathrm{d}y_i = \frac{2.5}{Y_i}\int_0^{Y_i} V_{*i}\ln\frac{y_i}{e_i}\mathrm{d}y_i + \frac{8.5}{Y_i}\int_0^{Y_i} V_{*i}\mathrm{d}y_i \\
&= 2.5V_{*i}\left[\ln Y_i - 1 - \ln e_i\right] + 8.5V_{*i} = V_{*i}\left(2.5\ln\frac{Y_i}{e_i}+6\right)
\end{aligned} \tag{12.2.3}$$

即

$$\frac{V_{iavg}}{V_{*i}} = 2.5\ln\frac{Y_i}{e_i} + 6$$

同理在床面区可得

$$\frac{V_{bavg}}{V_{*b}} = 2.5\ln\frac{Y_b}{e_b} + 6$$

上式的缺点在于：

由条件（1）可得

$$\frac{V_{*i}}{V_{*b}} = \frac{2.5\ln\dfrac{y_b}{e_b} + 8.5}{2.5\ln\dfrac{y_i}{e_i} + 8.5} \tag{12.2.4}$$

由条件（2）得

$$\frac{V_{*i}}{V_{*b}} = \frac{Y_i}{Y_b} \tag{12.2.5}$$

又

$$\frac{V_{*i}}{V_{*b}} = \frac{V_{iavg}\left(2.5\ln\dfrac{Y_b}{e_b} + 6\right)}{V_{bavg}\left(2.5\ln\dfrac{Y_i}{e_i} + 6\right)}$$

如果冰盖区和床面区的平均流速相等，则

$$\frac{2.5\ln\dfrac{Y_b}{e_b} + 6}{2.5\ln\dfrac{Y_i}{e_i} + 6} = \frac{2.5\ln\dfrac{y_b}{e_b} + 8.5}{2.5\ln\dfrac{y_i}{e_i} + 8.5} \tag{12.2.6}$$

上式成立的前提 $\dfrac{Y_b}{e_b} = \dfrac{Y_i}{e_i} = 1$，即 $Y_i = e_i$，$Y_b = e_b$。这种情况是水不再流动的情况，显然不太现实。

另一种常用的流速分布是 Einstein 水力半径分割法，按阻力划分过流断面的方法来研究其水流流动特性。其假定上下两层互不影响，分别只受冰盖底部和床面粗糙影响，每层流速为对数分布，同时假定封冻河道过流断面的水力半径可以分割。

冰盖区和床面区的平均流速分别为

$$V_{iavg} = C_i\sqrt{R_i J_i} = \frac{1}{n_i}R_i^{2/3}J_i^{1/2} \tag{12.2.7}$$

$$V_{bavg} = C_b\sqrt{R_b J_b} = \frac{1}{n_b}R_b^{2/3}J_b^{1/2} \tag{12.2.8}$$

$$\frac{V_{iavg}}{V_{bavg}} = \frac{C_i\sqrt{R_i J_i}}{C_b\sqrt{R_b J_b}} = \frac{n_b}{n_i}\left(\frac{R_i}{R_b}\right)^{2/3}\left(\frac{J_i}{J_b}\right)^{1/2} \tag{12.2.9}$$

式中：C_i、C_b 分别为冰盖区和床面区的谢才系数；J_i、J_b 分别为相应的水力坡度；R_i、R_b 分别为相应的水力半径；n_i、n_b 分别为相应的糙率。

冰盖区和床面区的摩阻流速分别为

$$V_{*i} = \sqrt{\frac{\tau_i}{\rho}} = \sqrt{\frac{\lambda_i}{8}}V_{iavg} \tag{12.2.10}$$

$$V_{*b} = \sqrt{\frac{\tau_b}{\rho}} = \sqrt{\frac{\lambda_b}{8}}V_{bavg} \tag{12.2.11}$$

$$\frac{V_{*i}}{V_{*b}} = \sqrt{\frac{\tau_i}{\tau_b}} = \left(\frac{\lambda_i}{\lambda_b}\right)^{1/2} \frac{V_{iavg}}{V_{bavg}} \tag{12.2.12}$$

式中：τ_i、τ_b 分别为冰盖区和床面区的切应力；λ_i、λ_b 分别为相应的沿程损失系数。

由式（12.2.9）和式（12.2.12）可得

$$\frac{V_{*i}}{V_{*b}} = \left(\frac{\lambda_i}{\lambda_b}\right)^{1/2} \frac{V_{iavg}}{V_{bavg}} = \frac{n_b}{n_i}\left(\frac{R_i}{R_b}\right)^{2/3}\left(\frac{J_i}{J_b}\right)^{1/2}\left(\frac{\lambda_i}{\lambda_b}\right)^{1/2} \tag{12.2.13}$$

由于

$$C_i = \sqrt{\frac{8g}{\lambda_i}} = \frac{1}{n_i}R_i^{1/6} , \quad C_b = \sqrt{\frac{8g}{\lambda_b}} = \frac{1}{n_b}R_b^{1/6}$$

因此上两式相比得

$$\sqrt{\frac{\lambda_b}{\lambda_i}} = \frac{n_b}{n_i}\left(\frac{R_i}{R_b}\right)^{1/6} \tag{12.2.14}$$

将式（12.2.14）代入（12.2.13）得

$$\frac{V_{*i}}{V_{*b}} = \frac{n_b}{n_i}\left(\frac{R_i}{R_b}\right)^{2/3}\left(\frac{J_i}{J_b}\right)^{1/2}\frac{1}{\dfrac{n_b}{n_i}\left(\dfrac{R_i}{R_b}\right)^{1/6}} = \left(\frac{R_i}{R_b}\right)^{1/2}\left(\frac{J_i}{J_b}\right)^{1/2} \tag{12.2.15}$$

根据 Einstein 的假设，可得 $J_i = J_b = J$，$\dfrac{V_{*i}}{V_{*b}} = \dfrac{Y_i}{Y_b}$，因此式（12.2.15）变为

$$\frac{Y_i}{Y_b} = \left(\frac{R_i}{R_b}\right)^{1/2} \tag{12.2.16}$$

对于浅宽型的河道，有 $Y_i \approx R_i$、$Y_b \approx R_b$，这样上式成立的条件变为 $Y_i = Y_b$，这意味着冰盖底面的糙率与河床糙率相等，这种情况在实际的冰期河流中并不常见。

茅泽育等通过分析认为冰塞下水流纵向流速在流动核心区较为均匀，并不遵循对数分布规律，大多数情况下，冰盖区平均流速比床面区不大于 5%，冰盖流的流速分布采用式（12.2.17）来表示更为合适：

$$V = \alpha\left(\frac{y}{H}\right)^{\beta}\left(1 - \frac{y}{H}\right)^{\gamma} \tag{12.2.17}$$

式中：α、β、γ 与 R_i、R_b 以及雷诺数 Re 有关。

式（12.2.17）也是 Tsai 和 Ettema 提出的双幂律分布公式 [式（12.2.18）] 的一种改型：

$$V = K_0\left(\frac{y}{H}\right)^{1/m_b}\left(1 - \frac{y}{H}\right)^{1/m_i} \tag{12.2.18}$$

式中：K_0 为与流量相关的常数；m_b 和 m_i 分别为与床面和冰盖下表面相关的参数，与各自相应的粗糙系数成反比（当 m_i 为无穷大时，令 $K_0 = V_{max}$，上式可变为明流公式）。

Vedula 和 Achanta 还提出采用半对数和抛物线相结合的流速分布方法，即

$$\frac{V_{max} - V}{V_*} = -A\ln\left(\frac{y}{Y}\right) + B , \quad 0 < \frac{y}{Y} \leqslant x \tag{12.2.19}$$

$$\frac{V_{\max} - V}{V_*} = c\left(1 - \frac{y}{Y}\right)^2, \quad x < \frac{y}{Y} \leqslant 1 \qquad （12.2.20）$$

式中：x 为无量纲深度。为了保持函数的连续性，要求在两个函数的连接处有 $\partial V/\partial y$ 相等，从而导出 $c = A/[2x(1-x)]$，而 Y 对于冰盖区取为 Y_i，对于床面区取为 Y_b。相比较而言，这种方法应用较少。

12.3 明流条件下的流速垂向分布特性

河渠中一般的垂向流速分布常用上述的对数型和指数型公式来描述，而倒虹吸由于淹没水深的存在，使其上游的流速垂向分布有其自身特点。

当淹没水深 H_1 较小时，倒虹吸的阻挡作用对水体的影响较小，其垂向流速分布接近于正常的明渠分布，当淹没水深增加后，上层水体受到影响而流速放缓，而下层水体流速增加，在沿程流速分布上呈现出了不同深度的流速曲线相互交叉的特性，如图 12.3.1 所示。而在垂向流速分布上，相比常规的垂向流速分布呈现出上凹下凸的特点，如图 12.3.2 ~ 图 12.3.16 所示的各工况下各断面的垂向流速分布。

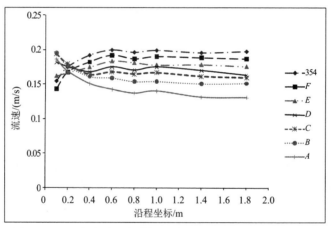

图 12.3.1 沿程流速分布特性（水深 354mm，流量 49.7L/s）

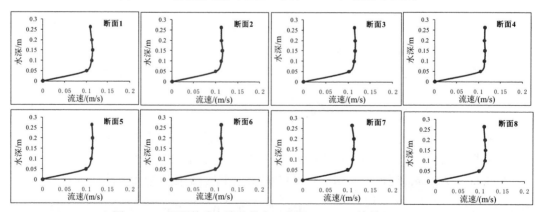

图 12.3.2 沿程的垂向流速分布（水深 264mm，流量 21.3L/s）

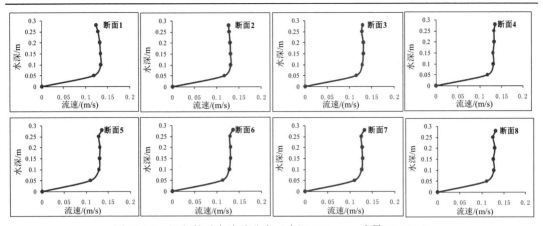

图 12.3.3 沿程的垂向流速分布（水深 279mm，流量 26.1L/s）

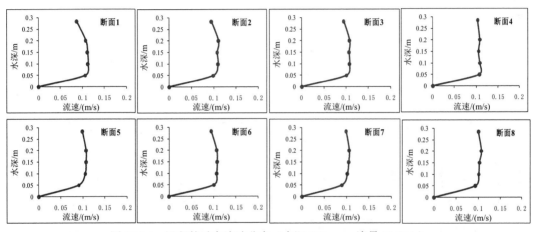

图 12.3.4 沿程的垂向流速分布（水深 284mm，流量 23.0L/s）

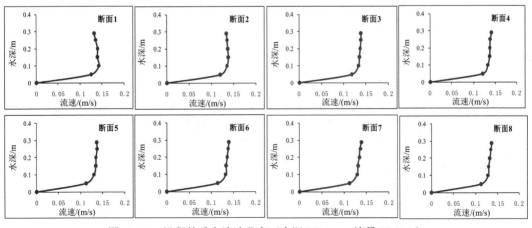

图 12.3.5 沿程的垂向流速分布（水深 289mm，流量 28.3L/s）

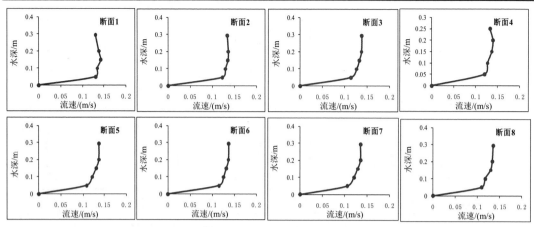

图 12.3.6　沿程的垂向流速分布（水深 294mm，流量 28.3L/s）

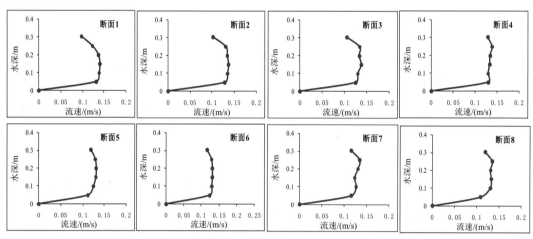

图 12.3.7　沿程的垂向流速分布（水深 304mm，流量 31.0L/s）

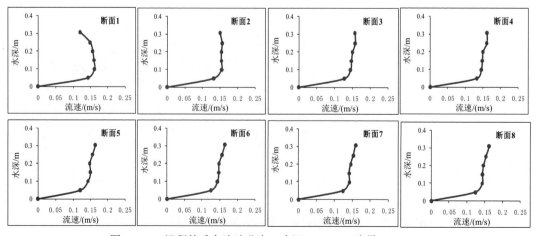

图 12.3.8　沿程的垂向流速分布（水深 309mm，流量 34.4L/s）

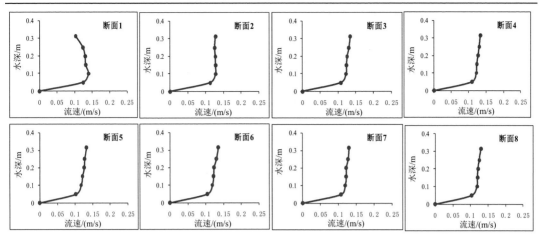

图 12.3.9 沿程的垂向流速分布（水深 314mm，流量 29.3L/s）

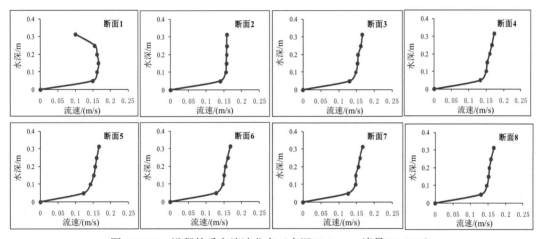

图 12.3.10 沿程的垂向流速分布（水深 314mm，流量 36.4L/s）

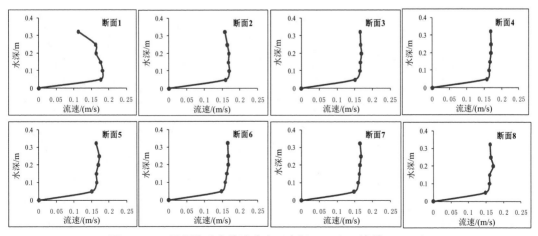

图 12.3.11 沿程的垂向流速分布（水深 324mm，流量 41.1L/s）

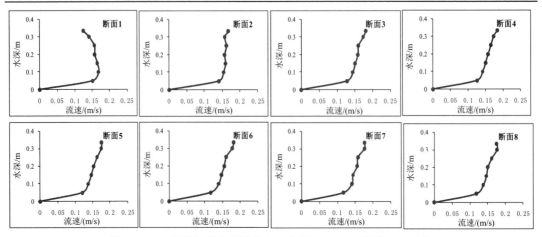

图 12.3.12　沿程的垂向流速分布（水深 334mm，流量 39.5L/s）

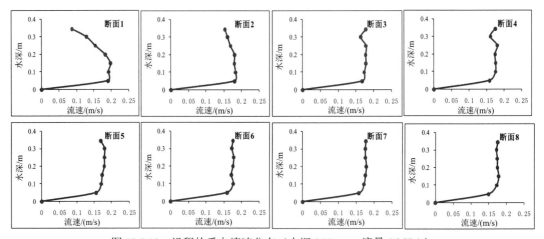

图 12.3.13　沿程的垂向流速分布（水深 344mm，流量 46.2L/s）

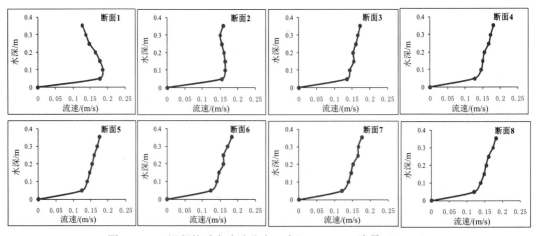

图 12.3.14　沿程的垂向流速分布（水深 354mm，流量 42.6L/s）

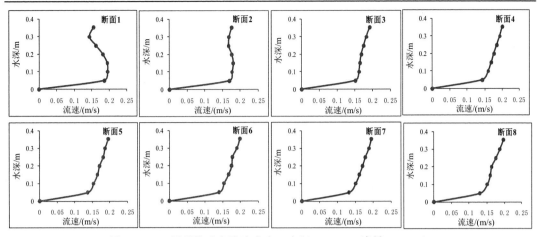

图 12.3.15　沿程的垂向流速分布（水深 354mm，流量 46.6L/s）

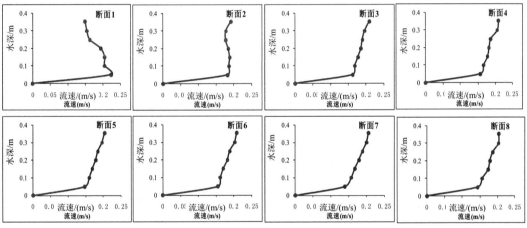

图 12.3.16　沿程的垂向流速分布（水深 354mm，流量 49.7L/s）

　　从上面的流速分布图可见，受到倒虹吸的影响，距离倒虹吸越近的断面影响越大，距离较远的断面影响较小。在 12.1.6 节中已经分析了对数型垂向流速分布计算公式在 $\kappa = 0.395$、$B = 5.419$ 时具有足够的精度。因此通过分析垂向流速实测值与理论公式计算值之间的误差，判断在垂向方向上由于倒虹吸的阻挡对流速分布所造成的影响，找到相应的临界点，这样就可以在垂向上对流速分布进行分区分析，也可以得到倒虹吸对上游流速分布造成影响的范围。

　　图 12.3.17 ~ 图 12.3.23 为各工况下断面 1 ~ 断面 7 实测值与流速公式计算值间的误差图，表 12.3.1 ~ 表 12.3.7 为各工况下断面 1 ~ 断面 7 垂向流速实测值与理论公式计算值之间的误差表。

　　对于断面 1 来说，受到倒虹吸的影响较大，且随着淹没水深的增加，上游水体的主流位置进一步向渠底压缩，上部水体流速变缓，而下部水体流速增加，在水槽底部和水面附近区域的流速受影响最大，计算误差均呈现增加的趋势（见图 12.3.17）。据渠底 0.2m 的位置明显是误差分布的转折点，此处的流速分布接近于与正常渠道的流速分布，实测值与理论值之间的误差为 2.77%（见表 12.3.1）。

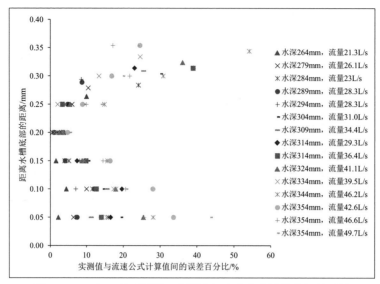

图 12.3.17　各工况下断面 1 实测值与流速公式计算值间的误差

表 12.3.1　各工况下断面 1 垂向流速实测值与理论公式计算值之间的误差（绝对值）

距水槽底部的距离/mm		50	100	150	200
各工况实测值与流速公式计算值之间的误差绝对值/%	水深 264 mm，流量 21.3L/s	2.14	4.39	1.50	3.66
	水深 279 mm，流量 26.1L/s	6.35	9.93	3.91	0.56
	水深 284 mm，流量 23L/s	15.80	11.56	5.11	1.89
	水深 289 mm，流量 28.3L/s	7.36	11.96	4.05	0.90
	水深 294mm，流量 28.3L/s	13.83	6.98	8.06	1.23
	水深 304 mm，流量 31.0L/s	19.30	14.37	10.31	4.03
	水深 309 mm，流量 34.4L/s	11.19	15.51	8.82	2.95
	水深 314 mm，流量 29.3L/s	16.46	19.59	7.34	2.41
	水深 314 mm，流量 36.4L/s	13.92	12.55	9.79	3.43
	水深 324 mm，流量 41.1L/s	25.39	17.86	8.69	2.37
	水深 334 mm，流量 39.5L/s	15.37	17.33	9.35	1.08
	水深 344mm，流量 46.2L/s	28.00	17.94	15.65	3.37
	水深 354 mm，流量 42.6L/s	33.61	27.93	16.35	4.76
	水深 354 mm，流量 46.6L/s	25.54	20.61	14.39	3.55
	水深 354 mm，流量 49.7L/s	43.57	20.70	14.99	5.32
平均误差/%		18.52	15.28	9.22	2.77

对于断面 2 来说，由图 12.3.8 和表 12.3.2 可知，距渠底 0.05m、0.1m、0.15m、0.2m 处各工况下的流速实测值与计算值的平均误差分别为 9.41%、8.44%、4.07%和 0.99%，相对于断面 1 的误差 18.52%、15.28%、9.22%和 2.77%，理论公式计算的误差就要小很多，这说明其更接近于正常的流速分布，倒虹吸的影响在减弱。

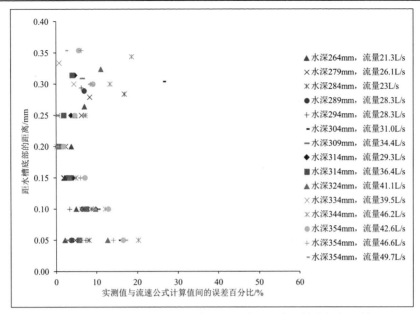

图 12.3.18 各工况下断面 2 实测值与流速公式计算值间的误差

表 12.3.2 各工况下断面 2 垂向流速实测值与理论公式计算值之间的误差（绝对值）

	距水槽底部的距离/mm	50	100	150	200
各工况实测值与流速公式计算值之间的误差绝对值/%	水深 264 mm，流量 21.3L/s	2.07	4.83	2.03	3.63
	水深 279 mm，流量 26.1L/s	4.59	7.26	1.76	3.22
	水深 284 mm，流量 23L/s	8.01	8.58	1.89	0.89
	水深 289 mm，流量 28.3L/s	3.60	6.37	3.42	0.99
	水深 294mm，流量 28.3L/s	7.20	3.20	2.47	0.22
	水深 304 mm，流量 31.0L/s	15.42	10.20	6.84	1.15
	水深 309 mm，流量 34.4L/s	2.71	10.00	4.33	0.84
	水深 314 mm，流量 29.3L/s	5.76	9.69	4.06	0.30
	水深 314 mm，流量 36.4L/s	5.56	7.42	3.23	0.55
	水深 324 mm，流量 41.1L/s	12.66	9.65	3.12	0.48
	水深 334 mm，流量 39.5L/s	5.92	6.15	4.71	0.12
	水深 344mm，流量 46.2L/s	20.20	12.08	4.76	1.66
	水深 354 mm，流量 42.6L/s	16.44	12.83	7.04	1.65
	水深 354 mm，流量 46.6L/s	14.01	8.96	5.92	0.09
	水深 354 mm，流量 49.7L/s	16.98	9.33	5.49	0.09
平均误差/%		9.41	8.44	4.07	0.99

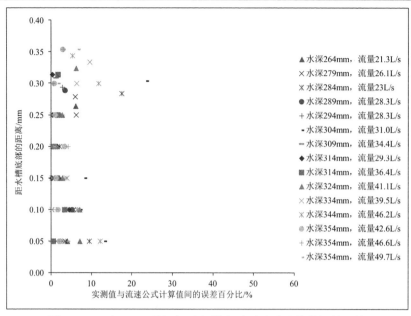

图 12.3.19　各工况下断面 3 实测值与流速公式计算值间的误差

表 12.3.3　各工况下断面 3 垂向流速实测值与理论公式计算值之间的误差（绝对值）

	距水槽底部的距离/mm	50	100	150	200
各工况实测值与流速公式计算值之间的误差绝对值/%	水深 264 mm，流量 21.3L/s	3.89	5.07	1.99	1.34
	水深 279 mm，流量 26.1L/s	3.33	5.47	2.34	0.94
	水深 284 mm，流量 23L/s	9.41	6.34	0.26	2.06
	水深 289 mm，流量 28.3L/s	2.09	5.07	1.48	0.41
	水深 294mm，流量 28.3L/s	0.45	1.15	0.77	0.94
	水深 304 mm，流量 31.0L/s	13.20	7.02	8.21	1.08
	水深 309 mm，流量 34.4L/s	0.10	3.95	0.67	0.65
	水深 314 mm，流量 29.3L/s	0.63	4.34	0.07	1.47
	水深 314 mm，流量 36.4L/s	0.46	3.27	1.46	0.71
	水深 324 mm，流量 41.1L/s	7.01	6.97	2.74	1.17
	水深 334 mm，流量 39.5L/s	2.92	0.15	0.16	1.56
	水深 344mm，流量 46.2L/s	12.15	6.36	3.79	0.16
	水深 354 mm，流量 42.6L/s	1.94	1.65	1.18	3.24
	水深 354 mm，流量 46.6L/s	1.89	0.41	3.29	4.10
	水深 354 mm，流量 49.7L/s	3.94	1.16	0.89	0.49
	平均误差/%	4.23	3.89	1.95	1.35

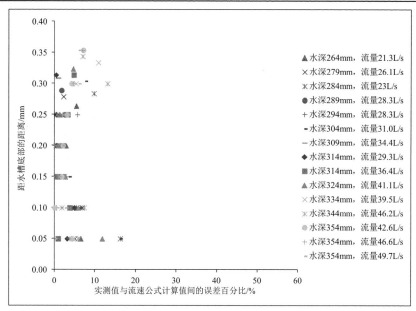

图 12.3.20 各工况下断面 4 实测值与流速公式计算值间的误差

表 12.3.4 各工况下断面 4 垂向流速实测值与理论公式计算值之间的误差（绝对值）

	距水槽底部的距离/mm	50	100	150	200
各工况实测值与流速公式计算值之间的误差绝对值/%	水深 264 mm，流量 21.3L/s	6.56	5.45	1.40	2.86
	水深 279 mm，流量 26.1L/s	5.08	6.98	1.29	0.44
	水深 284 mm，流量 23L/s	16.25	6.83	0.90	1.74
	水深 289 mm，流量 28.3L/s	4.37	4.23	2.32	0.54
	水深 294mm，流量 28.3L/s	4.03	0.57	2.87	1.60
	水深 304 mm，流量 31.0L/s	16.22	6.00	3.59	0.79
	水深 309 mm，流量 34.4L/s	3.39	3.30	0.54	1.53
	水深 314 mm，流量 29.3L/s	3.13	4.98	1.03	0.58
	水深 314 mm，流量 36.4L/s	0.92	3.79	0.72	2.04
	水深 324 mm，流量 41.1L/s	11.85	5.95	2.69	1.02
	水深 334 mm，流量 39.5L/s	4.61	1.84	1.19	0.34
	水深 344mm，流量 46.2L/s	5.88	7.45	2.44	1.71
	水深 354 mm，流量 42.6L/s	4.39	0.06	1.88	2.14
	水深 354 mm，流量 46.6L/s	3.71	1.81	1.07	0.08
	水深 354 mm，流量 49.7L/s	0.09	2.83	1.18	1.99
	平均误差/%	6.03	4.14	1.67	1.29

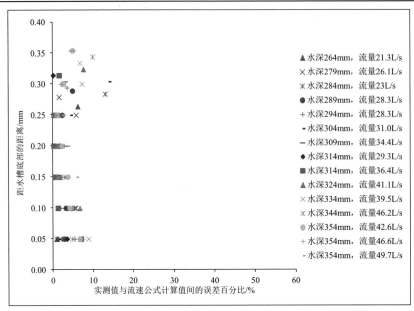

图 12.3.21　各工况下断面 5 实测值与流速公式计算值间的误差

表 12.3.5　各工况下断面 5 垂向流速实测值与理论公式计算值之间的误差（绝对值）

	距水槽底部的距离/mm	50	100	150	200
各工况实测值与流速公式计算值之间的误差绝对值/%	水深 264 mm，流量 21.3L/s	0.81	4.00	1.26	1.67
	水深 279 mm，流量 26.1L/s	1.58	5.45	1.35	1.30
	水深 284 mm，流量 23L/s	0.75	5.21	1.65	1.75
	水深 289 mm，流量 28.3L/s	2.67	3.07	1.24	1.63
	水深 294mm，流量 28.3L/s	5.27	2.75	0.42	0.66
	水深 304 mm，流量 31.0L/s	1.27	3.13	2.66	0.10
	水深 309 mm，流量 34.4L/s	6.90	1.43	1.77	3.14
	水深 314 mm，流量 29.3L/s	3.32	1.19	0.46	0.15
	水深 314 mm，流量 36.4L/s	6.89	1.14	0.37	0.16
	水深 324 mm，流量 41.1L/s	6.72	6.56	0.96	0.82
	水深 334 mm，流量 39.5L/s	8.78	4.47	2.97	1.63
	水深 344 mm，流量 46.2L/s	4.58	4.56	1.19	1.40
	水深 354 mm，流量 42.6L/s	6.64	4.01	3.52	2.12
	水深 354 mm，流量 46.6L/s	7.52	5.01	2.84	2.69
	水深 354 mm，流量 49.7L/s	6.03	6.15	5.68	3.48
	平均误差/%	4.65	3.88	1.89	1.51

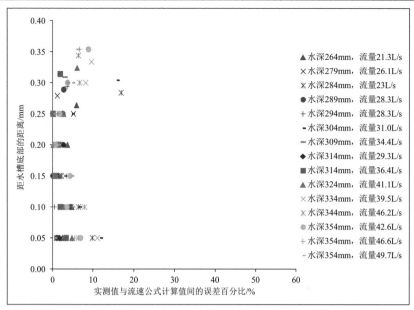

图 12.3.22　各工况下断面 6 实测值与流速公式计算值间的误差

表 12.3.6　各工况下断面 6 垂向流速实测值与理论公式计算值之间的误差（绝对值）

	距水槽底部的距离/mm	50	100	150	200
各工况实测值与流速公式计算值之间的误差绝对值/%	水深 264 mm，流量 21.3L/s	2.35	4.70	1.38	3.60
	水深 279 mm，流量 26.1L/s	0.94	4.49	1.64	1.88
	水深 284 mm，流量 23L/s	9.75	6.40	2.06	3.23
	水深 289 mm，流量 28.3L/s	0.99	4.44	0.01	1.46
	水深 294mm，流量 28.3L/s	0.94	0.40	0.03	0.35
	水深 304 mm，流量 31.0L/s	11.73	6.62	2.88	0.58
	水深 309 mm，流量 34.4L/s	2.10	2.40	0.10	2.88
	水深 314 mm，流量 29.3L/s	1.61	1.85	0.14	2.71
	水深 314 mm，流量 36.4L/s	3.24	1.84	0.57	1.40
	水深 324 mm，流量 41.1L/s	4.72	2.67	0.89	0.10
	水深 334 mm，流量 39.5L/s	11.02	3.35	2.98	1.14
	水深 344mm，流量 46.2L/s	6.32	7.88	0.17	0.67
	水深 354 mm，流量 42.6L/s	6.88	3.47	4.27	0.70
	水深 354 mm，流量 46.6L/s	5.40	4.89	1.78	0.08
	水深 354 mm，流量 49.7L/s	0.45	4.91	4.68	1.38
	平均误差/%	4.56	4.02	1.57	1.41

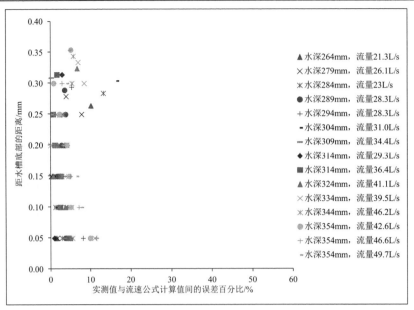

图 12.3.23　各工况下断面 7 实测值与流速公式计算值间的误差

表 12.3.7　各工况下断面 7 垂向流速实测值与理论公式计算值之间的误差（绝对值）

	距水槽底部的距离/mm	50	100	150	200
各工况实测值与流速公式计算值之间的误差绝对值/%	水深 264 mm，流量 21.3L/s	1.41	2.43	0.37	3.53
	水深 279 mm，流量 26.1L/s	1.54	3.68	0.13	3.93
	水深 284 mm，流量 23L/s	2.74	1.20	1.01	3.07
	水深 289 mm，流量 28.3L/s	3.61	1.92	1.62	2.66
	水深 294mm，流量 28.3L/s	8.07	4.17	2.33	0.89
	水深 304 mm，流量 31.0L/s	4.59	4.47	3.07	0.73
	水深 309 mm，流量 34.4L/s	3.22	1.44	3.72	4.03
	水深 314 mm，流量 29.3L/s	0.87	1.83	0.64	3.85
	水深 314 mm，流量 36.4L/s	4.45	3.29	2.45	1.01
	水深 324 mm，流量 41.1L/s	4.82	3.57	0.63	1.72
	水深 334 mm，流量 39.5L/s	10.94	1.86	4.38	0.03
	水深 344mm，流量 46.2L/s	5.42	5.15	2.74	0.85
	水深 354 mm，流量 42.6L/s	9.86	4.96	4.59	3.97
	水深 354 mm，流量 46.6L/s	11.38	7.02	4.87	3.01
	水深 354 mm，流量 49.7L/s	11.20	7.65	6.43	2.93
	平均误差/%	5.61	3.58	2.60	2.41

由图 12.3.17 ~ 图 12.3.23 可以发现接近倒虹吸进口的断面各水深下的实测值与理论计

算值间的误差成抛物线形分布，在渠底和水面附近的误差最大；随着与倒虹吸进口距离的增加，倒虹吸的影响也在逐渐减弱，垂向流速上的分布接近于正常的渠道流速分布，在图中呈现出平均分布的趋势。结合表 12.3.1～表 12.3.7 可以发现，在不同的流量和水深组合下，距槽底 0.2m 的位置是流速是否受到影响的临界点，此位置处实测值与理论计算值之间的误差最小。从断面 1~断面 7，该位置处的平均误差分别为 2.77%、0.99%、1.35%、1.29%、1.51%、1.41% 和 2.41%，各工况下的误差均在 5% 以内，与流量和水深的大小无关，其各误差范围在测点中的比重可参见图 12.3.24，由此可见在倒虹吸对垂向流速分布的影响最主要的因素是倒虹吸进口的渠顶高度，受其它因素的影响很小。倒虹吸对上游产生明显影响的渠段可以到断面 5，此时渠段 5 各测点的误差分布可见图 12.3.21，其平均误差 3.27%，使用对数型流速分布公式已经可以很准确的描述垂向流速分布了，但是通过试验的数据还无法定量化地确定出影响范围与相关参数间的关系。

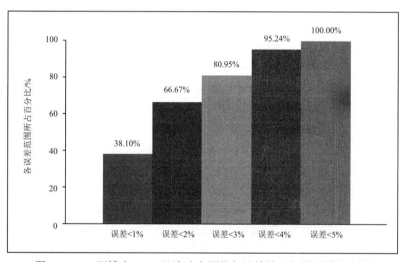

图 12.3.24　距槽底 0.2m 处流速实测值与计算值之间的误差分布图

通过上述分析可见，受倒虹吸的影响，在垂向上上部流速降低，底部流速增加，而距渠底 0.2m 的位置上两者的分界点，且与流量和水深的组合无关，倒虹吸本身的结构尺寸是最主要的影响因素，也即倒虹吸顶部阻水影响的节点是距离倒虹吸进口顶部 0.2/0.244=0.18 倍的进口高度处。

12.4　冰塞条件下的流速垂向分布特性

冰块堆积在倒虹吸进口形成冰塞，渠道之中的流动由明流变成了暗流，同时冰塞占据了部分河道断面，不仅使得过流面积进一步变小，还使得渠道中的主流位置进一步向渠底压缩。冰塞下最大流速的位置还受到冰塞和渠道糙率的影响，试验中渠道为光滑渠底，而平衡冰塞的底部轮廓线受到冰块堆积的随机性影响而凸凹不平，因此冰塞的糙率远大于渠底的糙率，冰塞下最大流速点的位置偏向于渠道底部，在图 12.4.1～图 12.4.13 各断面垂向流速分布中，这一现象十分明显。

在不同的淹没水深下，最大流速点的位置变化不大，均在距离渠底 0.1m 的位置处，造成这种现象的原因是：由于倒虹吸进口特殊的结构体形，使得各水深、流量组合下倒虹吸进口冰塞的厚度变化不大，因此各工况下过流断面的尺寸相似，变化的只是流量大小。当然在大流量时主流位置处的流速更大，垂向流速分布曲线更加扁平一些。

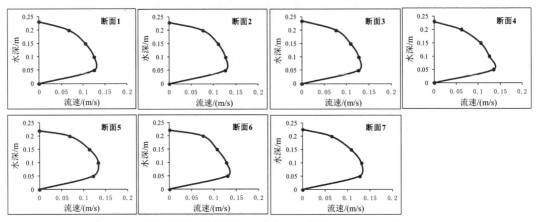

图 12.4.1　各断面冰塞下的垂向流速分布（水深 254mm，流量 19.6L/s）

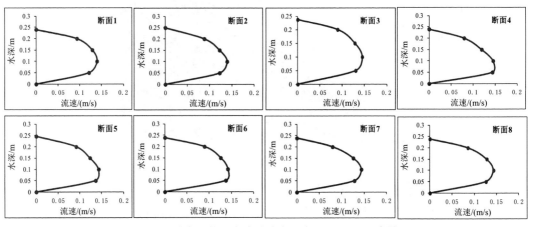

图 12.4.2　各断面冰塞下的垂向流速分布（水深 264mm，流量 21.3L/s）

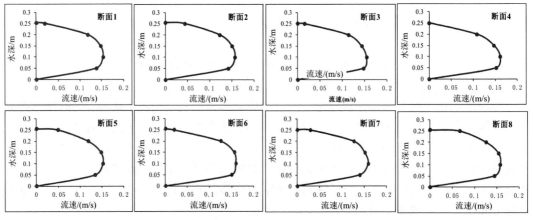

图 12.4.3　各断面冰塞下的垂向流速分布（水深 279mm，流量 26.1L/s）

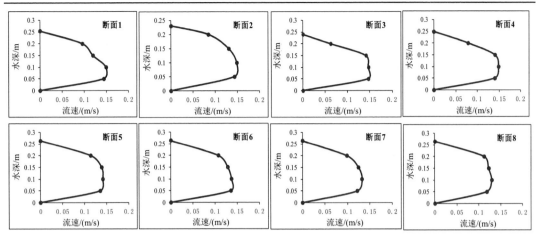

图 12.4.4 各断面冰塞下的垂向流速分布（水深 284mm，流量 23.0 L/s）

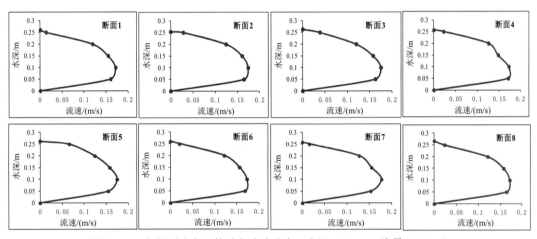

图 12.4.5 各断面冰塞下的垂向流速分布（水深 289mm，流量 28.3L/s）

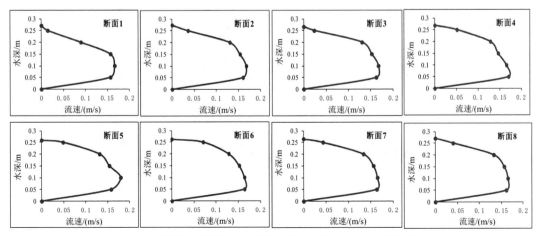

图 12.4.6 各断面冰塞下的垂向流速分布（水深 294mm，流量 28.3L/s）

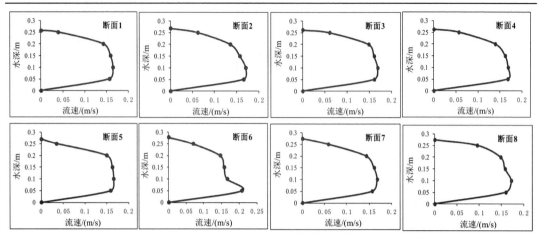

图 12.4.7　各断面冰塞下的垂向流速分布（水深 304mm，流量 31.0L/s）

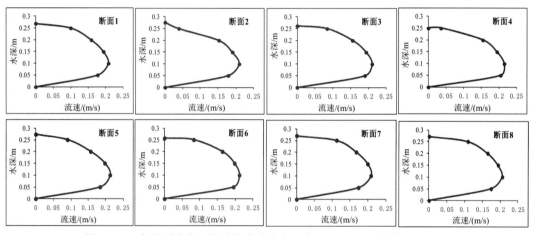

图 12.4.8　各断面冰塞下的垂向流速分布（水深 309mm，流量 34.4L/s）

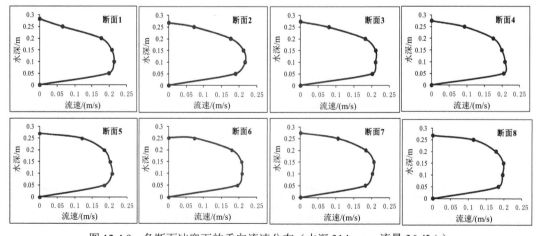

图 12.4.9　各断面冰塞下的垂向流速分布（水深 314mm，流量 36.4L/s）

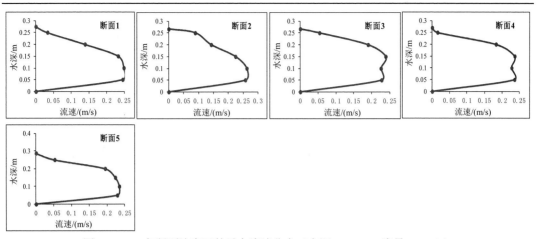

图 12.4.10 各断面冰塞下的垂向流速分布（水深 324mm，流量 41.1L/s）

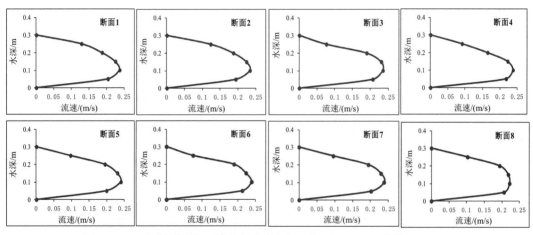

图 12.4.11 各断面冰塞下的垂向流速分布（水深 334mm，流量 39.5L/s）

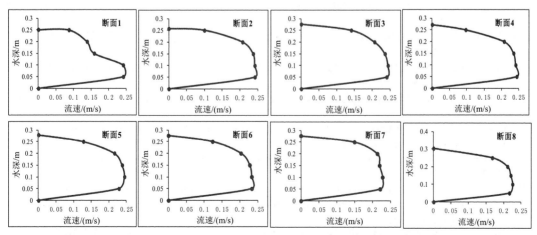

图 12.4.12 各断面冰塞下的垂向流速分布（水深 344mm，流量 46.2L/s）

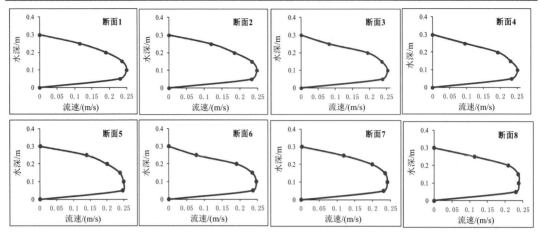

图 12.4.13　各断面冰塞下的垂向流速分布（水深 354mm，流量 42.6L/s）

参考文献

[1] 陈睿彦. 2003.明渠水深流速分布公式之探讨[D]. 台南：成功大学.

[2] 董曾南，丁元. 1989.光滑避免明渠均匀流水力特性[J]. 中国科学，11：1208-1218.

[3] 何建京，王惠民. 2003.光滑壁面明渠非均匀流水力特性[J]. 河海大学学报，31（5）：513-517.

[4] 黄才安. 1994.明渠流速分布指数律与对数律的统一及转换[J]. 人民长江（1）：42-44.

[5] 李新宇，董曾南，等. 1994.光滑避免明槽紊流的特性[J]. 水道港口（2）：2-9.

[6] 刘春晶，李丹勋，王兴奎. 2005.明渠均匀流的摩阻流速及流速分布[J]. 水利学报，36（8）：1-8.

[7] 刘亚坤，倪汉根. 2007.水力光滑明渠紊流流速分布的新公式[J]. 水利学报，38（11）：1336-1340.

[8] 茅泽育，罗昇，赵升伟，等. 2006. 冰盖下水流垂线流速分布规律研究[J]. 水科学进展，17（2）：209-215.

[9] 孙东坡，王二平，董志慧，等. 2004.矩形断面明渠流速分布的研究及应用[J]. 水动力学研究与进展，18（2）：144-151.

[10] 王殿常，王兴奎，李丹勋. 1998.明渠时均流速分布公式对比及影响因素分析[J]. 泥沙研究（3）：86-90.

[11] 王军. 2007.冰塞形成机理与冰盖下速度场和冰粒两相流模拟分析[D]. 合肥：合肥工业大学.

[12] 王宪业，王协康，刘兴年，等. 2007.卵砾石河道摩阻流速计算方法探讨[J]. 水利水电科技进展，27（5）：14-18.

[13] 张鑫. 2008.明渠紊流流速分布公式的对比和研究[D]. 南京：河海大海.

[14] 赵明登，槐文信，李泰儒. 2010.明渠均匀流垂线流速分布规律研究[J]. 武汉大学学报（工学版），43（5）：1-5，575.

[15] 赵明登，槐文信，李泰儒. 2010.明渠均匀流垂线流速分布规律研究[J]. 武汉大学学报（工学版），43（5）：1-5，575.

[16] Cardoso A H，Graf W H，Gust G. 1989. Uniform flow in a smooth open channel[J]. Journal of Hydraulic Engineering，27（5）：603-616.

[17] Coleman N L. 1981.Velocity profiles with suspended sediment[J]. Journal of Hydraulic Research，19（3）：211-219.

[18] Decker Hains，Leonard Zabilansky. 2004.Laboratory test of scour under ice：data and preliminary results[R]. America：US Army Corps of Engineers.

[19] Donald Coles. 1956.The law of the wake in the turbulent boundary layer[J]. Journal of Fluid Mechanics，1：191-226.

[20] Kedegan G H. 1938.Lows of turbulent flow in open channels[J]. Journal of Research（21）：707-741.

[21] Kirkgoz M S，Ardiclioglu M. 1997.Velocity profiles of developing and developed open channel flow. Journal of Hydraulic Engineering，123（12）：1099-1105.

[22] Lehisa Nezu，Wolfgang Rodi. 1986.Open-channel flow measurements with a laser Doppler anemometer[J]. Journal of Hydraulic Engineering，112（5）：335-355.

[23] M.Salih Kirkgoz. 1989.Turbulent velocity profiles for smooth and rough open channel flow[J]. Journal of Hydraulic Engineering，115（11）：1543-1561.

[24] Prandtl. 1981．流体力学概论[M]. 郭永怀，陆士嘉译. 北京：科学出版社.

[25] Smart G M. 1999. Turbulent velocity profiles and boundary shear in gravel bed rivers [J]. Journal of Hydraulic Engineering，125（2）：106-116.

[26] Song T，Gra，W H. 1996.Velocity and turbulence distribution in unsteady open channel flows[J]. Journal of Hydraulic Engineering，122（3）：141-154.

[27] Steffler P M，Rajaratnam N，Peterson A W. 1985. LDV measurement in open channel[J]. Journal of Hydraulic Engineering，111（1）：119-129.

[28] Wang Xingkui，Wang Zhao-Yin，Yu Mingzhong，Li Danxun. 2001.Velocity profile of sediment suspensions and comparison of log-law and wake-law[J]. Journal of Hydraulic Research，39（2）：211-217.

[29] Wang Xingkui. 1994.The turbulence characteristics of open channel[J]. Journal of Hydrodynamics，6（2）：40-52.

第13章 冰塞分布特性和冰期水力控制条件

13.1 倒虹吸的冬季冰情

北方地区的长距离输水工程冬季都要面临冰情问题，影响工程的正常运行，如引黄济青工程、引黄济津等输水工程都出现过冰塞问题。为防止冰塞险情的出现，南水北调中线工程北京段冬季试运行期间的流量仅为 10m³/s，约为设计流量的 1/6。输水工程倒虹吸等局部水工建筑物是冰塞易发的位置，沿线的倒虹吸只要有一个发生堵塞，就会对整个工程的运行造成影响，例如 2003 年沙河灌区总干渠倒虹吸和 2008 年引黄济淀穿卫枢纽工程倒虹吸都因为冰塞险情造成了很大的损失。

在倒虹吸阻挡下，渠道中的流冰会在倒虹吸的上游不断堆积，形成冰塞（见图 13.1.1），当水力条件合适时冰块会进入倒虹吸管中（见图 13.1.2），由于倒虹吸管前段是倾斜的结构，冰块在浮力的作用下极易堆积在倒虹吸管顶部，形成冰塞（见图 13.1.3），轻则增大阻力，使上游水位升高，严重时导致冰塞险情的出现。

图 13.1.1　倒虹吸进口前的冰塞堆积

图 13.1.2　冰块进入倒虹吸以后的冰塞分布

图 13.1.3 倒虹吸管中的冰塞堆积

13.2 倒虹吸上游的冰塞堆积

测量了淹没深度为 10～110mm 时多组流量下倒虹吸进水口前的冰塞厚度分布情况，具体的水深、流量条件，对应的弗劳德数和冰块输移情况见表 13.2.1。由表 13.2.1 可见，对应于每一个水深都有一个安全输水的临界弗劳德数，随着倒虹吸进口水深的升高，冰块进入倒虹吸的临界弗劳德数也在不断升高，淹没水深的增加增大了倒虹吸冰期的输水能力。

表 13.2.1 各工况对应的流速、弗劳德数和冰块进入倒虹吸的情况

水深/mm	流量/（L/s）	对应的流速/（m/s）	对应的弗劳德数	冰块进入倒虹吸的情况		
254	19.6	0.097	0.062		平衡	
254	21.6	0.107	0.068			大量
264	13.1	0.063	0.039	无		
264	15.8	0.075	0.047	无		
264	19.1	0.091	0.057	无		
264	21.3	0.102	0.063		平衡	
264	23.5	0.112	0.070			少量
274	16.8	0.077	0.047	无		
274	18.5	0.085	0.052	无		
274	19.4	0.089	0.054	无		
274	21.4	0.098	0.060	无		
274	23.5	0.108	0.066	无		
274	25.6	0.118	0.072		平衡	
279	25.2	0.114	0.069	无		
279	26.1	0.118	0.071		平衡	
284	20.1	0.089	0.053	无		
284	22.1	0.098	0.059	无		
284	23.0	0.102	0.061		平衡	
284	24.1	0.107	0.064			大量
289	28.3	0.123	0.073		平衡	
289	30.4	0.132	0.079			少量
294	27.2	0.117	0.069	无		
294	28.3	0.121	0.071		平衡	
294	29.3	0.125	0.074			大量
304	31.0	0.128	0.074		平衡	

续表

水深/mm	流量/（L/s）	对应的流速/（m/s）	对应的弗劳德数	冰块进入倒虹吸的情况		
304	33.1	0.137	0.079			少量
309	33.4	0.136	0.078	无		
309	34.4	0.140	0.081		平衡	
314	29.3	0.118	0.067	无		
314	34.5	0.138	0.079	无		
314	36.4	0.146	0.083		平衡	
314	39.6	0.159	0.091			大量
314	41.7	0.167	0.095			大量
324	36.9	0.143	0.081	无		
324	39.0	0.152	0.085	无		
324	41.1	0.160	0.090		平衡	
324	42.3	0.164	0.092			少量
334	39.5	0.149	0.082		平衡	
334	41.6	0.157	0.087			少量
334	46.6	0.176	0.097			大量
344	44.3	0.162	0.088	无		
344	46.2	0.169	0.092		平衡	
344	49.2	0.180	0.098			少量
344	54.4	0.199	0.109			大量
354	42.6	0.152	0.081		平衡	
354	43.6	0.155	0.083			少量
354	44.6	0.159	0.085			少量
354	46.6	0.166	0.089			少量
354	49.7	0.177	0.095			大量

注　表中冰块进入倒虹吸的情况一栏中，"无"指没有冰块进入倒虹吸，"平衡"指冰块堆积在倒虹吸进口边缘，处于临界状态，"少量"和"大量"分别指有部分和很多的冰块进入倒虹吸。

　　由图 13.2.1～图 13.2.13 可以发现，在小流量、低水深时，水体自身的动力较低，对冰塞体的作用力也较低，因此较薄的冰塞厚度就可以平衡水体的动力。在相同的水位条件下，随着水体动力的增强，冰塞的厚度也在不断地增大。倒虹吸进口处的淹没水深的大小也是影响冰塞厚度的一个重要因素，因为维持倒虹吸作用于冰塞体上用于稳定冰塞的受力面积 $A=B\times H_1$，因此当冰塞厚度超过淹没水深较多时，冰块会被输移至倒虹吸内，总体上来看最大冰塞的厚度接近于倒虹吸进口的淹没水深。另外一个显著特征是，随着水体弗劳德数的增大，到一定阶段，冰塞体的厚度呈现出减小的趋势，这一特点产生的原因将会在 13.3 节中进行分析。

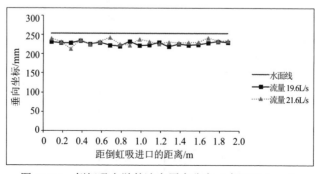

图 13.2.1　倒虹吸上游的冰塞厚度分布（水深 254mm）

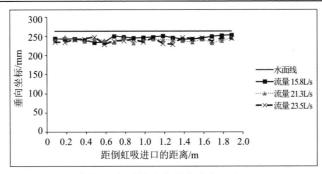

图 13.2.2 倒虹吸上游的冰塞厚度分布（水深 264mm）

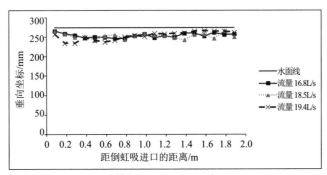

（a）流量为 16.8L/s、18.5L/s 和 19.4L/s

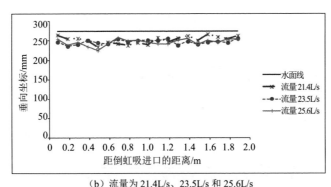

（b）流量为 21.4L/s、23.5L/s 和 25.6L/s

图 13.2.3 倒虹吸上游的冰塞厚度分布（水深 274mm）

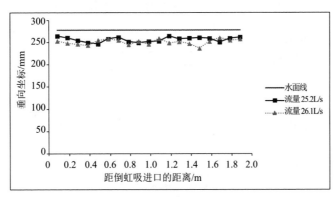

图 13.2.4 倒虹吸上游的冰塞厚度分布（水深 279mm）

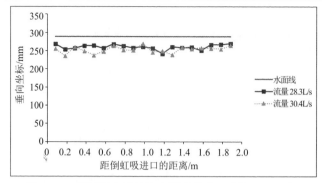

图 13.2.5　倒虹吸上游的冰塞厚度分布（水深 289mm）

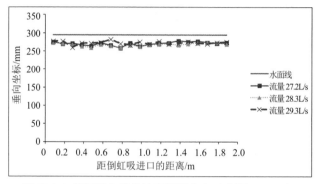

图 13.2.6　倒虹吸上游的冰塞厚度分布（水深 294mm）

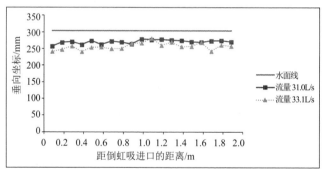

图 13.2.7　倒虹吸上游的冰塞厚度分布（水 304mm）

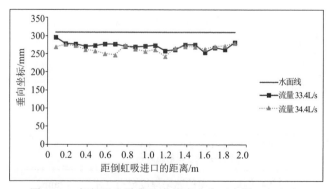

图 13.2.8　倒虹吸上游的冰塞厚度分布（水深 309mm）

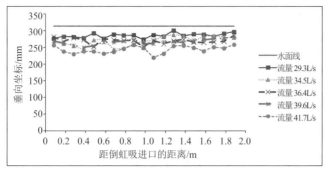

图 13.2.9 倒虹吸上游的冰塞厚度分布（水深 314mm）

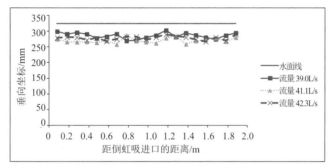

图 13.2.10 倒虹吸上游的冰塞厚度分布（水深 324mm）

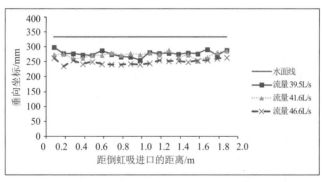

图 13.2.11 倒虹吸上游的冰塞厚度分布（水深 334mm）

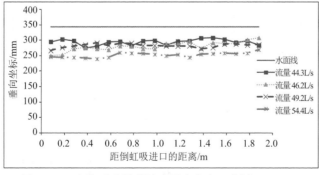

图 13.2.12 倒虹吸上游的冰塞厚度分布（水深 344mm）

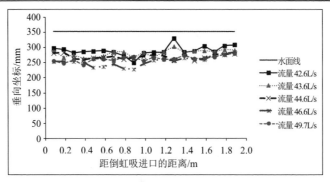

图 13.2.13　倒虹吸上游的冰塞厚度分布（水深 354mm）

上游的冰塞厚度比下游略有减小，造成这一现象可能的原因之一是冰塞形成以后，明流变为封闭的暗流，同时缩小了河道断面，使得阻力增大，因此冰塞前缘的水深会有所增加（试验室条件下由于试验段的长度较短，水位的增加往往不会特别明显），而流量不变，因此冰盖前缘的弗劳德数实际上是随着冰塞向上游的不断发展而逐渐降低，因此冰塞体的厚度也会略有减少。

13.3　倒虹吸进口冰块输移的临界条件

拦冰建筑物的拦冰效果与水流条件有关，水力坡降、表面流速、弗劳德数较大时的拦冰效果较差，因此从水力控制的角度出发，采用非工程措施来避免冰塞险情显然有着自身的优点，这一优点也被 Jain 等和美国陆军工程兵团所证明。特别是对于长距离输水工程来说，沿线布置的节制闸、泵站等已经为渠道的水力控制提供了很好的前提条件。对于有冰情问题的已建输水工程，利用现有的水力控制手段，在防止冰害的同时提高冰期的输水能力，显然比重新开展大规模的工程修缮更加经济。由于冰问题的研究是涉及相变的复杂的两相流问题，因此针对倒虹吸的冰期安全运行的研究极少，只有一些淹没出口输冰的类似研究。

根据表 13.2.1 可知，试验中倒虹吸进口 H_1/H 的值在 0.039~0.330 之间，上游渠道的弗劳德数在 0.039~0.109 之间，具体见图 13.3.1，这些工况覆盖了南水北调中线工程倒虹吸运行的正常工况。图 13.3.1 中的横坐标是倒虹吸进口的淹没水深 H_1 与总水深 H 的比值，纵坐标是冰塞上游渠道的弗劳德数。

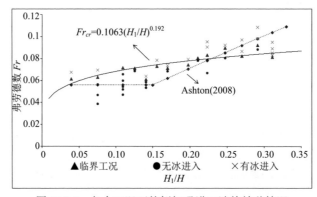

图 13.3.1　各个工况下的倒虹吸进口冰块输移情况

随着淹没深度与总水深比值的增大，冰块进入倒虹吸的临界弗劳德数逐渐增加，在小淹没水深时的临界弗劳德数在 0.06 左右，大淹没水深时约在 0.08~0.09 之间。淹没水深的存在显然增加了冰块进入倒虹吸的难度，因为冰块需要克服浮力的影响潜入水中才能完成输移的过程，随着淹没水深的增加，倒虹吸进水口前的水面流速会大大降低，下潜路径也会变长，自然需要更多的水动力以克服阻力的影响。

根据真冰试验得到的冰块进入倒虹吸的临界工况（图 13.3.1 中的三角形数据点），H_1/H 与上游渠道临界弗劳德数 Fr_{cr} 的关系可拟合成如下的指数关系：

$$Fr_{cr} = \frac{Q}{A\sqrt{gH}} = 0.1063\left(H_1/H\right)^{0.192} \qquad (13.3.1)$$

式中：A 为渠道的断面面积。

式（13.3.1）所描述的曲线是冰块进入倒虹吸的临界水力条件，位于曲线下方的水力条件认为是可以安全运行的，也就是输水工程封冻期水力控制的目标；位于曲线上方的水力条件易于导致冰塞险情的发生。

当 H_1/H 处于 0.04 ~ 0.33 区间时，冰块不进入倒虹吸的临界水力条件可参考上式计算，但是当淹没水深较小时，冰块容易受到风力、水位波动等的影响，冰块运动的随机性很大，因此在实际的控制过程中也应尽可能地通过闸门控制的方式提高淹没水深，使得运行工况处于临界曲线的下方，以防止出现冰塞险情。当 $H_1/H>0.33$ 时，从现有的资料来看，原型观测和试验的数据都认为冰块下潜的临界弗劳德数在 0.08 ~ 0.09 之间；这也与我们的试验数据相一致，在高淹没水深

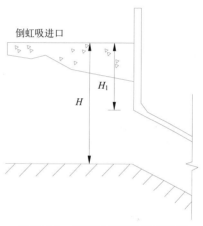

图 13.3.2　倒虹吸进口冰塞示意图

时，冰块进入倒虹吸的临界弗劳德数在 0.08 ~ 0.09 左右波动（见图 13.3.1），对于长距离调水工程来说，冰期的安全运行是首先考虑的问题，因此建议即使在大淹没水深下，渠道的弗劳德数也不应超过 0.08。

由图 13.3.1 可见，试验数据拟合的临界弗劳德数与 Ashton 的淹没出口输冰公式的计算结果有明显的区别，造成这一区别的主要原因是真冰与模型冰物理性质上的显著差异。我们所开展的是真冰试验，Ashton 开展的是模型冰试验，真冰具有较强的黏性，当水流的动力较小时（低弗劳德数），冰块可以相互黏附形成"冰团"，这样相当于增大了冰块的尺寸，增加了冰块的稳定性，从而使得冰块运动所需驱动力增大，所以在低弗劳德数时，真冰条件下冰块输移的临界弗劳德数比模型冰试验大（见图 13.3.3）；随着水流动力的增强，冰块间的黏性相对于水流动力变弱，部分黏结在一起的"冰团"又重新解体成单个的冰块或尺寸较小的"冰团"（见图 13.3.4）。因为就相同尺寸的真冰和模型冰来说来说，由于模型冰是非浸湿性材料，缺少水的"润滑"，因此其临界下潜流速要高于真冰 40% ~ 50%，在高弗劳德数情况下，冰块倾向于个体运动，因此模型冰相对更稳定，在图 13.3.1 中反映为当弗劳德数超过约 0.08 时，Ashton 得到的曲线在我们的曲线之上。这一现象在王军等所开展的真冰和模型冰对比试验也可以得到印证：当弗劳德数大于 0.09 时，相同水力条件

下真冰形成的初始冰塞的厚度要小于模型冰形成的厚度（见图 13.3.5）。此外倒虹吸进口与淹没出口的体形上的差别也可能会造成一定的影响。

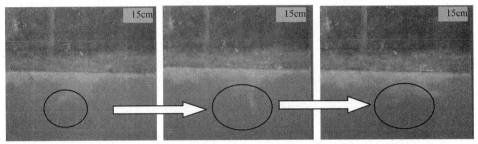

图 13.3.3　低弗劳德数时的冰块以"冰团"的形式输移（水深 279mm，25.2L/s，$Fr=0.069$）

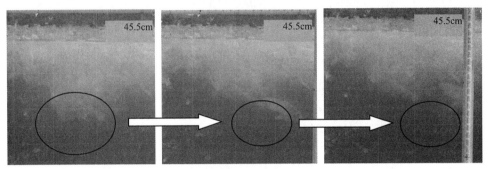

图 13.3.4　高弗劳德数时的大"冰团"解体成小"冰团"输移（水深 354mm，流量 49.7L/s，$Fr=0.095$）

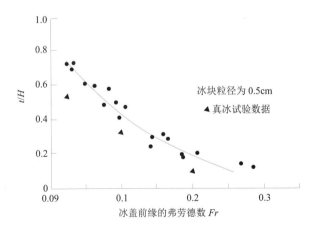

图 13.3.5　t/H 与 Fr 的关系图

13.4　南水北调中线工程京石段倒虹吸封冻期的冬季输水能力

经过沿线的分水，从滹沱河到北拒马南支倒虹吸的设计流量由 170m³/s 降至 60m³/s，加大流量由 200m³/s 降至 70m³/s。由图 13.4.1 可见，各倒虹吸由于尺寸、设计（加大）水位的不同，使得对应的淹没水深呈不规则变化，不同位置差别很大，因此各倒虹吸冬季安全输水的水力控制条件区别较大。

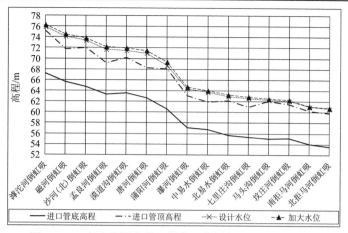

图 13.4.1　南水北调中线工程京石段倒虹吸进口主要参数

采用上述的研究成果分析了封冻期南水北调中线工程京石段沿线倒虹吸在设计（加大）水位运行时的容许最大流量与设计（加大）流量的关系（见图 13.4.2）。由于淹没水深不足，沿线的倒虹吸在设计（加大）水位下均不足以通过设计（加大）流量。根据长距离输水工程的特点，渠道整体的输水能力取决于输水能力最低的渠段，因此受到蒲阳河和马头沟倒虹吸输水能力的制约，封冻期京石段倒虹吸在设计（加大）水位时容许的最大输水流量均约为设计（加大）流量的 44% 左右。为了提高封冻期的输水流量，在冰期水力调控时可针对蒲阳河和马头沟倒虹吸，利用闸门调控手段适当提高进水口水位，使整个系统的输水能力达到平衡。例如可将蒲阳河和马头沟的冰期运行水位提高到加大水位，这样容许最大流量可分别达到设计流量的 66.9% 和 55.7%，与渠道的总体输水能力相匹配。需要说明的是，计算得出的封冻期倒虹吸容许最大流量还需要原型观测数据的进一步确认。

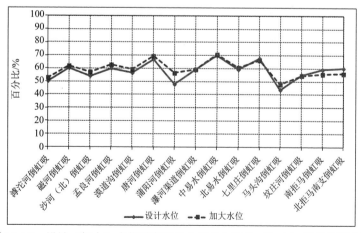

图 13.4.2　设计（加大）水位时容许最大流量与设计（加大）流量的百分比

通过真冰条件下的试验研究，得到了输水工程倒虹吸封冻期安全运行的临界水力控制条件，并根据试验数据拟合得到了上游渠道临界弗劳德数与淹没水深与总水深比值 H_1/H 间的关系，分析了与 Ashton 淹没出口输冰公式计算结果存在差别的主要原因。以南水北调中线工程京石段为例进行了计算分析，认为封冻期南水北调中线工程京石段设计（加大）

水位时容许的最大流量均约为设计（加大）流量的 60%左右，为输水工程冬季的安全运行和调度提供参考。上述的试验结论对于封冻期的倒虹吸的安全控制运行提供了参考依据，但是对于开河期的水力控制条件需要进一步开展研究，这是因为开河期冰块融化，其强度、黏性、孔隙率等物理参数相比封河期变化很大，其机理目前为止尚不清楚，还需要开展进一步的研究。

参考文献

[1] 范北林，张细兵，蔺秋生. 2008.南水北调中线工程冰期输水冰情及措施研究[J]. 南水北调与水利科技，6（1）：66-69.

[2] 付辉，杨开林，王涛，等. 2010.河冰水力学研究进展[J]. 南水北调与水利科技（1）：14-18.

[3] 郭海燕，封春华. 2004.引黄济津冬季输水冰情观测及初步分析[J]. 河北水利（6）：25-27.

[4] 李根生，王建新，牟纯孺. 2006.引黄济津冬季输水冰情观测与分析[J]. 南水北调与水利科技(4)：25-27.

[5] 王军.1999.初始冰塞厚度与水流条件及冰流量关系的试验研究[J]. 水利水运科学研究（4）：385-389.

[6] 徐向广，杨学军，张素亭. 2001.2000 年引黄济津输水调度浅析[J]. 海河水利（3）：30-31.

[7] 严增才，吴新玲. 2008.南水北调中线工程冰期输水原型观测与冰情分析[J]. 河北水利（4）：28-29.

[8] 杨开林，王涛，郭新蕾，等. 2011.南水北调中线冰期输水安全调度分析[J]. 南水北调与水利科技，9（2）：1-8.

[10] Ashton G D. 2008. Ice Entrainment through Submerged Gate [C]//19th IAHR International Symposium on Ice，Vancouver，British Columbia，Canada：129-138.

[11] Jain S C，R Ettema，I Park. 1993.Flow regulation for controlled river ice formation[R]. America：U.S.Army Cold Regions Research and Engineering Laboratory.

[12] Joseph Schroedel，John R. 2006.Mcmahon and Yvonne Perryman-beck. Ice Engineering[S]. U.S. Army Cold Regions Research and Engineering Lab.，Hanover，N.H.

[13] Tatinclaux J C，Lee C L，Wang T P，et al. 1976.A laboratory investigation of the mechanics and hydraulics of river ice jams[R]. U.S.A.：U.S. Army Cold Regions Research and Engineering Laboratory.

[14] Zufelt J E，Ettema R. 1996. Model ice properties[R]. CRREL Report-96-1.

第三篇
冰情模拟实例

第 14 章　明渠输水工程冰情仿真系统开发

长距离明渠输水工程一般是由明渠和各种过水建筑物组成的树状系统，特点是线路较长、过水建筑物类型多、水动力学响应过程复杂。当冬季气温降低时，水体不断失热产生冰花，冰花冻结成为坚实的冰块发生流冰。流冰在渠道中遇到障碍物时，就会在这些障碍物前堆积起来形成冰盖，并向上游发展。当渠道沿线有大量的节制闸、倒虹吸、渡槽等过水建筑物时，这些建筑物就将整个渠道分成长度不等的渠段，当气温继续降低时，这些被水工建筑物分割成的渠段有可能同时或者先后发生上述冰情现象。整个渠道的冬季冰情过程实际上是每个单渠段冰情过程的集合。因此，将渠段冰情发展过程数学模型和考虑明渠系统各种复杂内边界条件下的非恒定流模型集成耦合，可以开发明渠输水工程冰情仿真系统。本章主要介绍系统开发的流程和需要注意的问题，并对模型和系统进行验证。

14.1　水力要素表及流段自动划分

长距离明渠输水工程一般线路复杂，复杂的内边界将渠道分为若干段，为了便于系统前处理及后续开发数据库，首先需完成的工作是对干渠线路上的渠道、过水建筑物等资料进行整理，包括核实长度、渠高程等数据，建立一个总的水力要素表。下面以南水北调中线工程黄河以北的干渠为例进行说明。

将基本资料输入 Excel 形成便于读写的表格，其中记录的字段包括型式（渠道、渐变段、倒虹吸、节制闸、分水口、渡槽等）、桩号起止、长度、底宽、边坡、起止底高程、糙率等，形成该表后便于统一记录查询和修改。由于建筑物之间长度不一，各个流段可以变步长划分，每个内边界视为一个小流段，流段前后设置控制断面，控制断面与上、下游渠道连接。所以系统前处理读取数据模块，应能实现自动分段、记录典型断面号、记录渠道-建筑物之间的交接点等功能，一个主要目的是增强程序的通用性，在改动初始文件数据时程序能够自动调整，自动记录。

南水北调中线工程干渠黄河以北整个模拟线路的相关指标如下：总长 703.224km（黄河北起点桩号 493.138，河北段终点桩号 1196.392），划分渠道数为 333 段，35 个节制闸，67 个倒虹吸，分水/退水口 76 个，160 个渐变段，其它型式 30 个（包括暗渠、隧洞、渡槽、涵洞等）。这些关键控制点及渠型由相应的数组存储。经整理，建立中线黄河以北水力要素数据基本结构见表 14.1.1，它给出的是黄河以北水力学要素的一个基本信息。

关于流段划分以及记录断面交接号这里以表 14.1.1 数据进行说明。系统前处理中，单一距离步长 Δx 根据实际情况可取 500m 左右，过水建筑物前后或流段不足 500m 的以实际长度计。如起点渠道 1 长度为 8118m，则可自动划分为 16 段，单一距离步长为 507.38m，因上游起点控制断面为 0，则该渠道的断面数为 16，相应断面号为 0 ~ 17，该断面的交接号为 17。渠道 1 后接济河倒虹吸，其长度为 142m，则该流段距离步长为 142m，断面号为

17~18，与下游节制闸的交接号为 18。以此类推，前 5 段的断面自动划分见表 14.1.2。

表 14.1.1　水力要素表

地名	型式名称	类别号	桩号（起）/m	止/m	长度/m	底宽/m	边坡	底高程（起）/m	止/m	糙率	…
温县	渠道 1	0	493138.0	501256.0	8118	20.50	1:2.00	101.000	100.710	0.0143	
济河	济河倒虹吸	3	501256.0	501398.0	142	19.00	1:2.25	100.710	100.676	0.0143	
济河	济河节制闸	1	501398.0	501475.0	77	19.00	1:2.25	100.676	100.676	0.0143	
渠道	渠道 2	0	501475.0	502399.3	924	19.00	1:2.25	100.676	100.567	0.0143	
沁河	沁河倒虹	3	502399.3	503611.2	1212	16.50	1:2.75	100.567	99.907	0.0143	
渠道	渠道 3	0	503611.2	507028.3	3417	14.00	1:3.25	99.907	99.785	0.0143	
蒋沟河	蒋沟河倒虹	3	507028.3	507307.3	279	14.00	1:3.25	99.785	99.655	0.0143	
勒马	渠道 4	0	507307.3	512732.1	5425	14.00	1:3.25	99.655	99.461	0.0143	
渠道	渐变段	4	512732.1	512732.1	0	14.00	1:3.25	99.461	99.461	0.0143	
博爱县	渠道 5	0	512732.1	516748.5	4016	13.00	1:3.50	99.461	99.318	0.0143	
北石涧	北石涧分水口	2	516748.5	516748.5	0	13.00	1:3.50	99.318	99.318	0.0143	
渠道	渠道 6	0	516748.5	517006.1	258	13.00	1:3.50	99.318	99.309	0.0143	
…		…	…	…	…	…		…	…	…	

表 14.1.2　断面自动划分结构

型式	桩号(起)/km	止/km	dx	断面号	断面交接号	长度/m
渠道 1	493+140	501+256	507.38	0~17	17	8118
济河倒虹吸	501+256	501+475	142	17~18	18	142
济河节制闸	501+398	501+398	77	18~19	19	77
渠道 2	501+475	502+399	462	19~21	21	924
沁河倒虹	502+399	503+611	1212	21~22	22	1212

前处理中关于渠道型式的标记如下：0 为渠道，1 为节制闸，2 为分水、退水口，3 为倒虹吸，4 为渐变段，5 为渡槽、涵洞、暗渠、涵洞等，6、7 初定为上、下游边界条件。在每行读取数据时，以型式标记为记号，如果型式为 1，则记录下该型式所在断面，一般为该段的交接号，同时该型式的个数加 1，然后存储在一个型式数组中，如表 14.1.2 中的 m1[0] = 18，其中 m1 为节制闸数组。其它渠道型式类似处理。划分流段后，可记录下每个流段的相关水力学要素。

14.2　大渠段划分及气温处理

当渠道中的水温低于 0℃后，产生的流冰花上浮并遭遇诸如倒虹吸、渡槽分布区域的渠道或者某些狭窄渐变段、弯道时，流冰便会堆积，进而形成初始冰封，向上游发展。为了模拟整个冰过程，包括流冰过程、冰盖形成过程、冰厚发展过程等，计算之前有必要对长距离输水明渠线路上的各渠池进行划分。仍以上例中南水北调中线黄河以北进行说明。该明渠线路上有 35 座节制闸，如取相邻节制闸之间的渠道为一渠段，由于典型渠段内有较多的倒虹吸，为了不使流冰块进入倒虹吸，从冰水动力学控制上说，需使冰盖的发展始于倒虹吸进口前的拦冰索，平铺至上一倒虹吸出口。同样的，若节制闸附近没有倒虹吸，节制闸前的拦冰索本身也是冰盖发展的起点。换句话说，在一定的水力控制条件、气温条件满足时，渠道上的节制闸（或渡槽）进口前、倒虹吸前拦冰索均是冰期流冰易堆积，冰盖发生的初始位置。

根据倒虹吸、节制闸、渡槽等建筑物前设置有效拦冰措施——拦冰索的特点及具体位置，有必要在这些位置断面设置控制点，这样，整个黄河北干渠被控制点划分为各个大渠段。经计算和统计分析，划分后的大渠段（78 个段）见表 14.2.1。从表 14.2.1 中可以看出，所控制的冰盖初生发展总是起始于倒虹吸(或节制闸或暗渠)进口，上溯至上一倒虹吸出口或节制闸断面。系统设计时，可以一个二维数组记录冰情渠段编号及该渠段首尾断面号，一方面与水动力学计算划分的网格断面统一起来，另一方面不同大渠段发生冰情后可以分别调用。

表 14.2.1 大渠段划分-以南水北调中线为例

渠段编号	建筑物名称	所在断面	大渠段范围	起桩号/km	末桩号/km
0	黄河北 S 点	0			
1	济河节制闸（倒虹吸）	18	济河倒虹吸-黄河北 S 点	493+138	501+256
2	沁河倒虹吸		沁河倒虹吸-济河节制闸 1	501+475	502+399
3	蒋沟河倒虹吸		蒋沟河倒虹吸-沁河 1 倒虹吸	503+611	507+028
4	幸福河倒虹吸		幸福河倒虹吸-蒋沟河倒虹吸	507+307	517+994
5	大沙河倒虹吸		大沙河倒虹吸-幸福河倒虹吸	518+363	520+422
6	白马门倒虹吸		白马门倒虹吸-大沙河倒虹吸	520+951	524+964
7	普济河倒虹吸		普济河倒虹吸-白马门倒虹吸	525+318	526+940
8	闫河节制闸（倒虹吸）	81	闫河渠道倒虹吸-普济河倒虹吸	527+279	529+659
9	翁涧河倒虹吸		翁涧河倒虹吸-闫河节制闸 1	529+938	532+556
10	李河渠倒虹吸		李河渠倒虹吸-翁涧河倒虹吸	532+855	534+362
11	溃城寨节制闸（倒虹吸）	134	溃城寨倒虹吸-李河渠倒虹吸	534+891	550+251
12	纸坊沟倒虹吸		纸坊沟倒虹吸-溃城寨节制闸	550+780	559+852
13	峪河节制闸（暗渠）	167	峪河（进口）暗渠-纸坊沟倒虹吸	560+231	564+954
14	午峪河倒虹吸		午峪河倒虹吸-峪河节制闸 1(暗渠)	564+954	575+650
15	早生河倒虹吸		早生河倒虹吸-午峪河倒虹吸	575+939	576+332
16	王村河倒虹吸		王村河倒虹吸-早生河倒虹吸	576+881	578+929
17	小凹沟倒虹吸		小凹沟倒虹吸-王村河倒虹吸	579+308	580+610
18	石门河倒虹吸		石门河倒虹吸-小凹沟倒虹吸	580+885	585+212
19	黄水河倒虹吸		黄水河倒虹吸-石门河倒虹吸	586+391	587+266
20	黄水河支节制闸（倒虹吸）	219	黄水河支倒虹吸-黄水河倒虹吸	587+795	590+794
21	小蒲河倒虹吸		小蒲河倒虹吸-黄水河节制闸 1	591+133	606+672
22	孟坟河节制闸（倒虹吸）	261	孟坟河倒虹吸-小蒲河倒虹吸	606+946	608+909
23	山庄河倒虹吸		山庄河倒虹吸-孟坟河节制闸 1	609+188	619+692
24	十里河倒虹吸		十里河倒虹吸-山庄河倒虹吸	619+961	623+208
25	香泉河节制闸（倒虹吸）	319	香泉河倒虹吸-十里河倒虹吸	623+477	633+063
26	沧河倒虹吸		沧河倒虹吸-香泉河节制闸 1	633+392	636+974
27	赵家渠倒虹吸		赵家渠倒虹吸-沧河倒虹吸	637+833	650+073

渠段编号	建筑物名称	所在断面	大渠段范围	起桩号/km	末桩号/km
28	思德河倒虹吸		思德河渠道倒虹吸-赵家渠倒虹吸	650+362	652+875
29	魏庄河倒虹吸		魏庄河渠道倒虹吸-思德河渠道倒虹吸	653+190	661+049
30	淇河节制闸（倒虹吸）	385	淇河渠道倒虹吸-魏庄河渠道倒虹吸	661+298	663+203
31	永通河倒虹吸		永通河渠道倒虹吸-淇河节制闸1	663+727	672+981
32	汤河节制闸（渡槽吸）	445	汤河(进口)涵洞渡槽-永通河渠道倒虹吸	673+335	687+976
33	姜河倒虹吸		姜河渠道倒虹吸–汤河节制闸1（渡槽）	688+270	689+714
34	洪河倒虹吸		洪河渠道倒虹吸-姜河渠道倒虹吸	690+183	705+409
35	安阳河节制闸（倒虹吸）	510	安阳河渠道倒虹吸-洪河渠道倒虹吸	705+683	716+510
36	漳河节制闸（倒虹吸）	542	漳河渠道倒虹吸-安阳河节制闸	716+976	730+700
37	岳城铁路倒虹吸		岳城铁路渠道倒虹吸-漳河节制闸1	731+722	735+392
38	峰峰倒虹吸		峰峰铁路渠道倒虹吸-岳城铁路渠道倒虹吸	735+544	760+565
39	牤牛河节制闸（渡槽）	610	牤牛河渡槽-峰峰·码头铁路渠道倒虹吸	760+750	761+443
40	沁河节制闸（倒虹吸）	663	沁河渠道倒虹吸-牤牛河节制闸1（渡槽）	761+443	782+105
41	洺河节制闸（渡槽）	725	洺河梁式渡槽-沁河节制闸1	782+602	809+242
42	南沙河节制闸（倒虹吸）	764	南沙河（一）倒虹吸-洺河节制闸1（渡槽）	809+242	824+369
43	南沙河渠倒虹吸2		南沙河（二）倒虹吸-南沙河节制闸1	825+624	827+649
44	七里河节制闸（倒虹吸）	783	七里河渠道倒虹吸-南沙河（二）倒虹吸	828+704	833+396
45	白马河节制闸（倒虹吸）	819	白马河渠道倒虹吸-七里河节制闸1	834+261	848+787
46	小马河倒虹吸		小马河渠道倒虹吸-白马河节制闸1	849+467	861+644
47	李阳河倒虹吸		李阳河渠道倒虹吸-小马河渠道倒虹吸	862+194	867+001
48	内邱铁路倒虹吸		内邱铁路渠道倒虹吸-李阳河渠道倒	867+514	869+107
49	泜河节制闸（渡槽）	891	泜河梁式渡槽-内邱铁路渠道倒虹吸	869+231	881+697
50	午河节制闸（渡槽）	933	午河梁式渡槽-泜河节制闸1（渡槽）	881+697	898+527
51	槐河渠倒虹吸1		槐河(一)倒虹吸-午河节制闸1（渡槽）	898+527	918+905
52	槐河渠倒虹吸2		槐河(二)倒虹吸-槐河(一)倒虹吸	919+795	922+269
53	潴龙河节制闸（倒虹吸）	1001	潴龙河渠道倒虹吸-槐河(二)倒虹吸	922+689	927+876
54	北沙河倒虹吸		北沙河渠道倒虹吸-潴龙河节制闸1	928+216	938+222
55	洨河节制闸（倒虹吸）	1045	洨河渠道倒虹吸–北沙河渠道倒虹吸	938+582	948+174
56	金河渠倒虹吸		金河渠道倒虹吸-洨河节制闸1	948+517	951+837
57	台头沟节制闸（倒虹吸）	1062	台头沟渠道倒虹吸-金河渠倒虹吸	952+337	956+307
58	古运河节制闸（暗渠）	1092	古运河暗渠-台头沟节制闸1	956+777	969+629
59	滹沱河节制闸（倒虹吸）	1110	滹沱河渠道倒虹吸-古运河节制闸1	969+629	976+750
60	磁河节制闸（倒虹吸）	1158	磁河渠道倒虹吸-滹沱河节制闸1	978+975	1000+415
61	沙河节制闸（倒虹吸）	1190	沙河(北)渠道倒虹吸-磁河节制闸1	1000+994	1013+958
62	孟良渠倒虹吸		孟良渠倒虹吸-沙河（北）节制闸1	1016+188	1034+258
63	漠道沟节制闸（倒虹吸）	1233	漠道沟倒虹吸-孟良河渠道倒虹吸	1034+733	1035+439
64	唐河节制闸（倒虹吸）	1252	唐河倒虹吸-漠道沟节制闸1	1035+736	1043+815
65	放水河节制闸（渡槽）	1308	放水河节制闸-唐河节制闸1	1044+970	1070+887

渠段编号	建筑物名称	所在断面	大渠段范围	起桩号/km	末桩号/km
66	蒲阳河节制闸（倒虹吸）	1340	蒲阳河倒虹吸-放水河节制闸 1(渡槽)	1070+887	1083+480
67	界河倒虹吸		界河渠道倒虹吸-蒲阳河节制闸 1	1083+865	1095+751
68	岗头节制闸（隧洞）	1390	岗头隧洞-界河渠道倒虹吸	1096+171	1110+828
69	西黑山节制闸（无）	1414	西黑山节制闸-岗头节制闸 1(隧洞)	1110+828	1120+590
70	瀑河节制闸（倒虹吸）	1445	瀑河渠道倒虹吸-西黑山节制闸	1120+680	1134+404
71	中易水渠倒虹吸		中易水渠道倒虹吸-瀑河节制闸 1	1135+594	1145+619
72	北易水节制闸（倒虹吸）	1495	北易水倒虹吸-中易水渠道倒虹吸	1146+261	1155+823
73	七里庄沟倒虹吸		七里庄沟倒虹吸-北易水节制闸 1	1156+408	1161+880
74	马头沟渠倒虹吸		马头沟渠道倒虹吸-七里庄沟倒虹吸	1162+176	1168+520
75	坟庄河节制闸（倒虹吸）	1528	坟庄河倒虹吸－马头沟渠道倒虹吸	1168+917	1170+789
76	南拒马虹吸		南拒马倒虹吸-坟庄河节制闸 1	1171+133	1189+781
77	北拒马倒虹吸		北拒马倒虹吸－南拒马倒虹吸	1190+589	1192+683
78	河北段终点	IM	河北段终点－北拒马倒虹吸	1193+498	1196+362

利用冰情仿真平台进行各气温年工况的数值模拟时，每个计算结点上的气温变化应为已知量。但一般的，气象统计资料给出的是沿线某几个测站的气温日平均过程线，计算中要求获得每个结点、每个计算步长上的气温值。这里不妨根据程序自动划分的计算断面计算每一断面到上游边界起点的距离，然后对冰水动力学模块中的 T_a 项即温度项进行线性插值。插值的原则是从空间上(计算断面)和时间步长上分别插值，具体某一时间步来讲，气温是从当前的插值温度渐变到下一时间步上的温度。如已有五个测站距离黄河北起点之间的大致距离可统计见表 14.2.2，利用它可以进行空间、时间上的气温插值。

表 14.2.2　5 测站位置及相应参考计算断面

测站	新乡	安阳	邢台	石家庄	保定
与 S 点的距离	110km	210km	330km	460km	550km
附近参考位置断面	孟坟河节制闸	安阳河节制闸	南沙河节制闸	古运河节制闸	唐河节制闸

14.3　单渠段冰情计算流程

前已述及，长距离明渠输水工程渠道的冬季冰情过程实际上是每个单渠段冰情过程的集合。下面给出单渠段冰情计算过程和流程。冬季渠道由于冰盖的存在会改变其水力半径，增大综合糙率，同时流动冰块和冰盖的发展过程数学模型略有不同，因此将渠段分为流冰河段和冰封河段分别计算，在冰情计算中考虑流动冰块和冰盖的坚冰层、冰花层的二层输移和发展过程。在流冰河段综合糙率为渠道糙率，湿周为敞流时的渠道湿周；冰封河段渠道综合糙率是一个随时间不断变化的值，冰盖初始糙率较大，然后随时间的增加逐渐变小，而湿周也增加了上水面宽。在冰情计算中的主循环为时间循环，每经过一个时间步均需对首断面至最后一个断面进行扫描，判断流冰河段和冰封河段，然后分别调用不同的参数计算冰情。再根据上游来冰量计算冰盖前缘的发展速度和位置，如此循环往复。在封河期，冰盖前缘不断向前发展，渠道糙率不断变化，冰封河段逐渐增加，水位不断壅高，直到达到平衡。整个过程的计算流程如图14.3.1所示。

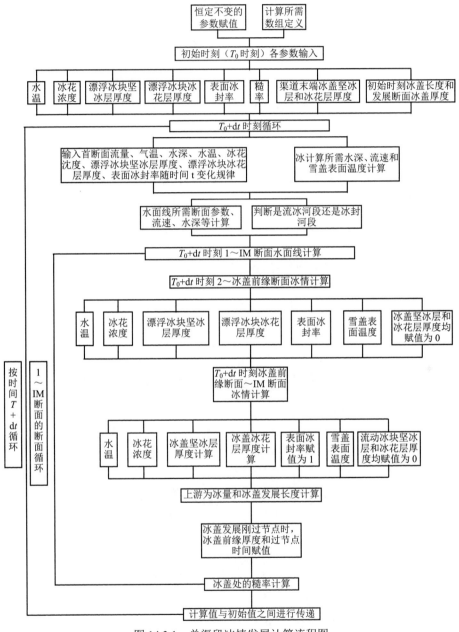

图 14.3.1 单渠段冰情发展计算流程图

14.4 模型及系统平台验证

通过对比热扩散方程的数值解与解析解、Shen（1993）的单渠段冰情计算例与本研究计算值、典型工程原型观测资料与系统计算值等来对数学模型和系统平台进行验证。

14.4.1　水温模块验证

对于充分混合的河流，其水温及沿水深平均的冰花密度沿程的变化可用一维扩散方程式来描述：

$$\frac{\partial}{\partial t}(\rho C_p A T_w) + \frac{\partial}{\partial x}(Q_p \rho C_p T_w) = \frac{\partial}{\partial t}\left(A E_x \rho C_p \frac{\partial T_w}{\partial x}\right) - B\phi_T$$

上式的求解需要两个边界条件和一个初始条件，在河道内温度沿河长变化不大时，扩散项 $\frac{\partial}{\partial t}\left(A E_x \rho C_p \frac{\partial T_W}{\partial x}\right)$ 可以忽略，方程的求解就要简单得多，如果水流是单一流向，则只需上游端的边界条件：

$$W_t(0,t) = T_1(t)$$

式中：$T_1(t)$ 为河道上游端水温随时间的变化过程，若初始条件 $T_w(x,0)$ 未知，则可用稳定状态解作为初始条件。

设 A、B、u、T_a 为常数，忽略扩散项 $\frac{\partial}{\partial t}\left(A E_x \rho C_p \frac{\partial T_w}{\partial x}\right)$ 和非稳定项 $\frac{\partial}{\partial t}(\rho C_p A T_w)$，则

$$\frac{\partial}{\partial t}(\rho C_p A T_w) + V\frac{\partial}{\partial x}(A\rho C_p T_w) = \frac{\partial}{\partial t}\left(A E_x \rho C_p \frac{\partial T_w}{\partial x}\right) - B\phi_T$$

$$V\frac{\partial}{\partial x}(A\rho C_p T_w) = -B\phi_T$$

$$(VA\rho C_p)\frac{\partial}{\partial x}T_w = -Bh_{wa}\left(T_w - T_a\right)$$

$$\frac{\partial}{\partial x}T_w + \frac{Bh_{wa}}{VA\rho C_p}T_w = \frac{Bh_{wa}}{VA\rho C_p}T_a$$

此非齐次线性方程的通解为

$$y = Ce^{-\int P(x)dx} + e^{-\int P(x)dx}\int Q(x)e^{\int P(x)dx}dx$$

其中

$$P(x) = \frac{Bh_{wa}}{VA\rho C_p}, \quad Q(x) = \frac{Bh_{wa}}{VA\rho C_p}T_a$$

解得

$$T_w = Ce^{-\int \frac{Bh_{wa}}{VA\rho C_p}dx} + e^{-\int \frac{Bh_{wa}}{VA\rho C_p}dx}\int \frac{Bh_{wa}T_a}{VA\rho C_p}e^{\int \frac{Bh_{wa}}{VA\rho C_p}dx}dx$$

$$= Ce^{-\frac{Bh_{wa}}{VA\rho C_p}x} + T_a$$

令初始时刻 $x = 0$ 时的水温为 T_0，则

$$C = T_0 - T_a$$

于是得到解析解

$$T_w = (T_0 - T_a)\exp(-kx) + T_a$$

其中 $k = \dfrac{Bh_{wa}}{\rho c_p u A}$，$T_0$ 是上边界 $x = 0$ 时的温度。

假设有一段理想渠道，渠道长度为 10km，宽度为 2000m，渠道断面面积为 10000m^2，首断面进口水温为 4℃，外部气温为 1℃，流速为 0.1m/s，糙率 n、渠道坡度、边坡均取为 0。采用特征线法计算时，时间 dt 取为 20s，距离步长 ds 取为 100m，其它输入参数与解析解相同，则数值计算结果与解析解的结果对比如图 14.4.1 所示。

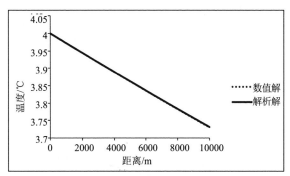

图 14.4.1 渠道沿程水温数值解与解析解对比

由图 14.4.1 可知，理想情况下渠道沿程水温变化的数值计算结果与解析公式的计算结果非常吻合，验证了水温计算模型的正确性。

14.4.2 冰情发展模型的验证

采用 Shen（1993）的算例，计算一段 20km 渠道中的冰情过程，并与 Shen（1993）的计算结果进行对比分析。渠道各参数的取值见表 14.4.1。

表 14.4.1 均匀流河道模型计算参数

参数名称	参数值	参数名称	参数值
气温 T_a	-20.0℃	过流面积 A	500.0m^2
上浮速度 V_b	0.001m/s	河段长	20.0km
宽度 B_0	100.0m	初生坚冰层厚度 h_i	0.005m
冰花孔隙率 e_f	0.5	平均水流速度 V	0.5m/s

算例中渠道宽 100m，长 20km，流量为 250m^3/s，水流为均匀流，渠道中无障碍物，外界气温保持 -20℃，初始时刻各断面冰块冰花层厚度 h_f，表面冰封率 C_a 和冰花浓度 C_i 均为 0，流动冰块的坚冰层厚度 h_i 采用 Shen（1993）提出的下述公式计算（该式忽略了坚冰层底部与接触水体的热交换）：

$$\frac{\mathrm{D}h_i}{\mathrm{D}t} = \frac{\alpha + \beta(T_m - T_a)}{c_e \rho_i L \left(1 + \dfrac{\beta h_i}{K_i}\right)}$$

式中：α、β 为固定的系数；h_i 为流动冰块坚冰层的厚度；$T_m = 0.0$℃为冰点温度；T_a 为外界气温，℃；$K_i = 2.24$W/(m·℃)为冰的热传导系数；$L = 334840.0$J/kg 为冰融化的潜热；ρ_i 为冰的密度。

本章开发的程序与 Shen（1993）计算结果对比图如图 14.4.2 至图 14.4.4 所示。

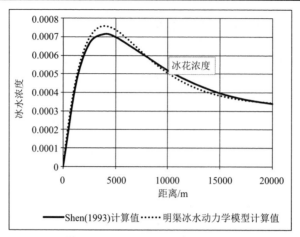

图 14.4.2　渠道冰花浓度沿程变化

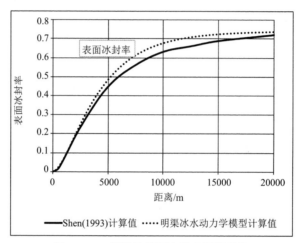

图 14.4.3　渠道的表面冰封率沿程变化

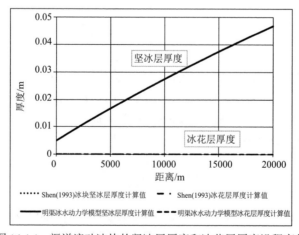

图 14.4.4　渠道流动冰块的坚冰层厚度和冰花层厚度沿程变化

由于外界气温远远低于首断面出口水温，因此随着水体和大气的热交换，水温沿程逐渐降低。水温降至 0℃ 以下时，便会产生水内冰冰花，继而产生表面流冰。随着表面流冰面积的增加，渠道的表面冰封率逐渐增大，使得敞露水面的面积减少，降低了水体与大气的热交换，因此渠道的水内冰冰花浓度沿程先升高后降低（见图 14.4.2）。由于冰花浓度降低，冰花上浮至水面形成流冰的量也在减小，因此渠道表面冰封率的增大过程沿程逐渐变缓（见图 14.4.3）。在渠道的整个冰情过程中，冰块的坚冰层与大气热交换始终在进行，因此冰块坚冰层的厚度沿程逐渐增大，而冰块的冰花层厚度由于受到冰块坚冰层的热增长影响，使其沿程均为 0m（见图 14.4.4）。

由上述可见，本模型开发程序计算出的冰花浓度、表面冰封率、冰块坚冰层厚度和冰块冰花层厚度等的计算结果均与 Shen（1993）的计算结果符合良好，验证了冰情模型的正确性。

14.4.3 京密引水渠（原渠道）冬季输水模拟验证

京密引水渠位于北京市境内，全长 112.7km，工程目标为引密云水库拦蓄的潮白河河水进入北京市区，是北京市最主要的一条供水线路。由于渠道地处北京，冬季输水存在冰情问题。原渠道研究对象概化图如图 14.4.5 所示。为了在南水北调中线通水初期起到提高北京水资源战略储备的作用，目前正在修建调蓄工程，即利用原京密引水渠输水，新建 6 级泵站分级加压先调水至怀柔水库，再由泵站加压利用管道将水送入密云水库。

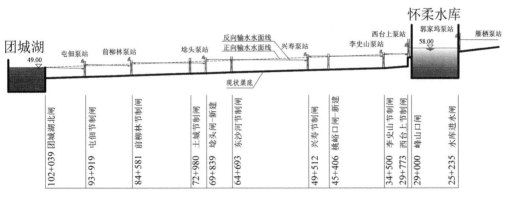

图 14.4.5　研究区域：工程概化图（左为下游）（单位：m）

关于本例系统开发中的流段划分、渠道型式标记、大渠段划分过程同 14.1 节、14.2 节类似，不再赘述。划分的大渠段见表 14.4.2。

首先利用仿真系统对正向输水的水面线进行复核。初始恒定流时，上游给定流量并保持不变（冬季 $Q=14m^3/s$），终点水位保持不变（$Z=49.0m$），恒定流计算糙率为初步设计报告推荐值，各模块中考虑了沿程损失和局部水头损失，给定流量下各节制闸闸前水位按设计考虑。非恒定流中的上下边界同恒定流，各断面初始值为恒定流计算的水位、流量分布。图 14.4.6 给出的是设计流量和冬季输水流量下沿程计算的水位对比，由此可见，在闸门调控下，小流量输水时，水面线总体呈锯齿状，表明各闸下水位明显低于设计流量下的闸下水位，此时相应沿程、局部水头损失减小。图 14.4.7 给出了冬季流量下仿真平台中恒定流模块和非恒定流模块计算得到的沿程水位，图 14.4.8 是沿桩号各计算断面的水位差，该水位差是非恒定流计算结果与初始恒定流值的差。结果表明：该流量下二者沿程水位值相差不大，非恒定计算结果最终能够收敛到恒定流计算结果，水面线符合良好，最大水位差小于 0.002m。这也验证了数值平台水流模块的正确性。

表 14.4.2　正向输水大渠段划分表

渠段编号	建筑物名称	所在断面	大渠段范围	起桩号/km	末桩号/km
0	峰山口	0			
1	峰山口输水闸	5	峰山口输水闸-怀柔水库	28+600	29+000
2	西台上节制闸	13	西台上节制闸-峰山口输水闸	29+000	29+773
3	李史山节制闸	61	李史山节制闸-西台上节制闸	29+773	34+500
4	桃峪口节制闸（倒虹吸）	171	桃峪口节制闸-李史山节制闸	34+500	45+406
5	兴寿节制闸（倒虹吸）	213	兴寿节制闸-桃峪口倒虹吸	45+506	49+512
6	东沙河节制闸（倒虹吸）	365	东沙河节制闸-兴寿倒虹吸	49+625	64+697
7	埝头节制闸（倒虹吸）	417	埝头节制闸-兴寿倒虹吸	64+802	69+839
8	横桥倒虹吸	435	横桥倒虹吸-埝头倒虹吸	69+960	71+575
9	土城节制闸（倒虹吸）	448	土城节制闸-横桥倒虹吸	71+707	72+980
10	前柳林节制闸（倒虹吸）	562	前柳林节制闸-土城倒虹吸	73+288	84+581
11	温泉倒虹吸	604	温泉倒虹吸-前柳林倒虹吸	84+644	88+718
12	屯佃节制闸	656	屯佃节制闸-温泉倒虹吸	88+758	93+919
13	团城湖终点	738	团城湖终点-屯佃节制闸	93+919	102+039

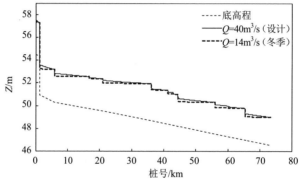

图 14.4.6　京密引水渠正向输水水面线（设计流量和冬季流量）

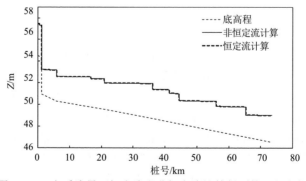

图 14.4.7　冬季流量下恒定流和非恒定流计算得到的沿程水位

考虑到 2013 年冬季输水仅在部分观测点观测到浮冰、岸冰，并未观测到封河的情况，这里选取 2000—2001 年典型测站的实测资料对冰情数学模型及开发的仿真系统进行验证。有记录的观测时间是 2000 年 12 月 1 日至 2001 年 3 月 10 日，本章开发的平台模拟时间是从 11 月 1 日到次年 3 月 31 日共 151d，因此前后时间内的气温和流量等边界条件根据实测情况补足序列即可。

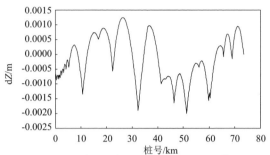

图 14.4.8　冬季流量下恒定流和非恒定流计算水位之差

　　模拟范围是怀柔水库-团城湖，包含所有节制闸、倒虹吸，闸前按实测水位考虑，各节制闸开度由恒定流计算结果反推获得，上游气温过程如图 14.4.9 所示，下游团城湖水位控制在 49.22m，流量过程如图 14.4.10 所示。起始首断面水温参考实际李史山测量值，如图 14.4.11 所示。各计算断面流动冰块冰花厚度、冰盖坚冰层厚度、冰盖冰花层厚度、冰花浓度、表面冰封率均为 0。渠道无冰时，糙率取北京院设计报告推荐值（见附表 3-1），有冰时除了断面湿周变化，初始冰盖糙率暂取 0.036，封冻末冰盖糙率为 0.015，按综合糙率公式计算。

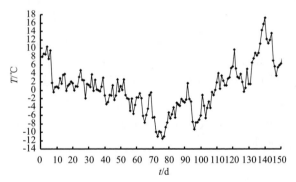

图 14.4.9　京密引水渠（原渠）正向输水 2000 年 11 月 1 日至 2001 年 3 月 31 日气温过程

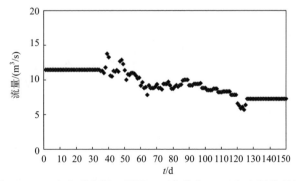

图 14.4.10　京密引水渠（原渠）正向输水 2000 年上游流量过程

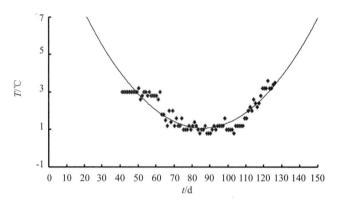

图 14.4.11　京密引水渠(原渠)正向输水 2000 年上游李史山实测水温

　　选取前柳林节制闸、土城节制闸的相关观测资料进行验证和率定。图 14.4.11 给出的是前柳林测点的水位实测值（实测水深值+底高程）和计算值的对比，由此可知，模拟和实测值在局部稍有偏差，如在冰盖形成期，最大水位偏差 5cm，整体来看，无论是趋势还是精度吻合度均较高。

　　图 14.4.12 和图 14.4.13 给出的是京密引水渠（原渠）正向输水该典型年前柳林节制闸、土城节制闸闸上冰厚实测值与模拟计算值的对比。由图 14.4.13 可知，实际前柳林测站在当年 12 月 12—25 日观测到浮冰及间断性冰盘，偶尔全封一段，偶尔无冰，在 12 月 26 日后出现较稳定的冰封，冰厚为 2～4cm。数值模拟平台中初始流动坚冰厚度初始值取为 2cm 是合适的，模拟结果显示在第 55～第 57 天该位置冰盖开始堆积平铺向上游发展，冰厚随时间的变化过程也与实测值符合良好。第 80～第 100 天由于气温和水温均出现回升，相应冰厚基本停止增长，开始变薄，不过幅值上模拟值要大于实测值，最大偏差 4cm 左右。在第 100 天之后，模拟值总体较实测值大，而且变薄的更慢。紧邻前柳林上游的土城节制闸冰厚发展规律也类似，总体来说，模拟计算值和实测吻合良好，基本令人满意。这表明，通过率定合适的参数（如糙率、大气与冰盖热交换系数等）可得到较好的模拟结果，也验证了冰情模拟平台的正确性。

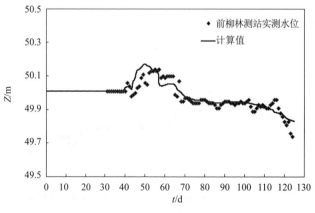

图 14.4.12　京密引水渠（原渠）正向输水 2000 年典型测站水位实测和模拟对比

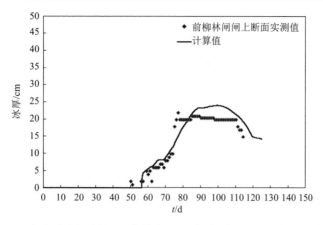

图 14.4.13　京密引水渠(原渠)正向输水 2000 年典型测站冰厚实测和模拟对比

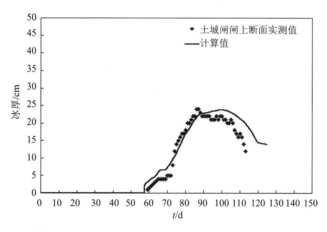

图 14.4.14　京密引水渠(原渠)正向输水 2000 年典型测站冰厚实测和模拟对比

参考文献

[1] 蔡琳，卢杜田. 2002.水库防凌调度数学模型的研制与开发[J]. 水利学报（6）：67-71.
[2] 陈文学，刘之平，吴一红，等. 2009. 南水北调中线工程运行特性及控制方式研究[J]. 南水北调与水利科技（6）.
[3] 范北林，张细兵，蔺秋生. 2008.南水北调中线工程冰期输水冰情及措施研究[J]. 南水北调与水利科技，6（1）：66-69.
[4] 付辉，杨开林，郭新蕾，等. 2010.基于虚拟流动法的输水明渠冰情数值模拟[J]. 南水北调与水利科技，8（4）：7-12.
[5] 高霈生，靳国厚，吕斌秀. 2003.南水北调中线工程输水冰情的初步分析[J]. 水利学报（11）：96-101,106.
[6] 郭新蕾，杨开林，付辉，等. 2013.冰情模型中不确定参数的影响特性分析[J]. 水利学报，44（8）：909-914.
[7] 郭新蕾，杨开林，王涛，等. 2011.南水北调中线工程冬季输水数值模拟[J]. 水利学报，42（11）：1268-1276.
[8] 刘之平，陈文学，吴一红. 2008.南水北调中线工程输水方式及冰害防治研究[J].中国水利（21）：60-62.
[9] 茅泽育，吴剑疆，张磊，等. 2003.天然河道冰塞演变发展的数值模拟[J]. 水科学进展，14（6）：700-705.
[10] 王军，陈胖胖，江涛，等. 2009.冰盖下冰塞堆积的数值模拟[J]. 水利学报，40（3）：348-354.
[11] 王涛，杨开林，郭新蕾，等. 2013.模糊理论和神经网络预报河流冰期水温的比较研究[J]. 水利学报，44（7）：842-847.

[12] 魏良琰，杨国录，殷瑞兰，等. 1999.南水北调中线工程总干渠冰期输水计算分析[R]. 武汉：武汉水利电力大学，长江科学院.

[13] 杨开林，王涛，郭新蕾，等. 2011.南水北调中线冰期输水安全调度分析[J]. 南水北调与水利科技，9（2）：1-4，6.

[14] 杨开林，郭新蕾，王涛，等. 2010.中线工程冰期输水能力及冰害防治技术研究-专题五[R]. 北京：中国水利水电科学研究院.

[15] 杨开林，刘之平，李桂芬，等. 2002.河道冰塞的模拟[J]. 水利水电技术，33（10）：40-47.

[16] Beltaos S. 1993.Numerical computation of river ice jams[J]. Canadian Journal of Civil Engineering, 20（1）：88-89.

[17] GUO Xin-lei，YANG Kai-lin，FU hui，WANG Tao，GUO Yong-xin. 2013.Simulation and Analysis of Ice Processes for an Artificial Open Channel[J]. Journal of Hydrodynamics，Ser. B，25（4）：542-549.

[18] Lal A M W，Shen Hung Tao. 1993.A mathematical model for river ice processes[M]. CRREL Report 93-4，U.S. Army Corps of Engineers.

[19] She Y T，Hicks F. 2006. Ice jam release wave modeling：considering the effects of ice in a receiving channel[C]// Proceedings on the 18th IAHR International Symposium on Ice：125-132.

[20] Shen Hung Tao，Chen Y C，Wake A，Crissman R D. 1993.Lagrangian discrete parcel simulation of two dimensional river ice dynamics[J]. International Journal of Offshore and Polar Engineering，3（4）：328-332.

[21] Shen，Wang De sheng，Lal A M W. Numerical simulation of river ice processes[J]. Journal of Cold Regions Engineering，ASCE，1995，9（3）：107-118.

[22] Zufelt J E，Ettema R. 2000. Fully coupled model of ice-jam dynamics[J]. Journal of Cold Regions Engineering，ASCE，14（1）：24-41.

第15章　南水北调中线工程冬季输水冰情数值模拟

本章结合南水北调中线工程，利用前述开发的明渠输水工程冰情仿真系统模拟典型年下总干渠初冰、冰盖形成发展过程，分析冬季输水冰情特性及冰期输水能力，进而提出冰期安全运行的水力控制条件和输水调度建议，供决策管理部门参考。

15.1　工程概况

南水北调中线工程是世界上规模最大的跨流域调水工程，它横穿长江、黄河、海河、淮河四大流域，涉及六省市，多年平均年调水量 95 亿 m³，受水区有 19 个大中城市，105 个县，直接受益人口 1.1 亿人，间接受益人口超过 2 亿人。总干渠是由明渠和各种过水建筑物组成的树状系统，参与整个系统调节的工程包括 61 座节制闸、88 座分水口、53 座退水闸和 27 座大中型水库。由于工程南北跨越 8 个纬度，冬季运行时，干渠将处于无冰输水、流冰输水、冰盖输水多种状况组合的复杂运行状态且南北冻融情况不同，特别是安阳以北的倒虹吸管、闸门、渡槽下游、曲率半径较小的弯道等局部水工建筑物，存在发生冰塞的风险。冰塞的形成很可能破坏这些建筑物，从而对渠道的输水能力、运行调度和工程安全都将产生不利影响。因此有必要通过数值模拟研究南水北调中线工程冬季输水的冰情特性，提出冰期安全运行的控制条件及冰害防治措施，这对确保冰期输水安全和实现输水目标意义重大。

15.2　典型气温年划分

根据气象资料及冰情预报的研究成果，进行冷冬年、平均年、暖冬年这三种年份的选择。选择依据是：根据统计资料计算某一站点每年 11 月 1 日到来年 3 月 31 日的日均气温的累积气温，最高的为暖冬年，最低为冷冬年。

图 15.2.1 和图 15.2.2 为三个测站 1957—2007 年冬春季日均和累积气温变化过程，其中安阳距黄河北 S 点约 206km，石家庄、保定分别为 460km、530km 左右。从中可以看出，1957—2007 这 50 年内，这几个测站气温具有较一致的气候变化规律，三者累积气温均是在 1963 年 11 月 1 日至 1964 年 3 月 31 日、1967 年 11 月 1 日至 1968 年 3 月 31 日达到相对最低值，但安阳站在 1967 年的累积气温为 50 年来最低，这里选定 1967 年 11 月 1 日至 1968 年 3 月 31 日为冷冬年。同样的，三者累积气温在 2001 年 11 月 1 日至 2002 年 3 月 31 日达到最高值，选定为暖冬年，约在 1987 年 11 月 1 日至 1988 年 3 月 31 累积气温跟 50 年均值接近，选定为平冬年。以这三个典型年的气温资料作为冰水力学模拟的基本气温条件。

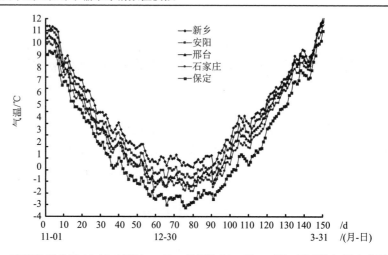

图 15.2.1　干线沿程各站 50 年（每年 11 月 1 日至次年 3 月 31 日）日平均气温变化过程

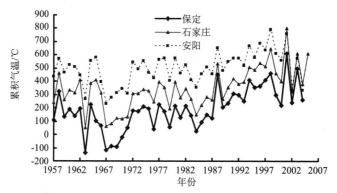

图 15.2.2　保定、石家庄、安阳站 1957—2007 年冬春季累积气温变化过程

15.3　结冰期输水能力和模式

国内外的原型观测表明，冰盖下输水时，河流和渠道的输水能力会大幅降低。因为渠段形成冰盖后，水力条件与无冰盖自由流相比发生了较大变化。有冰盖时冰盖对水流也存在阻力，同时过水断面湿周增大，这将导致流速、水位均发生变化，致使渠道过流能力减小。K. Ohashi 和 T. Hamada 通过原型观测发现，在相同水位下，封冻河道的过流能力较敞流期减少约 29%。北京市水利科学研究所在 1989—1991 年连续两个冬季，对京密引水渠开展了原型观测工作，发现相同水位下，冰盖下的过流能力较敞流期减小约 32%，而输送相同流量时，冰封渠道的水深增加约 20%。河北省大清河河务管理处 1995—1997 年连续两个冬季在大清河系北支的南拒马河、大清河和白沟引河的部分河段开展了冰期原型观测，发现相同水位条件下，不同河段、不同时期冰盖下的过流能力减小 40%～61%，在输送相同流量时，冰封渠段的水深最大可增加 25%。南运河管理处在 2002—2003 年冬季对引黄济津进行了冰期输水观测，发现在相同水位情况下，冰盖下的过流能力较敞流期减小 27%～34%，在相同的输水流量下，冰封渠道的水深较敞流期可增加 11%～12.2%。

实现冰盖下安全输水必须要保证渠道具备能形成冰盖的水流条件，同时还要控制冰盖形成后的渠道水位壅高,因此,确定渠道冰期输水能力,既要考虑冰盖形成期渠道冰盖的安全推进模式,满足上游来冰不在拦冰索前和冰盖前缘下潜的水流条件,又要考虑完全冰封后的渠道的最大允许水位壅高,分析冰盖糙率、渠水面线变化等关键因素对水位壅高的影响。

对于南水北调中线干渠来说,冰期输水有两个控制要求:一是要保证冰期尽快形成稳定冰盖,即要通过控制沿程流量(Fr)来控制冰盖发展模式,实现冰盖下输水;二是要在尽量不吃渠道额外超高条件下增大冰期输水流量,满足沿线分水计划要求。

15.3.1 水力控制条件

研究表明冰盖前缘水流弗劳德数的大小决定了上游来冰是否会在冰盖前缘下潜以及冰盖向上游的推进模式。根据第二篇的冰情数学模型,冰盖的发展模式有三种:平铺上溯模式、水力加厚模式和力学加厚模式。渠段流速低时,漂浮冰块以平铺上溯模式形成冰盖,此时冰盖前缘弗劳德数 $Fr<Fr_c$ 时,冰盖的厚度就等于冰块的厚度,在一般情况下,$Fr_c=0.05\sim0.06$,Fr_c 为第一临界弗劳德数。当冰盖前缘 $Fr>Fr_c$ 时,由于水流紊动加剧,冰块可能翻转、下潜,冰盖以水力加厚模式向上游发展。该模式存在一个最大的弗劳德数 Fr_m,当 $Fr>Fr_m$ 时,冰盖将不能向前发展。Fr_m 为第二临界弗劳德数。

表 15.3.1 为不同水流弗劳德数条件下,冰盖的推进模式。为了降低冰塞发生的可能性,实现渠道冬季的安全输水,在冰盖形成过程中各渠池水流弗劳德数应小于冰花完全下潜的临界值,即第二临界弗劳德数。孙肇初等学者经现场观测认为,第二临界弗劳德数(Fr_m)为 0.09 左右。黄河的刘家峡、盐锅峡河段的原型观测结果也表明 Fr_m 为 0.09。引黄济青工程经过多年的运行实践,确定渠道冰期输水过程中水流的弗劳德数应小于 0.08,京密引水工程将 Fr_m 小于 0.09 作为渠道冰期形成冰盖后输水运行的控制条件之一,而在冰盖形成初始期,对应的渠道 Fr 在 0.06 左右,此时能够保证渠道形成光滑的冰盖,并以平铺上溯模式快速发展。国际上沈洪道的冰情数学模型中,认为冰盖形成期的 Fr_c 在 $0.05\sim0.06$ 之间,在其数学模型实例验证中,取 $Fr_c=0.055$。表 15.3.2 列出了相应工程冰期输水的 Fr 控制条件。

表 15.3.1 不同水流弗劳德数条件下冰盖的推进模式

弗劳德数	冰盖推进模式	现象描述
$Fr_c<Fr$	平铺上溯	初始冰盖薄,冰盖光滑,初始糙率较小,渠道封冻速度也相对较快
$Fr_c<Fr<Fr_m$	水力加厚	初始冰盖较厚,冰盖下表面不光滑,初始糙率较大,渠道封冻的速度相对较慢
$Fr>Fr_m$	力学加厚	顺流而下的冰花将会在冰盖前缘下潜,顺水流向下游移,冰盖将停止向上游发展,这种情况下敞流段会源源不断的产生冰花,大量的冰花下潜到冰盖下面,极大增加了冰塞的可能性

注:Fr_c、Fr_m 分别为第一和第二临界弗劳德数,是反映冰盖推进模式的临界参数。

表 15.3.2 不同工程冰期输水 Fr 控制条件

工程名称	冰期输水 Fr 控制条件
引黄济青	<0.08
黄河刘家峡河段	<0.09
京密引水工程	冰盖下输水<0.09 冰盖形成期≤0.06
Shen 的模型	0.05~0.06

除了 Fr,水流流速也是影响渠道冰盖推进模式的因素之一。《水工建筑物抗冰冻设计规范》(SL211—2006)指出冰期运行渠内设计流速应控制在 $0.5\sim0.7\text{m/s}$ 之间,不得大于 0.7m/s。北京市水利科学研究所在 1989—1991 年连续两个冬季对京密引水渠开展了冰期输

水观测，发现当流速小于 0.6m/s 时，上游产生的薄冰片漂浮于水面，到达冰盖前缘或拦冰索处，不潜入水中，而停滞在冰盖前缘呈叠瓦状堆积，冰面堆积到一定的厚度后，逐渐向上游发展，并形成冰盖。因此认为在冰盖形成后渠道内的断面平均流速应控制在 0.6m/s 以下，以避免冰盖前缘冰花下潜并向下游输移，而在冰盖形成初始期，控制平均流速在 0.3m/s 左右，可形成光滑冰盖。

因此，根据已有研究资料，要保证渠道在冰盖形成期快速形成光滑冰盖，冰盖前缘 Fr 应小于 0.06，渠道水流平均速度应在 0.3m/s 左右。如要增大渠道流量，使冰盖形成时以水力加厚模式发展，冰盖前缘 Fr 也应小于 0.09，不过此时渠道封冻的速度相对较慢，形成的冰盖糙率较大。在上述控制指标的约束下，通过计算敞流渠道的恒定流，就可以确定不同闸前运行水位下，渠道在冰盖形成期所能达到的输水能力。在中线干渠冰情计算模型中，由上述限制条件，从安全运行角度出发，取 Fr_c=0.055 作为平铺模式临界费劳德数。根据水力加厚模式的最大 Fr 计算公式

$$Fr_m = \frac{V_c}{\sqrt{gy}} = 0.158\sqrt{(1 - e_c)}$$

$$e_c = e_p + (1 - e_p)e$$

式中：e_c 为冰盖总的孔隙率。由冰块的孔隙率 e 和冰块间 e_p 的孔隙率取值，可得 e_c=0.7，此时 Fr_m=0.0865，即以此值作为水力加厚模式最大的 Fr 数。各种模式的初始冰盖厚度计算方法见第 3 章。

15.3.2　冰盖形成期的输水能力

如上所述，从安全运行角度出发，以 $Fr \leqslant 0.055$ 来进行中线工程冰盖形成期输水的控制，尽量保证冰盖按照平铺模式发展。

以下将研究闸前设计水位条件下，输水流量控制与沿程 Fr 的关系。

当干线采用闸前常水位（设计流量下的闸前水位）运行时，比较了几种流量运行下沿程的水位及各工况下恒定流时沿程 Fr 分布，如图 15.3.3 和图 15.3.4 所示，各工况流量为设计流量、30%设计流量、25%设计流量。其中小流量时，各节制闸开度需减小以抬高闸前水位至设计值，减小流量的目的是使渠道内流速减缓，便于冬季结冰期形成稳定冰盖。

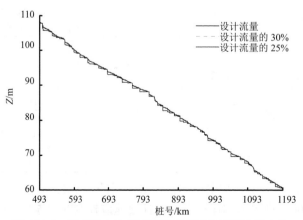

图 15.3.3　闸前常水位不同流量运行时的沿程计算水位

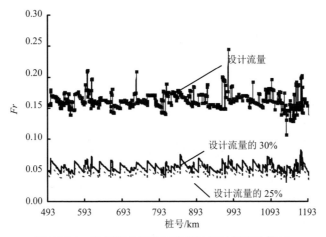

图 15.3.4　闸前常水位不同流量运行时沿程计算 Fr

从图 15.3.3 可看出，小流量输水时，水面线呈锯齿状，说明各闸下水位明显低于设计流量下的闸下水位，即相应沿程、局部水头损失减小，此时闸门开度可由闸前、闸后水位反推求出。

由图 15.3.4，设计流量下沿程 Fr 平均在 0.163 左右，少数断面大于 0.2，根据上节冰盖发展模式判断条件，正常设计水流条件不能形成连续冰盖，水体开始结冰后，冰凌将随水流向下游运动，此时水面线与无冰时基本一致，河道湿周、流速分布不变，继续降温过程中，冰凌将在局部建筑物前堆积形成初始冰盖，由于 Fr 较大，冰块将在冰盖前缘下下潜、输移，冰盖不会向前发展，不过这是冬季输水运行所不允许的。

减小输水流量，相应沿程的 Fr 减小，若满足 $0.055<Fr<0.0865$，冰盖发展模式变为水力加厚，此时所需初始冰盖厚度较大，那么以该初始冰厚向上游发展时，冰盖前缘的发展速度较慢，此时不便于渠道快速形成冰盖。

继续减小流量，仍然按闸前常设计水位运行，当沿程流量为设计值的 30%时，沿程平均 Fr 在 0.055 左右，但仍然有少数断面 Fr 较大，在 0.07 ~ 0.08 之间。作为更保守的输水流量，即设计值的 25%，计算沿程 Fr 均值在 0.046 左右，95%以上的计算断面 $Fr \le 0.055$，个别断面位置比 0.055 稍大。监测上述几个过流量下的沿程流速，如图 15.2.3 所示，设计流量下沿程的平均流速为 1.05m/s，30%、25%设计流量下的平均流速已经分别降至 0.34m/s、0.28m/s，即设计流量下平均流速大于规范规定的 0.7m/s 上限，而减小流量至 30%、25%后已经远小于 0.5 ~ 0.7m/s。

由图 15.3.3 和图 15.3.4 还可发现，接近北京段终点的某些断面，闸前常水位小流量输水时，Fr 比相应工况平均值偏大。从计算数据看，这些断面均是在闸后，因为小流量时闸门开度小，闸前、闸后水位差别大，相同流量下，相比闸前，闸后过流断面突然减小，导致 Fr 会突然增大。不过根据引黄济青等工程的原型观测经验，上游冰花或流冰被闸门拦截，闸门后会有一段距离没有冰盖产生，因此这里即使闸后断面 Fr 稍大于临界值，也关系不大。

因此，冬季设计水位运行时，为了能在结冰期能快速形成稳定冰盖，首先可减小干线冬季运行流量，将其控制在设计流量的 25% ~ 30%，可基本保证冰盖按平铺上溯模式发展。

各闸前水位调整到加大流量下设计的加大水位时（闸前最高抬高水位<0.623m），计算各断面的 Fr，据此研究加大水位下冰期输水流量控制，依然以稳定冰盖平铺模式形成条件来判别（$Fr \leqslant 0.055$），图 15.3.5 给出的是闸前常水位（加大）控制时，沿程各计算断面的 Fr 与干渠控制流量的关系。

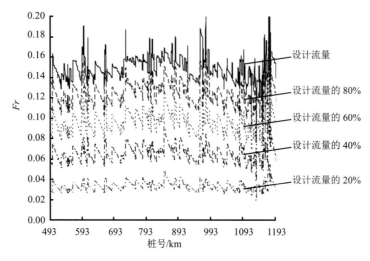

图 15.3.5　闸前常水位（加大水位）不同流量运行时沿程计算 Fr

根据计算结果，对比上节闸前常水位（设计水位）下不同流量运行时的沿程 Fr，可拟合出干渠不同过流量与沿程 Fr 的关系，如图 15.3.6 所示。

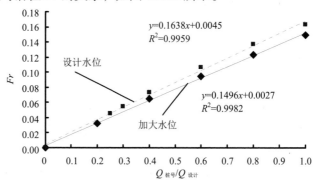

图 15.3.6　两种闸门控制水位下沿程平均 Fr 与干渠不同流量运行的关系

从图 15.3.6 可看出，当减小各节制闸开度抬高闸前水位时，随着水位增高，沿程水深增加，流速减小，流量减小，相应 Fr 也减小。相同过流量下，闸前设计水位运行时的沿程 Fr 比加大水位运行高 12% 左右，相同 Fr 条件下，加大水位过流量大。经拟合，设计、加大两种水位下，沿程平均 Fr 与过流量的简单线性关系分别是

$$y(Fr) = 0.1638(Q_{过流}/Q_{设计}) + 0.0045$$
$$y(Fr) = 0.1496(Q_{过流}/Q_{设计}) + 0.0027$$

如图 15.3.6 所示，干渠按照正常设计水位、设计流量运行，沿程 Fr 在 0.163 左右，按照加大水位、设计流量运行，沿程 Fr 略有降低，在 0.149 左右。如果要保证冬季冰盖按平

铺上溯模式发展，设计水位下，减小干线冬季运行流量应控制在设计流量的 25%～30%，加大水位下，流量应控制在设计流量的 35%～40%。即两种设计水位下冰期干渠输水最大流量应分别控制在设计流量的 30% 和 40% 以下，不过此时需要通过数值模拟分析两方面的影响：一是计算分析结冰期各渠段监测断面的 Fr 的变化过程；二是计算出结冰期各渠段最大水位壅高，来进一步复核各断面水面水位最大波动是否在渠池超高范围内。3.1 节的计算结果表明，正常设计水位下，在形成初始冰盖的动态过程中冰盖前缘的 Fr 在 0.055～0.0865 之间，在暖冬、平冬、冷冬年结冰期均不会发生冰塞，且形成冰盖时最大水位壅高小于 1m，运行是偏于安全的。

15.4　典型年输水冰情模拟

根据气象资料及冰情预报研究成果，总干渠典型年冰期输水主要考虑黄河以北的线路。整个模拟线路总长 703.224km（黄河北起点桩号 493.138km，河北段终点桩号 1196.392km）。根据系统开发流程，划分渠道数为 333 段，35 个节制闸，67 个倒虹吸，分水/退水口 76 个，160 个渐变段，其它型式 30 个（包括暗渠、隧洞、渡槽、涵洞等）。具体计算说明如下。

（1）模拟范围：黄河北全线，共 1585 个计算断面，包含所有节制闸、分水口、倒虹吸、渡槽、涵洞、渐变段等内边界，闸前按设计水位计算。

（2）水流条件：初始为恒定流，首段面输水流量为设计值的 25%，即 66.25m³/s，并保持不变，末断面水位为 60.3m，保持不变，各节制闸开度由恒定流计算结果反推获得，各分水口分水流量也为设计分流量的 25%，冰期输水期间暂定分水口保持分流量不变。

（3）温度条件：沿程气温分布首先按典型年的气温考虑，以该气温为初值，进行非恒定流、水温模块的计算，并将计算 10000 步收敛后的水流参数、水温分布作为冰过程计算的初始值，计算中沿程气温变化按典型年工况实测资料变化。水流过穿黄隧洞后，起始首断面水温应为实际测量值，目前模型中缺乏实测值，参考当地 50 年日平均气温变化过程作为水温边界。

（4）冰参数条件：各计算断面流动冰块冰花厚度、冰盖坚冰层厚度、冰盖冰花层厚度、冰花浓度、表面冰封率均为 0。

（5）其它条件：时间步长 120s，空间步长自动划分，500m 左右，不足以实际长度计，$\theta=0.75$，渠道无冰时，糙率取南水北调中线黄河以北各渠段糙率推荐值，有冰时除了断面湿周变化，初始冰盖糙率暂取 0.03，断面按综合糙率公式计算。大气与冰盖热交换系数 h_{ai} 暂取为 10。

（6）计算时，上游边界不同出库水温、冰盖初始糙率、大气与冰盖热交换系数等不确定的时间序列和参数对冰情计算均有影响，关于这些参数的取值以及对冰情计算的影响研究见 15.7 节。

（7）计算结果的输出：黄河以北的线路共 700 多 km，仅划分的大渠段就有 77 段，这里仅选择典型大渠段典型计算断面各冰水动力学要素的变化过程。所选典型渠段编号及相应参数见表 15.4.1。

表 15.4.1　数值模拟输出渠段编号及参数

渠段编号	渠段范围	计算断面范围	起桩号/km	末桩号/km	渠长/m
36	漳河渠倒虹吸—安阳河节制闸	510~542	716+976	730+700	13724
40	沁河渠道倒虹吸—牤牛河节制闸 1(渡槽)	611~663	761+443	782+105	20662
45	白马河渠道倒虹吸—七里河节制闸 1	783~819	834+261	848+787	14526
51	槐河（一）倒虹吸—午河节制闸 1(渡槽)	933~980	898+527	918+905	20378
65	放水河节制闸—唐河节制闸 1	1252~1308	1044+970	1070+887	25917
76	南拒马倒虹吸—坟庄河节制闸 1	1528~1575	1171+133	1189+781	18648
78	河北段终点—北拒马倒虹吸	1580~1586	1193+498	1196+362	2864

　　5 个测站典型年的气温过程如图 15.4.1~图 15.4.6 所示，分别是：冷冬年（1967 年 11 月 1 日至 1968 年 3 月 31 日）、暖冬年（2001 年 11 月 1 日至 2002 年 3 月 31 日）和平冬年（1987 年 11 月 1 日至 1988 年 3 月 31 日）。

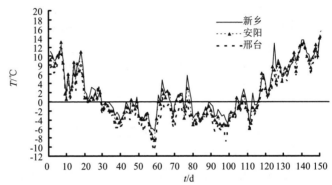

图 15.4.1　新乡、安阳、邢台三站冷冬年日均气温变化过程

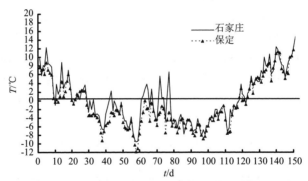

图 15.4.2　石家庄、保定二站冷冬年日均气温变化过程

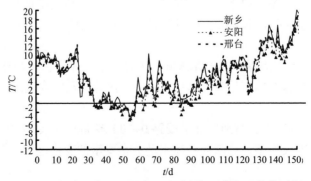

图 15.4.3　新乡、安阳、邢台三站暖冬年日均气温变化过程

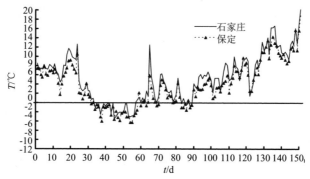

图 15.4.4　石家庄、保定二站暖冬年日均气温变化过程

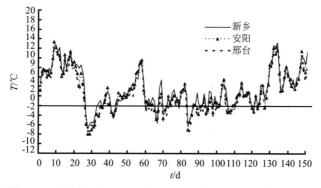

图 15.4.5　新乡、安阳、邢台三站平冬年日均气温变化过程

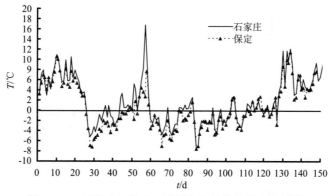

图 15.4.6　石家庄、保定二站平冬年日均气温变化过程

15.4.1　平冬年计算结果及分析

下面以平冬年为例说明总干渠初冰、冰盖形成发展的模拟过程。平冬年五站气温过程如图 15.4.5 和图 15.4.6 所示。定性分析可知，黄河北全线在 1987 年 11 月 1 日后的 60d（11月 1 日至 12 月 30 日）内先经历了第一次降温，随后气温又逐渐上升。该过程计算结果及分析如下。

15.4.1.1　渠段 78：北拒马倒虹吸出口—河北段终点

图 15.4.7～图 15.4.13 分别给出的是该渠段在平冬年第一次降温过程中的冰水力学要素

的变化过程曲线。由气温过程图 15.4.5 知，计算得到的该渠段内的水温趋势如图 15.4.7 所示，跟气温变化规律一致，说明该渠段水温还是主要受气温控制。1987 年 11 月 28 日，五站的气温依次为-4.8℃、-5.9℃、-5.3℃、-5.2℃、-6.9℃，河北段终点附近的负气温已经持续了 3d，计算的水温接近 0℃，渠道末端断面开始出现冰花，渠道随即进入冰期运行。伴随气温的持续转负，上游断面水温继续走低，产冰量增大，冰花浓度也变大，冰花上浮至渠表面，在末端闸门进口拦冰索前开始堆积，形成初始冰盖。一旦形成冰盖，冰盖将水体与外界隔绝，水体不能与空气进行热交换，随之水温将逐渐回升至接近 0℃。观察图 15.4.9知，北拒马倒虹吸出口断面、河北段终点断面在冰封后水温的变化符合上述规律。由图 15.4.9 知，有冰盖时，随着渠段断面湿周的增大和综合糙率变化，过流量下降明显，该渠段全封后，流量缓慢下降。这一阶段的最大流量波动跟稳态相比减小了 31%，而该渠段首末断面差别是因为渠段间有三岔沟分水口的分水要求。不过由于渠道内本身流量较小，该渠段水位的稍微壅高后随即回落，如图 15.4.10 所示。图 15.4.11 给出的是渠段冰封率的变化过程，也反映了首末断面发生冰封的时间及过程。图 15.4.12 是该渠段冰盖坚冰厚度的变化，由此可知，渠段末断面早生冰，首段面晚，且末断面厚，由于该渠段较短，整个冰盖厚度也比较接近，约 0.20m，53d 后气温又回升，伴随气温升高，冰盖与大气热交换吸热，冰盖坚冰层厚度又随之消融变薄。图 15.4.13 给出的是该渠段冰盖前缘的动态发展过程，可看出冰盖的平铺速度经历了先快后慢的过程，0.3d 约发展了 2.8km，接近全封时速度变慢，这是因为北拒马倒虹吸出口的水温接近 0℃，冰盖向上发展将接近首断面，当冰封率达为 1 时，认为该段渠段全部封住。

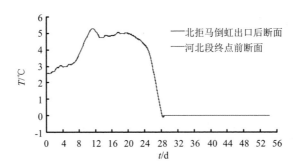

图 15.4.7　北拒马倒虹吸出口—河北段终点典型断面水温变化过程

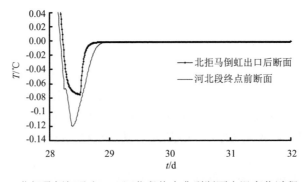

图 15.4.8　北拒马倒虹吸出口—河北段终点典型断面水温变化过程（细部）

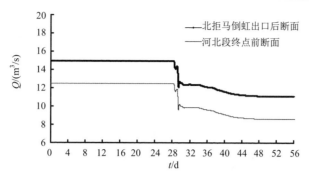

图 15.4.9 北拒马倒虹吸出口—河北段终点典型断面流量变化过程

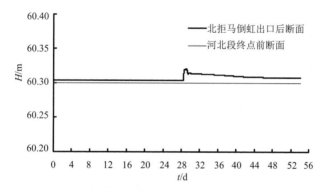

图 15.4.10 北拒马倒虹吸出口—河北段终点典型断面水位变化过程

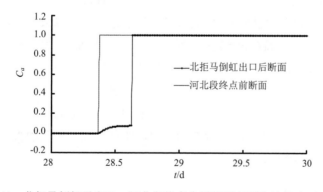

图 15.4.11 北拒马倒虹吸出口—河北段终点典型断面表面冰封率（C_a）变化过程

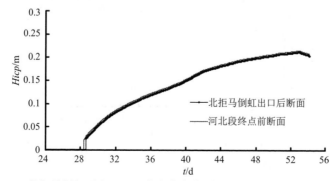

图 15.4.12 北拒马倒虹吸出口—河北段终点典型断面冰盖坚冰层厚度变化过程

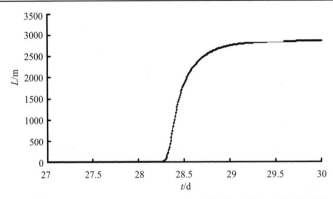

图 15.4.13　北拒马倒虹吸出口—河北段终点冰盖动态发展过程

15.4.1.2　渠段 76：坟庄河节制闸闸后—南拒马倒虹吸进口

图 15.4.14～图 15.4.19 分别给出的是该渠段在平冬年第一次降温过程中的冰水力学要素的变化过程曲线。该渠段在渠段 78 上游，也是紧随其后进入冰期，由图 15.4.14 知，水温也是在 28d 后转负，发生冰封后，水体不能与空气进行热交换，随之水温将逐渐回升至接近 0℃。图 15.4.15 是该渠段的冰盖动态发展过程，对比渠段 78 的图 15.4.13，规律基本一致，1.4d 约发展了 18km，随后几天长度增长的较慢。不同的是，冰盖发展在 29～29.5d（1987 年 11 月 29 日）时增长速度减慢，监测此过程中每时刻冰盖前缘的 Fr 在 0.055～0.0865 之间，即此时冰盖前缘水力条件改变，导致冰盖的发展模式改变，由平铺上溯转为水力加厚，冰盖初始厚度将增大，发展速度减慢，这跟该曲线的趋势一致。图 15.4.16 是该渠段冰盖厚度变化过程，发展规律与渠段 78 的类似，由于该渠段较长，为 18.6km，冰盖首末厚度差别较大，当气温在第 53 天达到最低时，首末断面冰盖坚冰厚度分别为 0.21m、0.16m，随后气温升高，冰厚变薄。图 15.4.17 是冰封率变化过程，伴随水温转负且进一步降低，表面冰封率也从 0 逐渐增大，冰花浓度也是先增大，当该断面全封时，冰封率为 1，冰花浓度随之降低，最后趋近于 0。图 15.4.18、图 15.4.19 是流量、水位过程，这一阶段的最大流量跟稳态相比减小了 27%，冰封时，渠段水位壅高，水深增大，渠段首段面水位增量是该渠段最大的，约为 0.25m。

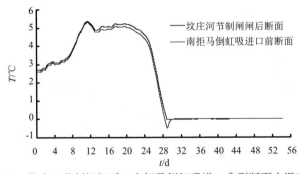

图 15.4.14　坟庄河节制闸闸后—南拒马倒虹吸进口典型断面水温变化过程

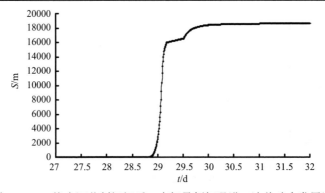

图 15.4.15 坟庄河节制闸闸后—南拒马倒虹吸进口冰盖动态发展过程

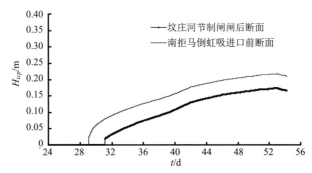

图 15.4.16 坟庄河节制闸闸后—南拒马倒虹吸进口典型断面冰盖坚冰层厚度变化过程

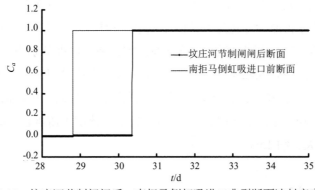

图 15.4.17 坟庄河节制闸闸后—南拒马倒虹吸进口典型断面冰封率变化过程

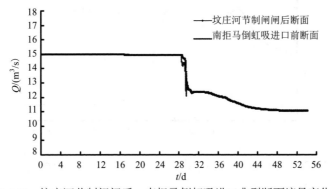

图 15.4.18 坟庄河节制闸闸后—南拒马倒虹吸进口典型断面流量变化过程

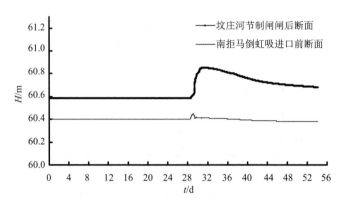

图 15.4.19　坟庄河节制闸闸后—南拒马倒虹吸进口典型断面水位变化过程

15.4.1.3　渠段 65：唐河节制闸闸后—放水河节制闸闸前

图 15.4.20~图 15.4.24 分别给出的是该渠段在平冬年第一次降温过程中的冰水力学要素的变化过程曲线。该渠段距离终点约 145km，由于南北气温差别较大，故进入冰期也晚一些。图 15.4.20 是渠段首末断面的水温过程，由此可知该渠段在第 36 天（1987 年 12 月 6 日）才进入冰期，比末渠段约晚 8d。同样的，该渠段流冰在渠末放水河节制闸拦冰索前不断堆积，随着水温降低，冰盖坚冰层逐渐增厚，1987 年 12 月 6 日以后，当冰盖达到一定厚度受力平衡时，满足平铺上溯条件，随即冰盖向上发展，冰盖坚冰层也逐渐增厚。大约经过 2d 时间，冰盖动态发展到接近渠首的断面，随后冰盖缓慢发展，如图 15.4.22 所示。图 15.4.21 是该渠段冰盖厚度变化过程，由于该渠段较长，为 25.9km，冰盖首末厚度差别也较大，当气温在第 53 天达到最低时，首末断面冰盖坚冰厚度分别为 0.15m、0.1m，随后气温升高，冰厚变薄。图 15.4.24、图 15.4.25 是流量、水位过程，由此可看出，唐河节制闸闸后断面在结冰期水位壅高还是比较明显的，最高水位壅高约 0.42m，渠段下游节制闸闸前水位壅高约 0.21m。由于渠道宽，初始流量较小，伴随下游水位壅高，该渠段流量减小，减小的幅值不大，约 15%。

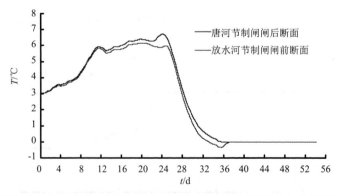

图 15.4.20　唐河节制闸闸后—放水河节制闸闸前典型断面水温变化过程

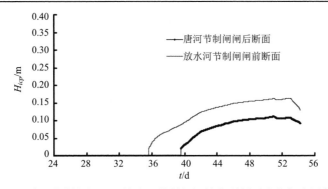

图 15.4.21 唐河节制闸闸后—放水河节制闸闸前典型断面冰盖坚冰层变化过程

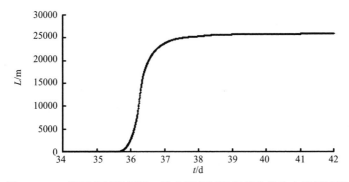

图 15.4.22 唐河节制闸闸后—放水河节制闸闸前冰盖动态发展过程

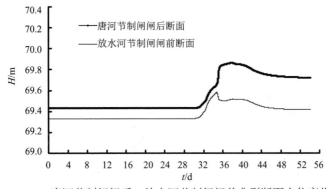

图 15.4.23 唐河节制闸闸后—放水河节制闸闸前典型断面水位变化过程

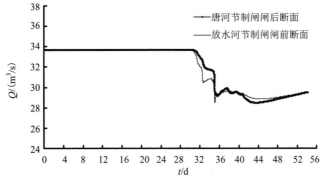

图 15.4.24 唐河节制闸闸后—放水河节制闸闸前典型断面流量变化过程

以上给出了三个大渠段冰情水力学要素的变化过程，计算结果表明所给渠段在平冬年的第一次降温过程中均有冰情发生，下面将研究这次降温的影响范围，即研究平冬年中线工程线路上有、无冰情发生的分界点。

图 15.4.25 给出的是安阳以北、放水河-唐河渠道以南各监测的典型渠段相应断面处的水温过程。从图 15.4.25 可看出，从 1987 年 11 月 1 日到 1987 年 12 月 22 日为第一次降温过程，计算的北沙河渠道倒虹吸进口前断面在 11 月 1 日后的第 40 天水温转负，略小于 0℃，该时段内，北沙河渠道倒虹吸-潴龙河节制闸渠段开始发生冰情，冰盖开始向相应渠段上游发展，这是该工况下中线发生冰情的南端，即以槐河（一）倒虹吸为界（京石段起点以北 35km 左右），槐河（一）倒虹吸以北渠段在该工况下有冰情，而槐河（一）倒虹吸附近渠段水温偶有负值，并在第 40 天至第 43 天达到热平衡，表明该渠段仅有冰花产生，初始冰盖厚度由于力学作用，不能满足冰盖形成条件。不过值得注意的是，结冰期间，该渠段直至上游到七里河节制闸 60 多 km 的渠段，水温大于 0℃，但也较低，如果所在地区突遇寒潮，骤然降温，一旦水温持续转负，产冰量增大，冰花堆积在拦冰索前，当冰盖增长到一定厚度时，满足水力条件时，将上溯平铺发展，迅速封河。白马河倒虹吸-七里河节制闸渠段以南，如图 15.4.25 所示，各渠段水温在 40~43d 降到最低，但均在 0℃以上，这表明上述渠段没有冰情发生。

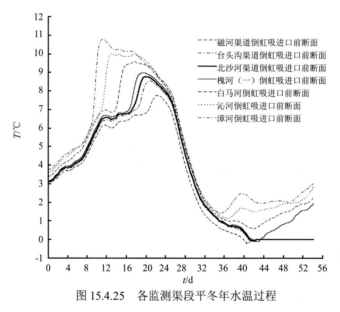

图 15.4.25　各监测渠段平冬年水温过程

图 15.4.26 再现了平冬年第一次降温中线黄河北各典型渠段结冰期冰盖动态发展过程。槐河（一）倒虹吸距河北终点约 276km，第 28 天（1987 年 11 月 28 日）河北保定外界气温为-7℃，此时水温开始转负，最后一个渠段即（北拒马倒虹吸-终点）开始出现冰花，随着气温、水温继续降低，流动冰块在拦冰索前聚集形成冰盖，然后向上游推进，继续发展过程中，紧邻该渠段上游的渠池（坟庄河节制闸—南拒马倒虹吸）发生冰情，随之冰盖从该渠段倒虹吸进口前向上发展。该渠段以南各渠段冰盖动态发展规律类似，由于气温、水温由南向北逐渐降低，各渠池冰盖开始平铺的时间也是有早有晚，从图 15.4.26 中可看出，这些

渠段冰盖推进起始时间相差不大,逐次在 1d 内开始发展,较长的渠段封河所需时间长一些,如第 67 渠段。整个中线发生冰情的渠段[槐河(一)倒虹吸以北 276km]在平冬年该工况下全部冰封约需要 15d,该时间主要受水力条件、来流量、气温等影响,其中发生冰封渠段的最晚时刻比终点处约晚 13d,而一旦某一渠段冰盖开始平铺上溯,一般冰盖全封时间不超过 2d。

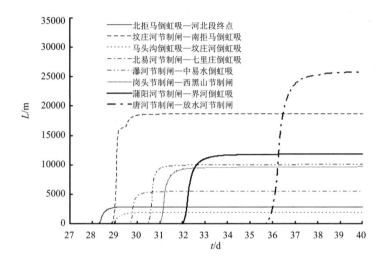

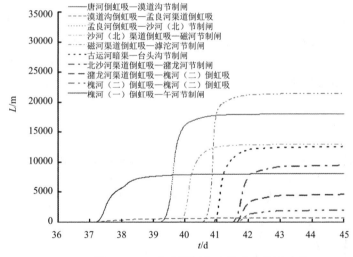

图 15.4.26　各监测渠段冰盖动态发展过程

如图 15.4.26 所示,发生冰情过程中,同一时间点上,各渠段冰盖均在同步向上游发展,即中线各渠段表面将形成水面-冰面-水面-冰面这种交替的发展状态,而不同渠段发展速度、长度、渠段冰封状态亦有所不同。如在第 31 天(1987 年 12 月 1 日),北易水以北渠段一直到中线终点基本已经全部冰封,断面冰封率为 1,相应的冰盖坚冰层厚度随着气温持续为负继续增大,而瀑河节制闸—中易水倒虹吸渠段冰盖还在继续发展,该渠段在第 31 天冰封长度超过渠池长度的 90%以上,对于岗头节制闸—西黑山节制闸渠段来说,此时冰块在西黑山节制闸拦冰索前才刚开始堆积冰封,并向上游发展,此时刻，岗头节制闸以北的渠段还没有开始冰封。刚过 41 天（1987 年 12 月 11 日）时，沙河北倒虹吸以北渠段全部冰封，沙河北倒虹吸—磁河节制闸渠段基本全部冰封，磁河 - 滹沱河渠段冰盖发展长度也占该渠段全长的 95%，古运河—台头沟节制闸渠段水温刚转负，冰盖正在动态发展，而台头沟节制闸以南至槐河（一）倒虹吸渠段水温尚且为正，还未开始发生冰情。

从图 15.4.5 平冬年气温过程过程看出，平冬年约 57d 后五个测站的气温又迅速降低，此时槐河（一）倒虹吸以北的渠道冰封仍处于冰封状态，各计算断面水位抬升趋于平稳，流量逐渐回升，渠道封冻段已经处于冰期冰盖下运行。不过随后 12d 左右（即第 58 天至第 70 天）黄河北五个测站的气温又迅速降低，各渠段断面的冰盖与大气进行热交换，冰厚随之发生热增长或热衰减。前已述及，如果所在地区突遇寒潮，骤然降温，一旦水温持续转负，产冰量增大，冰花堆积在拦冰索前，产生冰盖后将上溯动态发展，迅速封河。图 15.4.27 给出的是第二次降温过程中各典型断面水温过程。此时槐河（一）倒虹吸上游渠段在这第二次降温过程中水温将低于 0℃，伴随水温走低，将产生冰花进而发生冰情。计算表明，白马河倒虹吸进口拦冰索前在第 85 天（1988 年 1 月 24 日）出现负水温，随后几天水温在 0℃ 左右，到第 89 天，冰花堆积满足平铺发展条件后，冰盖向上游发展。第二次降温过程，冰封河段再次向南发展了约 90km。从图 15.4.27 还可看出，该渠段以南的沁河渠道倒虹吸—牤牛河节制闸段水温也接近 0℃，偶有冰花产生。

上面的计算表明，平冬年工况中线从 1987 年 11 月 28 日后开始从北向南逐渐进入冰期，随着沿程渠段不断冰封，各断面水位壅高，流量减小，水位、流量的改变一般是在冰封发生的时间内最为剧烈，过后处于冰盖下输水状态，水位有所回落，流量回升。平冬年较稳定的封河渠段是从七里河节制闸 - 河北段终点，全长约 362km。平冬年输水应关注沁河渠道倒虹吸—牤牛河节制闸段以北，重点关注七里河节制闸以北渠段的冰情。

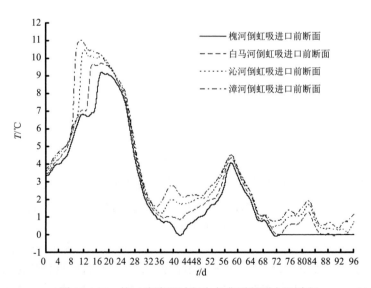

图 15.4.27　第二次降温过程中各典型断面水温过程

图 15.4.28 和图 15.4.29 给出的是冰封渠段上游典型断面的水位、流量变化过程，槐河

（一）倒虹吸进口所在断面基本是该工况冰封、畅流渠段的分界点，它的水位上升较明显，该渠段首、末水位升高均在 0.6m 左右，然后趋于平缓，不过在二次降温过程中又再次波动，这从图 15.4.29 中明显地表现出来。第一次降温、升温后，伴随第二次降温，槐河节制闸上游的七里河节制闸–白马河渠道倒虹吸渠段发生冰情，伴随该渠段逐渐封河，渠段内水位、流量波动明显，白马河渠道倒虹吸进口前断面距离较远，约为 70km，其水位上涨约 0.46m，流量约减小 6%。

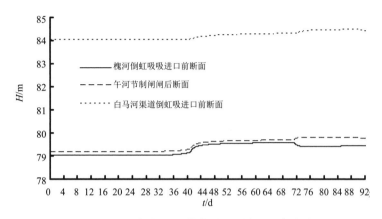

图 15.4.28　冰封渠段上游典型断面的水位变化过程

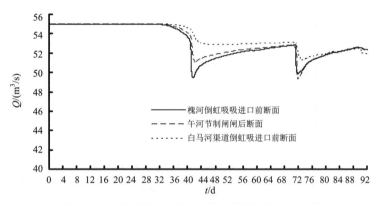

图 15.4.29　冰封渠段上游典型断面的流量变化过程

　　图 15.4.30 和图 15.4.31 给出的是离冰封河段较远处典型断面的水位、流量过程，其中沁河倒虹吸进口距离槐河（一）倒虹吸约 116km，漳河倒虹吸进口距离约 167km，由此可知，下游渠段冰封对上游较远处影响不大，这两个断面的水位分别上升 0.55m、0.45m 左右，流量的改变也不大，分别为 5% 和 3%。图 15.4.26 是监测的几个典型断面的岸冰宽度，所监测的计算断面分别是大渠段 78、76、65、60、54、52 的各自渠段中点断面，这里仅作参考。

　　以上计算分析了各断面冰水动力学要素的变化过程，渠道进入冰期运行后，水位、流量变化趋于平缓，但伴随持续的负气温，各冰封渠段坚冰层继续增厚。

　　图 15.4.33～图 15.4.35 给出的是典型断面平冬年冰盖坚冰层厚度变化过程，由此可知，在第一次气温回升至 0℃ 以上的过程中，计算断面的冰厚吸热发生衰减变薄，不过随着第二次降温的来临，随之冰厚又逐渐增大，在第 50 天至第 60 天冰厚的拐点很明显。当进入春季

后,如第 130 天(1988 年 3 月)后,中线沿线气温稳定转正,冰封渠段冰厚开始消融变薄,渠道进入开河期,计算表明,平冬年的最大冰厚能达到 0.45m,发生在河北段终点附近。同时,越向南的渠段冬季最大冰厚越薄,如唐河节制闸—放水河节制闸渠段平均最低冰厚在 0.3m 左右,槐河(一)倒虹吸—午河节制闸渠段最大冰厚在 0.1m 左右,冰层较薄,而白马河 – 七里河渠段在二次降温后一段时间才发生冰情,起始时间是第 89 天(1988 年 1 月 28 日),不过形成的冰厚较薄,最厚仅为 0.07m,该渠段冰盖的动态发展过程如图 15.4.36 所示。

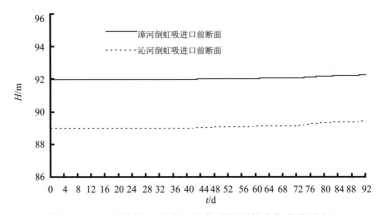

图 15.4.30 上游较远明流渠段典型断面的水位变化过程

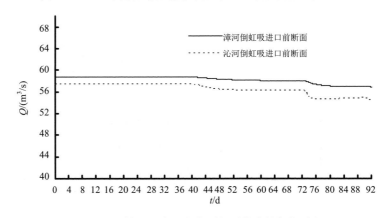

图 15.4.31 上游较远明流渠段典型断面的流量变化过程

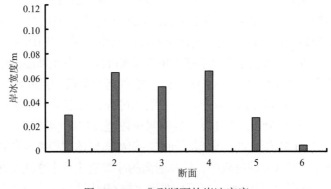

图 15.4.32 典型断面的岸冰宽度

需要指出，目前的数学模型还无法描述开河时冰盖破裂、释放及碎冰块在下游冰层里的推进机理，这里并未给出渠道冰情在气温年 150d 的全过程。

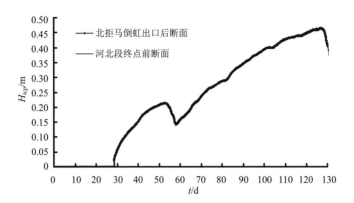

图 15.4.33　典型断面平冬年冰盖坚冰层厚度变化过程

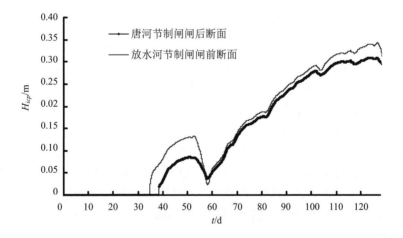

图 15.4.34　典型断面平冬年冰盖坚冰层厚度变化过程

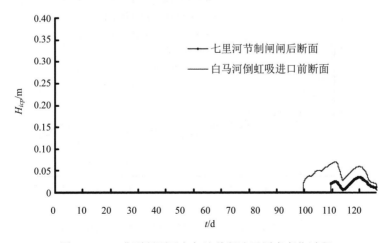

图 15.4.35　典型断面平冬年冰盖坚冰层厚度变化过程

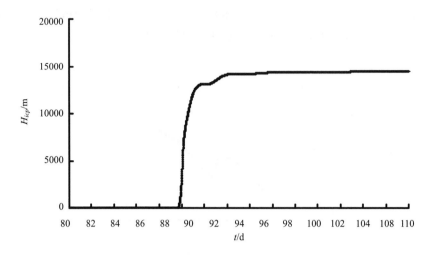

图 15.4.36 白马河倒虹吸一七里河节制闸渠段平冬年冰盖坚冰层厚度变化过程

15.4.2 出库水温对冰情发展的影响

在上节对黄河北全线典型年输水冰过程进行模拟时，上游边界水温过程为输入值，该水温参考的是当地 50 年日平均气温变化过程，本节研究上游边界不同出库水温对冰期的影响。计算程序中，各工况除了出库水温不同外，其余水流、水温条件见 15.4 节开始内容。这里以冷冬年为例，出库水温分别取 3℃、1℃。

图 15.4.37 与图 15.4.38 给出的是不同出库水温条件下，各典型断面计算的水温过程。其中典型断面从上到下依次是从南向北。水温的变化主要取决于水体热量的收支平衡，影响因素包括空气的温度和湿度、风速、气压、太阳和云及降雨和降雪等，主要与太阳的短波辐射热交换率，水体的长波辐射热交换率，水体蒸发的热交换率等因素有关。当考虑外界气温随时间变化时，沿程水温、各断面水温也随该位置气温相应发生变化。

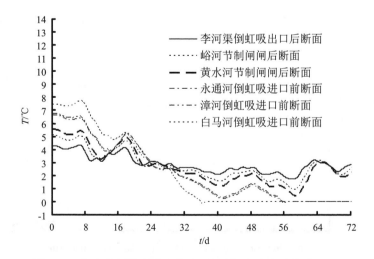

图 15.4.37 各监测渠段冷冬年水温过程（出库水温恒为 3℃）

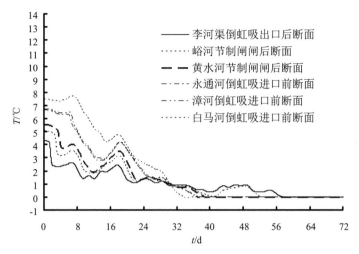

图 15.4.38　各监测渠段冷冬年水温过程(出库水温恒为 1℃)

当上边界水温恒为 3℃时，漳河倒虹吸、永通河倒虹吸所在渠段断面的水温先后于第 55 天（1967 年 12 月 25 日）转负，进而发生冰情。永通河倒虹吸所在第 31 个渠段以南所监测断面的水温随后逐渐回升，整个过程并未出现负值。永通河倒虹吸－黄水河节制闸渠段为偶有冰花产生的渠段。漳河倒虹吸以北较远的断面－白马河倒虹吸进口则在第 36 天水温就已经转负，有冰情发生。即该工况下冰情范围可认为是从黄水河节制闸－河北段终点。

当上边界水温恒为 1℃时，漳河倒虹吸、永通河倒虹吸所在渠段断面的水温先后于第 37 天（1967 年 12 月 7 日）转负，进而发生冰情。永通河倒虹吸以南黄水河节制闸所在渠段在随后 2d 水温转负，发生冰情。而更南边的峪河节制闸、李河渠道倒虹吸所在渠段在第 52 天、第 58 天发生冰情。该工况下的冰情范围可认为是从李河渠倒虹吸－河北段终点。

对比不同的出库水温，出库水温会对之后计算断面的水温降低有抑制作用，显然，计算断面离上游越近，水温受出库水温影响越大。李河渠倒虹吸离黄河北较近，水温主要由出库水温和当地气温决定，整个冬春季运行水温最高值约 3.4℃，相应气温也达到较高值在 4.5℃左右。水流越往北，受气温影响也越明显。

计算结果表明，冬季黄河北沿线计算断面水温的基本趋势自南向北逐渐递减，但各地气温气象条件除了受地理位置制约外，还受到寒潮路线、历时以及当地地形地貌等影响，所以较小时空尺度内由南向北水温也并非完全单调变化。与出库水温恒为 3℃相比，出库水温降低 2℃，冷冬年发生冰情的位置由黄水河节制闸向南推移到李河渠倒虹吸附近，即全线全封渠段向南推移了 70km 左右。

以某一典型渠段，如唐河节制闸闸后－放水河节制闸闸前渠段为对象研究上游不同出库水温对该渠段内冰水动力学要素的影响。图 15.4.39～图 15.4.42 分别给出的是唐河节制闸闸后断面在不同出库水温下水位、流量、冰厚、冰盖发展的变化过程。由此可见，不同出库水温对冰情发展过程有影响，即影响了冰盖发展的起始时间，而随后的冰盖前缘动态发展趋势几乎一致，这在图 15.4.42 中很明显地看出。由于各断面冰盖发展时间不同而导致水位、流量波动发生的时刻不同，但是它对随后的水位、流量变化趋势的影响较小，如图 15.4.40、图 15.4.41 所示。同样的，冰盖坚冰厚在结冰期增长的趋势三者也基本一致。

　　计算表明，不同出库水温对各渠段水位、流量变化趋势影响不大，而对冰情范围、冰情发生时刻影响较大。

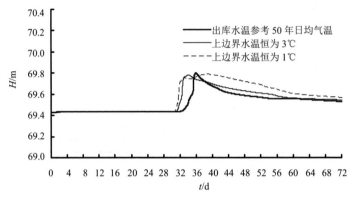

图 15.4.39　不同出库水温下渠段 65 唐河节制闸闸后断面冷冬年水位过程

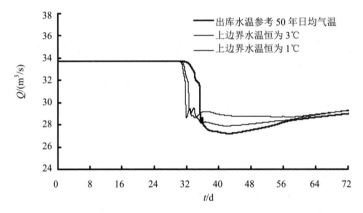

图 15.4.40　不同出库水温下渠段 65 唐河节制闸闸后断面冷冬年流量过程

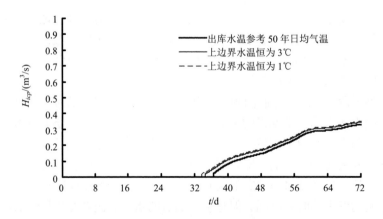

图 15.4.41　不同出库水温下渠段 65 唐河节制闸闸后断面冰盖坚冰层变化过程

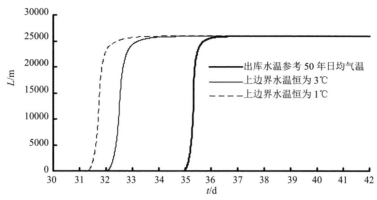

图 15.4.42 不同出库水温下渠段 65 冷冬年冰盖发展过程

15.4.3 典型年计算结果的小结

以上三种工况的计算，系统地研究了中线冰期水力学特征，把上面几节的计算结果归纳，见表 15.4.2 和表 15.4.3。该两表统计了典型的全线冰情特征及各典型渠段断面的冰情特征，包括封河日期、全封时间、冰情影响范围、工程应重点关注的渠段、各断面冰厚、流量、水位变化等，详细描述可见 15.4.1 节和 15.4.2 节，这里不再赘述。总体来讲，对于南水北调中线干渠，冬季输水流量为设计流量的 25% 时运行，在暖冬、平冬、冷冬年结冰期均不会发生冰塞，且形成冰盖时最大水位壅高小于 1m，运行是偏于安全的。同时，根据暖冬、平冬、冷冬计算结果，建议中线工程冰期应分区段、时段进行冬季输水的调度管理，即各典型年以重点关注渠段所在位置为界，该位置以南渠段可按正常工况输水能力输水，沿途正常分水，以北渠段通过节制闸控制按小流量输水，相应分水也按比例减小。

表 15.4.2 三种典型年计算冰情特征的统计

气温年	冰花出现日期 /(月-日)	冰封起始日期 /(月-日)	全封日期 /(月-日)	全封所需时间	全封范围及长度	重点关注渠段范围
平冬年 （1987—1988 年）	11-28	11-28	12-13	15d/第一次寒潮	槐河（一）倒虹吸—渠末	槐河（一）倒虹吸以北
			01-24	86d/第二次寒潮	七里河节制闸—渠末 约362km	
暖冬年 （2001—2002 年）	12-06	12-06	12-25	19d	北沙河渠道倒虹吸—渠末 约239km	京石段
冷冬年 （1967—1968 年）	11-29	11-29	12-29	30d	黄水河节制闸—渠末 约605km	黄水河节制闸以北

表 15.4.3 三种典型年典型渠段冰水力学要素变化统计

渠段编号、所在断面及桩号	气温年	开始冰封时间及模式	最大冰厚及出现日期 /(年-月-日)	最大流量波动	最大水位壅高/m
渠段编号：78 北拒马倒虹吸后断面 (1193+498)， 河北段终点前断面 (1196+361)	平冬年	第 28.6 天	0.45m /1988-03-05	减小 31%	0.02
		第 28.3 天	0.45m /1988-03-05		
		平铺模式			
	冷冬年	第 29.7 天	0.66m /1968-03-01	减小 44%	0.02
		第 29.4 天	0.66m /1968-03-01		
		平铺模式			

续表

渠段编号、所在断面及桩号	气温年	开始冰封时间及模式	最大冰厚及出现日期/(年-月-日)	最大流量波动	最大水位壅高/m
渠段编号：78 北拒马倒虹吸后断面(1193+498)， 河北段终点前断面(1196+361)	暖冬年	第 36.7 天	0.25m /2002-01-31	减小 38%	0.02
		第 36.3 天	0.25m /2002-01-31		
		平铺模式			
渠段编号：76 坟庄河节制闸闸后断面 (1171+133)， 南拒马倒虹吸进口前断面 (1189+781)	平冬年	第 30.2 天	0.36m /1988-03-07	减小 27%	0.25
		第 28.8 天	0.39m /1988-03-07		
		平铺－水力加厚－平铺			
	冷冬年	第 33 天	0.64m /1968-03-02	减小 36%	0.28
		第 30 天	0.65m /1968-03-02		
		平铺－水力加厚－平铺－水力加厚－平铺			
	暖冬年	第 42 天	0.21m /2002-01-31	减小 31%	0.29
		第 37 天	0.24m /2002-01-31		
		平铺－水力加厚(交替)-平铺			
渠段编号：65 唐河节制闸闸后断面 (1044+970)， 放水河节制闸前断面 (1070+887)	平冬年	第 38 天	0.3m /1988-03-07	减小 15%	0.42
		第 36 天	0.33m /1988-03-07		
		平铺模式			
	冷冬年	第 36.5 天	0.56m /1968-02-26	减小 19%	0.37
		第 35 天	0.58m /1968-02-25		
		平铺模式			
	暖冬年	第 47 天	0.11m /2002-01-31	减小 16%	0.36
		第 44 天	0.15m /2002-01-31		
		平铺模式			
渠段编号：51 午河节制闸闸后断面 (898+527)， 槐河（一）倒虹吸进口前断面 (918+905)	平冬年	首次降温未封，第 72 天开始	0.11m /1988-03-07	减小 10%	0.6(二次降温引起)
			0.15m /1988-03-07		
		平铺－水力加厚－平铺－水力加厚－平铺			
	冷冬年	第 40 天	0.4m /1968-02-25	减小 16%	0.38
		第 37 天	0.41m /1968-02-25		
		平铺模式			
	暖冬年	第 40 天	0.03m /2001-12-27	减小 15%	0.52
		第 37 天	0.07m /2001-12-27		
		平铺模式			
渠段编号：45 七里河闸闸后断面 (834+261)， 白马河倒虹吸进口前断面 (848+787)	平冬年	第 99 天	0.05m /1988-02-18	减小 6%	0.46
		第 89 天	0.07m /1988-02-10		
		平铺－水力加厚－平铺			
	冷冬年	第 41.5 天	0.4m /1968-02-25	减小 16%	0.44
		第 39 天	0.41m /1968-02-25		
		平铺模式			
	暖冬年	明流		减小 14%	0.56
渠段编号：40 沁河渠道倒虹吸进口前断面 (782+105)	平冬年	明流		减小 5%	0.55
	冷冬年	第 52 天	0.33m /1968-02-24	减小 13%	0.58
		平铺模式			
	暖冬年	明流		减小 10%	0.56
渠段编号：36 漳河倒虹吸进口前断面 (730+700)	平冬年	明流		减小 3%	0.45
	冷冬年	第 54 天	0.27m /1968-02-24	减小 5%	0.55
		平铺模式			
	暖冬年	明流		减小 6%	0.48

渠段编号、所在断面及桩号	气温年	开始冰封时间及模式	最大冰厚 及出现日期/(年-月-日)	最大流量波动	最大水位壅高/m
渠段编号：21 黄水河节制闸闸后断面 (591+133)	冷冬年	第 80 天封冻(分界点)	0.14m /1968-02-24	减小 10%	0.9
渠段编号：14 峪河节制闸闸后断面 (564+954)	冷冬年	明流		减小 7%	0.9
渠段编号：11 李河渠倒虹吸出口后断面 (534+891)	冷冬年	明流		减小 4%	0.8

注：　表中关于冰盖的发展模式，程序每一步计算都需要判断冰盖的受力平衡，进行力学模式选择判别。

15.5　冰盖下输水流量调度

以上计算表明，中线冬季小流量输水时，能够保证尽快封河实现安全输水，但同时由于流量减小太多，与沿线供水保证率相冲突。可以采用分区段、时段进行冬季输水，即各典型年以重点关注渠段所在位置为界，该位置以南渠段可按正常工况输水能力输水，沿途正常分水，以北渠段通过节制闸控制按小流量输水，相应分水也按比例减小，同时黄河北在稳封后可适当开闸提高输水能力，并将增大后的流量一直持续到来年春季开河，为防止冰盖可能在短时间由南向北迅速迸裂"武开河"，应再次缓慢关闭全线节制闸减少流量，保证开河过程安全运行。于是，冬季冰盖下输水的调度建议如下：

（1）利用冰期专家系统科学预测中线终点附近稳定转负的时间，确定结冰期，在形成冰盖前，降低流量至设计流量的 25%（①该流量对应闸前设计水位；②降低流量至设计流量的 35%对应闸前加大水位），并保持节制闸开度不变，控制沿线 Fr，使水面尽快形成稳定的冰盖。

（2）形成稳定冰盖后，采取冰覆盖下输水，可适当提高输水流量，不过在冰盖输水期间要保证输水稳定，防止冰盖破坏。

（3）当沿线气温回升转正后冰盖进入融化期，此时提前降低流量至设计流量的 25%，避免产生冰塞的条件，待开河冰盖消融后，进入敞流期输水。对因结冰期影响造成降低的输水量，由敞流期其它月份采用加大流量进行补充。

本节将研究采取冰盖下输水时，输水流量适当提高的范围。输水流量增大后，限制条件是：①最大水位壅高不超过渠道衬砌的最大高程、渡槽的侧墙顶高程、暗渠或隧洞的洞顶高程，并留有一定的裕量；②长渠段冰盖稳定性对水位壅高的限制。

15.5.1　控制条件

多个闸门的调度运行模式有三种：顺序控制法、同步控制法和时序控制法。顺序控制法可能会造成水量传递缓慢和水位的大幅度波动，一般仅适用于需水变化简单的中小型输水系统，同时大幅度水位波动不利于形成冰盖的稳定。对于中线输水干渠来说，应用中央控制系统对干渠所有闸门实现同步控制或时序控制，更有利于渠道安全运行以及对渠道中的流量变化进行快速应对，做到安全稳定输水。本节拟用时序控制来进行稳封期冰盖下输水的流量调度。

当渠段上游闸门开度增大，由于来流量增大，在闸门下将形成顺行涨水波，它相当于一种明渠干扰波，其明渠干扰波波速公式为

$$V_w = \sqrt{gA/B}$$

经计算，中线工程黄河北线路冰期初始流量下各断面干扰波传播速度如图 15.5.1 所示，各断面平均干扰波波速为 6m/s 左右，即干扰波传遍全程大致需要 32h 左右，以这个时长作为各节制闸顺序开启的调度总时间。

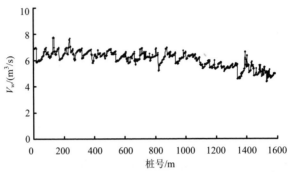

图 15.5.1　初始恒定流状态下各断面干扰波传播速度

总干渠渠道超高的基准水面是渠道加大流量下的稳定水面线，超高为该水面线至渠堤的垂直距离。渠道超高按照《灌溉与排水工程设计规范》（GB50288—99）设计，渠道超高一般控制在 1.5m 左右。长江水利委员会设计院设计推荐的超高范围是：1.5m（黄河北至漳河段）、1.22～1.7m（漳河倒虹吸进出口）、1.5m（漳河北至古运河段）、1.2～1.5m（古运河至北拒马河段），一般情况下挖方渠道和半挖半填渠道超高取 1.0m。需要指出，当干渠小流量运行时，每断面的稳态流量水位本身就低于设计流量下的水面线，如图 15.5.2 所示。

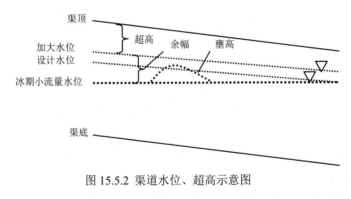

图 15.5.2　渠道水位、超高示意图

由图 15.5.2，对于两个节制闸之间的渠段来说，当下游节制闸闸前控制水位在设计水位附近时，结冰期水位会壅高，但由于结冰期流量已降至设计流量的 25%，稳封后渠段水面线仍低于设计水位水面线，且越向上游余幅越大。稳封后在冰覆盖下输水，需适当提高输水流量，这将导致各断面水位升高、流量增大，在渠道超高一定的情况下，把冰期冰盖发展起始断面位置的最大壅高作为限制条件来确定稳封期冰盖下安全合理的输水流量以及闸门的开启速度。图 15.5.3 给出的是渠段 40、45、51、65、76 五段首末监测断面对应

的水位，冰期冰盖发展起始断面位置平均差值在 0.6m 左右，终止位置在 1.3m 左右。调度
计算中，各断面保守超高暂定为 1m，那么冰期冰盖发展起始断面位置小流量下水位与渠
顶距离仍有 1.6m 左右的余幅。

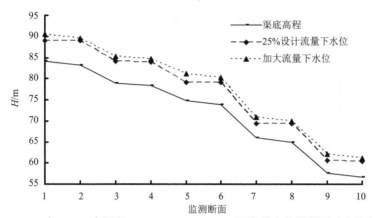

图 15.5.3 表 15.4.1 中渠段 40、45、51、65、76 五段首末监测断面对应的水位

15.5.2 计算结果及分析

计算工况：选取气温年的不利工况冷冬年气温数据，初始流量为设计流量的 25%，待
冬季封河形成稳定冰盖后，此时增大各节制闸的开度，使各渠池流量加大，增大流量时各
节制闸按照干扰波传播到达时间先后进行时序控制，顺序开启的调度总时间为 32h。程序
计算时，初始流量、调整后流量对应的各闸门开度由恒定流反算得到，调度终了各分水口
分水量相应比例增大。计算冰盖形成、稳封、调度过程中各渠段的水位、流量波动。

为了确定形成稳定冰盖后，冰盖下输水流量的合理范围，分别计算闸门调度至设计流
量的 40%、50% 时各渠段水位的壅高过程，仍选取典型渠段典型断面作为输出监测。调度
时，渠首流量在第 60 天（1967 年 12 月 30 日）开始由 66.25m³/s 在 1d 内逐渐增加到 132.5m³/s，
即从设计流量的 25% 增加到 50%。图 15.5.4 给出的是唐河节制闸闸后、放水河节制闸闸前
典型断面从敞流到冰封到调度过程中的水位变化过程。该渠段距离终点约 145km，上下游
节制闸分别在 1968 年 1 月 1 日即渠首调度的 1d 后开始动作。由图 15.5.4 知，随着上下游
节制闸闸门开度增大，在渠段下游即放水河节制闸闸前的断面形成落水波，而在渠段上游
即唐河节制闸闸后的断面形成涨水波，水位波动幅值均很明显［图 15.5.4（b）］。图 15.5.5
是该过程的流量过程，由此可见流量也是随着闸门开度变大显著增大，伴随各分水口分水
量的增大，这两个断面的相应水位、流量也稍有波动，水位逐渐抬升、流量逐渐增大，由
于渠道很长，该水力过渡过程需要较长时间（60d）左右才逐渐趋于稳定。同时，该渠段
上、中、下游水位在调度过程中均是同一规律上升，未出现上、下游波动相位差别很大的
情况，这有利于维持已有冰盖的稳定性，保持冰盖输水期间的输水稳定。

图 15.5.6 ~ 图 15.5.9 还给出了上述渠段上游午河节制闸 – 槐河（一）倒虹吸进口渠段、
牤牛河节制闸 – 沁河倒虹吸进口渠段各典型断面在此过程中的水位、流量变化过程，其水
位、流量变化规律类似，不同的是，越向上游水位在调度过程中的波动幅值越大。

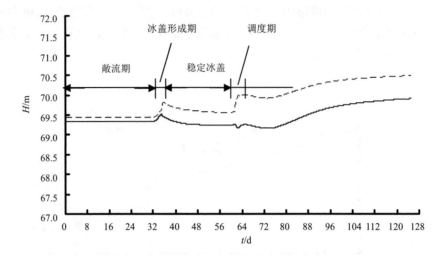

图 15.5.4 唐河节制闸闸后、放水河节制闸闸前典型断面稳封后调度期水位变化过程

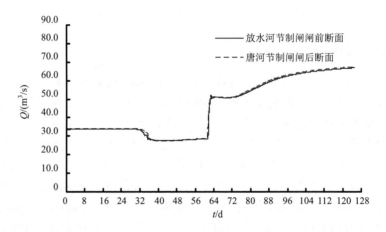

图 15.5.5 唐河节制闸闸后、放水河节制闸闸前典型断面稳封后调度期流量变化过程

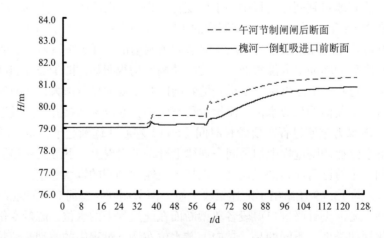

图 15.5.6 午河节制闸闸后—槐河（一）倒虹吸进口前典型断面稳封后调度期水位变化过程

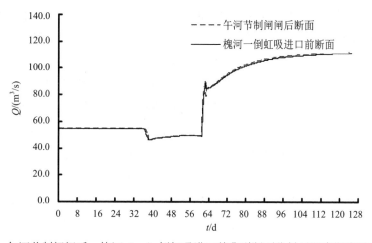

图 15.5.7　午河节制闸闸后—槐河（一）倒虹吸进口前典型断面稳封后调度期流量变化过程

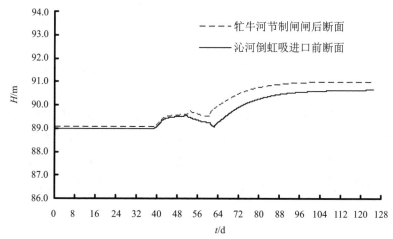

图 15.5.8　牤牛河节制闸闸后—沁河倒虹吸进口前典型断面稳封后调度期水位变化过程

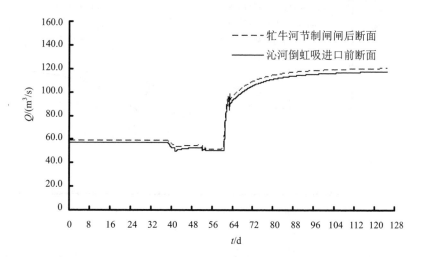

图 15.5.9　牤牛河节制闸闸后—沁河倒虹吸进口前典型断面稳封后调度期流量变化过程

为了对比，分别计算闸门调度至设计流量的 40%、50%时各渠段水位的壅高过程。图 15.5.10 给出的是稳封期不同调度流量下唐河节制闸闸后 – 放水河节制闸闸前典型断面水位变化过程，图 15.5.11 反映的是该过程的流量变化过程。由此可知，后者水位壅高明显强于前者，不过呈现的规律是基本一致的，同样的，冰盖起始位置处的水位波动幅值要低于冰盖终止位置。由计算结果，放水河节制闸闸前断面、唐河节制闸闸后断面在 40%流量下的水位壅高分别为 0.18m 和 0.57m，而在 50%调度流量下分别为 0.56m 和 1.05m，以控制余幅标准来看，40%流量下该渠段水位壅高小于 0.6m，未吃超高，而 50%流量下水位最大壅高在 0.6～1.6m 之间，即使用部分超高，运行仍然是安全的。

图 15.5.12 和图 15.5.13 给出的是稳封期不同调度流量下牤牛河节制闸闸后 – 沁河倒虹吸进口前典型断面的水位、流量变化过程，沁河倒虹吸进口前、牤牛河节制闸闸后断面在 40%流量下的水位壅高分别为 1.12m 和 1.6m，而在 50%调度流量下分别为 1.4m 和 1.93m，以控制余幅标准来看，50%流量下冰期冰盖发展起始断面位置即沁河倒虹吸进口前断面的水位最大壅高为 1.4m，虽然并未超过余幅限制，但离渠顶已经比较接近。可以推测，稳封期调度流量如果大于设计流量的 50%，有冰盖下闸门动作引起过渡过程导致的水位壅高将很可能超过超高余幅。这表明，稳封期冰盖下安全合理的输水流量不应大于设计流量的 50%。

值得注意的是，各个典型年从南向北总有冰情发生的分界点和稳封渠段，而在稳封渠段以南和冰情发生分界点附近的渠段，如遇低温仍将形成冰盖，虽然冰盖厚度不大，该渠段前后闸门调度时，伴随流量增大，渠道 Fr 也会增大，一旦超过临界值，上游来流中的流冰会在冰盖前缘翻转、下潜并随水流带向下游，或者进入倒虹吸形成冰塞，因此在调度中要引起重视。

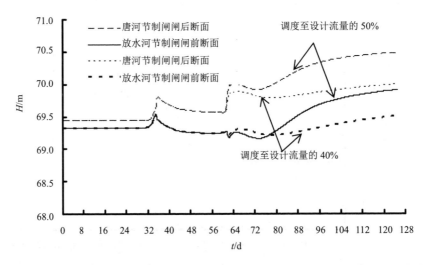

图 15.5.10　稳封期不同调度流量下唐河节制闸闸后—放水河节制闸闸前典型断面水位变化过程

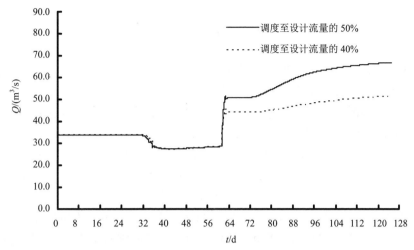

图 15.5.11　稳封期不同调度流量下放水河节制闸闸前流量变化过程

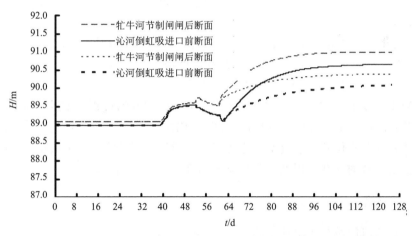

图 15.5.12　稳封期不同调度流量下牤牛河节制闸闸后－沁河倒虹吸进口前典型断面水位变化过程

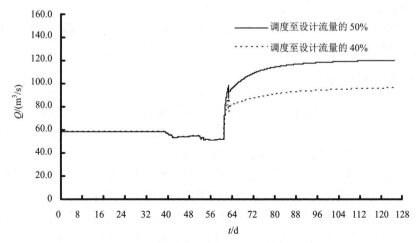

图 15.5.13　稳封期不同调度流量下沁河倒虹吸进口前流量变化过程

15.6　开河过程模拟

本节研究冰盖消融期输水模式及其实现方式，提出在融冰期输水的安全输水流量，为开河输水防冰害调度提供依据。

南水北调中线暖冬年、平冬年、冷冬年个别位置冰盖最大厚度分别为 0.25m、0.45m、0.66m。当春季日平均气温回正后几天，或者十几天，南水北调中线渠段冰盖就会逐渐热衰减至一定厚度后，在一定水力条件影响下，冰盖可能在短时间由南向北迅速迸裂"开河"，形成大面积流凌。伴随着开河过程，冰盖迸裂，过水断面湿周突然减小，水流阻力也突然减小，水流加速，可能形成冰凌洪水，导致冰塞甚至冰坝事故的发生。

南水北调中线黄河以北输水线路长约700km，渠道底坡在 1/20000 ~ 1/30000 之间，沿程两节制闸之间渠道平均长约 20km。计算表明，两节制闸间渠道中水面线是回水曲线，水力坡度小于渠道底坡，这意味着即使全线缓慢同时关闭所有节制闸，同一渠段稳定后的水位最多增加 0.5m 左右。根据这一有利的水力学条件，在南水北调中线开河过程冰凌洪水控制方式如下：

（1）在开河前将缓慢减小输水流量，将其控制在 25%设计流量以内。

（2）调整闸门开度，将闸前水位控制在设计水位。

（3）在开河期保持闸门开度不变。

为了防止冰凌洪水和冰塞事故的发生，本节将模拟开河过程。不过，对开河时冰盖破裂、释放及碎冰块在下游冰层里的推进机理和间歇性开河不作深入研究。作为简化，我们只重点关注开河期水位涨落、流量变化等因素，同时监测开河过程中典型断面的 Fr 过程，看它是否会发生开河冰塞，以便从工程安全角度提出相应措施。

15.6.1　模拟思路

开河过程数值模拟基于下述思路：

（1）开河破冰过程发生条件：气温稳定转正，渠段内冰盖坚冰层消融至一定厚度，冰层开始被迫鼓开。

（2）满足条件（1）后，冰盖按照一定速度逐渐开河，各大渠段基本同一时间开始破冰，破裂冰块向渠段下游流动，但认为冰块在开河时间内消融殆尽。

15.6.2　计算结果及分析

选取不同的开河时间即冰盖前缘消退速度进行该过程的模拟。选取典型年气温、水流条件，春季气温转正开河时，冰盖分别以 5m/min、50m/min、500m/min（相当于 10km 的渠道分别在 33h、3.3h、0.33h 内开河）的速度消退。

首先选择平冬年工况，研究上述三种冰盖开河过程中的水位、流量变化过程。图 15.6.1 ~ 图 15.6.10 分别给出了典型渠段、典型断面整个平冬年的水位、流量及 Fr 变化过程。冬季输水进入结冰期一直到之后的稳封期，上述水力学要素的变化过程同前面典型年的计算工况结果，不再赘述，这里重点关注开河过程。由图 15.6.1 和图 15.6.2 知，平冬年

1988 年 3 月后，该渠段所在区域随着气温持续转正，冰盖消融变薄，满足开河条件后，冰盖按照上述速度开始破裂，从水位、流量变化看，渠段上游开河水位降低、流量增大，跟结冰期正好相反，可认为开河是结冰期封河的一个逆过程。不过水位的降低幅度比结冰期小，三种速度开河下水位比稳封期降低不到 0.1m。原因是，结冰期间，渠段表面冰封，除了湿周增大了一个水面宽，同时也增加了冰面的阻力，而封冻初期冰盖糙率是比较大的，本研究取 0.03，开河期，渠段冰面鼓开，相应湿周减小，冰面阻力消失，但由于渠段是从稳封开始开河，之前的冰面糙率已是稳封时的冰面糙率，比较小，本研究取 0.015，接近渠底糙率。图 15.6.1 表明不同开河速度导致的水位变化急缓程度是不相同的，开河速度越快，水位、流量变化越快，不过三种速度下的变化幅值很接近，其原因一方面是因为渠段过水断面大、流量较小，另一方面是由于渠段底坡很小，导致变化不明显。图 15.6.3 是整个过程的 Fr 的监测情况，由此可知，结冰期各断面的 Fr 伴随流量降低、水位壅高是逐渐减小的，开河期渠段上游 Fr 变化正好相反，随着流量升高、水位降低逐渐回升，其整个过程的变化规律跟流量变化过程类似。同时该渠段开河期回升的 Fr 也不大，均远小于 0.09。

图 15.6.4 ~ 图 15.6.10 给出的是上游渠段 65 的典型断面平冬年结冰期、开河期的水力学要素变化过程。各图中反映的规律与渠段 76 的基本类似。图 15.6.5 和图 15.6.8 流量的变化表明开河后流量是逐渐回升到敞流状态的，不过渠段下游闸前流量的变化幅度比上游闸后更为明显，开河速度越快，闸前流量波动越大。此外，同一渠段上下游闸后、闸前水位变化规律略有不同，开河时上游闸后流量增大，将引起该渠段下游闸前水位稍有壅高，不过变化幅值很小，如图 15.6.4 所示。同样的，此渠段下游闸前、上游闸后的 Fr 变化规律基本同流量变化，且回升后的 Fr 也远小于 0.09，不会发生开河冰塞。图 15.6.10 是该渠段结冰期、开河期冰盖前缘的发展过程，它反映了上述不同的开河速度。

图 15.6.11 ~ 图 15.6.14 是渠段 51 上、下游典型断面平冬年相应水力学要素的变化过程，其变化规律跟渠段 65 也类似。作为对比，以稳封调度至 50%设计流量作为开河关闸调度前的流量，调度终了流量回到 25%设计流量，考虑了相邻节制闸渠道冰盖分别以不同的速度迸裂，图 15.6.15 为冷冬年整个调度过程典型断面的水位流量过程。从计算结果来看，当沿线气温回升转正冰盖进入融冰期后，输水流量为设计流量的 25%运行时，由于渠段过水断面大、流量小，冰盖末期糙率较小，且渠段底坡很小，各种开河速度下引起的水位减小、流量增大不明显。监测各断面 Fr 回升也在安全范围之内（$Fr<0.09$），不会发生开河冰塞。

除此之外，在计算中还监测了渠段各个计算断面在开河过程中的 Fr 变化情况，以 $Fr=0.09$ 作为易发生开河冰塞的条件，计算发现各典型年均是在计算断面 1341 ~ 1360 前后，对应蒲阳河节制闸闸后 – 界河倒虹吸进口的渠段内 Fr 稍大于 0.09，这是由于蒲阳河节制闸 – 岗头节制闸渠段间有雾山隧洞（一）、雾山隧洞（二）吴庄隧洞以及漕河渡槽，计算中将上述建筑物的水头损失等效为局部损失描述，当过水流量较低时可能过低的估计了该水头损失，导致上述渠段水面线略低，相应蒲阳河节制闸闸后水深较浅，导致 Fr 稍大。

从计算结果来看，当沿线气温回升转正冰盖进入融冰期后，输水流量为设计流量的 25%运行时，由于渠段过水断面大、流量小，冰盖末期糙率较小，且渠段底坡很小，以上各种开河速度引起的水位减小、流量增大不明显，各断面 Fr 回升也在安全范围之类，不会发生开河冰塞。

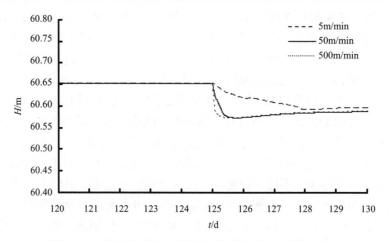

图 15.6.1　渠段 76 坟庄河节制闸闸后断面开河水位过程

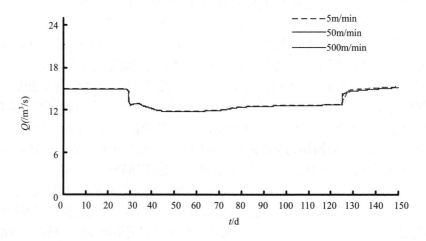

图 15.6.2　渠段 76 坟庄河节制闸闸后断面平冬年结冰期、开河流量过程

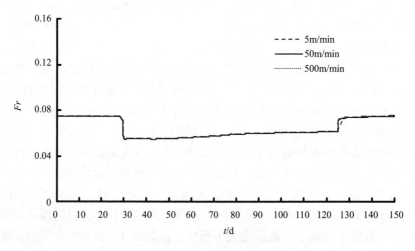

图 15.6.3　渠段 76 坟庄河节制闸闸后断面平冬年结冰期、开河 Fr 过程

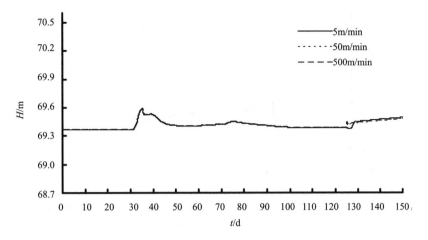

图 15.6.4　渠段 65 放水河节制闸闸前断面平冬年结冰期、开河水位过程

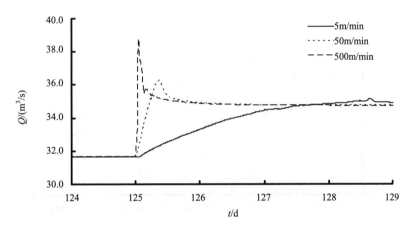

图 15.6.5　渠段 65 放水河节制闸闸前断面平冬年结冰期、开河流量过程

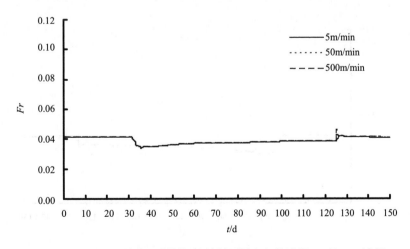

图 15.6.6　渠段 65 放水河节制闸闸前断面平冬年结冰期、开河 *Fr* 过程

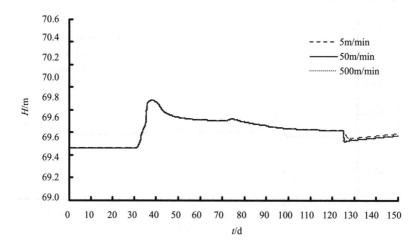

图 15.6.7　渠段 65 唐河节制闸闸后断面平冬年结冰期、开河水位过程

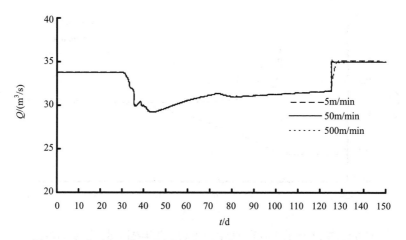

图 15.6.8　渠段 65 唐河节制闸闸后断面平冬年结冰期、开河流量过程

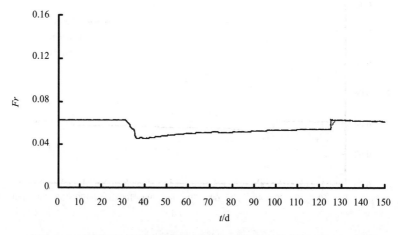

图 15.6.9　渠段 65 唐河节制闸闸后断面平冬年结冰期、开河 Fr 过程

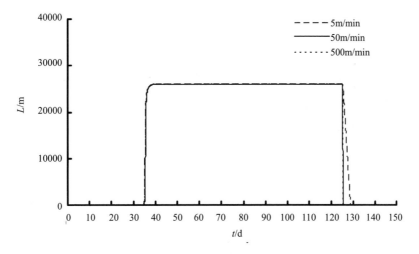

图 15.6.10 渠段 65 平冬年结冰期、开河期冰盖动态发展过程

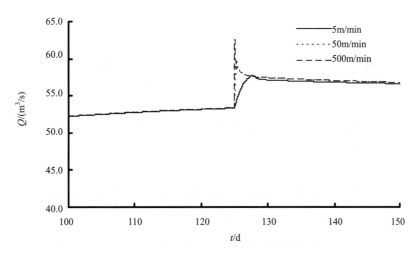

图 15.6.11 渠段 51 槐河（一）倒虹吸进口前断面平冬年开河流量过程

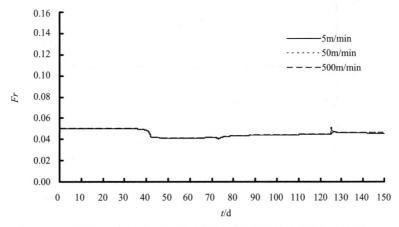

图 15.6.12 渠段 51 槐河（一）倒虹吸进口前断面平冬年开河 Fr 过程

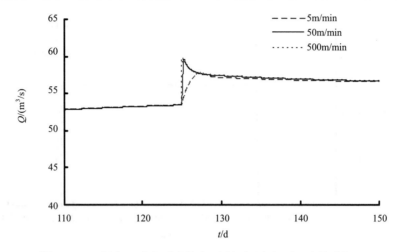

图 15.6.13　渠段 51 午河节制闸闸后断面平冬年开河流量过程

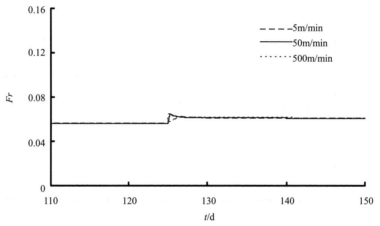

图 15.6.14　渠段 51 午河节制闸闸后断面平冬年开河 Fr 过程

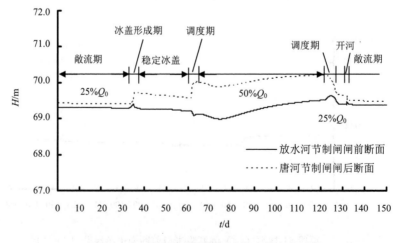

图 15.6.15　冷冬年典型断面冰期水位变化过程

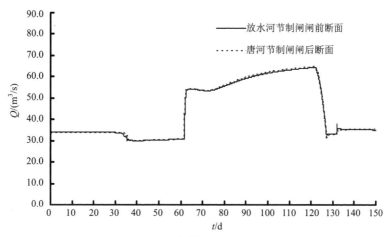

图 15.6.16 冷冬年典型断面冰期流量变化过程

15.7 模型参数特性分析

15.7.1 冰盖糙率

冰期河渠综合糙率是确定冰期水位和计算相关问题的一个重要因子,它与床面糙率、冰盖糙率和封冻情况有关,一般随时间和空间的变化而变化。

封冻河渠的综合糙率可采用下式计算:

$$n_c = \left(\frac{n_b^{3/2} + f\dfrac{B}{P}n_i^{3/2}}{1 + f\dfrac{B}{P}} \right)^{2/3} \tag{15.7.1}$$

式中:$f = (B - B_0)/B$,为封冻冰盖比;B_0 为清沟的水面宽;n_c 为综合糙率;n_b 为床面糙率;n_i 为冰盖糙率;P 为渠道湿周。

对于宽浅渠道,式中 $B/P \approx 1$。对于一般的人工梯形断面渠道,综合糙率的计算公式可写为

$$n_c = \left[\frac{(b + 2\sqrt{1+m^2}\,h)n_b^{3/2} + f(b + 2mh)n_i^{3/2}}{(b + 2\sqrt{1+m^2}\,h) + f(b + 2mh)} \right]^{2/3} \tag{15.7.2}$$

冰盖糙率变化与特定的来冰条件、封冻的冰盖特征、气候条件的变化及其剧烈程度有关,其变化的一般规律是:结冰初期,冰盖由流冰和水内冰聚集而成,厚度较小,底部凹凸不平,糙率较大,随着冰盖厚度的增大和水流的冲刷,冰盖底部渐趋光滑,糙率减小,相应的阻水作用也变小。另外,渠道冰盖糙率并不是一成不变的,实际观测表明,冰盖糙率是时间的函数,随冰盖下水流冲刷历时而成指数关系减小。冰盖形成初期糙率最大,随着水流的冲刷,冰盖底部的棱角逐渐变得圆滑,糙率值逐渐减小,并最终趋近于某一稳定值。因此,准确的确定全程冰盖糙率值还是有相当的困难。从结冰期到解冻期,冰盖糙率随时间变化的关系如下:

$$n_i = n_{i,e} + (n_{i,i} - n_{i,e})e^{-kT} \tag{15.7.3}$$

式中：$n_{i,e}$ 为封冻期末的冰盖糙率，一般认为其值接近光滑冰盖糙率，取值范围 0.008~0.015；k 为衰减系数，根据平冬、暖冬、冷冬和封冻程度的不同而不同，当冰盖呈现无清沟特征时，取值范围为 0.02~0.03；T 为封冻天数；$n_{i,i}$ 为初始冰盖糙率，其值与冰盖特征和河渠特点有关，且变化较大。

目前较多文献通过观测也给出了渠道或者河道的冰盖糙率、综合糙率，见表 15.7.1，不过所观测到的糙率值及范围相差较大，其中观测的初始冰盖糙率范围在 0.015~0.05 之间。对于式（15.7.3），在冰盖形成初始期，n_i 相对于 $n_{i,i}$ 的变化率 $\dfrac{\partial n_i}{\partial n_{i,i}}$ 远大于 n_i 相对于 $n_{i,e}$ 的变化率 $\dfrac{\partial n_i}{\partial n_{i,e}}$，即 $n_{i,i}$ 取值的不确定性对冰盖糙率影响更大，进而影响综合糙率的变化。

表 15.7.1　不同工程给出的冰盖糙率值

工程名	n_i	$n_{i,i}$
引岳济津	—	0.035~0.04
南运河	0.047	
南拒马、大清河	0.012~0.025	0.015
黄河河曲段	0.01~0.03	0.04~0.05
京密引水渠	0.036	
引黄济青渠道	0.011~0.017	—
额尔吉斯河北屯干渠	0.031	

下面以南水北调中线工程冬季输水为例，根据实测和设计资料，利用模拟平台分析研究不同初始冰盖糙率取值对冰期冰情发展、水位、流量等要素的影响规律。计算程序是：模拟范围、水流和温度计算参数不变，初始的水力控制条件也同 15.4 节，仅变化初始冰盖糙率值，范围暂取为 0.02~0.04，在此条件下对典型冷冬年工况冰期输水进行数值模拟。考虑黄河北全线渠段较多，这里仅选取坎庄河节制闸 – 南拒马倒虹吸渠段、午河节制闸闸后、白马河倒虹吸进口前等典型渠段和断面对初始冰盖糙率的影响特性进行说明。图 15.7.1 给出的是不同 $n_{i,i}$ 取值对典型渠段冷冬年冰期计算水温的影响，由此可知，不同 $n_{i,i}$ 的取值对水温变化无影响，同样的结果体现在对冰情范围、冰花浓度、冰盖坚冰厚度等过程没有影响，限于篇幅，不再赘述。图 15.7.2~图 15.7.4 分别是不同 $n_{i,i}$ 值对典型渠段断面的水位、流量及冰盖发展过程的影响。计算结果表明，初始冰盖糙率越大，冰盖的阻水作用越明显，反映在水位壅高上也越大，相应的流量降低也越明显，冷冬年坎庄河节制闸闸后计算断面水位的最大壅高依次是 0.17m、0.28m、0.39m，相应最大的流量波动跟稳态相比降低了 24%、36%、49%。水位、流量在冰盖发展期间的变化直接导致冰盖动态发展过程发生变化，初始冰盖糙率越大，流量减小越大，相应的渠道水流 Fr 减小的也越明显，直接引起冰盖前缘的动态 Fr 降低，冰盖更容易从水力加厚模式转变为平铺模式，正如图 15.7.4 所示，$n_{i,i} = 0.02$ 时该渠段冰盖发展是水力加厚、平铺模式交替，而 $n_{i,i} = 0.04$ 时整个冰封过程完全进入平铺模式发展。图 15.7.5 和图 15.7.6 给出的是白马河倒虹吸进口前断面和午河节制闸闸后

断面的水位、流量受初始冰盖糙率的影响，其中午河闸后断面水位最大壅高分别是 0.22m、0.38m、0.52m，相应流量最大波动跟稳态相比分别降低了 10%、16%、22%，而上游的白马河倒虹吸进口前断面水位最大壅高分别达到了 0.23m、0.44m、0.64m，表明该值的不确定性对渠道冰期水位、流量的计算结果影响较为明显。图 15.7.7 和图 15.7.8 还给出了以上各断面水位、流量变化与初始冰盖糙率取值的相互关系，由此可见，各断面水位壅高基本是随 $n_{i,i}$ 的增大而线性增大，且越往上游渠段水位壅高越明显，相应斜率越大，而最大流量波动也是随 $n_{i,i}$ 的增大而线性增大，不过越往上游流量波动越小，相应斜率也越小。以上计算分析表明，不同初始冰盖糙率的取值对典型年冰期水力学要素的变化过程是有影响的，主要反映在沿程各计算断面的水位、流量波动以及结冰期冰盖前缘动态发展模式上，而对冰情范围及与冰相关的变量变化过程无影响。

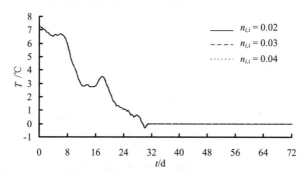

图 15.7.1　不同冰盖初始糙率取值对典型渠段冰期计算水温的影响

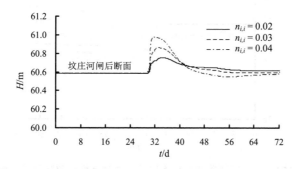

图 15.7.2　不同冰盖初始糙率取值对典型渠段上游断面冰期计算水位的影响

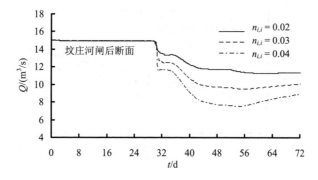

图 15.7.3　不同冰盖初始糙率取值对典型渠段上游断面冰期计算流量的影响

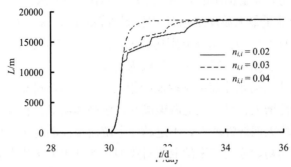

图 15.7.4　不同冰盖初始糙率取值对典型渠段（渠段 76）冰盖动态发展过程的影响

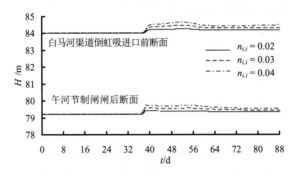

图 15.7.5　不同冰盖初始糙率取值对典型断面计算水位的影响

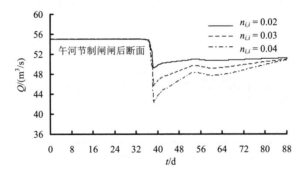

图 15.7.6　不同冰盖初始糙率取值对典型断面计算流量的影响

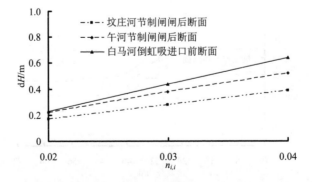

图 15.7.7　各计算断面水位壅高与初始冰盖糙率的关系

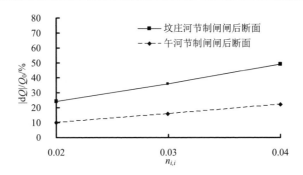

图 15.7.8　各计算断面流量减小与初始冰盖糙率的关系

15.7.2 热交换系数

河渠冰盖厚度的热力增长和消退，受到气象条件、雪和冰盖厚度、水流的温度和流速、冰盖下可能的冰花堆积以及冰盖热力性质等的影响。冰盖厚度是许多工程问题的一个重要参数，如冰盖的强度直接与它的厚度和温度有关，进而可能影响到流量调度的范围和快慢。此外，冰盖厚度也是估计水工建筑物上冰作用力的大小的一个重要变量。冰盖计算模型常常需要较详细的水温或天气资料作为输入，一些估算系数不容易精确的确定。Shen 等曾提出了一种改进的度-日方法模拟冬季冰盖厚度的变化，虽然公式简单，但该方法需要引入一个可变的系数，同时对于冰盖增长和衰退阶段需要采用变系数，因此模型参数也存在不确定性。在 RICE 模型中，冰盖的热力增长和消退，可用下式描述：

$$c_e \rho_i L_i \frac{\mathrm{d}h_i}{\mathrm{d}t} = h_{ai}\left(T_s - T_a\right) + h_{wi}\left(T_m - T_w\right) \tag{15.7.4}$$

而

$$c_e = \begin{cases} 1, & h_f = 0 \\ e_f, & h_f \neq 0 \end{cases} \tag{15.7.5}$$

式中：e_f 为冰花层孔隙率；h_f 为冰盖底部冰花层厚度；h_i 为透明冰厚度；T_s 为冰盖上表明的温度；T_m 为融化温度，℃；h_{wi} 为冰盖与水的热交换系数；h_{ai} 为大气与冰盖的线性热交换系数。

从控制方程式（15.7.4）来看，孔隙率、冰水交界面热交换系数、大气与冰盖的热交换系数对冰盖厚度变化影响较大，而其它因素包括气温、流量在运行中均是实测值。h_{wi}、c_e 的取值在 Shen 的模型中已有描述，如 $h_{wi} = 1622u^{0.8}d_w^{0.2}$，$e_f = 0.4$，而 h_{ai} 的取值则受纬度、湿度、气象条件等多种因素影响，Shen 等在计算时曾取典型值 $h_{ai} = 20$ W/($\mathrm{m^2 \cdot ℃}$)，我国学者在计算黄河冰盖厚度时给出的 $h_{ai} = 10$ W/($\mathrm{m^2 \cdot ℃}$)。下面研究在其它模拟条件不变的情况下 h_{ai} 的不确定取值对冰盖厚度变化的影响。计算给定的工况为冷冬年，选取输出的典型断面包括沁河倒虹吸进口、放水河节制闸闸前、河北段终点等。图 15.7.9 和图 15.7.10 分别给出了冷冬年中线从南向北上述典型断面的冰盖形成发展过程。从其中可看出，大气与冰盖的热交换系数取值不同，最大冰盖厚度是不同的，不过冰盖的发展规律基本一致，h_{ai} 越大，最大冰厚越厚，反之，最大冰厚越小。各断面最大冰厚与 h_{ai} 的关系如图 15.7.11 所示，随着 h_{ai} 取值从小到大变化，如河北段终点断面，最大冰厚依次为 0.53m、0.66m、0.73m、0.75m，从最终趋势可推测最大冰厚随着 h_{ai} 取值的继续增大趋于定值，之后冰厚将主要受低气温时长的控制。上述结果表明，在其它条件不变的情况下，利用该平台模拟预测的南水北调中线沿线封河后各渠段的最大冰厚值与 h_{ai} 取值有关，建议开展中线工程冰期输水原型观测工作，对上述不确定参数进行率定。

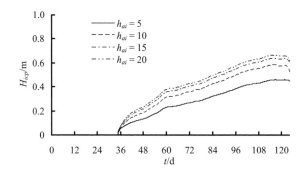

图 15.7.9　冷冬年放水河闸前断面冰盖形成发展过程与 h_{ai} 的关系

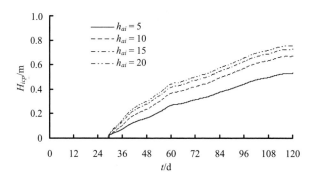

图 15.7.10　冷冬年河北段终点前断面冰盖形成发展过程与 h_{ai} 的关系

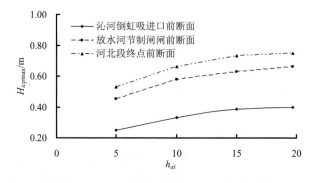

图 15.7.11　各典型断面最大冰厚与 h_{ai} 的关系

15.8 小结

本章利用开发的长距离调水工程冬季输水冰情数值模拟平台首次系统的模拟了在寒冷气温条件下南水北调中线总干渠初冰、冰盖形成及发展过程。分析了冬季输水冰情特性及冰情输水能力，提出了冰期安全运行的水力模式并研究了输水调度方案，主要结论如下：

（1）为尽量保证干渠入冬以平铺上溯模式快速形成初始冰盖，以 $Fr<0.055$ 作为水力约束条件，利用渠道中节制闸分段壅水，初始条件为设计水位条件时沿程流量可控制在 25%～30%设计流量，初始条件为加大水位条件时沿程流量可控制在 35%～40%设计流量。给出了沿程平均 Fr 数与干渠不同流量运行的关系。

（2）黄河北干渠冬季冰盖的发展过程是，同一时间点上，干渠各渠段冰盖均在同步向上游发展，以拦冰索为界，各渠段表面将形成水面-冰面-水面-冰面这种交替的发展状态，不同渠段发展速度、长度、渠段冰封状态亦有所不同。

（3）计算给出了典型年的黄河北全线冰情特征，平冬年应重点关注七里河节制闸以北渠段的冰情，暖冬年关注中线京石段的冰情，冷冬年应关注黄水河节制闸以北渠段的冰情。

（4）为提高输水保证率，提出中线采用分区段、时段进行冬季输水，即各典型年以重点关注渠段所在位置为界，该位置以南渠段可按正常工况输水能力输水，沿途正常分水，以北渠段通过节制闸控制按小流量输水，相应分水也按比例减小。

（5）中线工程冬季防冰害输水的调度建议是：①利用冰情专家系统科学预测中线终点附近稳定转负的时间，确定结冰期，在形成冰盖前，降低流量至设计流量的 25%，并保持节制闸开度不变，促使水面尽快形成光滑的稳定冰盖；②形成稳定冰盖后，采取冰覆盖下输水，可提高输水流量至设计流量的 50%，不过在冰盖输水期间要注意保持输水稳定，防止冰盖破坏；③当沿线气温回升转正后冰盖进入融化期，此时提前降低流量至设计流量的 25%，避免产生冰塞的条件，待开河冰盖消融后，进入敞流期输水；④对因结冰期影响造成降低的输水量，由敞流期其它月份采用加大流量进行补充。

（6）分析了冰情数学模型中单一参数，如冰期冰盖糙率、大气与冰盖的热交换系数的不确定性对南水北调中线工程冰期冰盖形成、发展、消融和水位、流量等要素的影响，研究表明：①冰情数学模型中初始冰盖糙率的不确定性对典型年冰期水力学要素的变化过程影响较大，主要反映在沿程各计算断面的水位、流量波动以及结冰期冰盖前缘动态发展模式上，而对冰情范围及与冰相关的变量变化过程无影响；②大气与冰盖的热交换系数的不确定性直接影响到最大冰盖厚度的模拟结果，而对冰盖的发展规律影响不大。

鉴于目前冰水动力学理论方面的研究并不十分成熟，急待开展中线工程冰期输水原型观测工作，对上述不确定参数进行率定，以便制定更为合理准确的冰期安全运行调度方案。

参考文献

[1] 蔡琳，卢杜田.2002.水库防凌调度数学模型的研制与开发[J]. 水利学报（6）：67-71.
[2] 范北林，张细兵，蔺秋生.2008.南水北调中线工程冰期输水冰情及措施研究[J]. 南水北调与水利科技，6（1）：66-69.

[3] 付辉，杨开林，郭新蕾，等. 2010.基于虚拟流动法的输水明渠冰情数值模拟[J]. 南水北调与水利科技，8（4）：7-12.

[4] 高需生，靳国厚，吕斌秀. 2003.南水北调中线工程输水冰情的初步分析[J]. 水利学报（11）：96-101，106.

[5] 郭新蕾，杨开林，王涛，等. 2011.南水北调中线工程冬季输水数值模拟[J]. 水利学报，42（11）：1268-1276.

[6] 可素娟，吕光圻，任志远. 2000.黄河巴彦高勒河段冰塞机理研究[J]. 水利学报（7）：66-69.

[7] 茅泽育，吴剑疆，张磊，等. 2003.天然河道冰塞演变发展的数值模拟[J]. 水科学进展，14（6）：700-705.

[8] 王光谦，傅旭东，江春波，等. 2007.南水北调中线一期工程长距离调水水力调配与控制技术研究及应用[C]. 北京：清华大学，水利部水利水电规划设计总院.

[9] 王军，陈胖胖，江涛，等. 2009.冰盖下冰塞堆积的数值模拟[J]. 水利学报，40（3）：348-354.

[10] 魏良琰，杨国录，殷瑞兰，等. 1999. 南水北调中线工程总干渠冰期输水计算分析[R].武汉：　武汉水利电力大学，长江科学院.

[11] 杨开林，王涛，郭新蕾，等. 2011. 南水北调中线冰期输水安全调度分析[J]. 南水北调与水利科技，9（2）：1-4.

[12] 杨开林，郭新蕾，王涛，等. 2010.中线工程冰期输水能力及冰害防治技术研究[R]. 北京：中国水利水电科学研究院.

[13] 杨开林，刘之平，李桂芬，等. 2002.河道冰塞的模拟[J]. 水利水电技术，33（10）：40-47.

[14] Beltaos S. 1993.Numerical computation of river ice jams[J]. Canadian Journal of Civil Engineering，20（1）：88-89.

[15] Lal A M W，Shen Hung Tao. 1993.A mathematical model for river ice processes[M]. CRREL Report 93-4，U.S. Army Corps of Engineers.

[16] She Y T，Hicks F. 2006.Ice jam release wave modeling：considering the effects of ice in a receiving channel[C]// Proceedings on the 18th IAHR International Symposium on Ice：125-132.

[17] Shen Hung Tao，Chen Y C，Wake A，Crissman R D. 1993. Lagrangian discrete parcel simulation of two dimensional river ice dynamics[J]. International Journal of Offshore and Polar Engineering，3（4）：328-332.

[18] Shen Hung Tao，Yapa P D. 1985.A unified degree-day method for river ice cover thickness simulation[J]. Canadian Journal of Civil Engineering，12：54-62.

[19] Shen，Wang De sheng，Lal A M W. 1995.Numerical simulation of river ice processes[J]. Journal of Cold Regions Engineering，ASCE，9（3）：107-118.

[20] Zufelt J E，Ettema R. 2000.Fully coupled model of ice-jam dynamics[J]. Journal of Cold Regions Engineering，ASCE，14（1）：24-41.

第 16 章　调蓄工程冬季输水冰情数值模拟

密云水库调蓄工程是提高北京水资源战略储备的重点工程。工程利用原京密引水渠输水，分别于屯佃闸、柳林倒虹吸、埝头倒虹吸、兴寿倒虹吸、史山节制闸和西台上跌水节制闸新建 6 级泵站加压输水至怀柔水库，再由怀柔水库进水闸旁新建的郭家坞泵站提升输水至北台上倒虹吸处，经新建雁栖泵站加压后，由新建的京密引水渠侧 DN2600PCCP 输水管道入白河电站下游调节池，再由新建溪翁庄泵站加压后将来水送入密云水库。线路总长 103km，总扬程 149.3m。其中团城湖—怀柔水库、怀柔水库—北台上段为明渠段长度 81km。工程调水最大流量 20m³/s，其中团城湖—怀柔水库段流量 20m³/s，怀柔水库—密云水库段流量 10m³/s。由于工程地处北京，冬季运行时，渠道将处于无冰输水、流冰输水、冰盖输水多种状况组合的复杂运行状态，加之新建了多级泵站和闸门，运行中局部建筑物存在发生冰塞的风险。为保证冰期输水安全和实现输水目标，本章旨在开展调蓄工程冬季正、反向输水的数值模拟研究，寻找科学调度消除或减轻冰情危害的方案，提出科学、合理的防冰建议。

16.1　工程概况及主要工况

密云水库调蓄工程（下简称调蓄工程）工程地理位置及平面布置如图 16.1.1 所示。

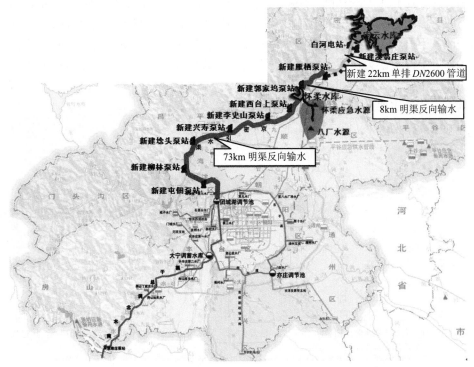

图 16.1.1　南水北调来水调入密云水库调蓄工程工程布置示意图

目前北京市南水北调调度运行工况包括：①正常供水工况（团城湖-怀柔-密云）。南水北调来水经大宁调压池调流，适配水量通过永定河倒虹吸进口闸进入输水环路。其中环路西线-北线分别向三厂、九厂供水，剩余水量通过新建京密引水渠 6 座提升泵站反向输水至怀柔水库，输水流量 20m³/s。经怀柔水库调节，加压后沿京密引水渠及新建管线输水至密云水库白河电站下游调节池，最后经新建泵站加压至密云水库，输水流量 10m³/s；剩余水量经怀柔水库放水回补潮白河水源地。②当南水北调总干渠停水，改由密云水库供水时，可继续使用京密引水渠输水，输水流量 $Q = 40$m³/s（非冰期）。由此可见，本工程输水方式存在正、反两向输水，水流条件非常复杂，反向输水时，泵站运行调度对冬季输水安全运行有很大影响。

调蓄工程需要模拟正反向不同工况、典型年下干渠初冰、冰盖形成发展过程。正向输水仍然是利用原京密引水渠道输水，新建泵站都不运行。根据历史运行资料，当渠道上段采取低水位输冰运行，下段采取冰盖下输水时基本是安全可靠的。上段来水进入怀柔水库后，由于水库库容较大，表面冰封后水体保温效果好，一定水深范围内水体温度较为均匀。考虑到水库边界并不规则，上段来水进入水库后的温度掺混暂不考虑，出水水温按水库水温或实测水温计算。因此，调蓄工程正向工况明渠段冰情模拟计算只考虑怀柔水库—团城湖 73.39km 的渠道及其沿线各种水工建筑物。上游给定水库的出库流量和实测水温，下游团城湖保持水位不变，运行时可考虑在形成稳定冰盖后，在不破坏冰盖的情况下，逐步加大流量输水，弥补水量调度的不足。

当调蓄工程反向加压泵水工况，将调蓄工程团城湖-怀柔水库渠段、怀柔水库、怀柔水库-北台上渠段、各种水工建筑物、泵站等作为系统进行研究，分两段进行计算：①下段：团城湖北闸—怀柔水库（73.39km，包括 7 个倒虹吸，7 座节制闸，其中有 5 处倒虹吸结合节制闸，此外还有 1 个跌水闸和团城湖进水闸）；②上段：怀柔水库-雁栖泵站（8km）。反向运行时，沿线新建泵站处的节制闸全部关闭挡水，其它原有节制闸全部打开，各分洪闸全部关闭。下段上游为团城湖保持水位不变，下游给定入库流量，关闭节制闸两侧为泵站边界条件。上段上游为怀柔水库边界，下游给定雁栖泵站抽水流量。该运行方式下，拟仍然采用冰盖下输水控制方式。

调蓄工程的主要运行工况图如 16.1.2 所示。

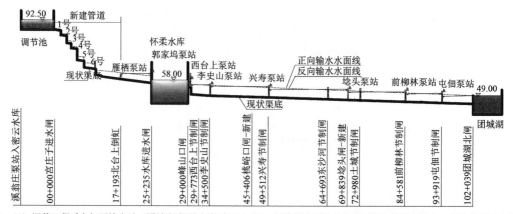

注：（1）调蓄工程反向加压输水时（团城湖-怀柔水库-密云水库），沿线新建泵站处的节制闸全部关闭挡水，其它节制闸全部打开，各分洪闸全部关闭。
　　（2）调蓄工程正向输水时（密云水库-团城湖），按原京密引水调度方式运行，即各节制闸为开启状态。

图 16.1.2　调蓄工程运行工况图

16.2 典型气温年划分

根据中国气象科学数据共享服务网气象资料，进行冷冬年、平冬年、暖冬年这三种年份的选择。划分依据是：根据统计资料计算某一站点每年 11 月 1 日到次年 3 月 31 日的日均气温的累积气温，最高的为暖冬年，最低为冷冬年。

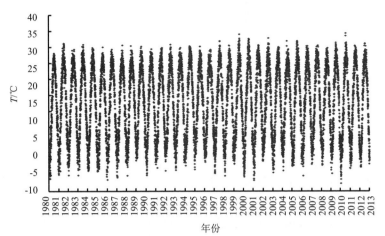

图 16.2.1 北京 1980—2013 年日平均气温过程（数据来源：中国气象科学数据共享服务网）

图 16.2.1 为北京 1980—2013 年日平均气温过程，京密引水渠所在位置参考北京测站的气温过程，但由于怀柔水库相对团城湖更靠北，资料显示团城湖气温要比怀柔水库高 0.5℃ 左右。从图 16.2.1 中可以看出，1980—2013 年这 33 年来，该测站日均气温具有较一致的气候变化规律。根据划分依据给出了气温年际变化过程，如图 16.2.2 所示，累积气温分别是在 2009 年 11 月 1 日至 2010 年 3 月 31 日、2001 年 11 月 1 日至 2002 年 3 月 31 日达到相对最低和最高。因此，选定的冷冬年为：2009 年 11 月 1 日至 2010 年 3 月 31 日，暖冬年为 2001 年 11 月 1 日至 2002 年 3 月 31 日。此外，将 33 年来 11 月 1 日至次年 3 月 31 日 151d 每天的日气温平均，得到相对意义的平冬年，如图 16.2.3 所示。

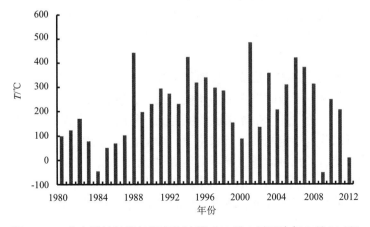

图 16.2.2 北京累计气温年径变化过程（11 月 1 日至次年 3 月 31 日）

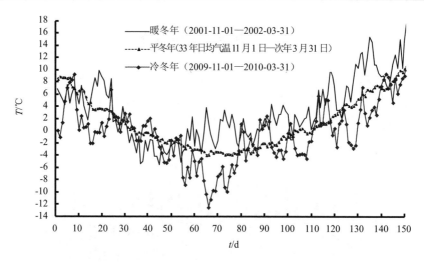

图 16.2.3　典型年（平冬、冷冬、暖冬）温度过程

调蓄工程正、反向输水以这三个典型年的气温资料作为冰水力学模拟的基本气温条件。考虑到在暖冬，京密引水渠很难观测到冰封情况，渠道中仅偶有岸冰和薄冰出现，因此，以下重点对平冬年和冷冬年冬季输水过程进行模拟。

利用冰期仿真系统进行各典型年工况下的数值模拟时，每个计算结点上的气温变化为已知量。目前的气象统计资料给出的是北京测站的气温日平均过程线，计算中要求获得每个结点、每个计算步长上的气温值。这里可根据程序自动划分的计算断面计算每一断面到上游边界起点的距离，然后对冰水动力学模块中温度项进行线性插值。插值的原则是从空间上（计算断面）和时间步长上分别插值，具体某一时间步来讲，气温是从当前的插值温度渐变到下一时间步上的温度。

16.3　正向输水水力控制条件

同第 9 章的应用实例类似，对于调蓄工程京密引水渠来说，冰期正向输水有 3 个控制要求：一是要保证冰期尽快形成稳定冰盖，即要通过控制沿程流量（Fr 数）来控制冰盖发展模式，实现冰盖下输水；二是要在尽量不大于渠道额外超高条件下增大冰期输水流量，满足供水计划要求；三是考虑高水位下漏损问题，即保证供水安全的前提下，采取适当降低的水位运行。

同样的，要保证渠道在冰盖形成期快速形成光滑冰盖，冰盖前缘 Fr 应小于 0.06，如要增大渠道流量，使冰盖形成时以水力加厚模式发展，冰盖前缘 Fr 也应小于 0.09。在上述控制指标的约束下，通过计算敞流渠道的恒定流，利用干渠沿程的节制闸分段壅水以控制水流条件，就可以确定给定闸前运行水位下，渠道在冰盖形成期所能达到的输水能力。

图 16.3.1 计算给出了几种流量工况下沿程 Fr 数分布规律，各工况流量是：设计流量、80%设计流量、60%设计流量、35%设计流量、20%设计流量。其中小流量时，各节制闸开度需减小以抬高闸前水位至设计值，减小流量的目的是使渠道内流速减缓，便于冬季结冰期形成稳定冰盖。

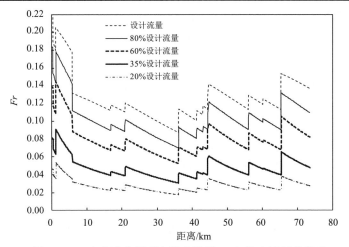

图 16.3.1 京密引水渠正向输水沿程 Fr 与输水流量的关系

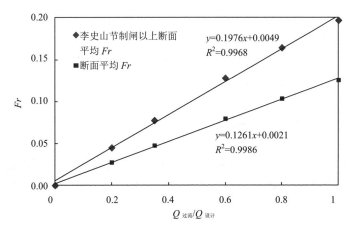

图 16.3.2 闸前设计水位下沿程平均 Fr 与不同流量运行的关系

由图 16.3.1 和图 16.3.2，设计流量下沿程 Fr 平均在 0.125 左右，李史山节制闸以上断面 Fr 平均接近 0.2，根据冰盖发展模式判断条件，正常设计水流条件不能形成连续冰盖，水体开始结冰后，冰凌将随水流向下游运动，继续降温过程中，冰凌将在局部建筑物前堆积形成初始冰盖，由于 Fr 较大，冰块将在冰盖前缘下下潜、输移。减小输水流量，相应沿程的 Fr 减小，若满足 $0.06 < Fr < 0.09$，冰盖发展模式变为水力加厚，此时所需初始冰盖厚度较大，那么以该初始冰厚向上游发展时，冰盖前缘的发展速度较慢，此时不便于渠道快速形成冰盖。继续减小流量，仍然按闸前常设计水位运行，当沿程流量为设计值的 35% 时，沿程平均 Fr 在 0.048 左右，满足平铺上溯形成光滑冰盖的条件。监测该过程的沿程流速，平均流速亦小于规范规定的 0.7m/s 上限。

此外，图 16.3.1 各流量工况下李史山节制闸（桩号 34+500）以上断面的平均 Fr 都大于平均 Fr，这是因为该闸以上渠道底宽（8～12m）和边坡较小所致。从图 16.3.1 中还可看成，闸前设计水位小流量输水时，闸后 Fr 均较大，这是因为小流量时闸门开度小，闸前、闸后水位差别大，相同流量下，相比闸前，闸后过流断面突然减小，导致 Fr 会突然增大。不过根据引黄济青等工程的原型观测经验，上游冰花或流冰被闸门拦截，闸门后会有一段距离没有冰盖产生，因此即使闸后断面 Fr 稍大于临界值，也对冰盖发展模式影响不大。

图 16.3.2 还给出了沿程平均 Fr 与过流量的线性关系，计算表明，如果要保证冬季冰盖按平铺上溯模式发展，设计水位下，京密引水渠冬季运行流量控制在设计流量的 35%（$Q=14\text{m}^3/\text{s}$）是合适的，如从控制 $Fr<0.09$ 分析，流量还可适度放大到设计值的 42%。不过此时仍需要通过数值模拟分析两方面的影响：一是计算分析结冰期各渠段监测断面的 Fr 的变化过程；二是计算出结冰期各渠段最大水位壅高，来进一步复核各断面水面水位最大波动是否在渠池超高范围内。

16.4　平冬年正向输水模拟及分析

正向输水以平冬年为例进行说明。模拟计算概述如下：

（1）模拟范围。怀柔水库-团城湖，共 738 个计算断面，包含所有节制闸、倒虹吸等内边界，闸前按设计水位考虑。

（2）水流条件。初始为恒定流，首段面输水流量为设计值的 35%，即 14.0m³/s，并保持不变，末断面水位为 49.0m，保持不变，各节制闸开度由恒定流计算结果反推获得，冰期输水期间渠道不分水。

（3）温度条件。沿程气温分布首先按典型年的气温考虑，以该气温为初值，进行非恒定流、水温模块的计算，并将计算 10000 步收敛后的水流参数、水温分布作为冰过程计算的初始值，计算中沿程气温变化按典型年工况实测资料变化。起始首断面水温应为实际测量值，目前模型中缺乏实测值，参考京密引水渠 1988—1989 年部分观测实际值，通过拟合给出，如图 16.4.1 所示。

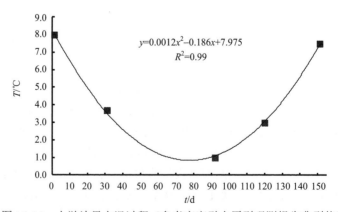

图 16.4.1　上游边界水温过程（参考京密引水原型观测报告典型值）

（4）冰参数条件。初始时刻各计算断面流动冰块冰花厚度、冰盖坚冰层厚度、冰盖冰花层厚度、冰花浓度、表面冰封率均为 0（其它参数见附表 1.1）。

（5）其它条件。时间步长 120s，空间步长自动划分，100m 左右，不足以实际长度计，$\theta=0.75$，渠道无冰时，糙率取值参见附表 3.1，有冰时除了断面湿周变化，初始冰盖糙率暂取 0.036，封冻末冰盖糙率为 0.015，断面按综合糙率公式计算。

（6）大气与冰盖热交换系数 h_{ai} 取为 10。

16.4.1 典型渠段冰水力学要素变化

考虑到线路大渠段较多，这里仅选取两个渠段在平冬年降温过程中的冰水力学要素变化过程。由气温过程图 16.2.3 计算得到的该渠段内的水温趋势如图 16.4.2 所示，这跟气温变化的规律基本一致，引水渠水温主要是受怀柔水库出水温度及当地气温控制。平冬年 12 月 5 日起，上游气温持续转负，下游气温略高，此时渠道水温逐渐降低，但由于上游来水温度较高，为 1.5℃左右，团城湖水温并为转负，负气温持续半个多月后，计算的团城湖水温接近 0℃，渠道末端断面开始出现冰花，渠道随即进入冰期运行。伴随气温的持续转负，上游断面水温继续走低，产冰量增大，冰花浓度也变大，冰花上浮至渠表面，在末端闸门进口前开始堆积，形成初始冰盖。一旦形成冰盖，冰盖将水体与外界隔绝，水体不能与空气进行热交换，随之水温将逐渐回升至接近 0℃。观察图 16.4.2（b），该渠段两个典型断面在冰封后水温的变化符合上述规律。由图 16.4.3 知，有冰盖时，随着渠段断面湿周的增大和综合糙率变化，过流量下降，该渠段全封后，由于上游来流不变，流量缓慢回升，这一阶段的流量波动跟稳态相比减小了 10%，不过由于渠道内本身流量较小，该渠段水位的稍微壅高后随即回落，最大壅高不到 0.2m。图 16.4.4 是该渠段冰盖厚度的变化，由此可知，渠段末断面早生冰，首段面晚，且末断面厚，由于该渠段较短，整个冰盖厚度也比较接近，约 0.20m，最大冰厚 0.24m，随后 40d 后气温又回升，伴随气温升高，冰盖与大气热交换吸热，冰盖坚冰层厚度又随之消融变薄。图 16.4.5 给出的是该渠段冰盖前缘的动态发展过程，可看出冰盖的平铺速度还是比较快的，2d 约发展了 8.0km，接近全封时速度变慢，这是因为屯佃节制闸出口的水温接近 0℃，此外，冰封过程中畅流段减少，产冰量也减小。冰盖向上发展接近首断面当冰封率达为 1 时，认为该段渠段全部封住。

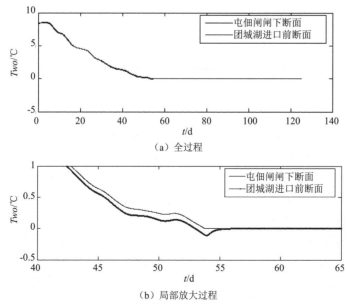

（a）全过程

（b）局部放大过程

图 16.4.2 平冬正向输水屯佃节制闸-团城湖进口典型断面水温过程

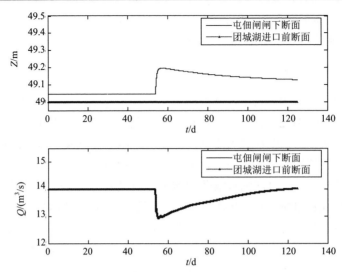

图 16.4.3　平冬正向输水屯佃节制闸-团城湖进口典型断面水位、流量过程

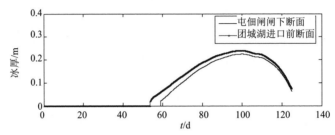

图 16.4.4　平冬正向输水屯佃节制闸-团城湖进口典型断面冰厚变化过程

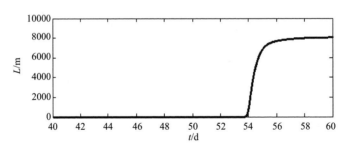

图 16.4.5　平冬正向输水屯佃节制闸-团城湖进口渠段冰盖动态发展过程

图 16.4.6～图 16.4.8 还给出了紧邻的土城节制闸-前柳林节制闸渠段在平冬年各冰水力学要素的变化过程曲线。该渠段距离终点约 17.5km，由于南北气温稍有差别，故进入冰期也稍晚。图 16.4.6 是渠段首末断面的水温过程，由图 16.4.6 可知该渠段在第 56 天（平冬年 12 月 25 日）进入冰期，比末渠段约晚 2d。同样的，该渠段流冰在渠段末前柳林节制闸拦冰索前不断堆积，随着水温降低，冰盖坚冰层逐渐增厚，当冰盖达到一定厚度受力平衡时，满足平铺上溯条件，随即冰盖向上发展，冰盖坚冰层也逐渐增厚。大约经过 1.5d 时间，冰盖动态发展到接近渠首的断面，随后冰盖缓慢发展，如图 16.4.8 所示。图 16.4.6 还给出了该渠段冰盖厚度变化过程，全封后当气温在达到最低时，首末断面冰盖厚度均接近 0.24m，随后气温升高，冰厚变薄。图 16.4.7 是流量、水位过程，从中可看出，土城节制

闸闸后断面在结冰期水位壅高还是比较明显的，最高水位壅高约 0.25m，渠段下游节制闸闸前水位壅高约 0.12m。由于渠道宽，初始流量较小，伴随下游水位壅高，该渠段流量减小，减小的幅值不大，小于 10%。

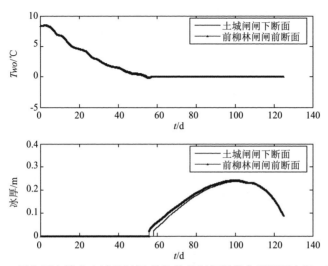

图 16.4.6 平冬正向输水土城节制闸-前柳林节制闸渠段典型断面水温、冰厚过程

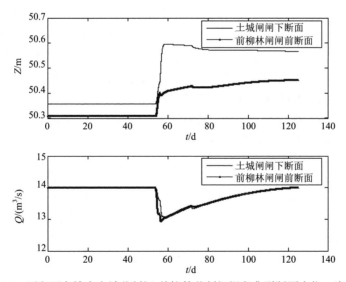

图 16.4.7 平冬正向输水土城节制闸-前柳林节制闸渠段典型断面水位、流量过程

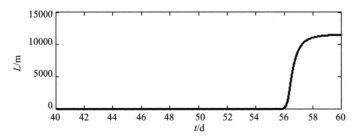

图 16.4.8 平冬正向输水土城节制闸-前柳林节制闸渠段冰盖动态发展过程

16.4.2　冰情范围及发展过程

图 16.4.9 给出的是平冬正向输水各监测渠段典型断面水温变化过程。从图 16.4.9 可看出，团城湖进口断面在 12 月 23 日后水温转负，略小于 0℃，该时段内，屯佃节制闸-团城湖渠段开始发生冰情，冰盖开始向相应渠段上游发展，这是该工况下引水渠发生冰情的开始时刻。紧随其后，上游各渠段开始发生冰情，由于各段水力控制条件合适，均能生成光滑冰盖平铺上溯。由图 16.4.9 还可看出，兴寿节制闸-东沙河节制闸负水温的持续时间最长，水温值也最小，达到了–0.5℃，说明冰花浓度较高，这与该渠段长度较大有关系，从出现冰花到封河持续时间 10d 左右，再往上游桃峪口节制闸断面水温最低也大于 0℃，未发生冰情，也就是说平冬年该工况下京密引水渠全封河段为团城湖-兴寿节制闸，约 55.5km。

图 16.4.10 再现了平冬年降温时各典型渠段结冰期冰盖动态发展过程。由图 16.4.10 可知，当最末渠段发生冰情后，冰盖继续发展过程中，紧邻该渠段上游的渠池（温泉倒虹吸-屯佃节制闸）发生冰情，随之冰盖从该渠段倒虹吸进口前向上发展。该渠段以北各渠段冰盖动态发展规律类似，由于气温、水温不同，各渠段冰盖开始平铺的时间也是有早有晚，这些渠段冰盖推进起始时间相差不大，逐次在 1d 内开始发展，较长的渠段封河所需时间长一些，如兴寿节制闸-东沙河节制闸渠段。发生冰情的渠段在平冬年该工况下全部冰封约需要 20d，该时间主要受水力条件、来流量、气温等影响，其中发生冰情渠段的最晚时刻比终点处约晚 5d，而一旦某一渠段冰盖开始平铺上溯，一般冰盖全封时间不超过 2d。此外，发生冰情过程中，同一时间点上，各渠段冰盖均在同步向上游发展，即京密引水渠各渠段表面将形成水面-冰面-水面-冰面这种交替的发展状态，而不同渠段发展速度、长度、渠段冰封状态亦有所不同。如在第 60 天，横桥倒虹吸到团城湖终点基本已经全部冰封，断面冰封率为 1，相应的冰盖坚冰层厚度随着气温持续为负继续增大，而埝头节制闸－横桥倒虹吸渠段冰盖还在继续发展，该渠段在第 60 天冰封长度超过渠池长度的 90%以上，此刻的东沙河节制闸以北的渠段还没有开始冰封。

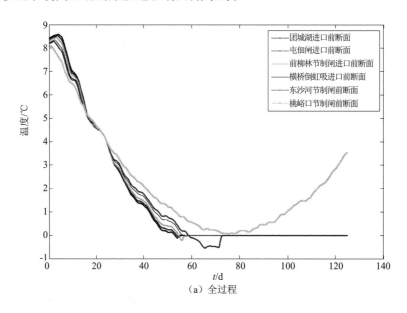

（a）全过程

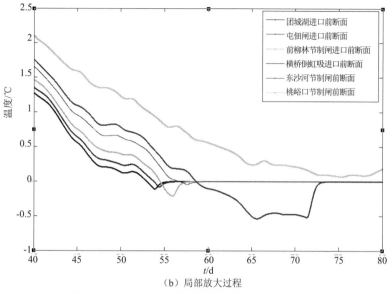

（b）局部放大过程

图 16.4.9　平冬正向输水各监测渠段水温变化过程

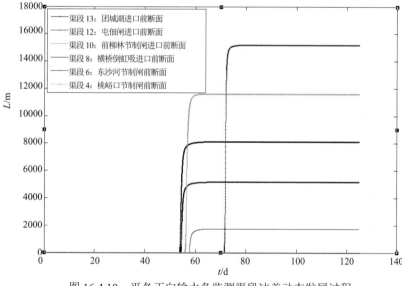

图 16.4.10　平冬正向输水各监测渠段冰盖动态发展过程

16.4.3　冰封后水面线

图 16.4.11、图 16.4.12 分别计算给出了平冬年正向输水冰封后沿程水面线及最终的闸前水位差。结果表明，当京密引水渠封冻后，如闸门不调控，对沿程水位的壅高还是比较明显的，最大的闸前水位壅高 0.3m 左右，部分闸后水位壅高更大，不过小流量下闸后超高富余较大，运行是安全的。需要指出，考虑到渠道各输水水位越高，渗漏损失也就相应增大，这对供水保证率还是有较大影响。

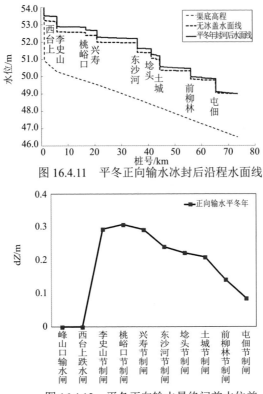

图 16.4.11　平冬正向输水冰封后沿程水面线

图 16.4.12　平冬正向输水最终闸前水位差

16.4.4　闸前水位差

图 16.4.13 计算给出了平冬年正向输水冰封后最终的闸前水位差，作为对比，也给出了冷冬年的结果。由图 16.4.13 可知，冷冬年京密引水渠封冻距离更长，沿程水位的壅高也比较明显，最大的闸前水位壅高 0.36m 左右，比平冬年稍大。总体来讲，京密引水干渠冬季输水流量为设计流量的 35% 时运行，在冷冬年、平冬年结冰期均不会发生冰塞，渠道良好的水力控制条件易于形成光滑冰盖快速上溯发展，且形成冰盖时最大水位壅高小于 0.4m，运行是安全的。

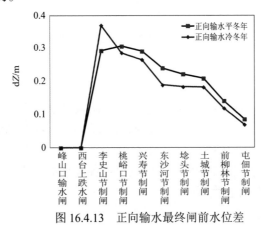

图 16.4.13　正向输水最终闸前水位差

16.5 冬季正向输水的调度

16.5.1 调度思路

以上计算研究表明，冬季小流量输水，并利用节制闸抬高水位运行，能够保证尽快封河实现安全输水，此外流量减小不多，与供水保证率基本适应。但是，京密引水冬季高水位冰盖下输水方案会使沿线水位壅高，如果闸门不动作，壅高水体会导致渠道渗漏损失增大，从这点考虑，为适应当前北京水资源紧缺形势，有必要进一步研究新的调度和输水方案，尽量使得闸前水位和沿程水位能够恢复到闸前设计水位或略微降低运行，从而分析冬季采取适当降低水位冰盖下运行方案的可行性。

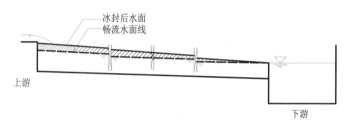

图 16.5.1　正向输水概化图（中间省略多处闸门）

如图 16.5.1 所示，正向输水各节制闸闸门保持 $Q=14m^3/s$ 的开度不变，在上游出库流量一定的情况下，如果渠道表面冰封，由于糙率和湿周增大，过流能力减小，要维持各渠段输水流量不变，此时水位会沿程壅高，即图中粗线所示位置。要采取降低水位冰盖下输水的运行方案，则必须采取调度措施。同畅流条件相比，冰封后水面线与畅流水面线之间的水量即为克服糙率、湿周变化等影响后的蓄水增量，要想使闸前水位恢复到畅流期的水位，有以下三种调度思路供参考：

（1）上游流量保持不变，节制闸不动作，降低下游湖泊的水位。由于下游水位降低，沿程水面线均会降低，只要下游水位降低值合适，各节制闸闸前水位可以降到畅流水面线的位置。

（2）考虑到渠道冰封后水位全线壅高，相当于原渠道增加了蓄量，那么可以采取先排除蓄量，然后调度的方式，即先将上游入流量减小，一段时间待蓄量排出后，在恢复上游入流量，同时，增大各闸门开度，维持畅流期水位。

（3）上游流量保持不变，仅动作节制闸，稳封后一步将各节制闸的开度调至目标值，由于增大了泄量，水位可回落到畅流水面线位置。

三种方案均可实现较低水位冰盖下输水，但由于下游团城湖水位受各分水流量的限制，如果水厂流量一定，则团城湖水位变化不大，因此方案（1）不合适。下面通过数值模拟研究上述调度思路（2）和（3）的合理性，并最终给出稳封期安全合理的输水调度建议。

调度研究过程是：①首先进行典型年渠道结冰过程的模拟，通过计算研究确定各节制闸闸门调度开始的时刻；②节制闸调度。通过增大各节制闸开度，研究确定动作时间，此时以渠道冰盖稳定性条件作为约束。

16.5.2　调度结果分析

考虑到 33 年日均气温过程更具有一般性，这里选择平冬年气温研究冬季输水的调度。其中，调度方案（2）中，上游流量过程为 $14\text{m}^3/\text{s} \rightarrow 7\text{m}^3/\text{s} \rightarrow 14\text{m}^3/\text{s}$，过程持续时间 10h，闸门调度时间为 30 个时间步长，即 1h，根据平冬正向输水各监测渠段冰盖动态发展过程图 16.4.10，闸门开始调度的时刻是第 75 天。调度方案（3）中，上游流量一直不变，闸门也是在第 75 天开始动作，动作时间为 1h。

图 16.5.2 计算给出了平冬年正向输水调度思路 2 和 3 的最终水面线，作为对比，也给出了畅流水面线和平冬年封河后的水面线。对比结果表明，平冬年输水若节制闸不动作，沿程水位壅高明显，采取调度思路（2）或（3），最终水面线均有不同程度的回落。调度方案（2）优点是可以使闸前水位恢复到畅流期的目标值，但由于要提前排出蓄量，入流量发生了变化，下游供水流量会减小，供水的保证率不高，因此不是最优。方案（3）只要节制闸开度变化合适，冰盖不破裂，能够使水位恢复到畅流期目标值，由于闸门开度增大，沿程各段流量会增大，增大的流量亦可弥补结冰期水量的减小。此外，由于上游流量保持不变，整个渠道供水保证率较高，研究表明闸门调度开始时刻和动作时间均是合理的。图 16.5.3 还给出了两种调度方案下最终各节制闸闸前水位与设计水位的差值，显而易见，方案（3）水位离目标值更近。此外，方案（3）操作上也相对简单，因此调度方案（3）更优。图 16.5.4 和图 16.5.5 给出的是调度方案（3）闸门动作工况下，典型渠段水位、流量变化过程，由于是在渠道稳封后增大节制闸开度，调度对水位、流量的影响较对冰情要素的影响要显著得多。由图 16.5.4 可看出，屯佃节制闸-团城湖段由于上游屯佃节制闸闸门开度增大，该段的流量也迅速增大，闸后水位也相应抬高，由于开度变化并不显著，流量增量也不大，增幅为 $1\text{m}^3/\text{s}$，随着蓄水增量慢慢排出，水位也呈现下降趋势，这在图 16.5.5 中表现得更明显，闸前水位回落，闸后水位上升，渠段流量增大，节制闸动作完毕之后，水位呈现下降趋势，在第 120 天后，水位已基本回落到闸前设计水位值。

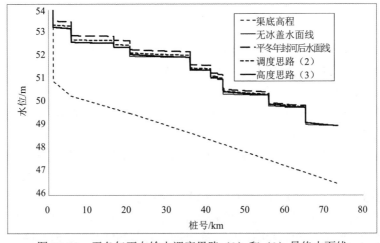

图 16.5.2　平冬年正向输水调度思路（2）和（3）最终水面线

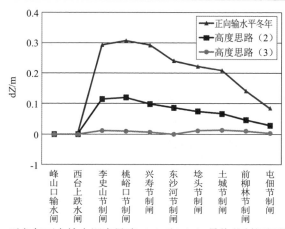

图 16.5.3 平冬年正向输水调度思路（2）和（3）最终节制闸闸前水位差值

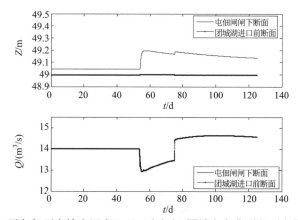

图 16.5.4 平冬年正向输水调度工况下屯佃闸-团城湖段典型断面水位、流量过程

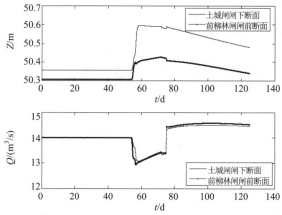

图 16.5.5 平冬年正向输水调度工况下土城闸-前柳林节制闸段典型断面水位、流量过程

上述研究表明，为解决冰期抬高水位、壅高水体带来的渠道渗漏损失问题，采用调度方案（3）可使得闸前水位和沿程水位在稳封期恢复到闸前设计水位，提高了供水保证率，该运行方案是可行的。

16.6　反向输水水力控制条件

调蓄工程反向输水为梯级加压长距离输水工程，以团城湖为起点，沿京密引水渠自西南向东北方向，途经怀柔水库，加压至密云水库（见图 16.6.1）。其中团城湖—怀柔水库段共分 6 级加压，依次为屯佃泵站、前柳林泵站、埝头泵站、兴寿泵站、李史山泵站及西台上泵站，其中 1～5 级屯佃泵站、前柳林泵站、埝头泵站、兴寿泵站及李史山泵站设计规模 20m³/s，初步设计中均选用 4 台立式轴流泵，单机流量 6.67m³/s，3 台工作，1 台备用，第 6 级西台上泵站设计规模 20m³/s，选用 4 台立式混流泵，单机流量 6.67m³/s，3 台工作，1 台备用。反向输水时，原节制闸合并倒虹吸处由于节制闸完全关闭，闸前后变成泵站边界条件。此外，跟正向输水不同，断面信息和气温模块也发生变化。

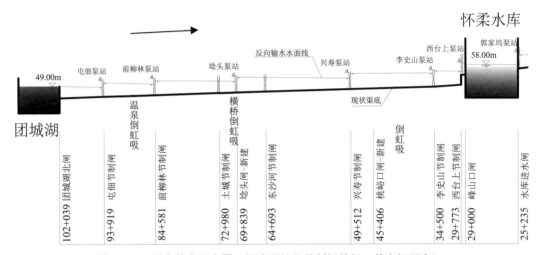

图 16.6.1　反向输水示意图（新建泵站处节制闸关闭，其它闸开启）

初步设计给出的各泵站特征水位见表 16.6.1。

表 16.6.1　泵站特征水位表（3 泵运行）　　　　　　　　单位：m

名称		最低水深	正常水深	最高水深	最低水位	正常水位	最高水位
屯佃	泵前	1.600	1.871	2.466	48.575	48.846	49.441
	泵后	2.292	2.746	2.900	49.267	49.721	49.875
前柳林	泵前	1.300	2.007	2.170	48.816	49.522	49.686
	泵后	2.800	2.922	3.001	50.417	50.522	50.601
埝头	泵前	1.000	1.200	1.345	49.422	49.621	49.767
	泵后	3.066	3.114	3.200	51.475	51.538	51.616
兴寿	泵前	1.000	1.200	1.453	50.547	50.758	51.008
	泵后	2.708	2.800	3.000	52.262	52.366	52.563
李史山	泵前	1.000	1.317	1.712	51.329	51.658	52.049
	泵后	2.592	2.773	3.000	52.921	53.114	53.338
西台上	泵前	1.800	2.000	2.251	52.749	52.949	53.200
	泵后	3.250	4.755	6.250	57.200	58.705	60.200

首先利用模拟平台对反向输水的水面线进行复核。恒定流时，3 泵运行输水流量 Q=20m³/s，怀柔水库水位 58.5m，恒定流计算糙率为初步设计报告推荐值，各模块中考虑

了沿程损失和局部水头损失，给定流量下各泵前水位按设计正常水位考虑。非恒定流中上游边界为团城湖水位 49.0m，保持不变，下游给定泵抽水的流量，$Q=20m^3/s$ 也保持不变。图 16.6.2 给出的是反向输水设计流量下恒定流、非恒定流计算的沿程水位对比。由图 16.6.2 可见，在泵抽水情况下，各渠段逆坡渠道水面呈现比较明显的降水曲线，泵前水深小，泵后水深大。图 16.6.3 给出了该流量下仿真平台中恒定流模块和非恒定流模块计算得到流量差，计算表明二者沿程流量相差不大，非恒定计算结果最终能够收敛到恒定流计算结果，最大流量差小于 0.01m³/s。图 16.6.4 给出的是京密引水渠反向输水单泵运行和三泵运行水面线的对比，由于团城湖水位不变，屯佃泵站闸下在大流量时水位比小流量时低，其它渠段大流量的泵后水位明显比小流量的大。

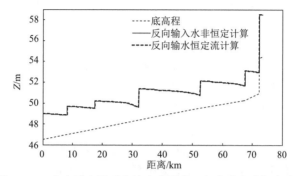

图 16.6.2 京密引水渠反向输水水面线（恒定流和非恒定流）

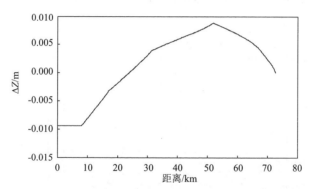

图 16.6.3 反向输水恒定流和非恒定流计算水位之差

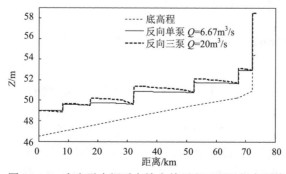

图 16.6.4 京密引水渠反向输水单泵和三泵运行水面线

与正向输水类似，调蓄工程冬季反向输水防冰塞控制要求也是要保证冰期尽快形成稳定冰盖，即要通过控制沿程流量（Fr）来控制冰盖发展模式（光滑冰盖平铺模式，冰盖前缘 Fr 应小于 0.06，较不利的水力加厚模式发展时，冰盖前缘 Fr 也应小于 0.09），实现冰盖下输水，此外，由于是泵边界条件，冰期要求输水流量尽量稳定，以防止冰盖破坏。考虑到反向输水泵站处闸门已经完全关闭，只能通过抽水流量来控制水流条件。根据初步设计报告中各泵站的配置情况，图 16.6.5 计算给出了几种流量工况下沿程 Fr 分布规律，各工况流量是：3 泵运行（$Q=20.0\text{m}^3\text{/s}$）、2 泵运行（$Q=13.34\text{m}^3\text{/s}$）和单泵运行（$Q=6.67\text{m}^3\text{/s}$）。由图 16.6.5 可知，3 泵流量下某些泵站进口（埝头、兴寿、李史山泵站）Fr 接近 0.22，根据冰盖发展模式判断条件，正常设计水流条件不能形成连续冰盖。减小输水流量至 2 泵运行，相应沿程的 Fr 减小，但上述泵站进口断面的 Fr 仍大于 0.09，不利于形成冰盖。单泵流量运行时，埝头、兴寿、李史山、西台上泵站进口断面的 Fr 均在 0.07 左右，各渠段上游（团城湖方向）Fr 沿程减小，这主要是因为渠段上游水深较大。需要指出，若泵站能够实现变频运行，流量可适度放大到反向设计流量的 50%（$Q=10.0\text{m}^3\text{/s}$），此时（埝头、兴寿、李史山泵站）$Fr$ 接近 0.10，稍大于 0.09 的控制条件，但由于泵站特征中泵前最高水位相比正常水位还有 0.146～0.595m 间的余幅，以埝头泵站 0.146m 计算，上述典型位置 Fr 小于 0.09。计算表明：单泵运行条件下各断面 Fr 均在控制范围内，满足平铺上溯形成光滑冰盖的条件，若以最高水位控制，抽水流量可提高到反向设计流量的 50%。因此，正常水位下调蓄工程冬季反向输水控制流量为单泵抽水基本能够满足冰期安全输水要求。下一步需要计算分析结冰期各渠段监测断面的 Fr 的变化及结冰期各渠段水位波动情况。

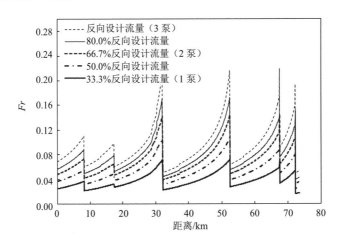

图 16.6.5　京密引水渠反向输水沿程 Fr 与输水流量的变化

16.7　平冬年反向输水模拟及分析

反向输水仍以平冬年为例说明。数值模拟的范围、冰参数条件、糙率等参数取值基本同正向输水，不同的是水流控制条件，即反向输水的首段面团城湖水位给定 49.0m 保持不变，怀柔水库末断面给定抽水流量 $Q=6.67\text{m}^3\text{/s}$ 并保持不变，各新建节制闸前后为泵站内边界条件。

16.7.1 典型渠段冰水力学要素变化

选取李史山泵站-西台上泵站渠段、东沙河倒虹吸-兴寿泵站渠段等典型渠段冬季冰水力学要素变化过程来说明。由气温过程图16.2.3计算得到的该渠段内的水温趋势如图16.7.1所示，这也跟气温变化的规律基本一致。由于反向输水上游团城湖气温略高，渠道水温主要受当地气温和团城湖出水温度控制，与正向输水不同的是，下游因离团城湖较远，水温受气温的影响更为明显，表现在下游更易出现冰情。平冬年12月5日起，下游怀柔水库位置气温持续转负，此时渠道上游气温还大于0℃，伴随下游气温转负，水温也逐渐降低接近0℃，渠道末端断面开始出现冰花，渠道随即进入冰期运行，这比平冬正向输水冰情时间提前。伴随气温的持续转负，上游断面水温继续走低，产冰量增大，冰花浓度也变大，冰花上浮至渠表面，在末端闸门闸下开始堆积，形成初始冰盖。一旦形成冰盖，冰盖将水体与外界隔绝，水体不能与空气进行热交换，随之水温将逐渐回升至接近0℃。由于反向输水上下游边界条件发生变化，跟正向输水相比，水位、流量变化规律上差别较大，在形成冰盖过程中，泵站闸前水位稍有降低，闸后水位增大，随即回落，由于上游流量减小，因此渠段水位呈现逐渐降低的趋势，该段最大水位降幅为0.35m，如图16.7.2所示。由于末端泵站出流流量保持不变，冰盖形成过程中该渠段流量的变化较小。图16.7.3是该渠段冰盖厚度的变化，由此可知，渠段末断面早生冰，首段面晚，且末断面厚，因越靠近渠下游气温越低，且该渠段离上游团城湖较远，故首末断面冰厚还是略有差别，末断面最大冰厚0.21m，首断面0.17m。图16.7.4给出的是该渠段冰盖前缘的动态发展过程，可看出冰盖的平铺速度也是比较快的，约2d该段全封。

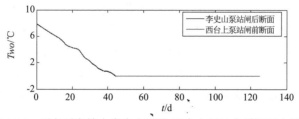

图 16.7.1　平冬反向输水李史山泵站-西台上泵站典型断面水温过程

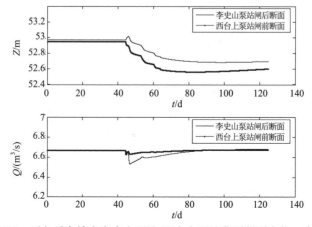

图 16.7.2　平冬反向输水李史山泵站-西台上泵站典型断面水位、流量过程

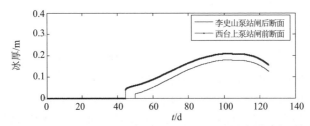

图 16.7.3　平冬反向输水李史山泵站-西台上泵站典型断面冰厚变化过程

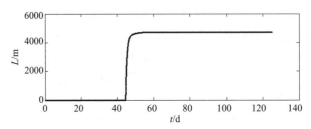

图 16.7.4　平冬反向输水李史山泵站-西台上泵站渠段冰盖动态发展过程

图 16.7.5 ~ 图 16.7.6 还给出了渠道中游东沙河倒虹吸-兴寿节制闸渠段在平冬年反向输水过程中各冰水力学要素的变化过程曲线。该渠段在李史山泵站-西台上泵站渠段上游15km，渠段长 15.2km，进入冰期比该段晚，平冬年 12 月 16 日（第 47 天）水温转负，负水温持续的时间也较长，约在 12 月 23 日（第 54 天）才开始冰封，如图 16.7.5 所示。由图 16.7.5 还可看出，该渠段最大冰厚比靠近怀柔水库的李史山泵站-西台上泵站渠段要薄，这主要是因为上游气温略高所致，同样的，首末断面冰厚还是差别较大，这跟正向输水平冬年的特性稍有不同。图 16.7.6 是该段流量、水位过程，该段渠道较长，波的传播时间较长，上游东沙河倒虹吸后水位在冰盖形成期先上升后缓慢回落，下游兴寿泵站前水位先下降后回落，最终趋于稳定。图 16.7.7 是该渠段冰盖前缘的动态发展过程，该段冰盖发展速度是先慢后快，这是因为逆坡输水，闸下水深浅，冰盖前缘 Fr 较大，冰盖发展稍慢，越向上游发展，Fr 减小，更利于光滑冰盖的快速发展，总体来说，冰盖的发展速度较快，2d时间该段全封。

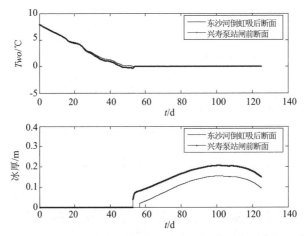

图 16.7.5　平冬反向输水东沙河倒虹吸-兴寿泵站典型断面水温、冰厚过程

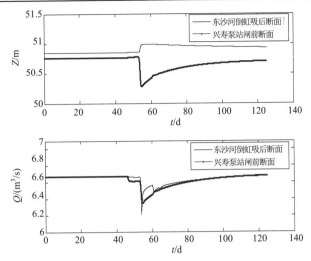

图 16.7.6　平冬反向输水东沙河倒虹吸-兴寿泵站典型断面水位、流量过程

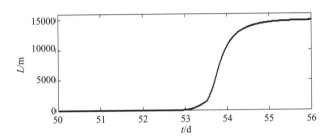

图 16.7.7　平冬反向输水东沙河倒虹吸-兴寿泵站冰盖动态发展过程

16.7.2 冰情范围及沿程冰厚

　　图 16.7.8 是平冬年反向输水各监测渠段典型断面水温变化过程。从图 16.7.8 可看出，怀柔水库进口断面在 12 月 4 日后水温转负，略小于 0℃，该时段内，西台上泵站-怀柔水库渠段开始发生冰情，冰盖开始向相应渠段上游发展，这是该工况下引水渠发生冰情的开始时刻。紧随其后，上游各渠段开始发生冰情，由于各段流量控制合适，均能生成光滑冰盖平铺上溯。由图 16.7.8 还可看出，兴寿泵站上游段、土城倒虹吸上游段负水温的持续时间均最长，水温值也最小，达到了 -0.5℃。屯佃泵站-温泉倒虹吸段下游水温在第 63 天至第 86 天一直持续负水温，虽然该时段气温较低，但因它离团城湖太近，受引水水温影响，始终未封河，这表明平冬年京密引水渠反向输水全封河段为温泉倒虹吸-怀柔水库，约 59.7km，这跟平冬年正向输水基本一致。图 16.7.9 再现了平冬年降温时各典型渠段结冰期冰盖动态发展过程，其基本规律跟平冬年正向输水一致，不再赘述。由图 16.7.9 可知，发生冰情的渠段在平冬年该工况下全部冰封大致需要 17d。从图 16.7.3、图 16.7.5 可知，该工况下沿程冰厚最厚发生在渠道下游，怀柔水库附近，为 0.21m，往上沿程逐渐降低，图 16.7.10 为平冬年反向输水各监测渠段在第 125 天沿程的冰厚分布，也可说明上述结论，即从上游团城湖到下游怀柔水库冰厚是沿程增大的。

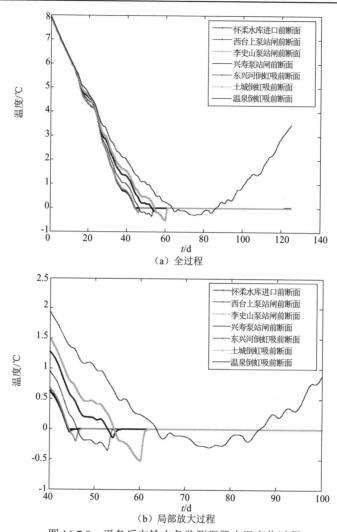

图 16.7.8　平冬反向输水各监测渠段水温变化过程

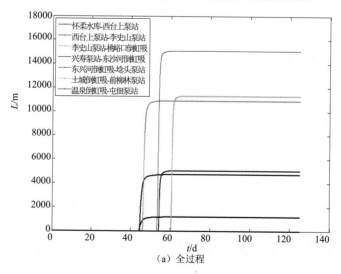

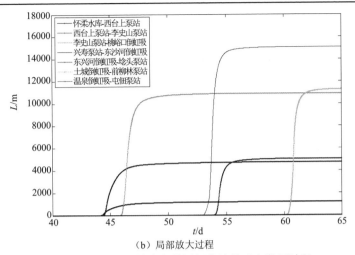

（b）局部放大过程

图 16.7.9 平冬反向输水各监测渠段冰盖动态发展过程

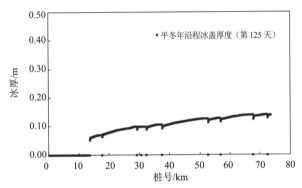

图 16.7.10 平冬反向输水各监测渠段某时刻沿程冰厚分布

16.8 小结

密云水库调蓄工程是提高北京水资源战略储备的重点工程。工程利用原京密引水渠输水，特点是线路较长、过水建筑物类型多、输水水力学响应过程复杂。由于工程地处北京，冬季运行时，渠道将处于无冰输水、流冰输水、冰盖输水多种状况组合的复杂运行状态，加之新建了多级泵站和闸门，运行中局部建筑物存在发生冰塞的风险。为保证冰期输水安全和实现输水目标，本章以京密引水渠（原渠）原型观测资料为基础对开发的冰情发展模型参数进行了率定，然后开展了调蓄工程冬季正、反向输水数值模拟研究，主要成果和结论如下：

（1）通过率定合适的参数，包括冰盖糙率、大气与冰盖热交换系数等，开发的仿真平台具备模拟明渠-闸门-泵站系统反向输水的能力，且可得到较好的模拟结果。

（2）计算分析了调蓄工程冬季正向输水的冰情特性及输水能力。

1）研究了正向运行工况冰期输水模式和防冰塞水力控制条件，给出了沿程平均 Fr 与过流量的线性关系。设计水位下输水能力控制在设计流量的 35%（$Q=14\text{m}^3/\text{s}$）并利用干渠沿程节制闸分段壅水，能够保证冬季冰盖按平铺上溯模式发展，如从控制 $Fr<0.09$ 分析，输水能力还可适度放大到设计值的 42%。

2）计算了典型年冬季正向输水的冰情特性，冰封日期、范围、冰厚等特征。结果表明：京密引水干渠冬季输水流量为设计流量的 35%时，在冷冬年、平冬年结冰期均不会发生冰塞，渠道良好的水力控制条件易于形成光滑冰盖快速上溯发展，且形成冰盖时最大水位壅高小于 0.4m，运行是安全的。

3）计算研究了调蓄工程冬季正向输水的调度方案。可行的调度思路是：上游流量保持不变，仅动作沿线节制闸，稳封后一步将各节制闸的开度调至目标值。计算结果表明：在给定的调度开始时刻和动作时间内，采用上述调度方案可使得闸前水位和沿程水位在稳封期恢复到闸前设计水位，能够降低渗漏，提高供水保证率，该调度方案是可行的。

（3）计算分析了调蓄工程冬季反向输水的冰情特性和输水能力。

1）研究了反向运行工况冰期输水模式和防冰塞水力控制条件，给出了沿程平均 Fr 与过流量的关系。结果表明：单泵运行（$Q = 6.67\text{m}^3/\text{s}$）条件下各断面 Fr 均在控制范围内，满足平铺上溯形成光滑冰盖的条件，即调蓄工程冬季具备反向输水的可行性，但设计输水能力为 2 泵和 3 泵运行不能满足要求，以泵前最高水位控制时可将反向输水的流量提高到设计的 50%（$Q = 10.0\text{m}^3/\text{s}$）亦能够满足冰期安全输水水力控制条件，不过此时冰盖发展速度稍慢。

2）计算了典型年冬季反向输水的冰情特性，具体特征见表 16.8.1。结果表明：反向输水结冰期水力控制条件限制为各泵站单泵运行，即 $Q = 6.67\text{m}^3/\text{s}$，在冷冬年、平冬年结冰期均能快速形成光滑冰盖平铺发展，不会发生冰塞，且形成冰盖后最大水位波动为 0.35m，运行是安全的。

3）调蓄工程运行时，正反向冷冬年冰花及冰封起始日期在当年 12 月 13—14 日间，因此，调蓄工程宜从 12 月中旬提前 1～2 周启动冬季输水运行工况。

表 16.8.1　各计算工况冰情特性

输水工况及气温年	建议输水流量/(m³/s)	冰花及冰封起始日期	稳封日期	稳封时间及规律	稳封范围及长度	最大冰厚及出现日期	最大水位、流量波动
正向输水平冬年	14	12 月 23 日、12 月 23 日	1 月 12 日	20d，前 5d 冰封至埝头闸，后 15d 封至兴寿闸	兴寿节制闸－团城湖，55.5km	越往怀柔水库越薄，各渠段首末差别不大，团城湖最大冰厚 0.24m，2 月 10 日	最大闸前水位壅高 0.3m，流量减小幅值小于 10%
正向输水冷冬年	14	12 月 14 日、12 月 14 日	1 月 4 日	20d，前 3d 冰封至埝头闸，后 17d 封至李史山闸	李史山节制闸-团城湖，67.5km	越往怀柔水库越薄，团城湖最大冰厚 0.38m，2 月 20 日	最大闸前水位壅高 0.36 m，流量减小幅值小于 10%
正向输水平冬年+调度方案 3	调度方案 3：上游流量一直不变，闸门在第 75 天（稳封后）开始动作，动作时间 1h，调度对冰情要素的影响较小，冰情特性如正向输水平冬年工况。各段流量先减小后增大，沿程水位最终恢复到闸前设计水位						
反向输水平冬年	6.67	12 月 14 日、12 月 14 日	12 月 31 日	17d，冰封速度较为均为	温泉倒虹吸-怀柔水库，约 59.7km	越往团城湖越薄，各渠段首末差别较大，怀柔水库最大冰厚 0.21m，2 月 15 日	闸前最大水位降幅 0.35m，闸后最大水位增幅 0.15m
反向输水冷冬年	6.67	12 月 13 日、12 月 13 日	12 月 25 日	11d，前 3d 冰封至前柳林泵站，后 7d 封至屯佃泵站	屯佃泵站-怀柔水库，约 65km	越往团城湖越薄，各渠段首末差别较大，怀柔水库最大冰厚 0.31m，2 月 20 日	闸前最大水位降幅 0.35m，闸后最大水位增幅 0.15m

参考文献

[1] 蔡琳，卢杜田．2002.水库防凌调度数学模型的研制与开发[J]．水利学报（6）：67-71．

[2] 陈文学，刘之平，吴一红，等．2009．南水北调中线工程运行特性及控制方式研究[J]．南水北调与水利科技（6）．

[3] 范北林，张细兵，蔺秋生．2008.南水北调中线工程冰期输水冰情及措施研究[J]．南水北调与水利科技，6（1）：66-69．

[4] 付辉，杨开林，郭新蕾，等．2010.基于虚拟流动法的输水明渠冰情数值模拟[J]．南水北调与水利科技，8（4）：7-12．

[5] 高霈生，靳国厚，吕斌秀．2003.南水北调中线工程输水冰情的初步分析[J]．水利学报（11）：96-101，106．

[6] 郭新蕾，杨开林，付辉，等．2013.冰情模型中不确定参数的影响特性分析[J]．水利学报，44（8）：909-914．

[7] 郭新蕾，杨开林，王涛，等．2011.南水北调中线工程冬季输水数值模拟[J]．水利学报，42（11）：1268-1276．

[8] 刘之平，陈文学，吴一红．2008.南水北调中线工程输水方式及冰害防治研究[J].中国水利（11）．

[9] 茅泽育，吴剑疆，张磊，等．2003.天然河道冰塞演变发展的数值模拟[J]．水科学进展，14（6）：700-705．

[10] 王军，陈胖胖，江涛，等．2009.冰盖下冰塞堆积的数值模拟[J]．水利学报，40（3）：348-354．

[11] 王涛，杨开林，郭新蕾，等．2013.模糊理论和神经网络预报河流冰期水温的比较研究[J]．水利学报，44（7）：842-847．

[12] 魏良琰，杨国录，殷瑞兰，等．1999．南水北调中线工程总干渠冰期输水计算分析[R]．武汉：武汉水利电力大学，长江科学院．

[13] 杨开林，王涛，郭新蕾，等．2011.南水北调中线冰期输水安全调度分析[J]．南水北调与水利科技，9（2）：1-4，6．

[14] 杨开林，郭新蕾，王涛，等．2010.中线工程冰期输水能力及冰害防治技术研究-专题五[R]．北京：中国水利水电科学研究院．

[15] 杨开林，刘之平，李桂芬，等．2002.河道冰塞的模拟[J]．水利水电技术，33（10）：40-47．

[16] Beltaos S. 1993.Numerical computation of river ice jams[J]. Canadian Journal of Civil Engineering，20（1）：88-89．

[17] GUO Xin-lei，YANG Kai-lin，FU hui，WANG Tao，GUO Yong-xin. 2013.Simulation and Analysis of Ice Processes for an Artificial Open Channel[J]. Journal of Hydrodynamics，Ser. B，25（4）：542-549．

[18] Lal A M W，Shen Hung Tao.1993. A mathematical model for river ice processes[M]. CRREL Report 93-4，U S Army Corps of Engineers．

[19] She Y T，Hicks F. 2006.Ice jam release wave modeling：considering the effects of ice in a receiving channel[C]// Proceedings on the 18th IAHR International Symposium on Ice，125-132．

[20] Shen Hung Tao，Chen Y C，Wake A，Crissman R D. 1993. Lagrangian discrete parcel simulation of two dimensional river ice dynamics[J]. International Journal of Offshore and Polar Engineering，3（4）：328-332．

[21] Shen，Wang De sheng，Lal A M W. 1995.Numerical simulation of river ice processes[J]. Journal of Cold Regions Engineering，ASCE，9（3）：107-118．

[22] Zufelt J E，Ettema R. 2000. Fully coupled model of ice-jam dynamics[J]. Journal of Cold Regions Engineering，ASCE，14（1）：24-41．

第 17 章　松花江流域白山河段冰塞模拟

本章将以松花江流域白山河段实测资料，检验第 5 章、第 6 章河冰发展数学模型。

17.1　冰情及原始数据

在 1963 年至 1964 年冬季，东北勘测设计院和白山水电工程处协作对松花江流域白山河段冰塞进行了观测和测量，下面将利用这一冰情实测资料，采用数值仿真研究冰塞的形成、发展过程。

所考察白山河段从松 7 断面至松 35 断面，全长 12km 左右，松 7 断面位于两江口下游，松 32 断面位于大圩子弯道，河底高程如图 17.1.1 所示。

松 32 断面位于大圩子弯道，这里河道较宽，水流速度变缓，在水面冰封率较大时，容易形成冰桥，阻挡上游水面流冰，形成冰盖。从图 17.1.1 可见，白山河段河底高程变化很大，在松 15—松 17 和松 19—松 24 两处河段存在 5m 左右的深坑，在这里流速较缓，而在松 15 和松 19 断面上游，河道底坡陡峭，流速较大，因此在冬季这两处容易形成冰塞。

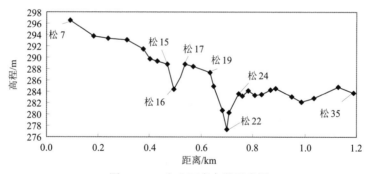

图 17.1.1　白山河底高程示意图

1963 年 10 月至 1964 年 4 月逐日平均气温如图 17.1.2 所示。第一次出现负气温是 10 月 17 日，日平均气温稳定转负在 11 月 8 日，开江前期气温骤降，1964 年 4 月 5 日日平均气温为 1.7℃，4 月 6 日降低到−4.8℃。

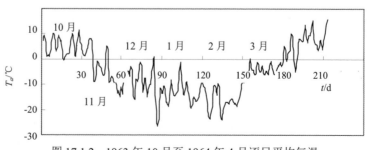

图 17.1.2　1963 年 10 月至 1964 年 4 月逐日平均气温

1963 年 10 月 3 日出现第一次降雪，当时日平均气温仍然在 0℃以上。10 月 17 日第一次出现日平均的负气温（−0.3℃），但气温很快回升，直到 11 月 8 日日平均气温才稳定转负。10 月 9 日第一次见冰，11 月 10 日开始流冰凌，直至 11 月 26 日大葳子弯道（松 32 断面）才开始封冻，流冰历时达 17d 之久。

初期水面冰凌一般呈团状，其水平面积约 1m²，称为冰块。后期逐渐结成冰毯，其面积最大可达 1000m²。生成原因除因气温下降、冰花堆积外，还与河段岸冰的扩展及由于水流条件改变岸冰脱岸有关。

大葳子弯道封冻以前，水面漂浮冰块均流往下游。大葳子封冻起，上游未封河面继续产生冰花和冰块，这就为产生冰塞提供了条件，因此大葳子弯道封冻之日便是冰塞出现的日期。

冰盖前缘到达一些典型位置的日期列于表 17.1.1。在大葳子弯道封冻后的次日，冰盖前缘到达松 19 断面。同时，在松 32 下游，冰缘向下延伸约 300m，观测证实能下移 300m 是封冻冰层因上游冰花来量增加后下滑所致，以后冰缘的变化是逐渐向两端延伸。由于松 19 断面的流速较大，冰盖前缘在此停滞了两天。松 19 封冻前水位为 289.52m（11 月 26 日 10：30），封冻时壅水水位达 290.21m（27 日 10：00），但水位很快消退，水面比降又复增大（28 日 10：00 水位为 289.43m），因此流速也大，冰盖前缘不能上溯。29 日冰盖前缘发展到松 17 断面，这天 10：00 水位为 290.57m，可见冰盖前缘能否上移，流速起主要作用。松 12 处流速总在 1m/s 以上，因此其上游也就迟迟不封冻，即使封冻后，在上游来冰量不充足的情况下，冰盖前缘也会后撤。

表 17.1.1　冰盖前缘的位置

日　期	11 月 27 日	11 月 28 日	11 月 29 日	11 月 30 日	12 月 1—5 日	12 月 6—9 日
冰盖前缘位置	松 19	松 19	松 17	松 14	松 12	松 14

在整个封冻期间松 8 至松 10 间不封冻，该河段比较开阔。松 9、松 11 是两个急滩。松 7 至松 12 间在封冻期存在不封冻的清沟。

松 7 上游松 6 断面是在 1963 年 12 月 9 日插封的。自大葳子弯道出现封冻至松 6 断面封冻又历时 13d 之久，这期间上游来冰全部供给下游冰塞。

在下面的计算中，将以松 7 断面作为白山河段的上游边界条件，以松 33 作为下游的边界条件。

在松 7 断面，边界条件包括：流量、水温、水面漂浮冰盘或冰块的面积率和厚度、水中悬浮冰花随时间的变化。在松 33 断面，边界条件是水位或水深随时间的变化。目前边界条件中可以得到的实测数据包括：松 7 断面部分时间段表面漂浮冰盘的面积率和厚度；松 33 断面的水位。松 7 断面边界条件数据不完善，需要采用其它位置的实测数据进行补充。

由于所研究白山河段较短，在计算中将以松 28 断面的实测流量作为松 7 断面的流量。至于松 7 断面的水温，可分为两种情况处理：一是在松 6 断面和松 28 没有封冻，考虑到白山河段只是松花江的一小段，可以认为松 7 断面的水温近似等于松 28 断面的实测水温；二是在松 6 断面插封后，由于在冰盖下的水温一般接近 0℃，可以认为松 7 断面的水温为 0℃。

根据在松 7 断面实测的气温、冰封率和水面冰平均厚度，气温在 0℃以下时，对实测冰封率与气温作线性回归时，冰封率可以表示为气温的线性函数，即

$$C_a = -0.0191 T_a, \quad T_a < 0 \tag{17.1.1}$$

在数值模拟的过程中，对于松 7 断面的水面冰封率可以分为两种情况处理：在松 6 断面插封以前，用式（17.1.1）估计；在松 6 断面插封后，实测表明在这种情况下，松 6 断面排出的冰花量非常少，因此可近似认为松 7 断面的冰封率和冰花含量均为零。

由于目前缺乏水中冰花的实测资料，在计算中假设在松 7 断面的冰花含量为零。

为了考虑降雪对冰盖厚度热增长或热衰减的影响，在计算中根据实际记录的降雪强度，将其折算成当量的雪盖厚度，作为已知数据输入。由于受篇幅所限，其它原始数据没有详细列出。

17.2　计算结果

一般说来，对于不同的河流和河段，冰盖发展与否的临界弗劳德数 Fr_c、飘浮冰块或冰塞下冰花堆积或冲刷的临界水流速度 V_{sdc}、冰花堆积在冰塞底部的速率 $\theta\omega_b$、冰花层被冲刷的速率 q_s 等系统参数是不同的，应该通过实测来率定，但是，由于目前缺乏相关的实测资料，只能参考其它资料来确定，计算中选取下述典型参数作为临界判据：

（1）当弗劳德数 $Fr\leqslant0.06$ 时，冰盖以平铺上溯模式发展；当 $0.06<Fr\leqslant0.09$ 时，冰盖以水力加厚模式发展；当弗劳德数 $Fr>0.09$ 时，冰盖前缘发展停止，表面冰盘或冰块全部潜入水中，在冰盖下面输运。

（2）当冰盖下水流的断面平均流速 $V<0.9\text{m/s}$ 时，冰花和冰块会堆积在冰盖或冰塞下；当冰盖下水流的断面平均流速 $V\geqslant0.9\text{m/s}$ 时，冰盖或冰塞底部的冰花层会发生冲蚀。

（3）对于水面运动的冰盘或冰块，冰花堆积在它们底部的概率速度 $\theta\omega_b=0.001\text{m/s}$；在冰盖前缘下潜的冰盘或冰块，当它们在冰盖或冰塞下输运时，堆积在冰盖下的概率速度为 $\theta\omega_b=0.0015\text{m/s}$。

（4）冰盖和冰塞底部冰花层被冲蚀的速率为 $\omega_s=0.001\text{m/s}$。

（5）当水流的速度 $V<1.2\text{m/s}$ 时，岸冰会增长；当水流的速度 $V\geqslant1.2\text{m/s}$ 时，岸冰停止增长。

选取计算时间步长 $\Delta t=30\text{s}$ 而河道的分段长度 $\Delta x=100\text{m}$，可以计算得到下面结果。

从 1963 年 11 月 26 日在松 33 断面形成冰盖开始，计算的冰盖前缘到达一些典型断面的时间列于表 17.2.1。比较表 17.1.1 和表 17.2.1 可知，计算与实测的冰盖前缘到达松 19、松 17、松 14 和松 12 的时间是比较接近。

表 17.2.1　冰盖前缘的位置

日期	11 月 28 日	11 月 29 日	11 月 29 日	11 月 30 日	12 月 1 日	12 月 6 日
冰盖前缘位置	松 20	松 19	松 17	松 14	松 12	松 8

17.2.1　水位的变化

在图 17.2.1 和图 17.2.2 分别示出了白山河段 1963 年 12 月 29 日和 1964 年 3 月 25 日的水面线，其中 H_s 表示水位。由此可见，在给定的条件下，计算水面线与实测水面线比较接近。

在图 17.2.3 和图 17.2.4 中分别示出了在松 17 和松 28 断面的水位随时间变化的关系曲线，

其中时间的起点是 1963 年 11 月 9 日，实线是计算值，点线是实测值。从图 17.2.3 可见，在松 17 断面计算水位与实测水位存在一定的偏差，其原因与计算的断面平均冰塞厚度小于实测的断面平均冰塞厚度有关，与冰塞区的综合糙率实际上并不是呈指数规律变化而是在冬季中期比初期大有关；从图 17.2.4 可见，在松 28 断面的计算水位与实测值非常接近。

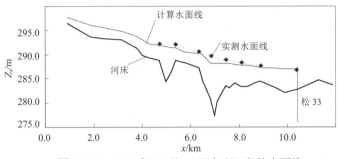

图 17.2.1　1963 年 11 月 29 日白山河段的水面线

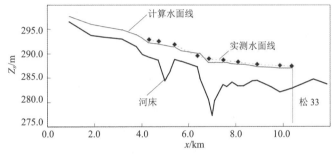

图 17.2.2　1964 年 3 月 25 日白山河段的水面线

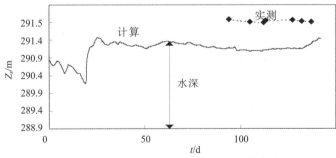

图 17.2.3　松 17 断面的水位随时间的变化

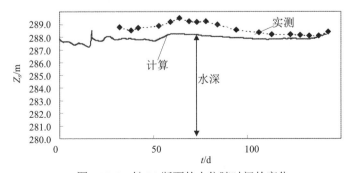

图 17.2.4　松 28 断面的水位随时间的变化

17.2.2　冰塞厚度的沿程分布

在图 17.2.5 和图 17.2.6 中分别示出了白山河段 1963 年 12 月 6 日和 1964 年 3 月 25 日冰塞的断面平均厚度（坚冰层和冰花层）的纵剖面图，其中实线是计算曲线，点线是实测曲线。由此可见，虽然计算和实测的断面平均冰塞厚度在值的大小上有一些差别，但在冰塞厚度的沿程变化规律方面是相似的。

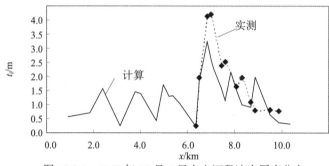

图 17.2.5　1963 年 12 月 6 日白山河段冰塞厚度分布

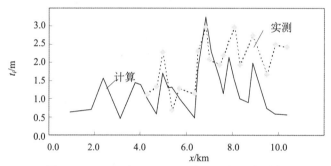

图 17.2.6　1964 年 3 月 25 日白山河段冰塞厚度分布

第 18 章　冰塞堆积平面二维模拟和验证

18.1　实验室水槽

合肥工业大学水力学实验室 U 形弯道实验水槽，由一个 180° 急剧弯段和两个直道段组成的水槽如图 18.1.1 和图 18.1.2 所示。模拟冰盖采用轻质泡沫塑料板，模拟冰粒采用半精炼石蜡，测试表明其平均密度为 0.903g/m³，接近天然冰密度 0.917g/m³，平均孔隙率 41.8%。半精炼石蜡作为模拟冰。

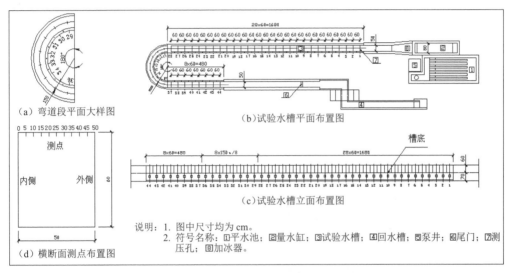

图 18.1.1　180° 试验弯槽及测点布置图

图 18.1.2　试验室 180° 试验弯槽实物图片

　　数值模拟计算中截取 U 形弯道主体处进行研究，具体尺寸见图 18.1.3，其中 C1 到 C7 为弯道段每间隔 30°选取的冰塞厚度测试断面。

　　选定 2 组试验资料进行数值模拟计算，图 18.1.5（a）对应试验条件 1，即进口断面流速 U_0=0.15m/s，下游控制水深 H=0.136m，上游加冰率 q_i=0.098L/s；图 18.1.5（b）对应试验条件 2，即进口断面流速 U_0=0.0673m/s，下游控制水深 H=0.167m，上游加冰率 q_i=0.092L/s。计算时间步长选取 0.01s。计算网格点共有 91×16，采用势流理论的泊松方程对此 U 形弯道进行网格划分，网格划分结果见图 18.1.4。

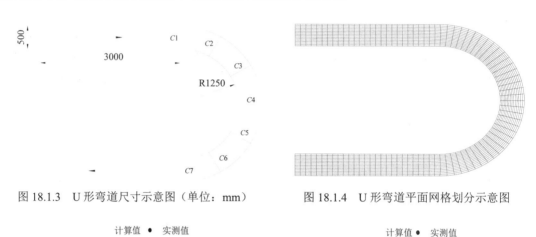

图 18.1.3　U 形弯道尺寸示意图（单位：mm）　　　图 18.1.4　U 形弯道平面网格划分示意图

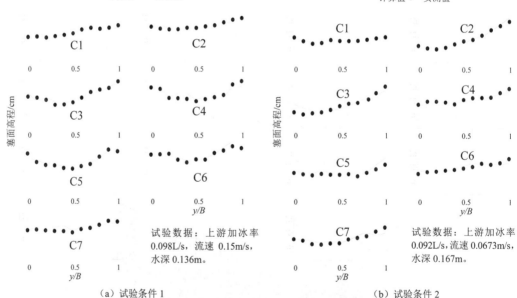

（a）试验条件 1　　　　　　　　　　　　　（b）试验条件 2

图 18.1.5　试验条件下模拟计算结果与实测结果的比较

　　建立冰塞堆积模型对 U 形弯道内冰塞堆积进行模拟计算，将模型计算得到的冰塞面高程曲线与实验室结果相比较，二者的比较可见图 18.1.5。从图 18.1.5 中可以明显地看出二者结果较为一致，且冰塞面在凸岸堆积的厚度明显大于凹岸处的厚度，这与天然河流水内冰堆积规律相吻合，体现了数学模型在应用于实验室水槽的实效性。

18.2 天然河道

选取黄河河曲段实测资料进行天然河道应用部分的模型验证，研究流域为断面 9 ~ 14 号部分，如图 18.2.1 所示，即河曲水文站（二）段至河会段建立数学模型。

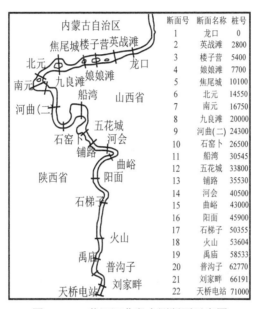

断面号	断面名称	桩号
1	龙口	0
2	英战滩	2800
3	楼子营	5400
4	娘娘滩	7700
5	焦尾城	10100
6	北元	14550
7	南元	16750
8	九良滩	20000
9	河曲(二)	24300
10	石窑卜	26500
11	船湾	30545
12	五花城	33800
13	铺路	35530
14	河会	40500
15	曲峪	43000
16	阳面	45900
17	石梯子	50355
18	火山	53604
19	禹庙	58533
20	普沟子	62770
21	刘家畔	66191
22	天桥电站	71000

图 18.2.1 黄河河曲段实测断面示意图

有鉴于模拟对象针对于稳封期冰盖下的天然河道，选取该河段流量稳定、气温稳定和断面储冰量基本不变的时间段为研究时域，根据河曲（二）水文站实测资料表明，1992 年 1 月 26 日至 2 月 16 日该段河道气温和流量分别稳定在 $-10℃$ 和 $530m^3/s$ 左右，在 1993 年 1 月 16 日到 2 月 1 日之间气温和流量分别约为 $-15℃$ 和 $410m^3/s$，可以认为这两个时间段内河道内形成稳封期的平衡冰塞，因此选定 1992 年 2 月 16 日和 1993 年 2 月 1 日作为验证工况点，进口边界给定流量，出口边界（河会断面）给定水位（1992 年 2 月 16 日为 842.81m；1993 年 2 月 1 日为 842.82m），应用模型模拟计算石窑卜和船湾断面上的冰塞面高程，并与实测资料对比见图 18.2.2 和图 18.2.3。

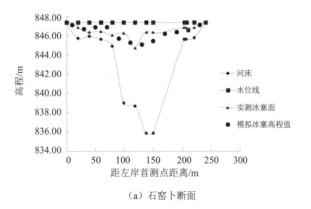

（a）石窑卜断面

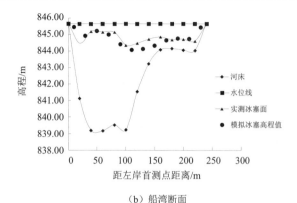

（b）船湾断面

图 18.2.2　1992 年 2 月 16 日工况模拟与实测结果对比图

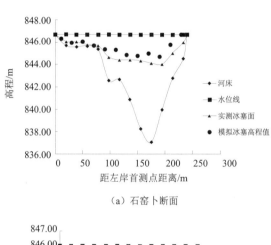

（a）石窑卜断面

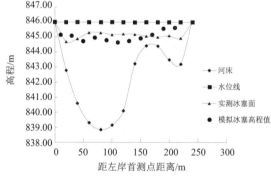

（b）船湾断面

图 18.2.3　1993 年 2 月 1 日工况模拟与实测结果对比图

　　图 18.2.1 中断面均按照左侧邻接陕西省，右侧邻接山西省的原则绘制，从图 18.2.2 和图 18.2.3 中可以看出模拟结果在整体趋势上与实测结果比较一致，说明所建立数学模型可有效地模拟天然河道中的平衡冰塞堆积情况。

第19章　神经-模糊理论在冰情预报中的应用

19.1　基于人工神经网络的黄河宁蒙河段冰情预报研究

黄河是我国冰情出现最为频繁的河流，其中宁蒙（宁夏和内蒙古）河段由于所处的地理位置、河流走向及河道形态等因素影响，冰情最为严重。宁蒙河段位于黄河流域最北端，全长超过 1000km，线路如图 19.1.1 所示，形状呈倒 U 形。

黄河上游宁蒙河段位于黄河大拐弯处上游，在黄河流域最北端，每年气温在 0℃以下的时间可持续多达 5 个月之久，最低气温可达-35℃。河段流向自南向北，即自低纬度到高纬度，故封冻从内蒙古河段向上游低纬度发展，开河则从宁夏河段开始由低纬度向下游发展，极易在每年的封开和开河期间形成凌汛灾害。加之近年来宁蒙河段淤积严重，过流能力减小，槽蓄增量增大，开河期最高水位在逐年升高，致使滩区壅水、壅冰形成新的灾害。因此宁蒙河段的冰情由于其特点和危害性以及对水资源调度的影响而受到越来越多关注。所以，以黄河上游宁蒙河段作为研究实例是具有研究的必要性和代表性的。

图 19.1.1　黄河上游宁蒙河段线路示意图

宁蒙河段及时准确的冰情预报是有效防治该河段凌汛灾害重要的非工程措施，是各级领导进行防凌指挥、调度决策的重要科学依据。而原有的冰情预报系统以统计模型和经验相关模型为主（可素娟等，2000），考虑因素不全，属于静态预报法，使用条件由于近年来气候和河道状况发生变化而受到限制；且原模型所用软件和技术方法较落后，不能反映变化了的新形势，也不能满足新的防凌形势和水资源管理的需要。随着冰情预报研究的深入，需要建立有理论依据、考虑因素较全且能进行动态连续演算预报而且精度较高的黄河宁蒙河段冰情预报模型支撑冰情预报工作。20 世纪 90 年代以来，黄河冰情预报人员逐渐学习国外冰情模拟技术，建立了黄河冰情预报经验数学模型，特别是黄河水利委员会陈赞廷等在 1994 年建立的黄河下游实用性冰情预报数学模型，可素娟等 1998 年建立的黄河上游实用性冰情预报数学模型（可素娟等，2000），这两个冰情预报经验性数学模型，考虑了热力学理论及冰水力学理论，采用经验与理论相结合的方法，曾在冰情预报工作中发挥了很大的作用。然而冰情本身的复杂性及黄河河道冲淤多变、主流摆动频繁、多弯道、浅滩、汊河、横河等，使黄河冰情规律很难掌握，另外黄河河道资料欠缺，这给传统数学模型在黄河冰情预报中的应用造成极大困难。

　　近 10 年来宁蒙河段的河道条件发生了较大变化，断面冲淤严重，而该模型主要是应用 1996 年以前的资料率定的，模型的适用性较差。由于缺乏可用的河道地形资料（宁蒙河段大断面的观测最后一次是 1992 年汛后），难以建立基于水动力学的冰情预报数学模型。所以本书充分利用人工神经网络所具有的自学习能力、非线性映射能力、对信息处理较强的鲁棒性和容错性，能够克服上述种种困难，根据已学习的知识和处理问题的经验对复杂问题作出合理的判断决策，给出较满意的解答，或对未来过程作出有效的预测和估计，使得传统技术应用最为困难的知识获取工作，转换为网络的自学习调节过程，提高了预报的精确度。

　　所以，本书用 L-M 算法改进 BP 神经网络，建立了黄河宁蒙河段冰情预报的神经网络模型。

19.1.1　冰情预报模型

　　影响河流冰情的因素是冰情预报模型建立和预报因子的选取的重要依据。影响河流冰情的主要因素有热力因素、动力因素（也叫水力因素）、河床和河道的形态以及越来越频繁的人类活动等。

　　（1）热力因素包括气温、水温、太阳辐射、地面热辐射等。气温不仅影响太阳辐射和地面热辐射，又影响着水温和冰情。因此，气温是影响冰情变化的热力因素的集中表现，是主要的热力因素。

　　（2）动力因素包括流量、流速、风速、水位、波浪等。流量变化影响了水位和流速的变化，水位、流速和流量之间有着密切的联系和决定性，流量大，则流速大，水位高。流量的动力主要表现在流速和水位上，水位和流速影响着结冰条件、封河条件（平封或者紊封）、开河的形式（文开河或者武开河）、影响冰凌的输移、下潜、卡塞等。因此，流量是冰情演变的主要动力因素。

　　（3）河道形态包括河道走向、河床的特征、河道的位置边界条件等。河道的扩大与收缩、拐弯、滩地、汇流等河道状况都会影响流冰卡堵、堆积、封冻、结坝等现象。

　　（4）人类活动影响主要指在河道上修建水利工程，如水库拦水、分滞洪区的规划、引水渠分水和闸门控制水流等。水库调节不仅能改变原河道的流量分配、控制水流下泄，同时还改变局部河道的水温，所以水库对冰情的影响反映在水力因素和热力因素上。其他的水工建筑物不同程度上改变河道的边界条件、水流条件，从而通过这些水力因素影响到冰情。

现阶段，黄河宁蒙河段设置了4个主要水文观测站：石嘴山、巴彦高勒、三湖河口和头道拐。冰情预报模型的建立，主要依赖于这4个水文站冰情历史的和现时的实测资料。

宁蒙河段历年流凌、封河和开河时间统计见表19.1.1。网络的训练数据依赖大量历史资料，目前存在的历史资料大多来自河道上不同的水文站。用人工神经网络理论预报冰情，在对实测资料进行参数率定的基础上，结合气温的中期、短期预报，可以作出河段主要站点以下预报：①水温、流凌日期预报；②流凌密度、封河日期预报；③冰盖厚度、开河日期预报；④开河最大流量、开河最高水位预报；⑤冰塞、冰坝的可能性预测等。

对冰形成、发展、消融过程的影响因素很多，起主要作用的是热力因素和动力因素，包括气温、水温、流量、水位等。根据冰情发生的机理，得到神经网络数学模型为

$$D_g = f(T_w, T_a, Q, \mathcal{V}_{cs}, \cdots, H_l) \tag{19.1.1}$$

式中：D_g 为预报目标；T_ω 为水温，℃；T_a 为气温，℃；Q 为流量，m^3/s；$\mathcal{V}_{cs}$ 为槽蓄水量，m^3；H_l 为水位，m。

表 19.1.1　宁蒙河段水文站历年流凌、封河和开河时间统计表

年份	石嘴山/（月-日）			巴彦高勒/（月-日）			三湖河口/（月-日）		
	流凌	封河	开河	流凌	封河	开河	流凌	封河	开河
1986—1987	11-25	01-04	2-12	11-24	11-30	03-06	11-13	11-27	03-23
1987—1988	11-27	01-18	03-10	11-27	12-03	03-23	11-26	11-28	03-27
1988—1989	12-06	01-14	02-23	12-04	12-31	03-13	11-23	12-11	03-21
1989—1990	12-27	未封	—	12-01	01-12	03-01	11-14	01-01	03-13
1990—1991	11-30	未封	—	11-30	12-25	03-06	11-21	12-01	03-23
1991—1992	12-18	未封	—	12-12	12-27	03-10	11-12	12-12	03-23
1992—1993	12-10	01-20	02-12	12-09	12-25	03-07	11-09	12-19	03-17
1993—1994	11-20	01-18	02-24	11-18	12-05	03-18	11-17	11-24	03-27
1994—1995	12-20	01-25	02-18	12-14	12-25	03-05	12-02	12-17	03-15
1995—1996	11-23	01-16	03-01	12-01	12-25	03-18	11-23	12-12	03-26
1996—1997	11-30	未封	—	11-18	12-07	03-09	11-13	11-28	03-15
1997—1998	12-02	01-06	02-23	11-18	12-10	03-02	11-15	11-18	03-08
1998—1999	12-11	01-20	02-11	12-10	01-08	03-01	11-15	12-14	03-11
1999—2000	12-18	01-25	02-25	11-28	12-22	03-15	11-26	12-18	03-22
2000—2001	12-10	未封	—	12-10	01-02	03-10	11-08	12-03	03-12
2001—2002	12-05	01-28	02-18	12-05	12-13	02-24	11-25	12-08	03-06
2002—2003	12-08	01-03	2-22	12-07	12-24	03-07	11-18	12-10	03-23
2003—2004	12-06	01-22	02-21	12-06	12-20	03-07	11-23	12-07	03-14
2004—2005	12-22	01-08	03-04	11-26	12-29	03-18	11-24	12-20	03-21

实践和分析表明：同一水文站的冰情情况受到上、下游水文站水力、热力和动力因素的影响也不可忽视，所以考虑到上下游水文站对预报结果的影响，式（19.1.1）可变为

$$D_g = F(f, f_{\mathrm{up}}, f_{\mathrm{do}}) \tag{19.1.2}$$

式中：

$$f = f(T_w, T_a, Q, \mathcal{V}_{cs}, \cdots, H_l)$$

$$f_{\mathrm{up}} = f(T_{w\mathrm{up}}, T_{a\mathrm{up}}, Q_{\mathrm{up}}, \mathcal{V}_{cs\mathrm{up}}, \cdots, H_{l\mathrm{up}})$$

$$f_{\mathrm{do}} = f(T_{w\mathrm{do}}, T_{a\mathrm{do}}, Q_{\mathrm{do}}, \mathcal{V}_{cs\mathrm{do}}, \cdots, H_{l\mathrm{do}})$$

式中：f、f_{up}、f_{do} 分别为本站、上游站、下游站的水力、热力因素对冰情预报的影响因

素，其中下标 up 为上游站、do 为下游站，无下标为本站；T_w 为水温，℃；T_a 为气温，℃；Q 为流量，m³/s；V_{cs} 为槽蓄量，m³；H_l 为水位，m。

图 19.1.2 为神经网络在黄河冰情预报计算中的流程图。该图表达了神经网络冰情预报的计算过程。

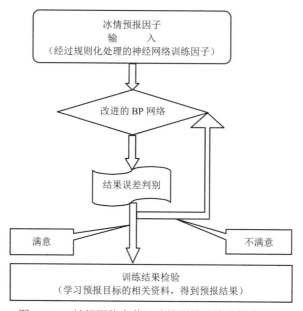

图 19.1.2　神经网络在黄河冰情预报计算中的流程图

19.1.1.1　流凌、封河、开河日期预报的神经网络数学模型

通过对黄河历史上冰情资料分析发现：影响流凌、封河和开河的因素不仅包括本站开河前期的气温、流量、水位和槽蓄水量，还要受到上下游水文站气温、流量、水位等因素的影响。另外，气温转负日期和水温影响着流凌的进程；流凌日期和流凌密度也是影响封河的重要因素；冰厚的形成是不断累积的过程，冰厚增加期间的气温、流量、槽蓄量对冰盖强度和厚度起着决定性作用，所以它们对开河的进程起到不可忽视的作用。因此，建立流凌、封河、开河预报模型分别为

$$D_{if} = f(Q_{up},\ D_{ne},\ T_{ane},\ T_w,\ T_a,\ Q, H_l,\ V_{cs},\ Q_{do}) \qquad (19.1.3)$$

$$D_{ic} = f(Q_{up},\ D_{if},\ T_{ane},\ T_a,\ Q,\ H_l,\ C_i,\ V_{cs},\ Q_{do}) \qquad (19.1.4)$$

$$D_{ibu} = f(Q_{up},\ T_{a1},\ Q_1,\ D_{pl},\ T_{asu},\ T_a,\ Q,\ H_l,\ h_i,\ V_{cs},\ Q_{do}) \qquad (19.1.5)$$

式中：D_{if} 为流凌日期；Q_{up} 为上游水文站流量，m³/s；D_{ne} 为气温转负日期；T_{ane} 为累计负气温，℃；T_w 为水温，℃；T_a 为气温，℃；Q 为流量，m³/s；H_l 为水位，m；V_{cs} 为槽蓄水量，m³；Q_{do} 为下游水文站流量，m³/s；D_{ic} 为封河日期；C_i 为流凌密度；T_{a1} 为 1 月中下旬气温累计值，℃；Q_1 为 1 月中下旬流量累计值，m³/s；D_{pl} 气温转正日期；T_{asu} 累计正气温，℃；h_i 为冰的厚度，m。

19.1.1.2　首封日期和首封地点的神经网络模型

从 1986 年至 2004 年的历年首封时间和地点统计表 19.1.2 看出：首封地点一般发生在

头道拐、三湖河口水文站或者在两者之间，现在只有头道拐、三湖河口水文站有历史水文资料，首封地点在两个水文站之间的没有历史水文资料，并且不同年份的首封地点不固定，这就增加了首封时间和地点预报的难度。

表 19.1.2　历年首封时间和地点统计表

年份	首封时间/(月-日)	首封地点
1986—1987	11-15	头道拐
1987—1988	11-28	三湖河口
1988—1989	12-09	昭君坟
1989—1990	12-30	昭君坟
1990—1991	12-01	三湖河口
1991—1992	12-12	三湖河口
1992—1993	12-16	头道拐
1993—1994	11-18	昭君坟
1994—1995	12-15	头道拐
1995—1996	12-08	头道拐
1996—1997	11-17	昭君坟
1997—1998	11-17	昭君坟
1998—1999	12-07	昭君坟
1999—2000	12-09	头道拐
2000—2001	11-16	包头
2001—2002	12-06	包头市土默特右旗康换营子村
2002—2003	12-09	三盛公闸下 269~270km
2003—2004	12-07	鄂尔多斯市乌兰河段羊场险工上游

考虑到历史资料的有限性，首封预报考虑到下列因素：头道拐、三湖河口水文站的流量、气温、最早流凌日期和地点等。首封地点的预报分为三湖河口、头道拐、三湖河口与头道拐之间共三个位置。首封日期和首封地点预报的神经网络模型为

$$DP_{icfirst} = f(Q_{td},\ Q_{sh},\ D_{iffirst},\ P_{iffirst},\ T_{tdane},\ T_{shane},\ T_{tda},\ T_{sha}) \qquad (19.1.6)$$

$$DP_{icfirst} = [D_{icfirst} \quad P_{icfirst}]^T$$

式中：$DP_{icfirst}$ 为首封预报目标；$D_{icfirst}$ 为首封日期；$P_{icfirst}$ 为首封地点；$D_{iffirst}$ 为最早流凌日期；$P_{iffirst}$ 为最早流凌地点；Q_{td} 为头道拐水文站流量，m^3/s；Q_{sh} 为三湖河口水文站流量，m^3/s；T_{tdane} 为头道拐水文站累计负气温，℃；T_{shane} 为三湖河口水文站累计负气温，℃；T_{tda} 为头道拐预报前期气温，℃；T_{sha} 为三湖河口预报前期气温，℃。

19.1.1.3　水温预报的神经网络数学模型

天气转冷，气温下降，当气温降到低于水表面的温度时，通过空气和水之间的热交换，水体开始失热，水温下降，所以影响水温的主要因素是本站、下游站、上游站的气温、流量和水温，即

$$D_{wt} = f(T_{aup},\ T_w,\ T_a,\ Q, H_l, T_{ado}) \qquad (19.1.7)$$

式中：T_{aup} 为上游水文站气温；T_{ado} 为下游水文站的气温。

19.1.1.4　流量和水位预报的神经网络模型

影响流量和水位的因素主要有不同时期的气温、流量、水位和对应水文站的冰情状况，其神经网络预报模型为

$$D_{wt} = f(T_a,\ Q, H_l, Con_{ice}) \qquad (19.1.8)$$

式中：Con_{ice} 为对应水文站的冰情状况，分为未流凌、流凌、封河和开河四种情况。

19.1.1.5　开河期最高水位和最大流量预报的神经网络模型

由于黄河在宁夏、内蒙古河段是从低纬度流向高纬度地区，开河存在时间差，当低纬度地区已解冻河段的河水流向高纬度地区封冻河段时，受河中冰坝阻挡，加上冰层厚度、河道淤积、过流不畅等诸多不利因素影响，水位升高，易发生漫滩、甚至决口，形成冰凌灾害。开河最大流量最高水位历史资料见表 19.1.3。开河期间，可以通过黄河上的龙羊峡、刘家峡、万家寨和小浪底水库调节，最大限度时间平稳开河，避免武开河导致冰凌灾害发生。从表 19.1.3 可以看出，开河期最大水位多年来一直控制在 988~989m 之间，最大流量受到槽蓄水量等影响，变幅较大。影响开河最高水位和最大流量的因素有开河前期水位、流量、槽蓄水量、冰层厚度、河道状况等，用神经网络模型表示如下：

$$D_{wt} = f(T_a, Q, H_l, Con_{river}, h_i, V_{cs}) \qquad (19.1.9)$$

式中：Con_{river} 为河道状况，指河道曲率、河床比降等；V_{cs} 为槽蓄水量，m^3。

表 19.1.3　开河最高水位和最大流量统计表

年份	开河日期/(月-日)			开河期最高水位/m			开河最大流量/（m^3/s）		
	巴彦高勒	三湖河口	头道拐	巴彦高勒	三湖河口	头道拐	巴彦高勒	三湖河口	头道拐
1990—1991	03-05	03-20	03-21	1052.38	1019.49	988.47	698	1100	2660
1991—1992	03-10	03-16	03-18	1052.12	1019.48	988.56	692	872	2120
1992—1993	03-06	03-18	03-23	1052.78	1020.21	988.34	672	1270	900
1993—1994	03-18	03-21	03-23	1051.86	1019.26	988.72	600	1280	1910
1994—1995	03-05	03-20	03-14	1052.23	1019.44	987.90	706	870	1250
1995—1996	03-17	03-26	03-29	1052.71	1020.31	988.66	650	1300	1900
1996—1997	03-09	03-15	03-18	1052.62	1019.43	989.07	470	1340	2990
1997—1998	03-02	03-08	03-12	1054.00	1020.04	989.15	785	1650	3260
1998—1999	03-01	03-11	03-04	1053.17	1020.24	987.98	650	1140	900
1999—2000	03-15	03-22	03-18	1053.82	1020.03	988.66	625	1020	2150
2000—2001	03-10	03-12	03-18	1052.81	1019.76	988.71	445	550	760
2001—2002	02-18	03-06	03-06	1053.44	1019.81	988.60	680	760	900
2002—2003	03-07	03-23	03-22	1052.67	1019.93	988.32	380	680	500
2003—2004	03-07	03-14	03-14	1053.23	—	—	505	—	—

19.1.1.6　冰塞和冰坝预报的神经网络模型

冰塞和冰坝属于复杂的冰问题，许多机理和规律还不被人们认知，目前关于冰塞和冰坝的计算还没有一种比较成熟的方法，一般常考虑的相关因子有：河床比降、冰盖厚度、气温、流量、水位和上游河道槽蓄水量等，用神经网络模型表示为

$$DP_{jam} = f(T_a, Q, H_l, i, h_i, V_{cs}) \qquad (19.1.10)$$

$$DP_{jam} = [D_{jam}\quad P_{jam}]^T$$

式中：i 为河床比降；DP_{jam} 为冰塞和冰坝预报目标参数；D_{jam} 为冰塞或者冰坝发生时间；P_{jam} 为冰塞或者冰坝发生地点。

19.1.2　流凌、封河、开河日期的预报

现阶段，黄河宁蒙河段冰情预报模型的建立，主要依赖于石嘴山、巴彦高勒、三湖河

口、头道拐这 4 个水文站（见图 19.1.1）的水情、冰情历史的和实时的实测水文资料。由于现存资料不足，有些预报因子没有数据资料或者相关资料不足，开展预报时或者用相关因子替代，甚至根本无法进行预报。本书主要以石嘴山水文站的流凌、封河、开河预报为例进行详细计算说明，用以检验模型的实用性和科学性。

流量是形成封河、开河、冰塞、冰坝等冰情现象的动力因素，宁蒙河段的流量主要来自兰州以上，在自然状态下，冰期兰州流量呈退水趋势，兰州至头道拐区间支流，在这一时期加入水量很少，流量基本上沿河递减，但受渠道退水和河槽蓄泄水影响，流量过程变化复杂。刘家峡水库（1968 年）和龙羊峡水库（1986 年）运用后，改变了天然情况下的流量过程，冰期河道流量增大，封开河期控制泄流。

对水库运用前后封河期和开河期的流量主要表现为：水库运用以后，各站封河流量较运用以前都有不同程度的增大。它表明水库运用以后，开河洪峰减小，但是开河前 5 日平均流量增大，这说明水库运用使槽蓄量在开河前已逐渐释放，释放时间延长，不至于全部集中在开河时释放，从而使开河时洪峰减小。一方面水库的运用使宁蒙河段凌期流量增大，冰下过流能力增强；同时，水库运用后，汛期河道流量减小，尤其是龙羊峡水库运用后，进入 20 世纪 90 年代上游来水较少，河槽长年得不到大流量的冲刷，造成淤积逐年增加，河床抬高，冰期水位相应上升，对防凌不利。

鉴于此，在预报中，因为 1986 年龙羊峡水库投入运行前后，水库冰凌条件发生了较大变化，为了更好地反映河道目前的冰凌状况，本书的研究采用 1986 年以后的水文资料。

19.1.2.1 石嘴山水文站流凌日期的预报

石嘴山水文站流凌日期预报考虑如下因子：

（1）11 月 20—29 日气温和。

（2）11 月 26 日气温。

（3）11 月 20 日气温水温差。

（4）平均气温转负日期（距起始计算日期至 11 月 1 日的天数）。

（5）平均气温转负日气温。

（6）11 月 20—29 日流量均值。

训练因子见表 19.1.4 为石嘴山水文站流凌日期预报因子，为了保证网络训练有一定的预见期，所选用因子均为流凌前的实测值或者预报值。网络训练用 1986—2000 年资料。通过网络训练得到表 19.1.5，该表为 2001—2005 年石嘴山水文站的流凌日期预报结果。2001—2005 年预报预见期分别为：9d、7d、4d、23d，误差分别是 3d、2d、3d、0d。根据预见期在 2~5d 以内为短期预报、10d 以内（或 15d 以内）的中期预报、预见期在 15d 以上为长期预报的规定，除了 2003—2004 年度为短期预报外，其余 3 年预报均为中期和长期预报。根据表 19.1.6《水文情报预报规范》（SL 250—2000）中预报要素的许可误差可得，除 2003—2004 年预报不合格外，其余年份预报都合格。

另外，需要说明的是，以上预报中，气温没有特别说明均指日均气温，所用流量均为日均流量；在各站流凌、封河、开河预报因子所列表中，1998—2000 年的资料为神经网络训练因子，2001—2005 年的资料为神经网络预报因子，未给出预报结果的为该年度资料不全的。

表 19.1.4　石嘴山水文站流凌日期预报因子

年份	（1）	（2）	（3）	（4）	（5）	（6）
1986—1987	-35.9	-8.5	-4.0	15	-6.5	481.1
1987—1988	3.5	6.0	-5.2	27	-3.0	579.8
1988—1989	-17.0	-3.5	-3.7	23	-1.0	589.1
1989—1990	-34.0	-1.0	-8.7	13	-4.5	1003.5
1990—1991	-17.0	-2.5	-7.9	20	-4.0	1086.0
1991—1992	-12.5	0.0	-5.4	10	-1.0	777.0
1992—1993	-10.0	-1.0	-6.6	8	-4.5	875.0
1993—1994	-68.6	-3.9	-8.1	17	-9.0	867.4
1994—1995	11.2	1.9	-7.0	32	-1.9	944.1
1995—1996	-29.5	-1.0	-6.7	20	-3.3	801.8
1996—1997	-0.2	3.0	1.3	26	-5.5	580.1
1997—1998	-17.3	-4.6	-4.7	16	-8.3	667.7
1998—1999	26.2	2.5	-4.5	30	-1.1	859.1
1999—2000	-14.0	-5.3	-2.4	26	-5.3	779.4
2000—2001	-2.7	3.0	-2.6	7	-0.1	728.4
2001—2002	2.4	-4.8	-1.9	26	-4.8	705.6
2002—2003	1.1	-1.8	-3.7	26	-1.8	587.7
2003—2004	1.3	1.8	-1.2	22	-3.0	770.1
2004—2005	-40.8	-8.2	-5.2	20	-0.5	700.1

注　表头中，（1）为 11 月 20—29 日气温和，℃；（2）为 11 月 26 日气温；（3）为 11 月 20 日气温水温差，℃；（4）为平均气温转负日期（距起始计算日期至 11 月 1 日的天数），d；（5）为平均气温转负日气温，℃；（6）为 11 月 20—29 日流量均值，m³/s。

表 19.1.5　石嘴山水文站流凌日期预报

年　份	实测值/(月-日)	预报值/(月-日)	预见期/d	误差/d
2001—2002	12-05	12-08	9	3
2002—2003	12-08	12-06	7	2
2003—2004	12-06	12-03	4	3
2004—2005	12-22	12-22	23	0

表 19.1.6　《水文情报预报规范》（SL 250—2000）中预报要素的许可误差

预见期/d	<2	3~5	6~10	11~13	14~15	>15
许可误差/d	1	2	3	4	5	7

19.1.2.2　石嘴山水文站封河日期的预报

石嘴山水文站封河日期考虑如下因子：

（1）流凌后 10d 兰州站平均流量。

（2）气温转负日期（距起始计算日期至 11 月 1 日的天数）。

（3）气温转负日到流凌日气温和。

（4）流凌后 10d 气温和。

（5）流凌后 10d 流量均值。

（6）流凌后第 5d 气温和。

（7）流凌后第 5d 流量均值。

（8）流凌日水位。

（9）流凌日期（距起始计算日期至 11 月 1 日的天数）。

石嘴山水文站封河日期预报因子训练因子见表 19.1.7，石嘴山水文站 1989—1990 年、1990—1991 年、1991—1992 年、1996—1997 年、2000—2001 年没有封河，所以石嘴山水文站选取 1986—2000 年中 10 年封河的资料学习训练网络，2001—2005 年石嘴山水文站的封河日期预报结果见表 19.1.8。2001—2005 年预见期分别为 44d、15d、35d 和 15d，预报误差分别为 1d、0d、1d、0d，预报均为长期预报，根据表 19.1.6 预报要素许可误差评定依据，预报全部合格。

表 19.1.7　石嘴山水文站封河日期预报因子

年份	（1）	（2）	（3）	（4）	（5）	（6）	（7）	（8）	（9）
1986—1987	375.5	15	-21.5	-59.4	403.0	-9.0	384	86.45	25
1987—1988	539.7	27	-3.0	-91.0	630.8	-12.0	640	86.49	27
1988—1989	786.1	23	-44.5	-60.9	887.5	-7.0	880	86.92	36
1992—1993	702.8	8	-47.5	-61.0	756.7	-9.0	775	87.24	40
1993—1994	752.0	17	-32.5	-64.0	849.8	-6.0	787	87.38	20
1994—1995	690.8	32	-65.7	-79.2	817.6	-5.9	786	87.01	50
1995—1996	668.2	20	-11.9	-27.3	757.7	-3.8	795	87.14	23
1997—1998	386.3	16	-62.2	68.9	549.2	-3.9	556	86.61	32
1998—1999	586.8	30	-45.2	-10.5	680.8	-0.3	670	86.93	41
1999—2000	666.6	26	-73.7	-76.2	623.5	-12.8	550	86.88	48
2001—2002	539.8	26	-30.6	-70.1	591.5	-5.1	623	86.80	35
2002—2003	498.7	26	-25.3	-43.7	544.3	-6.4	502	86.62	38
2003—2004	558.5	22	-23.9	-60.4	544.6	-6.0	590	86.66	36
2004—2005	375.5	15	-21.5	-59.4	403.0	-9.0	384	86.45	52

注　1. 流凌起始计算日期以 11 月 1 日为起点计算，流凌后 10d 和流凌后第 5d 不包括流凌当天日。

2. 表头中，（1）为流凌后 10d 兰州站平均流量，m^3/s；（2）为气温转负日期（距起始计算日期至 11 月 1 日的天数），d；（3）为气温转负日到流凌日气温，℃；（4）流凌后 10d 气温和，℃；（5）为流凌后 10d 流量均值，m^3/s；（6）流凌后 5d 气温和，℃；（7）为流凌后 5d 的流量均值，m^3/s；（8）为流凌日水位，m；（9）流凌日期（距起始计算日期至 11 月 1 日的天数），d。

表 19.1.8　石嘴山水文站封河日期预报

年份	实测值/(月-日)	预报值/(月-日)	预见期/d	误差/d
2001—2002	01-28	01-29	44	1
2002—2003	01-03	01-03	15	0
2003—2004	01-22	01-21	35	1
2004—2005	01-08	01-08	15	0

19.1.2.3　石嘴山水文站开河日期的预报

石嘴山水文站开河日期预报的因子如下：

（1）最高气温转正后 5d 兰州站流量均值（含转正日共 5d）。

（2）1 月 9—26 日（三九、四九）气温和。

（3）1 月 9—26 日（三九、四九）流量均值。

（4）1 月 9—26 日（三九、四九）水位均值。

（5）最高气温转正日期（距起始计算日期至 1 月 1 日的天数）。

（6）最高气温转正后 5d 的累计正气温。

（7）最高气温转正后 5d 的日均气温和。

（8）最高气温转正后 5d 的流量均值。

（9）最高气温转正日气温。

（10）最高气温转正日流量。

（11）最高气温转正日水位。

考虑到石嘴山水文站开河不仅受到本站水文因素的影响，还受到了上游兰州站水流条件的影响。在影响因子中加入了兰州站流量因子。石嘴山水文站开河预报因子见表 19.1.9，石嘴山水文站 1989—1990 年、1990—1991 年、1991—1992 年、1996—1997 年、2000—2001 年未封河，所以石嘴山水文站选取 1986—2000 年中 10 年封、开河资料学习训练网络。2001 —2005 年石嘴山水文站的开河日期预报结果见表 19.1.10。在本次预报中因为每年的最大冰厚资料不全，所以没有考虑最大冰厚对开河的影响。这里三九、四九属于中国农历节气，初步把中国农历节气作为选择预报因子的参考。2001—2005 年预见期分别为 22d、24d、26d 和 35d，预报误差分别为 1d、3d、0d、2d，预报均为长期预报，根据表 19.1.6 的误差评定依据，预报全部合格。

表 19.1.9　石嘴山水文站开河预报因子

年份	（1）	（2）	（3）	（4）	（5）	（6）	（7）	（8）	（9）	（10）	（11）
1986—1987	301.2	−113.5	464.8	87.65	27	12	−27.5	387.0	−7.0	401	87.30
1987—1988	432.2	−169.0	400.8	87.39	32	24	−21.5	483.8	−7.5	482	88.02
1988—1989	629.8	−21.3	544.2	86.70	43	17	−12.7	622.6	−7.2	738	87.08
1992—1993	637.0	−279.5	490.7	87.52	36	16	−14.0	737.8	−1.0	609	88.48
1993—1994	562.0	−126.2	516.2	87.68	29	10	−9.7	598.2	−6.3	591	87.84
1994—1995	625.8	−133.9	742.8	87.52	27	9	−32.7	597.2	−7.6	661	88.43
1995—1996	395.0	−170.5	359.1	87.82	37	9	−31.3	449.8	−4.9	451	88.15
1997—1998	375.6	−184.0	331.2	87.72	29	13	−29.5	416.2	−7.4	421	87.83
1998—1999	538.0	−132.0	440.9	87.89	22	28	−12.1	376.2	−7.1	245	89.15
1999—2000	531.4	−146.7	457.4	87.88	39	21	−22.6	518.0	−8.3	510	87.84
2001—2002	444.2	−63.6	544.7	87.09	31	14	−21.6	442.2	−4.3	410	86.89
2002—2003	361.0	−90.3	372.4	87.56	30	12	−20.9	396.6	−6.2	406	87.35
2003—2004	421.1	−160.3	484.3	87.38	39	19	−32.3	399.0	−7.3	370	88.00
2004—2005	539.2	−236.0	459.4	87.39	43	13	−17.4	495.2	−6.6	460	87.26

注　表头中（1）为最高气温转正后 5d 兰州站流量均值（含转正日共 5d），m^3/s；（2）为 1 月 9—26 日（三九、四九）气温和，℃；（3）为 1 月 9—26 日（三九、四九）流量均值，m^3/s；（4）为 1 月 9—26 日（三九、四九）水位均值，m；（5）为最高气温转正日期（距起始计算日至 1 月 1 日的天数），d；（6）为最高气温转正后 5d 的累计正水温，℃；（7）为最高气温转正后 5d 的日均气温和，℃；（8）为最高气温转正后 5d 的流量均值，m^3/s；（9）为最高气温转正日气温，℃；（10）为最高气温转正日流量，m^3/s；（11）为最高气温转正日水位，m。

表 19.1.10　石嘴山水文站开河日期预报

年份	实测值/(月-日)	预报值/(月-日)	预见期/d	误差/d
2001—2002	02-18	02-17	22	1
2002—2003	02-22	02-19	24	3
2003—2004	02-21	02-21	26	0
2004—2005	03-04	03-02	35	2

19.1.3　预报结果的评定

巴彦高勒、三湖河口和头道拐流凌、封河和开河的预报结果见表 19.1.11 ~ 表 19.1.13。根据《水文情报预报规范》(SL 250—2000),预报要素在预见期内的许可误差见表 19.1.6,另外 SL 250—2000 还规定,预见期在 10d 以上的,取预报要素值在预报期内实测变幅为 30%。

表 19.1.11　巴彦高勒、三湖河口和头道拐水文站流凌日期预报

水文站	年份	实测值/(月-日)	预报值/(月-日)	误差/d
巴彦高勒	2001—2002	12-05	11-30	5
	2002—2003	12-07	12-06	1
	2003—2004	12-06	12-04	2
	2004—2005	11-26	11-29	3
三湖河口	2001—2002	11-25	11-23	2
	2002—2003	11-18	11-16	2
	2003—2004	11-23	—	—
	2004—2005	11-24	11-24	0
头道拐	2001—2002	11-26	11-24	2
	2002—2003	11-17	11-16	1
	2003—2004	11-22	—	—
	2004—2005	11-25	11-25	0

表 19.1.12　巴彦高勒、三湖河口和头道拐水文站封河日期预报

水文站	年份	实测值/(月-日)	预报值/(月-日)	误差/d
巴彦高勒	2001—2002	12-13	12-13	0
	2002—2003	12-24	12-21	3
	2003—2004	12-20	12-19	1
	2004—2005	12-29	12-31	2
三湖河口	2001—2002	12-08	12-07	1
	2002—2003	12-10	12-03	2
	2003—2004	12-07	12-08	1
	2004—2005	12-20	12-21	1
头道拐	2001—2002	12-13	12-10	3
	2002—2003	12-15	12-16	1
	2003—2004	12-13	12-15	2
	2004—2005	12-28	12-28	0

表 19.1.13　巴彦高勒、三湖河口和头道拐水文站开河日期预报

水文站	年份	实测值/(月-日)	预报值/(月-日)	误差/d
巴彦高勒	2001—2002	02-24	02-27	3
	2002—2003	03-07	03-07	0
	2003—2004	03-07	03-05	2
	2004—2005	03-18	03-19	1
三湖河口	2001—2002	03-06	03-08	2
	2002—2003	03-23	03-21	2
	2003—2004	03-14	03-15	1
	2004—2005	03-21	03-24	3
头道拐	2001—2002	03-06	03-07	1
	2002—2003	03-22	03-20	2
	2003—2004	03-14	03-18	4
	2004—2005	03-19	03-22	3

观察表 19.1.11 ~ 表 19.1.13 的预报结果，2001—2004 年各站流凌、封河和开河预报只有 1 次不合格（2004 年开河预报），合格率大于 90%，属于甲等预报方案。

19.1.4　神经网络预报结果同传统模型预报结果的比较

为了比较 L-M 算法改进的 BP 神经网络模型预报的效果，把多元回归模型（MLR）和灰色系统理论［GM（0，1）］预报结果做对比。

19.1.4.1　多元回归模型

多元线性回归方程表达式为

$$Y_k = B_0 + B_1 X_{k1} + B_2 X_{k2} + \cdots + B_m X_{km} + \varepsilon_k \tag{19.1.11}$$

式中：Y 为研究总体的因变量；Y_k 为变量 Y 的具体值；$X_1, X_2, \cdots, X_m$ 为总体的自变量；$X_{k1}, X_{k2}, \cdots, X_{km}$ 为总体自变量的一组观测值。

回归系数的确定采用最小二乘法。令 $b_0, b_1, \cdots, b_m$ 分别为 $B_0, B_1, \cdots, B_m$ 的估计值，则应有

$$Q = \sum (Y_k - b_0 - b_1 X_{k1} - \cdots - b_m X_{km})^2 \tag{19.1.12}$$

为最小。分别求偏导数并使之等于 0，即

$$\partial Q / \partial b_0 = 0, \partial Q / \partial b_1 = 0, \cdots, \partial Q / \partial b_k = 0 \tag{19.1.13}$$

由上式可得方程组

$$\left. \begin{array}{l} \sum (Y_k - b_0 - b_1 X_{k1} - \cdots - b_m X_{km}) = 0 \\ \sum (Y_k - b_0 - b_1 X_{k1} - \cdots - b_m X_{km}) X_{k1} = 0 \\ \vdots \\ \sum (Y_k - b_0 - b_1 X_{k1} - \cdots - b_m X_{km}) X_{km} = 0 \end{array} \right\} \tag{19.1.14}$$

经整理得以 $b_0, b_1, \cdots, b_m$ 为未知数的 m 阶正则方程：

$$\left. \begin{array}{l} S_{11} b_1 + S_{12} b_2 + \cdots + S_{1m} b_m = S_{1y} \\ S_{21} b_1 + S_{22} b_2 + \cdots + S_{2m} b_m = S_{2y} \\ \vdots \\ S_{m1} b_1 + S_{m12} b_2 + \cdots + S_{mm} b_m = S_{my} \end{array} \right\} \tag{19.1.15}$$

在正则方程中，有

$$S_{ij} = S_{ji} = \sum_{k=1}^{n} (X_{ki} - \mu_i)(X_{kj} - \mu_j)$$

$$S_{iy} = \sum_{k=1}^{n} (X_{ki} - \mu_i)(y_k - \upsilon)$$

这里 $i, j = 1, 2, \cdots, m$，$\upsilon = \dfrac{1}{n} \sum_{k=1}^{n} y_k$，$\mu_i = \dfrac{1}{n} \sum_{k=1}^{n} X_{ki}$，$m$ 为自变量个数，n 为预测数据个数。当 $n > m$ 时，这时正则方程有唯一解：

$$b_i = \sum_{j=1}^{m} C_{ij} S_{jy} \tag{19.1.16}$$

其中 C_{ij} 是正则方程系数矩阵的逆矩阵元素，即 $C_{ij} = (S_{ij})^{-1}$。

建立多元线性回归方程 $Y^* = b_0 + b_1 X_2 + \cdots + b_k X_k$ 之后，如果其显著性已由统计检验所确认，就可以用该回归方程进行预测。将已知的 $X_1, X_2, \cdots, X_m$ 值代入多元线性回归方程，

即可以得出预测值 $Y*$。

19.1.4.2 灰色系统理论 GM（0,N）

GM（0,N）模型的建模机理是：通过灰生成或序列算子的作用弱化随机性，挖掘潜在规律，经过灰色差分方程与灰色微分方程之间的互换，实现利用离散的数据序列建立连续的动态微分方程的目的。即将原始数据作 AGO 处理后，使其变为较有规律的递增曲线后，再建模。

令 $X^{(0)}$ 为原始序列集

$$X^{(0)} = \{x_i^{(0)} \,|\, i \in I = \{1, 2, \cdots, N\}$$

$$x_i^{(0)} = [x_i^{(0)}(1), x_i^{(0)}(2), \cdots, x_i^{(0)}(n)]$$

式中：$x_1^{(0)}$ 为行为变量；$x_i^{(0)}$ 为因子变量，$i \neq 1$。

又令 $X^{(1)}$ 为 $X^{(0)}$ 的 AGO，有

$$X^{(1)} = \{x_i^{(1)} \,|\, i \in I = 1, 2, \cdots, N\}$$

$$x_i^{(1)} = AGOx_i^{(0)}$$

$$x_i^{(1)} = [x_i^{(1)}(1), x_i^{(1)}(2), \cdots, x_i^{(1)}(n)]$$

式中：$x_1^{(1)}$ 为行为变量；$x_i^{(1)}$ 为因子变量，$i \neq 1$。

GM（0,N）模型式为

$$x_1^{(1)}(k) = \sum_{i=2}^{N} b_i x_i^{(1)}(k) + a$$

19.1.4.3 三种模型预报结果的比较

在表 19.1.14 和表 19.1.15 列出了 2004—2005 年和 2005—2006 年多元回归模型、灰色系统理论和 BP 神经网络三种模型的预报结果。

从表 19.1.14 中可以看出，在 2004—2005 凌汛年度，在各水文站的流凌日期、封河日期和开河日期预报中，BP 神经网络模型效果较好，所有预报结果中，最大预报误差为 3d，多数项目预报误差在 0~2d，预报评定全部合格，合格率 100%，优秀率为 75%。多元回归预报模型预报误差相对较大，但也有部分项目效果较好，如多元回归模型作的湖泊预报，除流凌日期预报误差达到 5d 外，封河和开河日期预报误差在 1d 以内；统计模型各项总合格率约 60%。灰色系统理论预报模型误差也偏大，最高误差如石嘴山开河日期，误差达到 12d，石嘴山流凌日期和头道拐的封河日期误差达 10d，头道拐流凌日期误差达 8d，总体上灰色系统理论预报合格率 60%。

表 19.1.15 为三种模型计算的 2005—2006 年度凌汛期冰情预报主要成果与实况的比较。BP 神经网络作为主要的预报模型，BP 神经网络预报模型对流凌日期和封河日期的预报效果较好，各水文站的流凌日期预报误差为 2~4d；封河日期预报误差石嘴山站 1d，三湖河口和头道拐站为 3d，巴彦高勒站 5d，封河和开河预报全部预报符合预报要求。开河日期预报，巴彦高勒和头道拐站预报误差分别为 1d 和 4d，符合规范要求；石嘴山和三湖河口站预报误差为 10d 和 7d。BP 神经网络模型各项预报合格率为 83%，优秀率为 50%。其他模型总体上的预报效果不如 BP 神经网络模型好，其中多元回归模型预报合格率为 67%，灰色模型预报合格率为 42%。

综合上述分析，以上三种预报模型都引用到当前黄河冬季凌汛期预报管理中，被黄河水利委员会水文局作为凌汛期预报的工具。比较可知，神经网络模型预报效果较好，表 19.1.14～表 19.1.15 中列出了预报内容为：石嘴山、巴彦高勒、三湖河口和头道拐四个水文站流凌封、封河和开河预报，完整预报组次 24 组，神经网络预报结果总体上远远好于其他两个模型的预报结果，主要预报项目预报合格率在 80% 以上，可以作为主要的预报工具使用；统计预报模型预报和灰色系统系统理论预报总体合格率分别是 63% 和 50%，合格率相对较低，可作为参考预报方案（见表 19.1.16）。

在实际预报中，受到历史资料不全或缺失等影响，有些因素没法考虑或者用其他相关因子代替。例如流凌密度、实测冰厚资料欠缺，在封河预报中忽略了流凌密度因素，在开河预报中采用最大冰厚代替实测冰厚值，随着观测资料逐步完备，预报精度会有所提高。另外，如果能够提供气温的预报值，那么预见期会进一步提高。

表 19.1.14　2004—2005 年三种模型预报冰情结果的比较

冰情	水文站	实测/(月-日)	BP 神经网络（FEBP）模型		多元回归（MLR）模型		灰色系统理论［GM（0,N）］模型	
			预报/(月-日)	偏差/d	预报/(月-日)	偏差/d	预报/(月-日)	偏差/d
流凌	石嘴山	12-22	12-22	0	12-12	10	12-12	10
	巴彦高勒	11-26	11-28	2	12-03	7	11-24	2
	三湖河口	11-24	11-24	0	11-19	5	11-20	4
	头道拐	11-25	11-25	0	11-17	8	11-17	8
开河	石嘴山	01-08	01-08	0	01-08	0	01-10	2
	巴彦高勒	12-29	12-31	2	12-24	5	12-24	5
	三湖河口	12-20	12-21	1	12-20	**0**	12-22	2
	头道拐	12-28	12-28	0	12-27	1	12-18	10
封河	石嘴山	03-04	03-02	2	02-24	8	02-20	12
	巴彦高勒	03-18	03-22	4	03-13	5	03-19	**1**
	三湖河口	03-21	03-26	5	03-22	**1**	03-17	**4**
	头道拐	03-19	03-26	7	03-26	7	03-27	8

表 19.1.15　2005—2006 年度凌汛期模型预报与实况比较

预报项目		实况/(月-日)	BP 神经网络模型（FEBP）模型		多元回归模型（MLR）模型		灰色系统理论［GM（0,N）］模型	
			预报/(月-日)	误差/d	预报/(月-日)	误差/d	预报/(月-日)	误差/d
流凌日期	石嘴山	12-04	12-10	0	12-04	0	12-04	0
	巴彦高勒	12-04	12-02	2	12-05	1	12-17	13
	三湖河口	11-29	12-02	3	11-22	7	11-23	6
	头道拐	11-28	11-24	4	11-21	7	11-21	7
封河日期	石嘴山	12-26	12-27	1	01-08	13	01-06	11
	巴彦高勒	12-09	12-14	5	12-07	2	12-13	4
	三湖河口	12-05	12-02	3	12-08	3	12-04	1
	头道拐	12-05	12-08	3	11-29	6	11-23	12
开河日期	石嘴山	02-22	02-12	10	03-10	16	03-01	7
	巴彦高勒	03-09	03-10	1	03-12	3	03-11	2
	三湖河口	03-19	03-26	7	03-23	4	03-27	8
	头道拐	03-16	03-20	4	03-17	1	03-28	12

表 19.1.16 预报方案的评定等级

评定等级	甲	乙	丙
合格率	≥85%	85%~70%	70%~60%

19.1.5 基于人工神经网络模型的冰情预报结论

通过以上理论分析和实例证明，神经网络理论应用到河道特别是天然河道冰情预报中，相对以前其他预报方法的优势有以下方面：

（1）天然河道，如黄河，河道变化复杂，河床边界很难确定，这就给传统数学模型求解带来了困难。但是神经网络对信息含糊、不完整等复杂情况的处理有较强的适应性。在分析历史冰情资料及研究影响冰情的各种相关因素的基础上，通过网络的自学习，找到适合河段冰情预报的规律，建立相应的神经网络模型。

（2）冰情预报中，各种现象的相关因素比较复杂，偶然因素对预测结果影响较大。对于受多种因子影响而很难找到一个确切相关关系的问题，利用网络对复杂问题很强的非线性映射能力、对信息处理的鲁棒性和容错性，通过网络的学习可以找到合理的决策方案，对未知现象做出可靠的预测。

（3）天然河道冰情的发展过程涉及许多因素，传统的模型为了求解往往只考虑某一个或者两个因子，但是神经网络模型能够最大可能的考虑到各种相关因素的影响。

（4）在预报过程中，也吸收了以往冰情预报的优秀成果，把神经网络同传统数学模型结合起来，充分发挥两者的优势，提高系统对网络的预报能力。

（5）通过神经网络预报模型同传统多元回归模型和灰色系统理论模型比较可知，神经网络模型在冰情预报中的应用结果远远好于其他两个模型，显示出神经网络模型作为新的理论应用到水文预报中的优越性和强大生命力。

（6）受气候、河床变化以及河道上修建大型挡水建筑物的影响，黄河冰情的发展规律也随之变化，传统的预报模型不能满足这种变化的需要。但是神经网络属于开放性系统，具有广泛的自学习能力和对环境变化的自适应性。随着黄河冰情观测资料的增加，可以把增加的资料不断充实到网络的训练因子中，通过网络的在训练，找到适合变化要求的新的权值和阈值，来适应新的环境条件。

（7）在预报因子的选区中，参考了三九、四九这一重要中国传统农历节气作为选取预报因子的依据，初步把中国传统农历应用到冰情预报中。

用人工神经网络理论预报冰情，在对实测资料进行参数率定的基础上，结合气温的预报，可以做出河段主要站点水温、流凌日期预报，流凌密度、封河日期预报，冰盖厚度、开河日期预报，开河最大流量、开河最高水位预报，冰塞、冰坝的可能性预测等。所以，神经网络理论应用能够应用在黄河上游宁蒙河段冰情预报中，并且它的经验能为其他冰冻区河流建立冰情预报模型提供有益的帮助和重要的参考。

该预报模型已经被黄河水利委员会水文局成功应用到黄河上游宁蒙河段冬季冰情管理中，经过几年预报实践，模型运行的稳定性、预报精度的可信赖性、理论的科学性和先进性已经得到水利部和黄河水利委员会的肯定。

19.2　基于自适应神经模糊推理系统的冰情预报研究

模糊理论通过模拟人脑对不完整和不精确信息的感知能力，通过隶属函数提供对模糊的和不确定信息进行模拟。模糊推理系统通过 if-then 格式实现系统的、以语言表示模糊信息的能力，但是模糊理论缺少学习能力和对外部环境的适应性，应用受到限制，有"黑箱子"之称的人工神经网络理论不能很好地表达人的推理能力。为了克服两者的缺点，将人工神经网络引入到模糊理论建模中，形成神经-模糊理论，即为自适应模糊推理系统。该系统将人工神经网络和模糊理论有机的结合，既可发挥两者的优点，又可弥补两者的不足。所以本研究采用自适应神经模糊推理系统模拟表现冰的发生发展过程中的重要因素——气温变化。

ANFIS 理论提供了基于 Sugeno 模型的神经-模糊算法，该算法是把模糊推理系统与神经网络模型相结合。本研究首先建立冬季冰情预报的 ANFIS 模型，并把该模型应用到冬季黄河宁蒙河段水温的预报中，预报模型分以下步骤进行：

（1）确定同预报目标相关的预报因子。分析黄河宁蒙河段冰情预报的实测资料，研究其变化规律和相关关系，选取合适的预报因子为网络输入，组成 ANFIS 模型预测冰情系统的训练样本和检验样本。

（2）确定 ANFIS 模型的相关参数。初步通过经验选择隶属函数，通过反复实践-修正-实践-修正过程，找到最佳的预报参数隶属函数和隶属函数的个数。

（3）基于 ANFIS 模型的冰情预报系统进行学习。在确定适合的冰情预报隶属函数类型和隶属函数个数的基础上，通过网络学习设定 ANFIS 模型的训练参数，通过系统的模拟和推理，当训练到达设定次数或满足设定误差，训练结束。

（4）模拟的冰情预报结果同检验的水文数据对比，进行有效性分析，如果精度符合要求，结果该预报系统有效合理。

ANFIS 预报宁蒙河段冰情的流程如图 19.2.1 所示（马细霞、胡铁成，2008）。

19.2.1　预报因子分析

影响水温的因素很多，不仅有气温、流速、水位、流量、水温，还有太阳辐射、河床同水的热交换、水与空气的热交换等，其数学描述为

$$D_{wt} = f(T_w, \ T_a, \ Q, \cdots, H_l) \tag{19.2.1}$$

式中：T_w 为水温；T_a 为气温；Q 为流量；H_l 为水位。其中 $f(\cdot)$ 包含模糊理论的隶属函数，还包含神经网络中的激励函数。

本研究将自适应神经模糊推理系统预报黄河上游宁蒙河段石嘴山、巴彦高勒、头道拐和三湖河口水文站的水温，这里仅阐述石嘴山水文站预报过程。选用 1986—1997 年 12 年数据作为模型输入数据。1998 年、1999 年、2001 年、2002 年数据作为预报数据。因为 2000 年数据不全，所以没作预报。

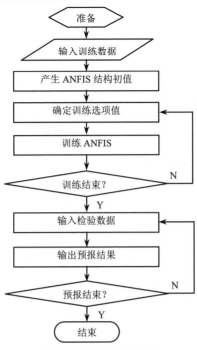

图 19.2.1 预报流程图

受到水文资料观测数据的限制，本预报中所用的预报因子选取为：日均流量、日均水位和日均气温。表 19.2.1 为石嘴山输入因子同预报水温的相关系数，共统计 17 年数据，日平均气温相关性最大，平均为 0.7160，水位和日均流量相关性较小，平均值分别为 0.3589 和 0.2720，不超过 0.4，所以在三个相关因子中，气温同水温相关性最强。

表 19.2.1 石嘴山输入因子同预报水温的相关系数

年份	日平均气温相关系数	水位相关系数	日平均流量相关系数
1986	0.6518	0.4764	0.2821
1987	0.8741	0.2297	0.1652
1988	0.7404	0.4614	0.4293
1989	0.6598	0.1198	0.1117
1990	0.8254	0.2575	0.2005
1991	0.6256	0.3780	0.3342
1992	0.7121	0.2105	0.1892
1993	0.7867	0.7126	0.4735
1994	0.8504	0.3530	0.2599
1995	0.8779	0.5347	0.3396
1996	0.6560	0.3090	0.1342
1997	0.6690	0.5353	0.4363
1998	0.7017	0.6025	0.4504
1999	0.6496	0.5941	0.6350
2001	0.8396	0.2794	0.1533
2002	0.4076	0.0157	0.0180
平均值	0.7160	0.3589	0.2720

19.2.2　隶属函数和预见期的选择

自适应神经模糊推理系统应用中，隶属函数是将模糊信息转化为定量数据的基础，所以选择合适的隶属函数的类型和个数是系统进行预报的关键。首先，选取隶属函数类型，计算中选择了较为常用的 Sigmoid 隶属函数和钟形隶属函数作为比较，在隶属函数个数一样的情况下，两者误差相差无几，但是前者比后者计算时间长很多，所以选择钟型隶属函数作为本研究隶属函数。

下面研究隶属函数个数对误差的影响。误差评定选取确定性系数为评定误差大小的标准，确定性系数越接近 1，预报值同实测值越接近，误差越小，反之误差越大。表 19.2.2 为隶属函数个数同确定性系数的关系。当预见期为 2d 时，隶属函数从 2 增加到 5 时，预报值同实测值之间的确定性系数依次增大，但是随着函数个数的增加，计算时间越来越长，当函数个数增加到 5 时，计算时间是函数个数为 4 时的 50 多倍，确定性系数增加幅度并不大，所以通过对比分析取隶属函数个数为 4 作为冰情预报中隶属函数的个数。从表 19.2.3 预见期同确定性系数的关系可以看出，在确定预报预见期时，选取 3 个钟型隶属函数进行对比分析，预见期同确定性系数的关系随着预见期的增加，预报结果同实测结果的确定性系数逐步减小，所以在兼顾预报精度的情况下，尽量选择较长的预见期。

表 19.2.2　隶属函数个数同确定性系数的关系（石嘴山）

隶属函数个数/个	2	3	4	5
确定性系数	0.9446	0.9583	0.9752	0.9790

表 19.2.3　预见期同确定性系数的关系（石嘴山）

预见期/d	2	3	4	5	6	7
确定性系数	0.9583	0.9147	0.8799	0.8383	0.8383	0.8187

19.2.3　石嘴山水文站水温预报

下面选择钟型隶属函数，隶属函数个数为 4，以预见期为 4d 时的预报为例，开展冰情预报的研究。应用自适应神经模糊推理系统预报石嘴山水文站 1998 年、1999 年、2001 年和 2002 年冬季水温，结果如图 19.2.2 ~ 图 19.2.5 所示。表 19.2.4 列出了不同年份预报结果同实测结果的确定性系数。观察图 19.2.2 ~ 图 19.2.5，1998—2001 年预测值曲线同实测值曲线吻合比较好，预报误差较小，预报确定性系数都在 0.94 以上；但对于 2002 年，在 11 月 20 日到 12 月 5 日之间，预测曲线同实测曲线背离较严重，预报效果不好，预报结果确定性系数仅为 0.3801，表明预报值和实测值偏离较大。这是因为 2002 年气温变化异常，在 11 月 20 日至 12 月 9 日之间气温偏高，宁蒙河段冰情发展为两次开河两次封河，所以很难作出准确预报。另外，观察表 19.2.1 中 1998 年、1999 年、2001 年和 2002 年水温同输入因子气温、流量、水位的相关系数：2002 年相关系数分别为 0.4076、0.0157、0.0180；1999 - 2001 年三个相关系数均值分别为 0.730、0.492、0.413，分别为 2002 年的三个系数的 2 倍、31 倍、23 倍，所以 2002 年预报气温同三个预报因子的相关性较小，相关性较差。

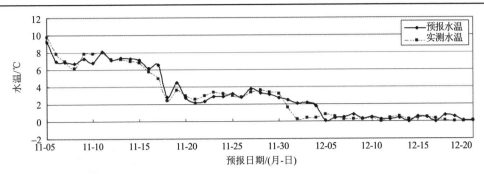

图 19.2.2 石嘴山水文站 1998 年冬季水温预报

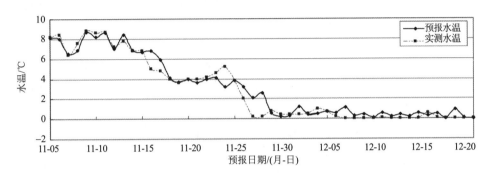

图 19.2.3 石嘴山水文站 1999 年冬季水温预报

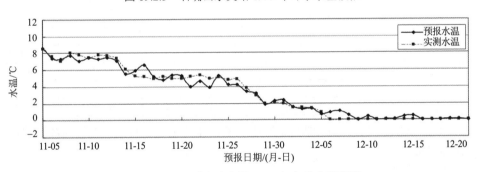

图 19.2.4 石嘴山水文站 2001 年冬季水温预报

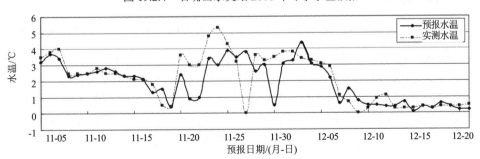

图 19.2.5 石嘴山水文站 2002 年冬季水温预报

表 19.2.4 不同年份预报结果同实测结果的确定性系数

年份	1998	1999	2001	2002
确定性系数	0.9519	0.9436	0.9668	0.3802

19.2.4　预报结果的评定

根据《水文情报预报规范》(SL 250—2000),以流域模型等制定的水文预报方案有效性的评定或检验方法,采用确定性系数 DC 进行,精度等级的评定标准为见表 19.2.5。

表 19.2.5　预报项目精度等级表

精度等级	甲	乙	丙
确定性系数	$DC \geqslant 0.9$	$0.9 > DC \geqslant 0.70$	$0.70 > DC \geqslant 0.50$

对于石嘴山、巴彦高勒、三湖河口和头道拐水文站,选择钟型隶属函数,隶属函数个数为 4,预见期分别为 3d 和 4d,预报结果的确定性系数列入表 19.2.6 中,共预报 32 组次,预见期分别为 3d 和 4d。预见期为 3d 时的确定性系数普遍大于 4d 时的确定性系数,其中三湖河口 2002 年为例外组次,但是该年份两种预见期确定性系数分别为 0.97 和 0.99,系数较大,预报结果都较好。除 2002 年石嘴山和头道拐预报结果外,其余组次确定性系数均在 0.90 以上,2002 年石嘴山和三湖河口预报较差。但是 32 组次确定性系数取平均为 0.91,仍然大于 0.90,为甲等预报。

表 19.2.6　黄河宁蒙河段水文站确定性系数（DC）汇总

水文站	预见期/d	1998 年	1999 年	2000 年	2001 年	2002 年
石嘴山	3	0.9583	0.9535	—	0.9709	0.5681
	4	0.9519	0.9436	—	0.9668	0.3802
巴彦高勒	3	0.9788	—	0.9334	0.9708	0.9751
	4	0.9662	—	0.8716	0.96	0.9501
三湖河口	3	—	0.9932	0.9815	0.9881	0.9676
	4	—	0.9929	0.9818	0.9823	0.9857
头道拐	3	—	0.9872	0.9795	0.9648	0.8063
	4	—	0.9847	0.9582	0.9387	0.5525

综上所述,ANFIS 这一新的理论能够适合冬季冰情预报的特点,能够对冰情作出较为精确的合理预报。

19.2.5　ANFIS 模型和 ANN 模型预报结果的对比

本节将以黄河宁蒙河段巴彦高勒、三湖河口、头道拐三个水文站 4 年结冰期水温预报为例,比较 ANFIS 模型和 ANN 模型的预报结果。

为了便于比较,同组工况下,两个预报模型的输入值和预见期完全相同。同时,为了消除网络学习和预报中各个因子由于量纲和单位不同带来的影响,样本进行了规格化处理。预报结果见表 19.2.7,该表为巴彦高勒、三湖河口、头道拐三个水文站预报结果的确定性系数（DC）、均方根误差（$RMSE$）和相关系数（R）的比较。

表 19.2.7　预报结果的确定性系数（DC）、均方根误差（$RMSE$）和相关系数（R）

水文站名	评价参数					
	评定指标	模型	1998 年	2000 年	2001 年	2002 年
巴彦高勒	DC	ANFIS	0.966	0.872	0.960	0.950
		ANN	0.756	0.594	0.860	0.725

续表

水文站名	评价参数					
	评定指标	模型	1998 年	2000 年	2001 年	2002 年
巴彦高勒	RMSE	ANFIS	0.508	0.520	0.519	0.433
		ANN	1.382	0.976	1.009	1.058
	R	ANFIS	0.983	0.942	0.982	0.977
		ANN	0.895	0.795	0.952	0.914
	评定指标	模型	1999 年	2000 年	2001 年	2002 年
三湖河口	DC	ANFIS	0.993	0.982	0.982	0.986
		ANN	0.847	0.741	0.823	0.690
	RMSE	ANFIS	0.196	0.165	0.324	0.159
		ANN	0.929	0.606	1.025	0.773
	R	ANFIS	0.997	0.992	0.991	0.994
		ANN	0.931	0.864	0.910	0.863
	评定指标	模型	1999 年	2000 年	2001 年	2002 年
头道拐	DC	ANFIS	0.985	0.958	0.939	0.553
		ANN	0.784	0.729	0.878	0.598
	RMSE	ANFIS	0.256	0.235	0.452	0.410
		ANN	0.984	0.611	0.677	0.425
	R	ANFIS	0.993	0.980	0.973	0.800
		ANN	0.925	0.872	0.938	0.774

图 19.2.6 表示巴彦高勒水文站冬季气温 ANFIS 预报结果同 ANN 预报结果的比较，巴彦高勒水文站因为 1999 年资料缺失，所以预报年份为 1998 年、2000 年、2001 年和 2002年。图 19.2.7 表示三湖河口水文 1999 年、2000 年、2001 年和 2002 年站冬季气温 ANFIS 预报结果同 ANN 预报结果的比较。图 19.2.8 表示头道拐水文站 1999 年、2000 年、2001年和 2002 年冬季气温 ANFIS 预报结果同 ANN 预报结果的比较。

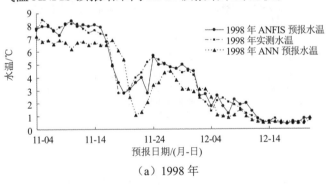

（a）1998 年

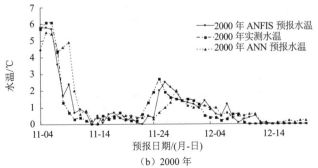

（b）2000 年

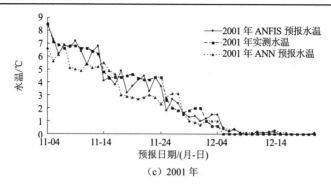

（c）2001 年

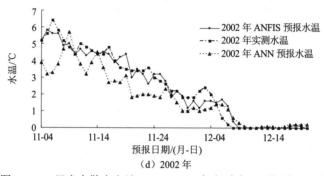

（d）2002 年

图 19.2.6　巴彦高勒水文站 1998—2002 年冬季水温预报结果比较

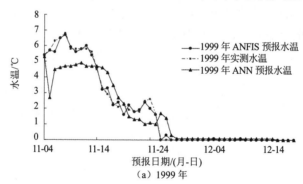

（a）1999 年

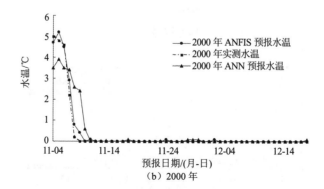

（b）2000 年

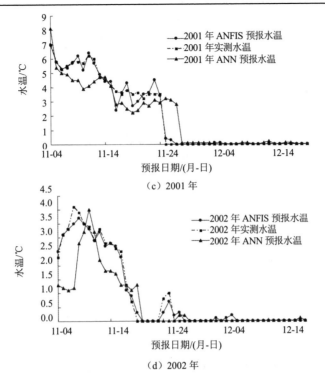

（c）2001 年

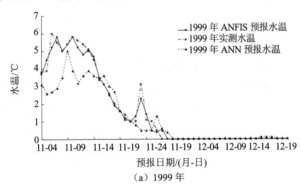

（d）2002 年

图 19.2.7　三湖河口水文站 1999—2002 年冬季水温预报结果比较

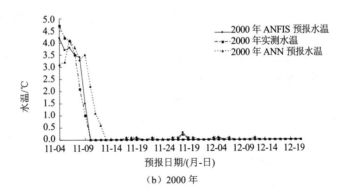

（a）1999 年

（b）2000 年

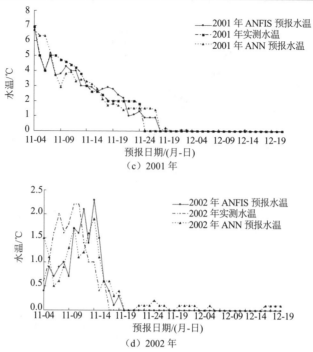

图 19.2.8　头道拐水文站 1999—2002 年冬季水温预报结果比较表

下面重点分析巴彦高勒、三湖河口和头道拐水文站 ANFIS 的预报结果：

（1）巴彦高勒水文站：观察图 19.2.6，总体来看，预报值同实测值吻合较好。预报结果同实测结果的确定性系数除 2000 年，都在 0.95 以上。4 年相比，2000 年预报稍差，表现在评定指标上（见表 19.2.7），$DC=0.870$，$RMSE=0.520$，$R=0.942$，三个预报指标在同一水文站中 DC 和 R 偏小，$RMSE$ 偏大，其原因是 2000 年各输入因子同水温相关性较小。

（2）三湖河口水文站：观察表 19.2.7，4 年预报结果同实测结果 DC 均在 0.98 以上，确定性系数都接近 1；表现在 $RMSE$ 上：三组值在 0.200 以下，只有一组值为 0.324，均方根误差值都很小；R 均大于 0.99，相关性非常高。表现在图 19.2.7 上，ANFIS 预报结果同实测结果吻合很好。

（3）头道拐水文站：观察图 19.2.8 和表 19.2.7 预报结果，1999—2001 年预报效果好，预报值同实测值确定性系数最大为 0.99，最小为 0.94，表明预报结果同实测结果吻合很好。2002 年，预报结果较差，预报结果 $DC=0.550$、$RMSE=0.410$ 和 $R=0.800$，也是同一水文站中最差的参数。这是因为 2002 年水温在 11 月上旬逐步上升的，见图 19.2.8 中 2002 年实测水温曲线，这与多年水温变化趋势正好相反，一般情况，水温在 11 月随着气温降低逐步降低，所以 2002 年预报结果同实测结果相差较大。

ANFIS 预报结果通过描述预报值和实测值关系的确定性系数进行了分析，除了巴彦高勒水文站 2000 年预报结果确定性系数为 0.87，头道拐水文站 2002 年预报结果确定性系数为 0.55 外，其余预报组次中预报值和实测值定性系数都大于 0.94。ANFIS 模型一共预报组次 12 组，10 组预报合格，2 组预报不合格。说明自适应神经模糊推理系统能够较好的预报结冰期的水温变化。

对于 ANN 模型的预报结果，观察图 19.2.6～图 19.2.8 中描述预报结果变化的曲线，

ANN 模型同 ANFIS 模型曲线变化趋势一致。但同组工况中，ANN 预报结果偏离实测值幅度普遍大于 ANFIS 预报结果同实测值的偏离程度。观察表 19.2.7，针对同组预报工况，ANFIS 预报结果的确定性系数（除 2002 年头道拐）均大于 ANN 模型的预报结果，同样相关系数也是前者预报结果均大于后者，均方根误差前者预报结果均小于后者。结果表明：ANFIS 模型用在预报如冬季水温这样的时间序列问题中，优势非常显著，ANFIS 预报结果明显优于 ANN 模型的预见结果。

19.2.6　基于 ANFIS 的冰情预报研究总结

本研究采用自适应神经模糊推理系统预报黄河结冰期水温，研究水温形成和发展的热力和动力因素，找到相关规律，模拟黄河宁蒙河段巴彦高勒、三湖河口、头道拐水文站冬季水温的变化。并同神经网络预报结果进行比较，两者预报结果的比较通过确定性系数、均方根误差和相关系数三种参数进行评定。自适应神经模糊推理系统集成了模糊理论和自适应神经网络两算法的优点，克服单一神经网络模型预报中的缺点。通过巴彦高勒、三湖河口和石嘴山 12 组次的预报结果比较，ANFIS 模型预报结果均比 ANN 模型预报结果好。自适应神经模糊推理系统主要通过对历史数据学习找到水温变化规律，从而预报未知情况，模拟结果表明预报水温同实测水温吻合得很好。其中预报结果平均确定性系数大于 0.90 的组次，水温变化平稳、渐进，水温变化有一定规律可循的，但对于天气发生异常变化年份，预报精度很难提高。

理论和应用中都证明，时间系列参数预报中，ANFIS 模型在功能上等价于 ANN 模型，但其特征的优越性明显强于 ANN 模型。自适应神经模糊推理系统这一新的理论能够适合冬季结冰期水温预报的特点，而且能够推广到冰情其他项目的预报中。

参考文献

[1]　可素娟，王敏，饶素秋，等. 2000. 黄河冰凌研究[M]. 郑州：黄河水利出版社.

[2]　王涛. 2014. 河冰预报[M]. 北京：中国水利水电出版社.

[3]　王涛，杨开林，郭永鑫，等. 2005. 神经网络理论在黄河宁蒙河段冰情预报中的应用[J]. 水利学报（10）：1204-1208.

[4]　Wang Tao，Yang Kailin，Guo Yongxin. 2008. Application of Artificial Neural Networks to Forecasting Ice Conditions of the Yellow River in the Inner Mongolia Reach[J]. Journal of Hydrologic Engineering，13（9）：811-816.

[5]　王涛，杨开林. 2009. 神经网络理论在南水北调冰期输水中的应用[J]. 水利学报，40（11）：1403-1408.

[6]　王涛，杨开林，郭新蕾，等. 2012. 基于网络的自适应模糊推理系统在冰情预报中的应用[J]. 水利学报，43（1）：112-117.

[7]　王涛，杨开林，郭新蕾，等. 2013. 模糊理论和神经网络河流冰期水温预报的比较研究[J]. 水利学报，44（7）：842-847.

[8]　Tao Wang，Kailin Yang，Xinlei Guo，et al. 2013. Freeze up Water Temperature Forecast for the Yellow River Using Adaptive-Networks-Based Fuzzy Inference System[C]. 2013 World Environmental and Water Resources Congress（ASCE）：2247-2260，2013 EWRI.

[9]　马细霞，胡铁成. 2008. 基于 ANFIS 的水库年径流预报[J]. 水力发电学报，27（5）：33-37.

附表 1.1 冰情模型典型参数

参数	取值	定义	单位
g	9.8	重力加速度	m/s^2
h_{wa}	19.71	大气与水面的热交换率	
L_i	334840.0	冰融化的潜热	J/kg
T_m	0.0	冰点温度	℃
ρ_i	917.0	冰的密度	kg/m^3
ρ	1000.0	水的密度	kg/m^3
C_p	4185.5	水的比热	J/（kg·℃）
k_i	2.24	冰的热传导系数	W/（m·℃）
e_f	0.4	冰花层的孔隙率	
e	0.5	冰块的孔隙率	
e_c	0.7	冰盖的孔隙率	
e_p	0.4	冰块之间的孔隙率	
n_b	实际给定	渠底糙率	
V_c	0.8	表面冰能够黏结在岸冰上的最大流速	m/s
μ	1.28	为河岸摩擦系数	
F_c	980.0	岸边剪切力的纵向分量 p_a	
V_{dsc}	0.9	冲刷流速	m/s
$\theta\omega_{b1}$	0.001	冰花在水面运动的冰块下堆积的概率速度	
$\theta\omega_{b2}$	0.0015	冰盖前缘下潜的冰块在冰盖下堆积的概率速度	

附表 2.1　南水北调中线干渠黄河北各渠段基本水力要素

地名	型式名称	类别号	桩号（起）/m	止/m	长度/m	底宽/m	边坡	底高程/m 起	底高程/m 止	糙率	闸前水位/m	分水流量/(m³/s)	设计水深/m
温县	渠道1	0	493138.0	501256.0	8118	20.50	1:2.00	101.000	100.710	0.0143	0	0	7.0
济河	济河倒虹吸	3	501256.0	501398.0	142	19.00	1:2.25	100.710	100.676	0.0143	0	0	7.0
济河	济河节制闸	1	501398.0	501475.0	77	19.00	1:2.25	100.676	100.676	0.0143	107.676	0	7.0
渠道	渠道2	0	501475.0	502399.3	924	19.00	1:2.25	100.676	100.567	0.0143	0	0	7.0
沁河	沁河倒虹吸	3	502399.3	503611.2	1212	16.50	1:2.75	100.567	99.907	0.0143	0	0	7.0
渠道	渠道3	0	503611.2	507028.3	3417	14.00	1:3.25	99.907	99.785	0.0143	0	0	7.0
蒋沟河	蒋沟河倒虹吸	3	507028.3	507307.3	279	14.00	1:3.25	99.785	99.655	0.0143	0	0	7.0
勒马河	渠道4	0	507307.3	512732.1	5425	14.00	1:3.25	99.655	99.461	0.0143	0	0	7.0
渠道	渐变段	4	512732.1	512732.1	0	14.00	1:3.25	99.461	99.461	0.0143	0	0	7.0
博爱县	渠道5	0	512732.1	516748.5	4016	13.00	1:3.50	99.461	99.318	0.0143	0	0	7.0
北石涧	北石涧分水口	2	516748.5	516748.5	0	13.00	1:3.50	99.318	99.318	0.0143	0	0	7.0
渠道	渠道6	0	516748.5	517006.1	258	13.00	1:3.50	99.318	99.309	0.0143	0	0	7.0
渠道	渐变段	4	517006.1	517006.1	0	13.00	1:3.50	99.309	99.309	0.0143	0	0	7.0
渠道	渠道7	0	517006.1	517993.7	988	14.25	1:3.25	99.309	99.273	0.0143	0	0	7.0
幸福河	幸福河倒虹吸	3	517993.7	518363.0	369	14.25	1:3.25	99.273	99.123	0.0143	0	0	7.0
渠道	渠道8	0	518363.0	520422.0	2059	13.00	1:3.50	99.123	99.050	0.0143	0	0	7.0
大沙河	大沙河倒虹吸	3	520422.0	520951.0	529	13.50	1:3.38	99.050	98.820	0.0143	0	0	7.0
渠道	渠道9	0	520951.0	523753.0	2802	14.00	1:3.25	98.820	98.711	0.0143	0	0	7.0
…	…	…	…	…	…	…	…	…	…	…	…	…	…
渠道	渐变段	4	1182065.0	1182065.0	0	7.75	1:2.25	57.060	57.060	0.0142	0	0	4.3
渠道	渠道327	0	1182065.0	1182635.0	570	7.00	1:2.50	57.060	57.036	0.0142	0	0	4.3
渠道	渐变段	4	1182635.0	1182635.0	0	7.00	1:2.50	57.036	57.036	0.0142	0	0	4.3
渠道	渠道328	0	1182635.0	1183476.0	841	7.00	1:2.50	57.036	57.001	0.0142	0	0	4.3
宫家坟	水北沟退水口	2	1183476.0	1183476.0	0	7.00	1:2.50	57.001	57.001	0.0142	0	0	4.3
渠道	渠道329	0	1183476.0	1183576.0	100	7.00	1:2.50	57.001	56.997	0.0142	0	0	4.3
西水北	水北沟渡槽	5	1183576.0	1183787.0	211	7.00	1:2.50	56.997	56.916	0.0142	0	0	4.3
渠道	渠道330	0	1183787.0	1189781.0	5994	7.50	1:2.50	56.916	56.676	0.0142	0	0	4.3
八岔沟	南拒马倒虹吸	3	1189781.0	1190589.0	808	7.50	1:2.50	56.676	56.430	0.0142	0	0	4.3
渠道	渠道331	0	1190589.0	1192683.0	2094	7.50	1:2.50	56.430	56.346	0.0142	0	0	4.3
北拒马	北拒马倒虹吸	3	1192683.0	1193498.0	815	9.25	1:2.50	56.346	56.619	0.0142	0	0	3.8
渠道	渠道332	0	1193498.0	1194486.0	988	11.00	1:2.50	56.619	56.578	0.0142	0	0	3.8
渠道	三岔沟分水口	2	1194486.0	1194486.0	0	11.00	1:2.50	56.578	56.578	0.0142	0	10	3.8
渠道	渠道333	0	1194486.0	1196362.0	1876	8.00	1:2.50	56.578	56.500	0.0142	0	0	3.8

注：终点进入北京段设计流量为 50m³/s，沿途加上分水口分流量可得到相应断面的流量。渐变段底宽、边坡取的是前后断面的平均值。设计流量下的 *Fr*、平均设计水深、桥梁、渠段库容等暂未给出。上述参数均可在程序中计算得到。该表目前根据最新数据又稍有改动。

附表 2.2 各典型测站 50 年日均气温

单位：℃

日期	新乡	安阳	邢台	石家庄	保定
11月1日	11.34	10.75	10.32	9.78	8.91
11月2日	11.37	10.99	10.54	9.99	9.20
11月3日	11.11	10.93	10.40	9.79	9.12
11月4日	11.33	10.96	10.28	9.70	9.01
11月5日	11.15	10.76	10.18	9.94	9.22
11月6日	11.07	10.56	9.93	9.54	8.81
11月7日	10.90	10.32	9.65	8.86	8.14
11月8日	9.95	9.24	8.68	8.06	7.20
11月9日	8.91	8.25	8.01	7.13	6.32
11月10日	8.11	7.85	7.47	6.93	6.57
11月11日	8.59	8.22	7.71	7.18	6.66
11月12日	8.85	8.19	7.61	7.41	6.31
11月13日	8.36	7.76	7.29	6.94	5.84
11月14日	7.75	7.22	6.49	5.76	4.96
11月15日	7.58	6.88	6.45	5.84	4.95
11月16日	7.04	6.59	5.90	5.26	4.44
11月17日	6.92	6.37	5.69	5.13	4.47
11月18日	6.87	6.35	5.71	5.46	4.25
11月19日	6.75	6.10	5.44	5.14	4.20
11月20日	6.72	5.94	5.47	4.97	3.91
11月21日	6.14	5.79	5.13	4.46	3.52
11月22日	5.73	5.04	4.29	3.87	3.16
11月23日	5.88	4.85	4.26	4.06	3.29
11月24日	5.76	4.95	4.31	3.76	3.09
11月25日	5.13	4.18	3.56	3.33	2.73
11月26日	4.99	4.15	3.44	3.27	2.16
11月27日	4.55	4.01	3.32	3.11	1.91
11月28日	3.88	3.10	2.61	2.15	1.47
11月29日	3.97	3.02	2.62	2.04	1.31
11月30日	3.97	3.19	2.49	2.11	1.14
12月1日	3.95	3.16	2.71	2.44	1.44
12月2日	3.67	2.92	2.38	2.15	0.90
12月3日	3.79	3.07	2.32	2.04	0.48
12月4日	3.44	2.66	1.90	1.28	0.36
12月5日	2.80	1.93	1.35	0.83	0.14
12月6日	2.39	1.71	1.05	0.55	−0.56
12月7日	2.19	1.49	0.85	0.48	−0.79
12月8日	2.50	1.65	1.06	0.94	−0.61
12月9日	2.83	2.09	1.19	1.02	−0.48
12月10日	3.08	2.20	1.45	1.32	0.07
12月11日	2.48	1.73	1.38	1.04	−0.21
12月12日	2.11	1.63	0.99	0.58	−0.86
12月13日	1.98	1.29	0.44	−0.05	−1.27

续表

日期	新乡	安阳	邢台	石家庄	保定
12 月 14 日	1.54	0.82	0.38	0.18	−1.22
12 月 15 日	1.34	0.69	−0.23	−0.55	−1.80
12 月 16 日	1.50	0.76	−0.04	−0.16	−1.44
12 月 17 日	1.31	0.47	−0.12	−0.53	−1.51
12 月 18 日	1.13	0.25	−0.32	−0.73	−1.87
12 月 19 日	0.83	0.23	−0.45	−0.65	−1.85
12 月 20 日	0.96	0.05	−0.65	−0.58	−2.12
12 月 21 日	1.09	0.10	−0.56	−0.65	−2.15
12 月 22 日	1.22	0.45	−0.15	−0.14	−1.62
12 月 23 日	1.22	0.42	−0.35	−0.63	−1.91
12 月 24 日	0.63	−0.23	−0.89	−1.37	−2.43
12 月 25 日	0.27	−0.69	−1.22	−1.59	−2.55
12 月 26 日	−0.02	−1.03	−1.53	−2.11	−3.05
12 月 27 日	−0.30	−1.02	−1.72	−2.14	−3.18
12 月 28 日	−0.09	−0.83	−1.48	−1.75	−2.82
12 月 29 日	−0.27	−1.31	−1.95	−2.70	−3.37
12 月 30 日	−0.29	−1.26	−2.09	−2.47	−3.49
12 月 31 日	−0.48	−1.35	−1.94	−2.20	−3.19
1 月 1 日	−0.11	−1.24	−1.82	−2.03	−3.17
1 月 2 日	0.18	−0.99	−1.62	−1.85	−3.05
1 月 3 日	0.06	−1.02	−2.01	−2.29	−3.38
1 月 4 日	−0.30	−1.64	−2.32	−2.41	−3.34
1 月 5 日	−0.63	−1.62	−2.32	−2.44	−3.97
1 月 6 日	−0.02	−0.86	−1.70	−2.02	−3.42
1 月 7 日	0.19	−0.88	−1.53	−1.85	−3.32
1 月 8 日	−0.04	−1.07	−1.63	−1.99	−3.51
1 月 9 日	0.04	−0.95	−1.66	−2.30	−3.40
1 月 10 日	0.29	−0.76	−1.35	−2.14	−3.20
1 月 11 日	−0.10	−1.23	−1.80	−2.11	−3.23
1 月 12 日	−0.16	−1.15	−1.74	−2.05	−3.21
1 月 13 日	−0.61	−1.35	−1.80	−2.27	−3.70
1 月 14 日	−0.33	−1.39	−2.04	−2.66	−4.02
1 月 15 日	−0.61	−1.64	−2.25	−2.77	−4.21
1 月 16 日	−0.53	−1.34	−2.13	−2.07	−3.97
1 月 17 日	−0.61	−1.59	−2.33	−2.64	−3.95
1 月 18 日	−0.72	−1.70	−2.36	−2.79	−3.80
1 月 19 日	−0.78	−1.66	−2.29	−2.82	−3.72
1 月 20 日	−0.37	−1.35	−1.84	−2.36	−3.37
1 月 21 日	−0.28	−1.31	−1.98	−2.36	−3.45
1 月 22 日	−0.08	−0.94	−1.55	−1.89	−2.89
1 月 23 日	−0.33	−1.07	−1.64	−2.07	−3.31
1 月 24 日	−0.29	−0.93	−1.49	−1.76	−3.11
1 月 25 日	−0.01	−0.63	−1.18	−1.90	−2.72
1 月 26 日	0.23	−0.80	−1.12	−1.63	−2.93
1 月 27 日	0.23	−0.94	−1.29	−1.81	−3.02
1 月 28 日	0.15	−0.87	−1.38	−1.82	−2.89
1 月 29 日	0.25	−0.78	−1.09	−1.96	−3.02
1 月 30 日	−0.55	−1.37	−2.13	−2.45	−3.49
1 月 31 日	−0.42	−1.21	−1.80	−2.12	−3.08

日期	新乡	安阳	邢台	石家庄	保定
2月1日	−0.05	−0.83	−1.36	−1.77	−2.80
2月2日	0.51	−0.30	−0.86	−0.98	−2.72
2月3日	0.44	−0.46	−1.02	−1.32	−2.50
2月4日	0.71	−0.13	−0.70	−1.47	−2.37
2月5日	1.19	0.49	−0.31	−1.05	−2.24
2月6日	1.61	1.03	0.25	−0.35	−1.72
2月7日	1.60	0.68	0.06	−0.33	−1.42
2月8日	1.37	0.83	0.08	−0.52	−1.45
2月9日	1.97	1.23	0.85	0.10	−1.13
2月10日	2.64	1.85	1.20	0.67	−0.92
2月11日	2.78	2.21	1.52	0.72	−0.97
2月12日	3.05	2.27	1.59	0.88	−0.57
2月13日	3.69	2.93	2.28	1.55	0.19
2月14日	3.48	2.41	1.98	1.29	0.35
2月15日	3.16	2.56	1.99	1.14	0.22
2月16日	3.67	2.83	1.95	1.36	0.02
2月17日	3.23	2.32	1.73	1.16	−0.17
2月18日	3.02	2.25	1.59	0.92	−0.50
2月19日	2.79	1.90	1.47	0.89	−0.27
2月20日	3.45	2.61	2.28	1.61	0.22
2月21日	3.59	2.77	2.42	1.88	0.29
2月22日	3.86	3.25	2.55	2.00	0.69
2月23日	3.98	3.35	2.68	1.99	0.54
2月24日	3.88	3.37	2.82	2.18	0.84
2月25日	4.23	3.60	3.08	2.34	0.88
2月26日	4.29	3.84	3.46	2.55	1.46
2月27日	4.14	3.85	3.53	2.94	1.83
2月28日	5.02	4.65	4.13	3.63	2.60
3月1日	5.33	4.91	4.46	4.06	2.69
3月2日	5.56	5.08	4.56	4.20	3.05
3月3日	5.69	5.13	4.77	4.21	3.28
3月4日	5.79	5.43	5.23	4.56	3.54
3月5日	6.14	5.70	5.45	4.78	3.68
3月6日	6.00	5.58	5.29	4.79	3.89
3月7日	6.14	5.59	5.63	5.22	4.24
3月8日	6.59	6.14	5.93	5.60	4.29
3月9日	6.84	6.44	6.42	5.93	4.52
3月10日	6.85	6.39	6.30	5.83	4.54
3月11日	7.04	6.83	6.55	6.05	4.73
3月12日	7.46	7.12	6.92	6.41	5.46
3月13日	7.64	7.32	7.31	6.80	5.69
3月14日	8.20	8.07	8.20	7.58	6.56
3月15日	8.85	8.45	8.36	7.73	6.64
3月16日	8.55	8.11	7.94	7.37	6.43
3月17日	8.50	8.19	8.13	7.39	6.74
3月18日	9.05	8.83	8.90	8.27	7.60
3月19日	9.38	8.81	8.75	8.25	7.43
3月20日	9.26	8.73	8.51	7.96	7.24
3月21日	8.83	8.25	8.30	7.84	7.17

日 期	新乡	安阳	邢台	石家庄	保定
3 月 22 日	8.34	7.89	8.01	7.68	6.88
3 月 23 日	8.78	8.35	8.06	7.59	6.97
3 月 24 日	8.92	8.61	8.74	8.50	7.61
3 月 25 日	9.34	9.04	9.13	8.91	8.34
3 月 26 日	10.14	9.69	9.67	9.63	8.87
3 月 27 日	10.78	10.65	10.84	10.68	9.79
3 月 28 日	11.22	11.04	10.99	10.33	9.90
3 月 29 日	11.64	11.52	11.42	10.84	10.13
3 月 30 日	12.05	11.65	11.78	11.41	10.97
3 月 31 日	12.23	11.92	12.10	11.57	10.82

附表 2.3 各典型测站冷冬年日均气温

单位：℃

日期	新乡	安阳	邢台	石家庄	保定
11 月 1 日	11	9.2	7.4	9.8	7.6
11 月 2 日	10.3	9.7	7.7	5.8	7
11 月 3 日	9	7.8	6.1	8.2	7.2
11 月 4 日	9	8.5	6.4	7.7	6
11 月 5 日	10.2	10	8.2	12.3	8.8
11 月 6 日	10.1	10.6	10.2	8.6	7
11 月 7 日	12.4	13.1	10.8	8.4	6.4
11 月 8 日	9.4	8.5	7.7	7.7	5.9
11 月 9 日	4	1.7	3.6	1.8	0.5
11 月 10 日	1.9	0.6	0.4	−1	−0.3
11 月 11 日	6.2	6	5.7	3.8	0.3
11 月 12 日	2.1	1.3	0.6	1.5	−0.4
11 月 13 日	3.5	3.4	2.5	2.7	1
11 月 14 日	8.4	8.6	6.7	8.9	4.4
11 月 15 日	5.4	4.3	2.4	2.8	0.9
11 月 16 日	7.6	8.3	6.1	4.2	2.1
11 月 17 日	8.7	6.7	5.8	4.4	4.5
11 月 18 日	11	10.9	8.2	7	6.1
11 月 19 日	8.1	5.8	3.9	3.9	2.8
11 月 20 日	2.2	0.9	0.4	0.5	0.1
11 月 21 日	1.7	0.9	0.7	0.4	−0.7
11 月 22 日	0.4	0.1	−0.4	−0.1	0.2
11 月 23 日	1.2	0.3	0.3	1.5	1.5
11 月 24 日	3.1	1	0.9	0.9	1.1
11 月 25 日	2.8	0.6	0.4	0.3	2.1
11 月 26 日	2.5	1.7	2.1	2.4	2.4
11 月 27 日	0.3	0.8	2.1	2.7	2.2
11 月 28 日	1.1	2.6	3.7	3.7	2.2
11 月 29 日	2.5	2	1.4	0.3	−1
11 月 30 日	−0.8	−1.6	−2.9	−2.6	−3.4
12 月 1 日	−0.6	−1.3	−1.8	0.1	−3.3
12 月 2 日	−0.1	−0.5	−2.2	−2	−3.5
12 月 3 日	−0.2	−0.9	−2	0.2	−3
12 月 4 日	−0.2	−1.9	−2.1	−3.3	−3.5
12 月 5 日	−0.7	−2.1	−3.5	−3.1	−3.9
12 月 6 日	−1.4	−2	−2.9	−3.4	−4.8
12 月 7 日	−3.1	−4.5	−5.8	−5.8	−7.4
12 月 8 日	−2.4	−3.6	−5.6	−6.6	−9.3
12 月 9 日	−3	−4.7	−6.3	−6.7	−7.2
12 月 10 日	−4.4	−4.3	−5.5	−3	−5.7
12 月 11 日	−3.5	−3.6	−5.2	−1.5	−5.2
12 月 12 日	−2.8	−2.3	−4.3	0.3	−4.9
12 月 13 日	−0.1	−1.2	−2.2	2.2	−2.8

日期	新乡	安阳	邢台	石家庄	保定
12 月 14 日	−1	−1.4	−2.8	−2.3	−2.9
12 月 15 日	−2.2	−2.3	−4	−0.1	−3.5
12 月 16 日	0.7	0.4	−1.4	−1	−2.2
12 月 17 日	−0.6	−0.7	−2.7	−2.4	−2.3
12 月 18 日	−1	−1.6	−3.2	−3.3	−3.1
12 月 19 日	1	0	−0.3	−0.4	−1.1
12 月 20 日	−2.8	−3.2	−4.5	−3.3	−5.1
12 月 21 日	−4.2	−3.8	−5.8	−4.8	−6.1
12 月 22 日	−3.4	−3.9	−4.6	−4.6	−6.5
12 月 23 日	−3.8	−3.9	−6.6	−6.2	−6.7
12 月 24 日	−2.6	−2.9	−4.2	−6	−6.5
12 月 25 日	−2.4	−2.7	−3.5	−3.8	−4.9
12 月 26 日	−4.7	−5.1	−5.8	−7.3	−8.2
12 月 27 日	−6	−7.1	−8.9	−9.2	−10.3
12 月 28 日	−5.9	−8.1	−9.8	−9.6	−11.9
12 月 29 日	−6.5	−8.5	−10.8	−9.5	−11.1
12 月 30 日	−3.4	−3.8	−6.5	−5.8	−7.8
12 月 31 日	1.4	−0.1	−3.1	0.2	−4.8
1 月 1 日	−0.2	−0.6	−4	1.1	−2.7
1 月 2 日	4.7	2.5	1.2	2.6	0
1 月 3 日	3.1	1.7	−1	3.8	−1.9
1 月 4 日	1.8	0.9	−1.7	2.5	−1.8
1 月 5 日	2.5	2.2	−1.1	−1.6	−4.7
1 月 6 日	0.6	1.7	−0.4	2.7	−0.6
1 月 7 日	−0.4	−1.7	−2.6	−1.7	−2.4
1 月 8 日	−3.5	−4.2	−5.5	−3.7	−4.5
1 月 9 日	−0.9	−1.9	−5.9	−4.8	−5.7
1 月 10 日	0.6	0.2	−2.3	1.5	−3.2
1 月 11 日	1.3	1.3	−2.2	5.6	−2.8
1 月 12 日	1.7	1.6	0.8	0.7	−1.3
1 月 13 日	1.8	0.4	−2.1	0.7	−1.9
1 月 14 日	−1.9	−3.7	−2.2	−4.6	−7.5
1 月 15 日	−0.1	−2.1	−3.1	1.4	−4.5
1 月 16 日	5.8	2.9	0.4	6.6	−2.7
1 月 17 日	2.8	−0.1	−3	−2.5	−4.4
1 月 18 日	0.7	−2.9	−4.1	−5.5	−5.9
1 月 19 日	−3.6	−5.1	−5	−5.3	−4.5
1 月 20 日	−3	−4	−4.1	−4.4	−6
1 月 21 日	−2.7	−4.6	−5.8	−6.3	−7.4
1 月 22 日	−3.2	−2.5	−3.2	−4.3	−6.3
1 月 23 日	−4.6	−4.1	−2.9	−3.2	−4.5
1 月 24 日	−4.1	−3.6	−3.8	−5.2	−4.2
1 月 25 日	−2.5	−2.6	−3.4	−7.7	−5.2
1 月 26 日	−1.2	−1.6	−4	−6	−6.3
1 月 27 日	−1.7	−2.7	−2.6	−4.4	−4.4
1 月 28 日	0	−1.1	−2.8	−4.2	−4.5
1 月 29 日	−0.6	−1.9	−2.6	−5.1	−6.8
1 月 30 日	−1	−3.2	−5.3	−7.1	−7.6
1 月 31 日	−3.3	−4	−6.7	−6.8	−8.2

日期	新乡	安阳	邢台	石家庄	保定
2 月 1 日	−3.1	−4.6	−6.4	−6.7	−7.2
2 月 2 日	−1.7	−3.4	−4.9	−4.2	−5.6
2 月 3 日	−2.5	−4.9	−6.2	−6.2	−5.6
2 月 4 日	−3.2	−5.3	−6.3	−8.3	−8
2 月 5 日	−2.9	−4.9	−6.2	−6.8	−8.9
2 月 6 日	−4.1	−5.2	−8.8	−7.9	−8.3
2 月 7 日	−5	−5.2	−6.4	−5.8	−7
2 月 8 日	−2.8	−4.1	−4.8	−6	−5.9
2 月 9 日	−2.6	−2.4	−2.6	−3.9	−4.2
2 月 10 日	−2.3	−3.2	−2.8	−4.9	−3.8
2 月 11 日	−2.9	−2.6	−4	−4.4	−4.6
2 月 12 日	0.9	0.8	−2.5	−2.1	−3.5
2 月 13 日	0.1	−1.1	−0.7	−2.1	−2.8
2 月 14 日	−1.3	−1.4	−2.7	−4.1	−4.3
2 月 15 日	1.1	−0.3	−1.3	−2.4	−2.6
2 月 16 日	2.7	1.3	0.6	−1.6	−2.6
2 月 17 日	1	−1.3	−0.7	−1.2	−1.2
2 月 18 日	−1.3	−1.7	−2.3	−3.2	−4.4
2 月 19 日	−5.1	−6	−6.7	−7.2	−7.6
2 月 20 日	−2.3	−4.8	−4.9	−6.3	−7.3
2 月 21 日	1.8	−1.4	−3	−2.1	−7.2
2 月 22 日	−0.8	−1.9	−2.9	−3.4	−3.3
2 月 23 日	−0.8	−1.3	−1.5	−1	−1.2
2 月 24 日	−0.1	0.1	−0.6	−1.7	−1.7
2 月 25 日	2.4	2.6	1.3	−0.5	−1.6
2 月 26 日	5.2	6.1	2.3	0.1	0.6
2 月 27 日	6	5.1	3	3.8	2.8
2 月 28 日	4	2.9	2.6	1.5	0
3 月 1 日	2.3	2.7	1.5	−0.7	−0.9
3 月 2 日	5.3	3.4	1.8	1.7	0.8
3 月 3 日	6.6	7.6	5.3	2.4	2.6
3 月 4 日	12.8	6.9	6	5.6	4.5
3 月 5 日	7.1	4.6	2.8	3.4	1.6
3 月 6 日	9.2	8.3	5.3	3.6	4
3 月 7 日	8.1	7.6	6.7	5.4	4.9
3 月 8 日	5.5	4.5	4.9	4.3	5.4
3 月 9 日	5.5	6	4.2	4.3	5
3 月 10 日	6.5	7.3	4.8	6.9	4.2
3 月 11 日	5.4	6.7	4.5	6	5.7
3 月 12 日	6.7	7.8	7.9	10.1	6.6
3 月 13 日	8	8.9	8.4	8.1	7.1
3 月 14 日	8.5	9.4	9.1	7.6	8.3
3 月 15 日	10.7	10.8	9	10.8	8.6
3 月 16 日	8.8	6.6	5.7	6	4.5
3 月 17 日	10.2	9.9	9.2	6.8	7.5
3 月 18 日	11	12.2	11.2	9.4	9.2
3 月 19 日	13.5	12.5	11.8	12.4	10.9
3 月 20 日	13.5	13	13	11.8	11.3
3 月 21 日	12.4	12	10.9	9.6	11

日期	新乡	安阳	邢台	石家庄	保定
3 月 22 日	10.6	9.9	9.6	8.4	7.4
3 月 23 日	10.4	9	8.5	8	6.7
3 月 24 日	8.8	7.5	5.8	5.4	5
3 月 25 日	9.6	9.6	8.4	7.3	6.5
3 月 26 日	10.5	11.2	8.5	8.8	6.2
3 月 27 日	12.2	12.5	12	10	10.1
3 月 28 日	9.4	10.1	10.6	10.3	10.4
3 月 29 日	13.8	14	13.6	12.3	11.7
3 月 30 日	14.1	15.5	14.8	14.6	14.2
3 月 31 日	14.3	15.5	14.8	16.6	16.1

附表 2.4　各典型测站平冬年日均气温

单位：℃

日期	新乡	安阳	邢台	石家庄	保定
11 月 1 日	4.9	3.3	2.8	3.2	3.2
11 月 2 日	7.2	7.2	6.2	7.1	5.4
11 月 3 日	7.3	7.7	6.7	7.9	7
11 月 4 日	7.4	7.3	6.2	5.5	6.4
11 月 5 日	5.8	7.3	5.6	3	4.2
11 月 6 日	7.8	6.4	7.3	6.2	6.4
11 月 7 日	7.1	6.9	5.6	4.2	5
11 月 8 日	9.3	9.8	9.3	6.9	5.6
11 月 9 日	12.4	13.4	12.2	8.5	7.5
11 月 10 日	12.7	12.1	11.2	10.9	10.5
11 月 11 日	11.2	10.8	11	10.5	10
11 月 12 日	12.2	10.4	9.7	8.1	7.8
11 月 13 日	7.7	6.1	6.4	5.6	4.7
11 月 14 日	6.3	6.8	6.7	5.7	5.4
11 月 15 日	10	10.7	10.6	9.9	8.1
11 月 16 日	7.9	7.5	7.7	5.8	5.1
11 月 17 日	10.2	9.7	8.2	5.9	4.5
11 月 18 日	11.2	11.3	11.4	10.6	7.6
11 月 19 日	8.2	8.7	7.9	6.4	5.8
11 月 20 日	9.4	9.2	7.5	7.9	6.4
11 月 21 日	8.7	8.2	8	6.6	5.3
11 月 22 日	8.5	6.7	5.3	5.6	4.5
11 月 23 日	7.8	4	3.1	3.2	3.8
11 月 24 日	8.5	6.7	4.8	3.4	2.8
11 月 25 日	6.9	4.5	4.1	3.6	2.8
11 月 26 日	4.4	1.7	0.9	0.6	−0.8
11 月 27 日	−2	−3.9	−4.1	−3.7	−3.6
11 月 28 日	−4.8	−5.9	−5.3	−5.2	−6.9
11 月 29 日	−3.8	−6	−5.4	−4.5	−7.2
11 月 30 日	−3.4	−5	−4.1	−3.2	−5.7
12 月 1 日	−3.6	−4.5	−4.5	−4.2	−5.3
12 月 2 日	−2.3	−4.1	−3.8	−2.6	−4.9
12 月 3 日	−0.3	−1.7	−1.7	−0.8	−3.7
12 月 4 日	0.6	−2.1	−2.6	−2	−4.1
12 月 5 日	1.1	−0.2	−0.4	−0.5	−2
12 月 6 日	−0.5	−0.4	−0.2	1	−2.5
12 月 7 日	1.3	0.7	0	−1.3	−2.2
12 月 8 日	1.6	2.3	1.5	0.9	−3
12 月 9 日	3	3.8	0.5	−1.1	−4.4
12 月 10 日	2.1	0.4	−0.8	−1.5	−2.6
12 月 11 日	−1.1	−1.3	−1.4	−3.2	−2.9
12 月 12 日	−2.7	−1.9	−2.6	−2.1	−3.7
12 月 13 日	−1.4	−1	−1.7	−1.6	−1.6

日期	新乡	安阳	邢台	石家庄	保定
12月14日	1.4	0.6	−0.1	2.6	−1.6
12月15日	1.3	2.7	1.1	3.4	−0.4
12月16日	0.9	2.2	1.6	0.6	−0.7
12月17日	1.2	1.8	1.2	0.5	−0.6
12月18日	2.8	2.2	1.5	1.1	0
12月19日	2.5	1.7	2.5	0.1	0.7
12月20日	1.8	2.3	1.4	−0.1	0.3
12月21日	3.8	3.3	1.7	5.2	−1.7
12月22日	3.2	3.6	3.7	4.3	1.7
12月23日	3.2	4.5	1.9	0.1	−0.7
12月24日	4.6	4.4	4	2.5	2.7
12月25日	5.9	6.7	6.6	5.7	4.4
12月26日	5.6	7.2	7.6	8.3	3.6
12月27日	9.5	8.9	9	16.8	2.7
12月28日	8.4	9.6	9.4	11.3	7.6
12月29日	5.2	3.2	2.9	2.6	1.1
12月30日	−1	0.8	−0.1	−1.7	−3.6
12月31日	0.2	0.8	−1.5	−2.5	−2.9
1月1日	1.5	0.4	−0.5	−1.2	−0.9
1月2日	0.3	0.1	−1.5	−1.8	−2.2
1月3日	1.7	0.3	−0.2	−1.3	−2.7
1月4日	1	−1	−1.5	−3.3	−3.8
1月5日	−2.5	−2.9	−3.2	−4.8	−7
1月6日	−3.6	−1.2	−3.5	−3.8	−4.9
1月7日	3.7	1.8	0.1	−2.6	−4.6
1月8日	5.4	2.6	2	0.6	−2
1月9日	−1.8	−2.5	−3.1	−4	−5.6
1月10日	−1.5	−0.8	−3	−4.9	−5.8
1月11日	0.2	0	−1.8	−4	−4.5
1月12日	1.6	2	−0.1	−2.6	−3.8
1月13日	0.1	0.5	−0.8	−2.7	−4.1
1月14日	2.6	1.4	1.4	0.6	0
1月15日	3.4	2.2	1.8	0.5	−0.2
1月16日	1.7	0.9	−0.1	0.1	−2
1月17日	1.7	1.3	−0.6	1.1	−1.6
1月18日	−0.5	0.8	0.3	0.3	−1.8
1月19日	2.6	3	2	0.4	−0.9
1月20日	2.7	3.4	3	1.6	−0.3
1月21日	4.2	4.6	4.1	2.6	1.6
1月22日	2.5	0.2	−0.2	−2.3	−2.2
1月23日	−4.2	−5	−6	−7.5	−7.6
1月24日	−2.8	−3.4	−5.2	−7.1	−7
1月25日	−1.7	−1.7	−2.9	−3.9	−4.7
1月26日	0.3	0.3	−0.1	−2	−3.3
1月27日	0.2	0.2	−0.8	−2.4	−2.1
1月28日	2.7	−0.5	−1.7	−1.8	−2.3
1月29日	0.5	−1.7	−1.7	−2.7	−3.9
1月30日	0	−0.1	−0.8	−1.8	−2.3
1月31日	−0.1	0.2	−1.8	−2.7	−2.4

日期	新乡	安阳	邢台	石家庄	保定
2 月 1 日	2.6	1.5	1.1	0.6	−0.6
2 月 2 日	−0.2	−1.5	−2.2	−3.4	−4.8
2 月 3 日	−1.5	−0.5	−1.1	−4.9	−4.4
2 月 4 日	3.1	1	0.1	−1.5	−1.8
2 月 5 日	2.9	1.8	0.9	0.3	−1.2
2 月 6 日	−0.5	−1.3	−2.2	−2.9	−3.6
2 月 7 日	2	0.7	−1.5	−2.1	−2
2 月 8 日	−0.6	0.7	0.1	−2.4	−2.8
2 月 9 日	0.3	−0.1	−0.2	−1.3	−1.3
2 月 10 日	0.5	0.2	0.4	−1.3	−0.5
2 月 11 日	3.5	4.4	3.6	2.5	2.1
2 月 12 日	4.6	5.5	5.3	2.8	2.5
2 月 13 日	3.7	1.5	−0.2	−1	−1.3
2 月 14 日	0.4	−1.4	−1.6	−2.3	−3.6
2 月 15 日	−1.3	−1.2	−1.2	−2.8	−3
2 月 16 日	−0.8	−0.9	−1.7	−3.5	−3.8
2 月 17 日	−0.8	0.1	0	−1.5	−1
2 月 18 日	−0.6	0.3	−0.2	−1.3	−1
2 月 19 日	1.2	1.9	0.2	1.4	0.1
2 月 20 日	2.3	2.5	1.9	1	−0.1
2 月 21 日	2.9	2.6	1.9	0.4	−0.6
2 月 22 日	5	4.8	4.4	2	1.7
2 月 23 日	2.1	2.2	1.7	0.1	0
2 月 24 日	1.9	2.3	1.9	0.4	0.6
2 月 25 日	1.9	2.6	3	1.9	2.3
2 月 26 日	3	2.8	2.7	0.3	2.7
2 月 27 日	1.5	0.9	0.8	0.2	0.3
2 月 28 日	−0.5	−0.4	0.1	−0.6	−0.9
2 月 29 日	−1.3	−1.2	−0.6	−0.2	0.2
3 月 1 日	2.5	2.2	1.9	1.1	0.4
3 月 2 日	0.1	−0.6	−0.9	−1.3	−1.2
3 月 3 日	0.3	0.7	0.4	−0.6	−0.7
3 月 4 日	4.4	2.7	2.5	1.3	0.7
3 月 5 日	4.3	4.3	4.6	2.2	2.6
3 月 6 日	1.8	−0.4	−1.1	−2	−2.8
3 月 7 日	3.1	1.7	2.1	3.6	2.8
3 月 8 日	5.2	4.5	5.3	5.1	3.7
3 月 9 日	8.1	8.6	8.9	11.8	8.6
3 月 10 日	8.5	9.3	7.9	4.9	4.7
3 月 11 日	12.7	12.2	11.2	11.8	9.9
3 月 12 日	12.3	11	11.8	9.7	9.3
3 月 13 日	13.3	11.6	12.8	12.1	11.5
3 月 14 日	7.4	6.8	8.7	9	7.3
3 月 15 日	3.8	3.1	3.2	3.1	2.1
3 月 16 日	3.3	3.3	3.6	3.4	2.6
3 月 17 日	5.6	6.1	7.3	7.2	6.2
3 月 18 日	8.2	8.3	7.8	6.3	7
3 月 19 日	7.1	6.4	5.9	3.9	4.2
3 月 20 日	4.9	5.6	5.9	6.2	4.4

日期	新乡	安阳	邢台	石家庄	保定
3月21日	4	4.2	5.6	4.7	2.6
3月22日	5.6	4.8	3.7	4.1	4.3
3月23日	3.7	3.5	3.4	3.8	4
3月24日	5.9	4.8	4.4	4.9	4.1
3月25日	5.9	5.7	4.4	6.1	5.2
3月26日	8.3	8.3	8.3	7.7	7.4
3月27日	10.6	11.5	10.6	9.3	7.6
3月28日	10.9	10.1	7.8	7	5.9
3月29日	9.9	8.7	7	5.2	6.5
3月30日	11.1	11.1	10.6	8	8.5
3月31日	11.6	13.3	13.2	11.8	11.5

附表 2.5 各典型测站暖冬年日均气温

单位：℃

日期	新乡	安阳	邢台	石家庄	保定
11月1日	11.4	9.9	10.4	8.6	7.4
11月2日	9.2	8.8	8.8	7	7.3
11月3日	10.9	9.8	8.3	7.5	6
11月4日	10.9	10.1	7.5	7.2	5.5
11月5日	10.2	10.2	9.1	8.3	7.7
11月6日	8.4	9.1	8.7	7.3	6.2
11月7日	10.1	10.6	9.1	7.2	5.9
11月8日	9.4	9	8.5	8.3	6.8
11月9日	9.2	9.3	9.5	7.9	7
11月10日	8.5	9.3	8.3	7.4	6.4
11月11日	10.5	9.4	8.6	8.4	7.2
11月12日	9.2	8.2	8.1	6.7	6.5
11月13日	9	7	6.1	6.1	4.2
11月14日	5.6	6.8	6.7	4.4	1.8
11月15日	7.6	7.3	6.7	5.1	4
11月16日	6.1	6.8	7.9	8.2	5.7
11月17日	6.7	7.3	8.3	8	6.5
11月18日	6.9	7.8	9.7	10.4	7.5
11月19日	7.5	9.4	9.9	11.8	9.1
11月20日	7.8	10.5	10.6	11.1	9.2
11月21日	8.3	9.7	10.4	9.9	8.2
11月22日	8.5	9.8	8.7	9.6	7.2
11月23日	11.6	9.7	10.1	9.4	6.4
11月24日	12	11.1	12.8	12.7	10.6
11月25日	6.7	5.4	4.5	4.7	2.2
11月26日	1.2	3.6	3.7	3.1	2
11月27日	1.4	3.4	3.6	2.5	0.8
11月28日	6.4	6.4	3.7	2.9	1.7
11月29日	6.3	5.4	5.4	4.1	4.1
11月30日	4.8	5	5.4	2.6	1.8
12月1日	5.3	3.8	2.6	2.5	1.2
12月2日	2	2	1.6	0.7	−0.3
12月3日	2.3	2.9	2.3	1	0
12月4日	−0.1	−0.5	−0.6	−0.9	−1.4
12月5日	−0.1	−0.8	−0.6	−1.3	−0.4
12月6日	−1	−1	−0.1	−0.2	−0.9
12月7日	−0.4	0.5	−1.1	−2.5	−3.1
12月8日	−0.3	−0.9	−0.8	−1.3	−4
12月9日	2.3	1.6	1.1	−0.3	−0.9
12月10日	2	0.8	0.2	−0.7	−1.1
12月11日	0.8	0.4	0.3	−0.2	−0.8
12月12日	2.3	1.7	2	0	−0.4
12月13日	−0.2	−1.2	−1.2	−2.1	−2.6

日期	新乡	安阳	邢台	石家庄	保定
12 月 14 日	0.5	−0.8	−0.5	−0.1	−0.9
12 月 15 日	−0.7	−1.1	−0.6	−3.4	−3.6
12 月 16 日	0.6	−0.4	−1.8	−2.9	−1.8
12 月 17 日	1.2	−1	−1.1	−2.3	−3.2
12 月 18 日	0.7	−0.8	−1.8	−2	−3.8
12 月 19 日	−0.7	−1.7	−2.1	−2.1	−2.3
12 月 20 日	−0.8	−2.5	−1.5	−2.2	−2
12 月 21 日	−0.1	−1.3	−1.1	−0.3	−2
12 月 22 日	−1	−1	−1	−0.2	−3.1
12 月 23 日	−1.4	−1.3	−1.6	−2.8	−3.1
12 月 24 日	−2.7	−3.6	−3.1	−3.1	−4.3
12 月 25 日	−2.9	−3.3	−2.9	−2.8	−4.3
12 月 26 日	−1.6	−2.6	−2.8	−2.8	−2.8
12 月 27 日	−2.9	−1.9	−0.8	0.1	−2.2
12 月 28 日	1.1	0.5	1.2	0.6	−1.6
12 月 29 日	5.5	2.2	2	1.2	2.2
12 月 30 日	2.6	1.6	1.2	0.1	−0.7
12 月 31 日	2.2	1.6	1.5	1.1	0.2
1 月 1 日	0.9	−1.4	1.9	−0.1	0.6
1 月 2 日	2	−0.4	4	2.5	−0.6
1 月 3 日	4	2.2	2.6	1.4	0.2
1 月 4 日	10.7	3.3	9.5	12.5	5.9
1 月 5 日	6.4	5.4	7.7	5.6	3.2
1 月 6 日	5.2	2.7	4.5	3.6	0.9
1 月 7 日	1.7	−0.4	1.3	0.9	0.2
1 月 8 日	0.5	−0.7	1.7	0	−0.6
1 月 9 日	5.6	1.5	2	1.5	−0.4
1 月 10 日	9.2	5	7.7	6.1	3.7
1 月 11 日	7.5	5.3	8.6	6.3	4.9
1 月 12 日	4.5	2.3	5.7	4.7	4.4
1 月 13 日	4.6	4.1	3.6	3.8	2.8
1 月 14 日	3.6	3.2	2.2	2.4	1.1
1 月 15 日	4.7	3.5	2.7	2.2	1.6
1 月 16 日	2.4	2.3	4.3	2.7	1.4
1 月 17 日	1.9	−0.1	1.5	0.4	0
1 月 18 日	1.3	0.7	2.1	0.7	0.2
1 月 19 日	3.2	1.3	3.6	1.8	0.4
1 月 20 日	5.7	4.9	6.1	5.4	4.3
1 月 21 日	3.4	0.7	3	2.3	1.2
1 月 22 日	1.4	−0.7	0.4	−0.1	−1
1 月 23 日	−0.6	−2.6	0.9	0.9	−1
1 月 24 日	0.8	−1.4	0.4	−0.1	−0.2
1 月 25 日	0.9	0.3	2.4	−0.5	−1.6
1 月 26 日	1.1	0.4	1.4	0.4	0.6
1 月 27 日	1.4	−0.1	0.5	−0.8	−1.1
1 月 28 日	1.5	−0.4	0.6	−0.1	−0.5
1 月 29 日	3.2	−0.5	3.4	4.2	2.8
1 月 30 日	1.8	3.6	4	3.3	1.4
1 月 31 日	1.6	0.9	3.8	3	3.5

日期	新乡	安阳	邢台	石家庄	保定
2月1日	5.7	3.7	5.7	5.6	3
2月2日	3.3	1.1	5.3	6.2	2.8
2月3日	5.4	2.8	5.4	5.2	2.9
2月4日	6.8	4.8	6.9	6	4
2月5日	8	5.1	8.3	5.8	4.2
2月6日	5.7	4.5	8.1	6.6	5
2月7日	5.6	3.2	7.4	6	5.4
2月8日	6	5.4	6.4	5	3.8
2月9日	3.8	2.1	3.2	2.1	0.9
2月10日	7.6	5.5	7.5	5.4	1.3
2月11日	5.9	4	6.4	5.3	3.2
2月12日	8.6	6.9	7.5	5.4	3.3
2月13日	5.7	4.1	3.2	2.6	2.4
2月14日	4.7	3.7	5.1	3.9	3.7
2月15日	8.5	7.2	7.9	6.7	4.3
2月16日	9.4	8.4	10.4	8.7	4.7
2月17日	9.2	8.2	8.6	8.2	5.9
2月18日	5.9	4.5	6.1	4.8	2.2
2月19日	4.1	2.4	5.8	5.2	4.2
2月20日	7	7.7	8.6	6.5	5.4
2月21日	9.2	8.3	9.4	10	8
2月22日	9.2	8.2	8.8	7.9	6.8
2月23日	8.8	7.8	9.3	7.3	6.8
2月24日	7.4	5.3	6.4	4.8	5.5
2月25日	10	8.2	8.2	6.7	7.1
2月26日	9.1	7.3	9.8	9.8	9.8
2月27日	9.9	8.5	10.5	9.5	8.3
2月28日	9.3	7.2	10.2	9.9	8.7
3月1日	8.5	8.6	10.1	9.1	6
3月2日	4.5	2.6	1.2	1.5	2.6
3月3日	3.5	2.6	2.8	2.8	2.6
3月4日	2.2	2.8	4.5	4.4	5
3月5日	7.3	5.9	6.9	8.3	6.2
3月6日	9.1	5.5	9.8	9.3	7.6
3月7日	9.3	7.1	8.1	7.7	6.2
3月8日	9.3	7.3	10.4	8.8	9.4
3月9日	11.7	11.8	13.8	13.2	11
3月10日	13.5	11.5	12	11.3	10.9
3月11日	12.6	10.3	13	12.1	12.2
3月12日	13.5	10.7	14.3	14.1	13.5
3月13日	13.4	12.1	12.1	10.5	9.6
3月14日	16.8	14.1	16	16.3	12.5
3月15日	15.6	13.9	15.7	16.3	14.3
3月16日	14.4	11.1	15.1	16.7	13
3月17日	12.9	10.9	12.8	11.9	12.4
3月18日	11.9	9.8	12.3	12.3	10.8
3月19日	16.8	13.2	15.6	12.6	10.3
3月20日	12.6	10.2	11.4	11	9.8
3月21日	11.2	9.6	12.5	10.5	10.6

续表

日期	新乡	安阳	邢台	石家庄	保定
3 月 22 日	12.5	11	11.5	11.1	9.3
3 月 23 日	10.8	8.7	10.3	10.4	8.6
3 月 24 日	11.7	9.9	11.2	9.4	9.1
3 月 25 日	12.6	12.1	13.2	12.7	11.7
3 月 26 日	14.5	13	13	13.5	12.2
3 月 27 日	13.2	12.7	13.6	12.6	11.4
3 月 28 日	15.5	14.8	16.9	16.1	15.8
3 月 29 日	17.3	16.1	14.6	12.8	11.4
3 月 30 日	20	18.2	17.1	17.2	15.6
3 月 31 日	19.3	14.5	19.7	20.9	19

附表 3.1 京密引水渠渠道参数

渠道范围	桩号/km		长度/km	设计流量/(m³/s)	底宽/m	边坡	糙率	设计水深/m	纵坡
	起点	终点							
宫庄子—沙河倒虹吸	0+000	12+135	12.0	70	8	1:2.5	0.014	2.8	0.00025
沙河倒虹吸出口—水库进水闸	12+265	25+220	13.0	60	8	1:2.0~1:1.5	0.017	3.1~3.5	0.00025
隧洞出口—西台上节制闸			2.3	20	8	1:1.5	0.017	2.50	0.00015
峰山口输水闸—西台上跌水	29+000	29+780	0.8	40	7.0	1:2.0		3.0	0.00025
西台上跌水—李史山节制闸	29+780	34+560	4.78	60.0	12.0	1:1.5	0.02	2.8	0.00014
李史山节制闸—兴寿倒虹吸	34+560	49+512	14.95	40.0	20.0	1:2.5	0.015	2.8	0.00005
兴寿倒虹吸出口—东沙河倒虹吸	49+625	64+697	15.07	40	20	1:2.5	0.015	2.8	0.000056
东沙河倒虹吸出口—埝头倒虹吸	64+802	69+900	5.1	40	20	1:2.5	0.015	2.8	0.000058
埝头倒虹吸出口—横桥倒虹吸	70+020	71+575	1.56	40	20	1:2.5	0.015	2.8	0.000062
横桥倒虹吸出口—土城倒虹吸	71+707	72+980	1.27	40	20	1:2.5	0.015	2.8	0.000071
土城倒虹吸出口—前柳林倒虹吸	73+288	84+581	11.3	40	20	1:2.5	0.015	2.8	0.000060
前柳林倒虹吸出口—温泉倒虹吸	84+644	88+720	4.08	40	20	1:2.5	0.015	2.8	0.000059
温泉倒虹吸出口—红山口公路桥	88+760	101+500	12.74	40	20	1:2.5	0.015	2.8	0.000058
红山口公路桥—颐和闸	101+500	102+039	0.54	40	20~9.3	1:2.0	0.015	2.8	0.000058

附表 3.2　京密引水渠正向输水水力要素格式

型式名称	类别号	桩号起/m	止/m	长度/m	底宽/m	边坡	底高程起/m	止/m	糙率	闸前水位/m
渠道 11	0	28600	29000	400	8.0	1:1.5	54.500	54.465	0.017	
峰山口输水闸	1	29000	29000	0	8.0	1:1.5	54.465	54.465	0.017	57.465
渠道 12	0	29000	29773	773	10.0	1:2.0	54.465	54.315	0.017	
西台上跌水闸	1	29773	29773	0	10.0	1:2.0	54.315	50.935	0.017	57.315
渠道 13	0	29773	34500	4727	12.0	1:1.5	50.935	50.280	0.017	
…	…	…	…	…	…	…	…	…	…	…
渠道 21	0	84644	88718	4074	20.0	1:2.5	47.510	47.270	0.015	
温泉倒虹吸	3	88718	88758	40	20.0	1:2.5	47.270	47.270	0.015	
渠道 22	0	88758	93919	5161	20.0	1:2.5	47.270	46.980	0.015	
屯佃节制闸	1	93919	93919	0	20.0	1:2.5	46.980	46.980	0.015	49.780
渠道 23	0	93919	102039	8120	20.0	1:2.5	46.980	46.500	0.015	

注：反向输水工况时，数据结构反向，泵前水位参见初步设计报告。

附表 3.3 平冬年日均气温过程（33 年日均）

月	日	平冬年 日均气温/℃	月	日	平冬年 日均气温/℃
11	1	8.50	12	15	−1.53
11	2	8.92	12	16	−1.21
11	3	8.79	12	17	−1.84
11	4	8.79	12	18	−1.92
11	5	8.65	12	19	−1.46
11	6	8.81	12	20	−1.44
11	7	7.28	12	21	−1.82
11	8	6.99	12	22	−1.33
11	9	6.15	12	23	−1.85
11	10	6.63	12	24	−2.05
11	11	7.02	12	25	−2.39
11	12	6.61	12	26	−2.85
11	13	5.65	12	27	−2.25
11	14	4.55	12	28	−2.58
11	15	4.75	12	29	−3.08
11	16	3.63	12	30	−2.91
11	17	3.53	12	31	−2.93
11	18	3.71	1	1	−3.00
11	19	3.76	1	2	−3.08
11	20	3.68	1	3	−3.31
11	21	3.52	1	4	−3.94
11	22	3.68	1	5	−3.88
11	23	3.43	1	6	−3.18
11	24	3.31	1	7	−3.57
11	25	2.38	1	8	−3.35
11	26	1.90	1	9	−3.37
11	27	1.36	1	10	−3.37
11	28	1.36	1	11	−3.54
11	29	1.70	1	12	−3.85
11	30	1.29	1	13	−3.74
12	1	0.71	1	14	−3.79
12	2	0.34	1	15	−3.86
12	3	0.47	1	16	−3.58
12	4	0.18	1	17	−3.68
12	5	−0.39	1	18	−3.68
12	6	−0.09	1	19	−3.27
12	7	−0.24	1	20	−2.91
12	8	−0.51	1	21	−2.99
12	9	−0.13	1	22	−2.99
12	10	−0.16	1	23	−3.62
12	11	−0.52	1	24	−3.35
12	12	−0.60	1	25	−2.91
12	13	−0.94	1	26	−2.73
12	14	−1.30	1	27	−2.60

平冬年			平冬年		
月	日	日均气温/℃	月	日	日均气温/℃
1	28	−1.98	3	1	2.89
1	29	−1.95	3	2	3.39
1	30	−2.50	3	3	3.73
1	31	−2.00	3	4	4.46
2	1	−1.77	3	5	4.51
2	2	−2.21	3	6	4.20
2	3	−2.26	3	7	4.02
2	4	−1.79	3	8	4.20
2	5	−1.22	3	9	4.54
2	6	−0.74	3	10	5.38
2	7	−1.17	3	11	5.40
2	8	−0.88	3	12	6.11
2	9	−0.44	3	13	5.79
2	10	−0.31	3	14	6.89
2	11	0.21	3	15	6.76
2	12	0.05	3	16	6.68
2	13	0.39	3	17	7.25
2	14	0.52	3	18	7.61
2	15	0.08	3	19	7.40
2	16	−0.33	3	20	7.10
2	17	−0.10	3	21	6.87
2	18	−0.25	3	22	7.08
2	19	0.51	3	23	7.18
2	20	0.89	3	24	7.88
2	21	0.98	3	25	8.31
2	22	1.47	3	26	8.88
2	23	1.27	3	27	9.32
2	24	1.27	3	28	10.02
2	25	1.51	3	29	9.72
2	26	1.95	3	30	10.22
2	27	2.53	3	31	10.84
2	28	2.71			

附表 3.4　冷冬年日均气温过程

冷冬年	月	日	日均气温/℃	冷冬年	月	日	日均气温/℃
2009	11	1	0.1	2009	12	18	−5.2
2009	11	2	−1	2009	12	19	−4.7
2009	11	3	1.4	2009	12	20	−1.5
2009	11	4	4.9	2009	12	21	−4
2009	11	5	7.1	2009	12	22	−1.1
2009	11	6	8	2009	12	23	−1.4
2009	11	7	8.4	2009	12	24	−0.7
2009	11	8	9.3	2009	12	25	−7.6
2009	11	9	3.5	2009	12	26	−8.8
2009	11	10	0.2	2009	12	27	−5.9
2009	11	11	2.5	2009	12	28	−7.6
2009	11	12	0.6	2009	12	29	−3.2
2009	11	13	0.7	2009	12	30	−4.9
2009	11	14	1.2	2009	12	31	−7.3
2009	11	15	−2	2010	1	1	−5
2009	11	16	−2	2010	1	2	−4.5
2009	11	17	−0.1	2010	1	3	−8.1
2009	11	18	−0.2	2010	1	4	−10.3
2009	11	19	−0.2	2010	1	5	−12.5
2009	11	20	1.4	2010	1	6	−11.2
2009	11	21	−0.8	2010	1	7	−9.7
2009	11	22	0.8	2010	1	8	−9.8
2009	11	23	2	2010	1	9	−7.4
2009	11	24	6.8	2010	1	10	−7
2009	11	25	2.8	2010	1	11	−5.8
2009	11	26	2.4	2010	1	12	−9.2
2009	11	27	2.2	2010	1	13	−9.9
2009	11	28	−0.1	2010	1	14	−7.4
2009	11	29	1.8	2010	1	15	−5.5
2009	11	30	2.9	2010	1	16	−6.8
2009	12	1	1.6	2010	1	17	−5.6
2009	12	2	2.8	2010	1	18	−3.2
2009	12	3	0.7	2010	1	19	1.2
2009	12	4	0.5	2010	1	20	−0.1
2009	12	5	−1.5	2010	1	21	−4.8
2009	12	6	−1.5	2010	1	22	−2.8
2009	12	7	−1.6	2010	1	23	−1.2
2009	12	8	0.9	2010	1	24	−2.2
2009	12	9	0.9	2010	1	25	−2.8
2009	12	10	1.7	2010	1	26	−3.9
2009	12	11	2.1	2010	1	27	1.9
2009	12	12	−0.7	2010	1	28	0.4
2009	12	13	0.4	2010	1	29	1
2009	12	14	−0.9	2010	1	30	2.5
2009	12	15	−2.6	2010	1	31	1.6
2009	12	16	−3.6	2010	2	1	−2.6
2009	12	17	−5.1	2010	2	2	−3.5

冷冬年	月	日	日均气温/℃	冷冬年	月	日	日均气温/℃
2010	2	3	−4.2	2010	3	4	3.5
2010	2	4	−3.1	2010	3	5	1.2
2010	2	5	−3.1	2010	3	6	−1.8
2010	2	6	−4.5	2010	3	7	−2.2
2010	2	7	−3.3	2010	3	8	−2.8
2010	2	8	−0.3	2010	3	9	−2.3
2010	2	9	1.3	2010	3	10	1.4
2010	2	10	−0.9	2010	3	11	3.6
2010	2	11	−2.8	2010	3	12	7.2
2010	2	12	−3.9	2010	3	13	3
2010	2	13	−3.8	2010	3	14	1
2010	2	14	−3.7	2010	3	15	2.3
2010	2	15	−3.8	2010	3	16	3.5
2010	2	16	−4.5	2010	3	17	4
2010	2	17	−1.7	2010	3	18	2.7
2010	2	18	−1.6	2010	3	19	5.3
2010	2	19	0.5	2010	3	20	7.4
2010	2	20	1.7	2010	3	21	8.5
2010	2	21	5.8	2010	3	22	9.4
2010	2	22	1	2010	3	23	8.9
2010	2	23	1.4	2010	3	24	7.7
2010	2	24	5.2	2010	3	25	4.7
2010	2	25	5.1	2010	3	26	8.5
2010	2	26	1.5	2010	3	27	6.2
2010	2	27	−0.6	2010	3	28	7.7
2010	2	28	0.5	2010	3	29	8.7
2010	3	1	−2.6	2010	3	30	9.1
2010	3	2	1.3	2010	3	31	11.2
2010	3	3	1.8				